condetti & Co. 4

Details in Holzhausbau und Bestandsanierung

Überarbeitete condetti-Details und BASICS
sowie grundlegende Fachartikel
aus der *HOLZBAU – die neue quadriga* 6/2006 – 6/2013

Impressum

Verlag und Vertrieb:
Kastner AG – das medienhaus, Schlosshof 2-6, 85283 Wolnzach
Telefon: 08442/9253-0, Fax: 08442/2289, E-Mail: verlag@kastner.de, www.kastner.de

Gesamtherstellung:
Kastner AG – das medienhaus, Wolnzach, Printed in Germany

Die Inhalte, Bilder und Grafiken entstammen in den Jahren 2006 bis 2013 bereits erschienenen Ausgaben in der *HOLZBAU – die neue quadriga* und wurden von den Autoren auf den aktuellen Stand gebracht (Januar 2020).

Umschlagentwurf: Rainer Wendorff

ISBN 978-3-945296-84-4

im Abonnement

Auch Sie können HOLZBAU alle zwei Monate regelmäßig zugestellt bekommen. Alle zwei Monate liegt dann auf Ihrem Schreibtisch druckfrisch das neueste Exemplar des auflagenstärksten Fachmagazins für den Holzhausbau. Sichern Sie sich Ihr regelmäßiges Exemplar der HOLZBAU mit einem Abonnement. Den Bestellschein haben wir für Sie bereits vorbereitet (siehe unten). Sie können das Formular per Post schicken, uns aber auch gleich ganz einfach faxen. Ihre Adresse und Ihre Unterschrift genügen.

---

im Abonnement

Sichern Sie sich Ihr regelmäßiges Exemplar der HOLZBAU mit einem Abonnement. Den Bestellschein haben wir für Sie bereits vorbereitet (siehe unten). Sie können das Formular per Post schicken, uns aber auch gleich ganz einfach faxen. Ihre Adresse und Ihre Unterschrift genügen.

Kastner 2020

COUPON
bitte abschicken an:

VERLAG KASTNER
Abonnementverwaltung
HOLZBAU
Schloßhof 2–4
85283 Wolnzach

Tel.: 0 84 42 / 92 53-0
Fax: 0 84 42 / 22 89

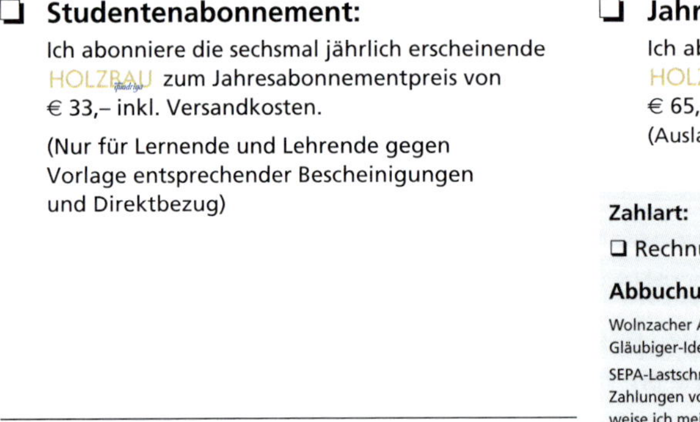

☒ Ja, ich möchte HOLZBAU abonnieren.

❑ **Studentenabonnement:**
Ich abonniere die sechsmal jährlich erscheinende HOLZBAU zum Jahresabonnementpreis von € 33,– inkl. Versandkosten.
(Nur für Lernende und Lehrende gegen Vorlage entsprechender Bescheinigungen und Direktbezug)

❑ **Jahresabonnement:**
Ich abonniere die sechsmal jährlich erscheinende HOLZBAU zum Jahresabonnementpreis von € 65,– inkl. Versandkosten.
(Auslandsabonnement € 75,– inkl. Versandkosten)

Name, Vorname

Straße, Nr.

PLZ Wohnort

Telefon

E-Mail

Datum Unterschrift

Zahlart:
❑ Rechnung ❑ Bankeinzug

Abbuchungsgenehmigung:
Wolnzacher Anzeiger E. Kastner KG, 85283 Wolnzach
Gläubiger-Identifikationsnummer DE73ZZZ00000049968
SEPA-Lastschriftmandat: Ich ermächtige die Wolnzacher Anzeiger E. Kastner KG, Zahlungen von meinem Konto mittels SEPA-Basislastschrift einzuziehen. Zugleich weise ich mein Kreditinstitut an, die von der Wolnzacher Anzeiger E. Kastner KG auf mein Konto gezogenen Lastschriften einzulösen.
Hinweis: Ich kann innerhalb von acht Wochen, beginnend mit dem Belastungsdatum, die Erstattung des belasteten Betrages verlangen. Es gelten dabei die mit meinem Kreditinstitut vereinbarten Bedingungen.

Kontoinhaber

Kreditinstitut BIC

IBAN DE __ | ____ | ____ | ____ | ____ | __

Datum 2. Unterschrift

Der Teufel steckt im Detail – wir treiben ihn aus.

Zum Zeitpunkt des Erscheinens dieses Sammelbands Ende 2019 feiert die Fachzeitschrift *HOLZBAU – die neue quadriga* ihr 20-jähriges Bestehen. In dieser Zeit haben wir 87 Anschlussdetails bearbeitet. Diese **condetti-Details** sind das Markenzeichen dieser Zeitschrift. Während die erste Hälfte dieser langen Jahre vor allem den verschiedenen Spielarten des **Holzrahmen / Holztafelbaus** gewidmet war, kamen zunehmend auch die **Massivholzbauweisen** in den Fokus. Schon 2005 starteten wir eine Reihe von Details zur Sanierung des wichtigsten historischen Holzbaus in Deutschland, den **Fachwerkgebäuden**. Zunehmend sind in den letzten 10 Jahren auch die besonders kniffeligen Anschlusssituationen der **Bestandsanierung** hinzugekommen. Davon zeugt auch dieses Kompendium und seine sechs ausgewählten Details.

Eine ganz neue Serie startete das condetti-Team 2009 mit den „**BASICS**". Kurz und knapp auf 2 Seiten zu ausgewählten Themen die bautechnischen Grundlagen von Wärme-, Feuchte-, Schall- und Brandschutz sowie zur Tragwerksplanung. Die drei ersten BASICS zu jedem der fünf Fachbereiche finden Sie hier zwischen zwei Buchdeckeln.

Ergänzt wird der bunte Strauß durch **grundlegende Fachartikel** des Kernteams und ausgewählter Stammautoren.

Auch nach 20 Jahren bereitet es uns immer noch Freude, die Aspekte aller Ingenieurdisziplinen und der praktischen Umsetzbarkeit in arbeitssparende und qualitätsvolle Elementierung zusammen zu bringen. Alle Kollegen im Team sind Experten auf ihrem Gebiet und beseelt von dem Wunsch, stets Lösungen zu finden, mit denen alle Beteiligten ohne faule Kompromisse leben können.

Da gegenüber der Erstveröffentlichung der Beiträge meist einige Jahre ins Land gegangen waren, wurde in manchen Punkten eine Anpassung an die aktuellen Normen und Fachregeln erforderlich. An den Details und den zentralen Aussagen selber waren keine nennenswerten Änderungen nötig. Vielmehr konnte erfreut festgestellt werden, dass die Regelwerke in vielen Punkten unseren Empfehlungen im Laufe der Zeit gefolgt sind.

Die Zeitschrift, aus der die Beiträge dieses Sammelbandes stammen, ist einmalig im deutschen Sprachraum: Wir publizieren nicht nur Ausführungsempfehlungen für die (Holzbau)Praktiker, sondern sind auch eine Fachzeitschrift für Ingenieure, die mit Holz planen. Wir bieten aktuelles Fachwissen für Sachverständige aber auch gestalterische und technische Anregungen für Architekten, die ihre Konstruktionsplanung genau nehmen und integral denken.

Wir schreiben **ein sich laufend aktualisierendes Grundlagenwerk auf Raten**. Wir machen uns die Mühe, Beiträge von externen Autoren zu lektorieren, d. h. nach dem Vier-Augen-Prinzip Qualität und Lesbarkeit zu verbessern. Durch einfache Querverweise zu anderen Heften ist für Abonnenten eine tiefer gehende Recherche leicht möglich. Dabei hilft auch ein Excel®-basiertes Artikelverzeichnis. Download von der Website der Zeitschrift. Dort gibt es auch ein umfangreiches PDF-Archiv (ab 2007).

In diesem Sinne wünscht das condetti-Team viel Erkenntnisgewinn beim Stöbern in diesem Sammelband.

Robert Borsch-Laaks | Ernst-Ulrich Köhnke | Holger Schopbach | Martin Teibinger | Gerhard Wagner | Hellmut Zeitter

Das doppelte Lottchen

Gebäudeabschlusswand x 2 = Gebäudetrennwand

Bereits in früheren Ausgaben dieser Zeitschrift hatten wir den Themenkomplex Gebäudeabschlusswand / Gebäudetrennwand / Brandwand als condetti®-Detail behandelt. Dabei lag der Schwerpunkt meist auf den Aspekten des Brandschutzes, der durch die Musterbauordnung aus dem Jahr 2002 deutlicher in den Vordergrund getreten ist. Seitdem sind diesbezüglich viele Sachverhalte geklärt und zugelassene Systeme am Markt.
Im gleichen Zeitraum wurden aber auch umfangreiche Messungen zum Thema Schallschutz durchgeführt. Die Ergebnisse dieser im Rahmen von Forschungsvorhaben oder von Herstellern unternommenen Messungen führen zu optimierten Konstruktionen im Detail.

Gebäudetrennwand

Brandwände

Eine der ältesten, aber zugleich effektivsten Maßnahmen des vorbeugenden baulichen Brandschutzes ist das Prinzip der Abschottung. Brandwände müssen deshalb ausreichend lang standsicher bleiben und als raumabschließende Bauteile dafür Sorge tragen, dass sich Brand und Rauch nicht ungehindert ausbreiten können. Die Funktionen Tragfähigkeit (R), Raumabschluss (E) und Wärmedämmung (I) müssen daher über eine definierte Zeitspanne (in der Regel 90 Minuten) gewährleistet sein.

Funktionen einer Brandwand

Brandwände unterteilen als innere Brandwand große Gebäude in Brandabschnitte von max. 40 m Länge (max. Brandabschnittsgröße 40 m × 40 m = 1.600 m²), grenzen Wohngebäude von benachbarten, landwirtschaftlich genutzten Gebäuden ab und unterteilen diese in Brandabschnitte von max. 10.000 m³ Bruttorauminhalt.

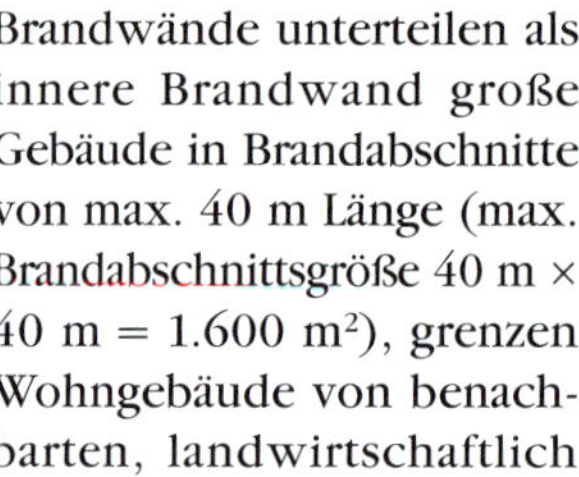

Darüber hinaus müssen sie als Gebäudeabschlusswand eine Brandausbreitung auf benachbarte Gebäude verhindern. Sie werden als Gebäudeabschlusswand erforderlich, wenn der Abstand zum benachbarten Gebäude 5,0 m oder weniger beträgt bzw. ein Grenzabstand von 2,5 m oder weniger realisiert werden soll. Ausgenommen hiervon sind Gebäude ohne Aufenthaltsräume und ohne Feuerstätten mit nicht mehr als 50 m³ Brutto-Rauminhalt. Auch eine Außenwand, die näher als 2,50 m von einer öffentlichen Verkehrsfläche errichtet wird, muss nicht als Brandwand ausgebildet werden. Wann eine Brandwand erforderlich wird, kann Abb. 1 entnommen werden.
Bei einem Reihenhaus spielen die Eigentumsverhältnisse eine wesentliche Rolle. Handelt es sich um ein Doppel- oder Reihenhaus auf einem Grundstück ist zwischen den beiden Doppelhaushälften bauaufsichtlich lediglich eine Trennwand erforderlich. Liegen real geteilte Grundstücke vor, handelt es sich um eine Grenzbebauung, wodurch eine Brandwand als Gebäudeabschlusswand erforderlich wird. Hierbei muss jedes Gebäude für sich mit einer Brandwand ausgestattet werden.

Anforderungen an Brandwände

Damit eine Brandwand die an sie gestellten Anforderungen erfüllen kann, muss sie gewissen Mindestanforderungen genügen: sie muss prinzipiell aus nichtbrennbaren Materialien bestehen (A-Baustoffe) und auch unter zusätzlich mechanischer Stoßbeanspruchung einen Feuerwiderstand von zumindest 90 Minuten aufweisen.
Für Brandwände in der Gebäudeklasse 1-3 sind die

Abb. 1: Anforderungen an der Grundstücksgrenze

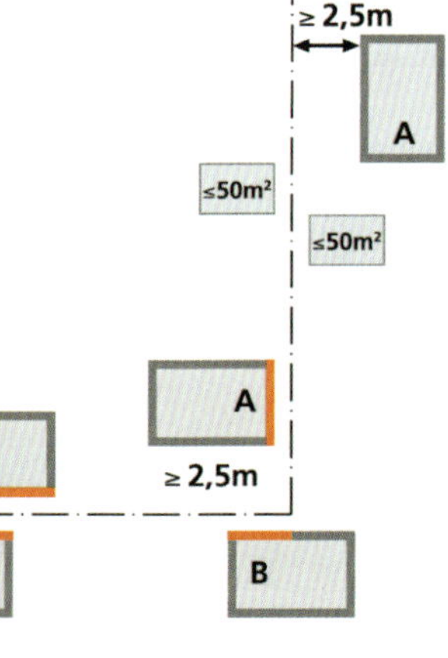

A
≥ 2,5m
≥ 2,5m
B
A
≥ 5m
B
A
≥ 2,5m
B
A
B
A
B

Autoren:
Robert Borsch-Laaks
Holger Schopbach
Gerhard Wagner
Helmut Zeitter

Anforderungen in Bezug auf die Verwendung nichtbrennbarer Materialien und der mechanischen Beanspruchung reduziert. Hier sind entsprechend der MBO 2016 für die GK 1-3 hochfeuerhemmende Wände zulässig, für Gebäudeabschlusswände solche mit Brandschutzbekleidung, die von innen nach außen den Feuerwiderstand der tragenden und aussteifenden Teile des Gebäudes und von außen nach innen den Feuerwiderstand feuerbeständiger Bauteile haben (umgangssprachlich auch als Brandersatzwände bezeichnet). Das bedeutet einen geforderten Feuerwiderstand von F30-B von innen nach außen und von F90-B von außen nach innen (F30-B/ F90-B). Diese Wände werden insbesondere als Doppelwand bei Reihenhäusern mit real geteilten Grundstücken eingesetzt.

Um diesen Anforderungen zu genügen, benötigt die in DIN 4102-4 klassifizierte Konstruktion insgesamt vier Beplankungs- bzw. Bekleidungslagen: auf der Innenseite eine 13 mm dicke Holzwerkstoffplatte (Rohdichte ≥ 600 kg/m³), auf der Außenseite ebenfalls eine 13 mm Holzwerkstoffplatte sowie zwei 18 mm dicke Gipskartonfeuerschutzplatten. Der Hohlraum muss mit einer mind. 80 mm dicken Mineralfaserdämmung, Schmelzpunkt ≥ 1000°C, Rohdichte ≥ 30 kg/m³ ausgefüllt sein.

Wir haben im vorliegenden Hauptdetail verschiedene Varianten geprüfter Aufbauten dargestellt. Entsprechend unserer aktuellen Recherche gibt es im Wesentlichen drei durch Prüfzeugnisse geregelte Aufbauten der Hersteller Fermacell, Knauf und Rigips. Bei der im Hauptdetail rechts dargestellten Variante (Knauf, Fermacell und Rigips) werden insgesamt drei Beplankungslagen benötigt; raumseitig eine 12,5 mm dicke GKF- bzw. Fermacell-Platte, alternativ 12,5 mm Rigidur H; auf der Außenseite 2 x 12,5 GKF, alternativ 2 x 15 mm Fermacell bzw. Rigidur H.

Bei der ursprünglichen Fassung *(Ausgabe 6/2013)* haben wir eine Lösung der Fa. Eternit mit lediglich zwei Beplankungslagen angesprochen: raumseitig eine 12 mm dicke Faserzementplatte (Hydropanel), außenseitig eine 18 mm dicke Holzzementplatte (Duripanel B1). Dieses System ist auf dem Markt nicht mehr verfügbar. Alternativ kann aktuell für zwei Beplankungslagen auf ein System der Fa. Fermacell zurückgegriffen werden: raumseitig eine 12,5 mm dicke Gipsfaserplatte, außenseitig eine 15 mm dicke Powerpanel HD-Platte. Die Ständertiefe muss entsprechend der Zulassung mind. 160 mm bei einer statische Auslastung von 70% betragen; der Hohlraum ist voll mit Steinwolle auszudämmen.

Aber auch die Verwendung von B2-Dämmstoffen (wie Zellulosefasern) ist durch dieses aktuelle Prüfzeugnis der Fa. Fermacell (Z-19.32-2254) zulässig, wenn raumseitig eine 12,5 mm dicke Gipsfaserplatte und außenseitig zwei 18 mm dicke Gipsfaserplatten eingesetzt werden. Die Ständertiefe muss entsprechend der Zulassung mind. 100 mm bei einer statische Auslastung von 100% betragen; der Ständerabstand darf auf max. 850 mm erhöht werden.

Um die hohen brandschutztechnischen Anforderungen zu gewährleisten, dürfen raumseitig keine Steckdosen, Schalterdosen, Verteilerdosen etc. eingebaut werden. Wird dieser Umstand bereits in der Werkplanung berücksichtigt, stellt er keine Beeinträchtigung dar.

Auch für Wände mit einem Holzweichfaser-WDVS als äußere Beplankung liegen Prüfzeugnisse für die Feuerwiderstandsklasse F30-B/ F90-B vor. Dabei ist allerdings zu beachten, dass diese Klassifizierung eine aufgebrachte Putzschicht voraussetzt und diese Aufbauten im vorliegenden Fall daher ausscheiden.

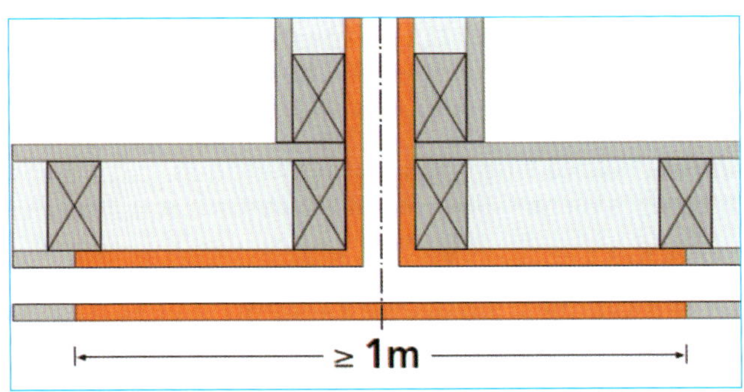

Abb. 2: Horizontalschnitt einer Brandwand im Fassadenbereich in den Gebäudeklassen 4 und 5 (orange: A-Baustoff).

Brandwände im Dachbereich

Im Allgemeinen sind Brandwände zur Verhinderung eines Brandüberschlages zumindest 0,30 m über die Bedachung zu führen oder alternativ in Höhe der Dachhaut mit einer beiderseits 0,50 m „auskragenden" feuerbeständigen Platte aus nichtbrennbaren Baustoffen abzuschließen.

Auch hierbei sind bei Gebäuden der Gebäudeklasse 1-3 Vereinfachungen zulässig. Hier sind die Brandwände lediglich direkt bis unter die Dachhaut zu führen. Verbleibende Hohlräume müssen vollständig mit nichtbrennbaren Baustoffen ausgefüllt werden. Brennbare Bauteile dürfen verständlicherweise nicht über eine Brandwand hinweggeführt werden. Daher dürfen auch konventionelle Dachlatten aus Holz oder die hölzerne Traufschalung nicht die Brandwand überbrücken. Auch dürfen Bauteile (z. B. Dachpfetten oder Kamine) nur so weit in Brandwände eingreifen, dass die geforderte Feuerwiderstandsfähigkeit voll erhalten bleibt.

Das Hauptdetail zeigt den Anschluss der Gebäudetrennwand für Gebäude der Gebäudeklasse 1-3 an das Dach. Da brennbare Materialien diesen Bereich nicht überbrücken dürfen, muss hier die reguläre Traglattung aus Holz durch Metallprofile ersetzt werden. Hohlräume müssen mit einer Mineralfaserdämmung, Schmelzpunkt ≥ 1000°C und einer Rohdichte ≥ 30 kg/m³ vollständig ausgefüllt werden. Aus Schall- und Wärmeschutzgründen wird die Gebäudefuge im Randbereich umlaufend auf einer Tiefe von mind. 250 mm hohlraumfrei ausgedämmt.

Brandwände im Fassadenbereich

In der Fassade gelten prinzipiell vergleichbare Anforderungen wie im Dachbereich. Zunächst dürfen brennbare Bauteile nicht über die Brandwand hinweg geführt werden. Zur Verhinderung des Brandüberschlags müssen zusätzlich geeignete Maßnahmen ergriffen werden. Ab Gebäudeklasse 4 müssen brennbare Außenwandbekleidungen (Baustoffklasse B1) im Bereich von 0,50 m links und rechts der Brandwand durch nichtbrennbare Baustoffe unterbrochen werden (siehe Abb. 2).

Wie beim Dach gelten aber auch in der Fassade Vereinfachungen in den Gebäudeklassen 1 bis 3. Brennbare Bauteile dürfen nicht über die Brandwand hinweggeführt, verbleibende Hohlräume müssen vollständig mit nichtbrennbaren Baustoffen ausgefüllt werden. Eine Fassade aus nichtbrennbarem Material (Baustoffklasse A) darf daher durchlaufen.

Wärme- und Feuchteschutz am Trennwandanschluss

Üblicherweise sind die Trennwandfugen von zweischaligen Gebäudeabschlusswänden wärme- und feuchtetechnisch ein ungeregelter Bereich. Wenn diese nicht gegenüber der Außenluft gedämmt und gedichtet werden, entsteht im Zwischenraum ein mehr oder weniger kaltes Klima. Dies stellt Anforderungen an den Wärme- und Tauwasserschutz beider Abschlusswände.
Wir schlagen vor, dem Problem der unkontrollierten Wärmeverluste über die Fuge grundsätzlich einen Riegel vorzuschieben. Der Aufwand, der erforderlich ist, um die Trennwand quasi wärme- und feuchtetechnisch zu einer Wohnungstrennwand zu machen, ist überschaubar und wird im Folgenden dargestellt.

Regelquerschnitt: Kein Problem

Der Dachquerschnitt mit 240 mm Sparrenhöhe erreicht infolge des Wärmebrückeneffektes einer fehlenden Überdämmung nur einen U-Wert von 0,18 W/m²K. Aber – wie schon in früheren Dachdetails von condetti® dargestellt – ist eine einfache Aufrüstung des Wärmeschutzes durch eine gedämmte Innenschale technisch kein Problem. Bei 60 mm Dämmdicke ergibt sich dann ein U_m = 0,14 W/m²K, der auch für energetisch ambitionierte Objekte tauglich ist.
Auch der Tauwasserschutz für den Dachquerschnitt wirft keine besonderen Fragen auf, weil dieser diffusionsoffene Aufbau (außen: MDF-Platte, s_d = 0,15 m) mit einer moderaten Dampfbremse (s_d ≥ 2,0 m) tauwasserfrei ist und große Trocknungsreserven besitzt, vgl. Artikel von Robert Borsch-Laaks in *Heft 6/2013 S. 13 ff.*.

Randdämmung: Wie viel ist nötig?

Hölzerne Gebäudetrennwände besitzen von Natur aus einen hohen Wärmeschutz. Auch dann, wenn der Nachbar dem deutschen Winter für längere Zeit auf die Kanaren entflieht, wird der Wärmeverlust über die Trennwand minimal bleiben. Zweimal 120 mm Dämmung in den beiden Trennwänden lassen keinen nennenswerten „Wärmeklau" zu; übrigens ein echter Vorteil gegenüber der Mauerwerksvariante. Die Trennwand kann wärmetechnisch einer Wohnungstrennwand gleichwertig sein.
Hierzu sind allerdings Maßnahmen erforderlich, die verhindern, dass die Temperaturen im Hohlraum vom Außenklima bestimmt werden. Ansonsten würden beide Nachbarhäuser Wärme gegenüber der kalten Fuge zwischen den Wänden verlieren. Wenn die Hohlraumdicke in unserem Detail (aus schalltechnischen Gründen) auf 150 mm ansteigt, so sind ein paar Gedanken zur Minimierung der Randverluste erforderlich. Die Wärmebrückenberechnungen (s. Abb. 3) zeigen, in welche Richtung optimiert werden sollte. Trotz der (brandtechnisch motivierten) Überdämmung auf dem Wandkopf erreicht der Ψ-Wert des Anschlusses ohne Randdämmung im Zwischenraum der Wände kaum bessere Werte als eine einbindende Massivwand mit nur 60 mm Kopfdämmung (Mindestanforderung nach DIN 4108 Beiblatt 2, Ψ ≤ 0,17 W/mK). Ein Ausdämmen der Fuge entsprechend der Dämmdicke im Dachbereich reduziert den Wärmebrückenverlust um mehr als die Hälfte. Eine Verdopplung der Breite der Dämmplatte auf 500 mm bringt nicht mehr viel zusätzliche Verbesserung (ΔΨ = 0,014 W/mK), siehe Abb. 3b.

Abb. 3: Wärmebrückenanalyse zum Hauptdetail berechnet mit Therm 5.2 und ausgewertet mit PSI 8.0.xls. (Außentemperatur für die Isothermendarstellung: – 10°C).
a) Ohne Randdämmung im Hohlraum zwischen den Trennwänden.
b) Mit Randdämmung. (Höhe h = 250 bzw. 500 mm)

Gebäudetrennwand an Dach ohne Randdämmung

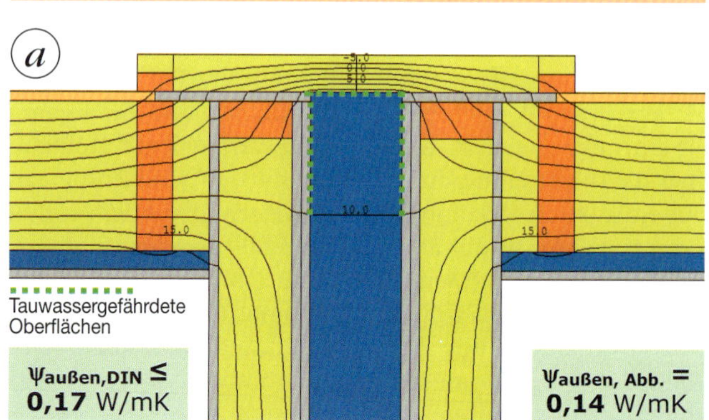

Gebäudetrennwand an Dach mit Randdämmung

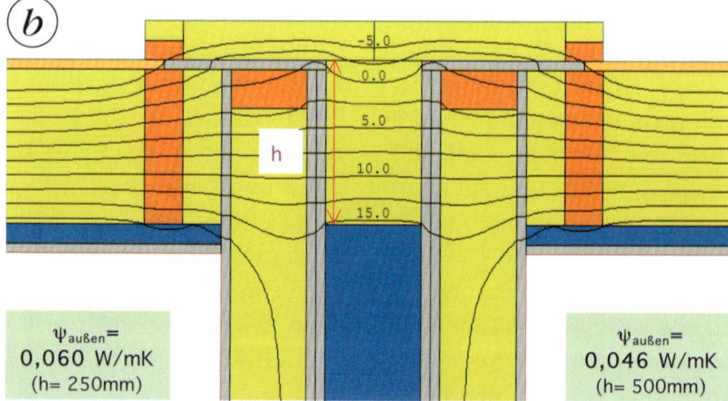

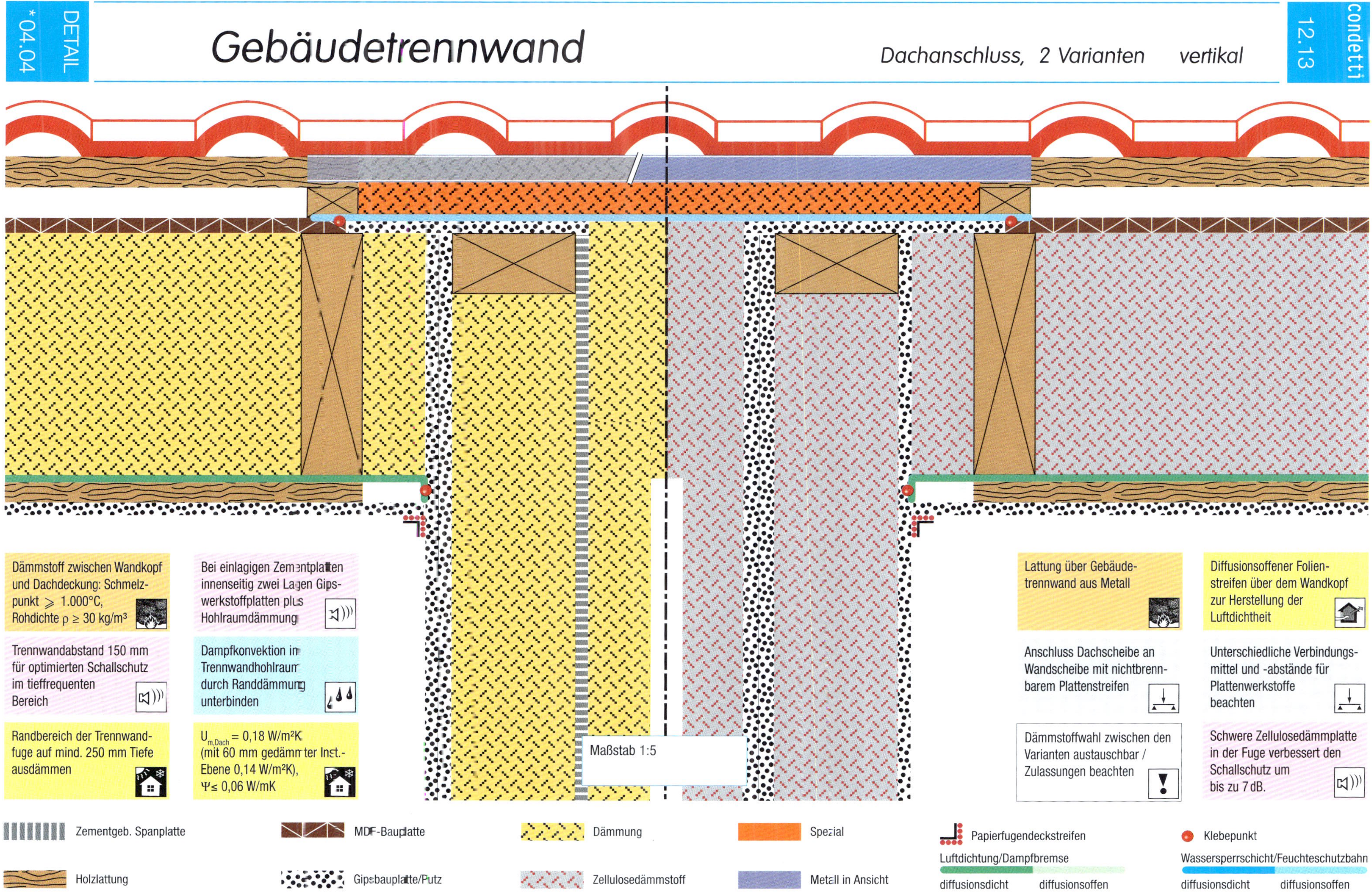
DETAIL
*04.04
Gebäudetrennwand
Dachanschluss, 2 Varianten vertikal
condetti
12.13
Dämmstoff zwischen Wandkopf und Dachdeckung: Schmelzpunkt ≥ 1.000°C, Rohdichte ρ ≥ 30 kg/m³
Bei einlagigen Zementplatten innenseitig zwei Lagen Gipswerkstoffplatten plus Hohlraumdämmung
Trennwandabstand 150 mm für optimierten Schallschutz im tieffrequenten Bereich
Dampfkonvektion im Trennwandhohlraum durch Randdämmung unterbinden
Randbereich der Trennwandfuge auf mind. 250 mm Tiefe ausdämmen
$U_{m,Dach}$ = 0,18 W/m²K (mit 60 mm gedämmter Inst.-Ebene 0,14 W/m²K), Ψ ≤ 0,06 W/mK
Maßstab 1:5
Lattung über Gebäudetrennwand aus Metall
Diffusionsoffener Folienstreifen über dem Wandkopf zur Herstellung der Luftdichtheit
Anschluss Dachscheibe an Wandscheibe mit nichtbrennbarem Plattenstreifen
Unterschiedliche Verbindungsmittel und -abstände für Plattenwerkstoffe beachten
Dämmstoffwahl zwischen den Varianten austauschbar / Zulassungen beachten
Schwere Zellulosedämmplatte in der Fuge verbessert den Schallschutz um bis zu 7 dB.
Zementgeb. Spanplatte
Holzlattung
MDF-Bauplatte
Gipsbauplatte/Putz
Dämmung
Zellulosedämmstoff
Spezial
Metall in Ansicht
Papierfugendeckstreifen
Luftdichtung/Dampfbremse
diffusionsdicht
diffusionsoffen
Klebepunkt
Wassersperrschicht/Feuchteschutzbahn
diffusionsdicht
diffusionsoffen
condetti

Stopfen obendrauf

Entscheidend für den Wärmeverlust aus der Trennfuge ist auch deren luftdichter Abschluss. Ein Blick auf die andere Schnittrichtung (Abb. 4a) zeigt mögliche Strömungswege, die nicht nur zu Wärmeverlusten, sondern vor allem zu feuchtetechnischen Risiken werden können, wenn nur unausgereifte Lösungen umgesetzt werden. Oberseitig – und sinngemäß auch an den vertikalen Wandanschlüssen – muss Luftdichtheit hergestellt werden. In dem Hohlraum, der über alle Geschosse ohne Unterbrechungen durchgeht, können starke Kamineffekte entstehen. Schon der konvektive Dampfeintritt über unvermeidliche Restleckagen in der Wand stellt dann ein Risiko dar. Auf einer relativ kleinen Fläche der Unterspannbahn können sich alle diese Dampfeinträge sammeln und evtl. als Tauwasser ablaufen. Dies überfordert auch die Diffusionsoffenheit der Unterspannbahn.

Die Brücke für die Königskinder

Der Trennwandanschluss an das Dach braucht also ein Gebäude übergreifendes Konzept zur Luftdichtung. Die Frage lautet: Wie wird die Lücke zwischen den Luftdichtheitsschichten der beiden angrenzenden Häuser geschlossen? Wir haben es also wieder mal mit dem „Königskinder-Effekt" zu tun (s. Infokasten). Die innenseitige Beplankung der Trennwände bietet einen guten Untergrund, um die dichtende Folie des Dachbereichs sicher anzukleben. Um den Luftstrom durch den vertikalen Auftrieb im Hohlraum zwischen den Trennwänden zu verhindern, muss eine Brücke geschlagen werden, die in unserem Detail mehrere Stufen hat:

Wir können davon ausgehen, dass die Innenbeplankung der Wände die Luftdichtheitsebene bis zu deren oberen Rähm verlängert. Ein direkter Übergang von der einen zur anderen Wand durch die Gipsplatten auf dem Wandkopf ist allerdings nicht möglich, da die Fuge aus schalltechnischen Gründen oberseitig nicht beplankt werden sollte.

Also muss die Luftdichtheitsebene über die Kopfplatte bis hin zu den Randsparren umgeleitet werden. Dort besteht dann durch die Unterspannbahn die Möglichkeit eines flexiblen Übergangs auf die andere Seite. Von dort erfolgt analog die Weiterleitung hin zur Luftdichtheitsbahn unter den Sparren im Nachbargebäude. Hilfreich für die Dauerhaftigkeit dieses Anschlusses ist, dass die Verklebung zwischen Bahn und Beplankung durch die Konterlattung mechanisch gesichert wird.

Sinngemäß ist darauf zu achten, dass dieser Anschlussstreifen an seinen Enden und Querstößen, z. B. am First, an der Traufe oder am Sockel ebenfalls luftdicht angeschlossen wird.

Infokasten:

Der Königskindereffekt

Wie heißt es im alten Volkslied? „Es waren zwei Königskinder, die hatten einander so lieb. Sie konnte zusammen nicht kommen, das Wasser war viel zu tief …" Die „Königskinder" im condetti®-Detail sind zwei profane Luftdichtungsfolien des Daches, die durch die Gebäudeabschlusswände getrennt sind. Der Strom, der zwischen ihnen fließt, folgt dem Luftdruckgefälle und wird gespeist von vielfältigen Quellen der trennenden Wand.

Wie kommen die Kinder zusammen? Man könnte versuchen, die Quellen zu verstopfen (luftdichte Elektrodosen, Elementfugen, Schwellen- und Deckenfugen 100% abdichten). Diese Methode – den Fluss trockenlegen – ist aufwendig und die Sicherheit, dass man alle Zuflüsse findet, ist eher gering. Der Prinz würde wahrscheinlich trotzdem schwimmen müssen.

Besser ist es, den Königskindern eine Brücke (den Anschlussstreifen) zu bauen. Mit dieser wird das Glück der Liebenden auch zum Bauglück.

Auch interne Konvektion vermeiden

Ein weiteres Strömungsproblem können auch interne „Rotationsströmungen" im Luftraum werden. Insbesondere dann, wenn die äußeren Begrenzungen in Folge mangelhafter Dämmungen kalt werden. Die Abb. 4a der Wärmebrückenberechnung zeigt, dass Temperaturen unter 10 ° an der Unterspannbahn und den Flanken der Wände auftreten können, wenn die Randdämmung fehlt. An diesen Flächen kann ein Kaltluftfall entstehen, über den wärmere und feuchtere Luft aus dem Mittelbereich des Hohlraums nachströmt (Abb. 4 b).

Kondensat und Schimmelrisiken durch diese interne Umverlagerung von Feuchte sollten vermieden werden. Das Problem der Rotationsströmung wird am einfachsten durch die wärmetechnisch sowieso sinnvolle Ausdämmung des Randbereiches gelöst. Dann sind die Temperaturunterschiede im Hohlraum nur noch minimal und damit fehlt der Antrieb für kritische Konvektionsströmungen.

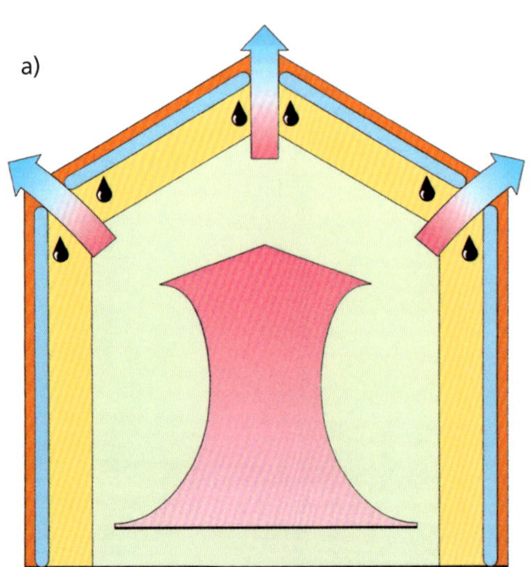

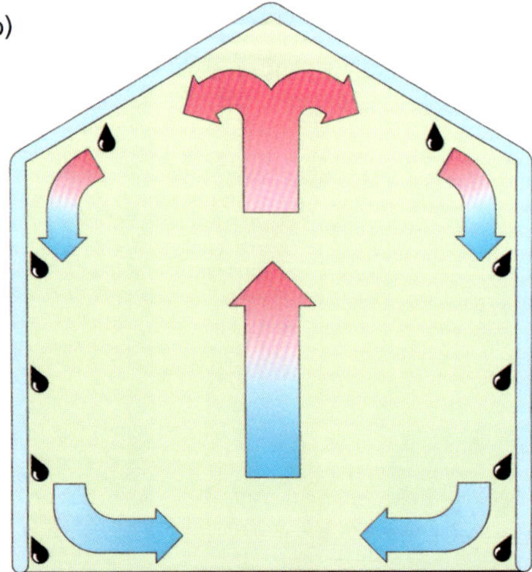

Abb. 4 a/b
Dampfkonvektion und Tauwasserrisiken in der Trennwandfuge (Vertikalschnitt in der Mitte des Hohlraums)
a) Durchströmung aus Luftleckagen in den Trennwänden zu Undichtheiten der Unterspannbahn. Antrieb durch Thermik im Hohlraum mit Randdämmung.
b) Rotationsströmung im Hohlraum ohne Randdämmung. Kaltluftfall an der Folie. Auftrieb im warmen Kernbereich der Wand.

Trennwand- Schallschutz Update

Es ist schon 10 Jahre her, dass wir uns in einem condetti-Detail mit der Gebäudetrennwand beschäftigt haben. Aufgrund der zwischenzeitlichen Entwicklung erscheint es angesagt, die erheblichen Anstrengungen zur Optimierung der schalltechnischen Qualität von Holztafelbauwänden zu würdigen. Hierbei geht es vor allem darum, sich den unbestreitbaren Schwächen der Holzbauwände bei tiefen Frequenzen zu stellen.

Der alte Streit um eine Zahl

Es gibt wohl keinen Bereich der Bauphysik, in dem so erbittert um Anforderungen und Grenzwerte gerungen wurde, wie beim Schallschutz. Die alte normative Grundlage der [DIN 4109] aus dem Jahre 1989 brauchte nahezu 30 Jahre bis zur Novellierung 2018. Bis zur einheitlichen bauaufsichtlichen Einführung in allen Bundesländern werden wohl auch noch einige Jahre vergehen. Letzten Endes bleibt es dabei, dass der geschuldete Schallschutz derjenige ist, der explizit im Bauvertrag vereinbart – und auch verbal eindeutig beschrieben wird.
Bezüglich des Nachweiskriteriums besteht die alte Mindestanforderung an den Luftschallschutz von Gebäudetrennwänden weiterhin fort. Dieses unter Berücksichtigung der Flankenübertragungen bewertete Schalldämm-Maß R'_w wurde allerdings von 57 auf 62 dB deutlich angehoben.
Bei der Orientierung an diesem klassischen „Einzahlwert" sollte allerdings bedacht werden, dass dieser sich vor allem an der Sprachverständlichkeit orientiert. Hierfür bieten die üblichen Bezugskurven des Frequenzspektrums von 100 – 3150 Hertz die messtechnische Basis. Aber gerade Schallübertragungen bei Frequenzen unter 100 Hz sind diejenigen, die besonders gerne zu Bewohnerklagen führen. In der Praxis geht es deshalb im Streitfall eher weniger um das Mithören von lauten Gesprächen sondern eher um das „Wummern" aus den Bassboxen des Juniors von nebenan oder um den Eintrag von Trittschallgeräuschen in die Trennwände.
Der Beitrag von Andreas Rabold in diesem Kompendium (*Seite 114 ff*) fasst Erkenntnisse aus jahrelanger Forschung zusammen. Die Standard-Gebäudetrennwand, wie wir sie in früheren Details konstruiert hatten, hat im niederfrequenten Bereich starke Einbrüche durch Resonanzeffekte zu verzeichnen. Dies kann man an den frequenzabhängigen Schallkurven ablesen oder – einfacher vergleichbar – über die so genannten Spektrumsanpassungswerte ($C_{50\text{-}5000}$, $C_{tr,50\text{-}5000}$) als Einzahlgröße abbilden.

Neubewertung des Luftschallschutzes?

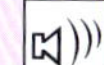

Es sollte zum guten Ton des qualitätsbewussten Holzbaus gehören, sich den offenkundigen Schwächen zu stellen und an Lösungen zu arbeiten. Der komplett neu bearbeitete INFORMATIONSDIENST HOLZ Band [ifo hhb 3-3-1:2019] formuliert dazu den Stand der Technik für den Holzbau. Hierin wird die dreistufige Klassifizierung verschiedener Qualitäten des Schallschutzes, wie sie zuvor schon in den Richtlinien und Empfehlungen von [VDI 4100:1994] und [DEGA 103:2006] enthalten waren, auf den Holzbau angewendet. Die Stufen heißen BASIS (=Normanforderung), BASIS+ und Komfort, s. Tab. 1, vgl. auch den *Blickpunkt in Heft 1-2020*.
Für das Komfortniveau wird hiernach $R'_w \geq 67$ dB verlangt. Neu ist aber vor allem, dass für die beiden erhöhten Schallschutzniveaus die Spektrumanpassungen für die tiefen Frequenzen einbezogen werden. Allerdings gehen diese nicht so weit wie in den Forschungsvorhaben zur Optimierung der Holzbauwände dargestellt, s. *Seite 115 f.*.
Es wurde nicht das Basston reichere Spektrum des Verkehrsschalls ($C_{tr,50\text{-}5000}$) für die Anpassung herangezogen. Auch wird der Aufschlag für die Anpassung des Spektrums auf den R_w-Wert addiert, d. h. die Flankenübertragung nicht berücksichtigt, weil die tiefen Töne vor allem über die Bauteilflächen übertragen werden.

Wo ist das Problem?

Bei der Konstruktion einer Gebäudetrennwand haben zunächst die Brandschützer den Hut auf. Die beidseitig der Trennfuge erforderlichen Brandschutzbeplankungen haben schalltechnisch drastische Auswirkungen. Dies gilt besonders dann, wenn der Schalenabstand auch im Holzbau (analog zum Massivbau) bei nur 40 – 50 mm liegt. Dies tritt noch nicht zu Tage, so lange es um die Dämmung von Sprachfrequenzen geht. Die Zweischaligkeit und Biegeweichheit der Beplankungen ermöglichen R'_w –Werte, die denen üblicher Massivwände gleichwertig sind.

Tabelle 1: Anforderungen an die Luftschalldämmung von Haustrennwänden nach [DIN 4109-1:2018] und den Empfehlungen des Informationsdienst Holz Handbuchs [ifo hhb 3-3-1:2019]

Kennwerte für Haustrennwände	Schallschutzniveau		
	BASIS *)	BASIS +	Komfort
R'_w	≥ 62 dB	≥ 62 dB	≥ 67 dB
$R_w + C_{50\text{-}5000}$	---	≥ 62 dB	≥ 65 dB
*) entspricht Anforderung nach [DIN 4109-1:2019]			

Aber im niederfrequenten Bereich sind die Resonanzeffekte durch den geringen Abstand zwischen den brandtechnisch erforderlichen Beplankungen extrem ungünstig. Es ist konstruktiv wesentlich einfacher, einen guten Luftschallschutz durch eine zweischalige Wohnungstrennwand zu erstellen, da diese keine inneren Beplankungslagen benötigt. Die raumseitigen Bekleidungen liegen weit genug auseinander, so dass sich keine kritischen Resonanzschwingungen ausbilden können.

Mehr Platz = mehr leise

Zur Optimierung des Schallschutzes ist die Vergrößerung des Abstandes zwischen den Trennwänden eine naheliegende und wirksame Maßnahme. Die Resonanzen werden hierdurch zu einer niedrigeren Frequenz hin verschoben, die nicht mehr so störend wahrgenommen wird. Die Luftschalldämmung kann unter Einbeziehung der Spektrumsanpassung um 6 dB verbessert werden (Abb. 5 a/b). Hieran haben wir uns beim diesmaligen condetti-Detail orientiert.

Der gewählte Schalenabstand von 150 mm statt 45 mm erzeugt allerdings Raumverlust. Bei einer Haustiefe von 10 m bedeutet dies rund 1 m² weniger Wohnfläche pro Geschoss. Dies ließe sich durch eine andere eher ungewöhnliche Innovation vermeiden: Messungen mit um 90° gedrehten Ständern ergaben bei gleicher Gesamtstärke wie bei der Standardwand die Verbesserung incl. $C_{tr,50-5000}$ von fast 10 dB (Vergleich Abb. 5 a und c).

Aber die Bedenken seitens des Brandschutzes und der Tragwerksplanung bezüglich solcher Sonderbauweisen haben uns zunächst davon abgehalten, diese schalltechnisch interessante Optimierung als condetti-Regeldetail umzusetzen.

Eine andere Möglichkeit, die Schwingungen der Wände zu beeinflussen, besteht in der Verringerung des Ständerrasters auf 313 mm. Hierdurch werden die Resonanzfrequenzen der Beplankungen zu höheren Frequenzen hin verschoben, was wiederum den Tieftonschallschutz günstig beeinflusst (Abb. 5 d). Das Vorbemessungsbeispiel aus [ifo hhb 3-3-1:2019] zeigt, dass für eine ähnliche Konstruktionsweise nach dem neuen Normverfahren ein Nachweis auf BASIS+ Niveau durchaus gelingen kann.

Hohlraumdämpfung und andere Tricks

Jede Holzbauwand braucht für einen vernünftigen Schallschutz zwischen den Bekleidungen eine Hohlraumdämpfung aus Faserdämmstoffen, um den „Geigenkasten-Effekt" zu vermeiden. Diese ist innerhalb der beiden Trennwände unbestritten stets vorhanden. Ob und wie stark sich eine Hohlraumdämpfung innerhalb der Fuge bemerkbar macht, ist weniger eindeutig. Forschungsberichte zeigen Fälle, die mit Zusatzdämmung schlechter als ohne abschneiden. Dies kann vor allem dann auftreten, wenn die Dämmmatte zwischen den Trennwandschalen stramm eingepresst wird.

Andererseits wirkt sich eine nicht hohlraumfüllende Dämmung aus relativ schweren Zellulosedämmplatten, nach den Untersuchungen positiv aus (Verbesserungen bis 7 dB).

Es gibt nicht die eine Methode, um die Schwächen der Holztafelbauwände beim dröhnenden Tieftonschall zu beseitigen. Aber die Kombination verschiedener Maßnahmen kann eine deutliche Verbesserung bei überschaubaren Investitionen bieten. Zum Vergleich: Auch Massivwände verlieren bei Einbeziehung der Tieftonresonanzen bis zu 10 dB bei der Luftschalldämmung und haben überdies größere Probleme

Abb. 5: Laborwerte für den Luftschallschutz von Gebäudetrennwänden in Holztafelbauweise
a) übliche Gebäudetrennwand im Holzbau
b) gleiche Wandkonstruktion, aber größerer Abstand
c) dünne Trennwände durch gedrehte Ständer, sehr großer Abstand
d) optimierter Ständeranordnung und Hohlraumdämpfung
Quelle:
a) bis c) LSW Stephanskirchen,
d) Fa. Knauf, Iphoven

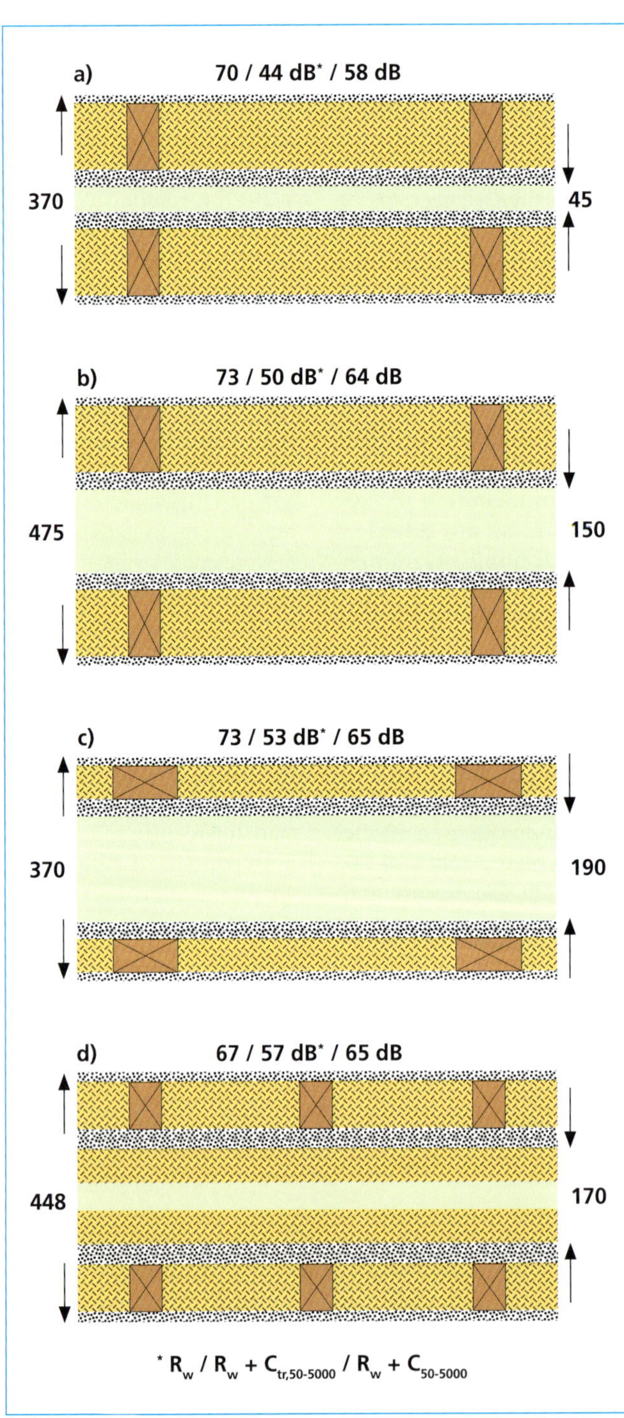

bei den Nebenwegen über die flankierenden Bauteile, Schallbrücken durch Mörtel und Fugenschall im Dachanschluss.
Die Ausbildung dieses condetti-Details kann durch die konsequente Trennung (auch im Bereich von Beplankungen, Lattungen und Pfetten oder Rähmen, s. *Seite 116f.*) für die Nebenwegsübertragung Dämmwerte bis nahezu 80 dB erreichen. D.h. es gibt gute Chancen, dass die Laborwerte (R_w) auch der Überprüfung am Bau (R'_w) standhalten.

Spieglein, Spieglein ...

... an der Wand, wer ist die stabilste im ganzen Land? Nur ist keine böse Hexe im Spiel, die einen verlogenen Claqueur sucht. Vielmehr sprechen wir für die Standsicherheit von sehr robusten Bauteilen, die bei den üblichen Entwürfen ihre Leistungsgrenze nicht ausnutzen müssen. Dennoch: Sollen wir nun immer von einer halben Wand sprechen, die statisch alles kann oder von einer Doppelwand, die sich aus zwei identischen Bauteilen zusammensetzt und dabei den Eindruck erweckt, man käme auch mit weniger aus? Für welche Sprachregelung man sich auch immer entscheidet, für die Tragwerksplanung können wir im Gegensatz zum Brandschutz davon ausgehen, dass die Aufgaben für jede der beiden Wände klar abgegrenzt werden können – und müssen.

Grundsätzliches zum Entwurf

Die Definition als Brandersatzwand auf der Grundstücksgrenze oder auch die Anwendung als besonders gute Trennwand zwischen zwei Doppelhaushälften auf einem gemeinsamen Grundstück führt für die Wand und damit bei deren Kopfdetail zu einer Baukonstruktion, die gespiegelt für jedes Haus identisch ist. Damit handelt es sich um statisch völlig unabhängige Häuser. Jedes der beiden anliegenden Häuser ist auf den jeweiligen Teil der Wand als tragendes und aussteifendes Element zwingend angewiesen. Eine Verbindung erfolgt durch die über der Trennachse durchlaufende Dachdeckung mit der unmittelbaren Unterkonstruktion (= Lattung). Diesen Bauteilen ist aber keine statische Funktion zugewiesen, die über die Arbeitssicherheit der Dachdecker hinausgeht.
Da auch der Entwurf der beiden angrenzenden Häuser i.d.R. nicht spiegel-symmetrisch ist, ergibt sich für die jeweilige Wand eine unterschiedliche Beanspruchung bzw. Ausnutzung. Das spielt aber auch eine untergeordnete Rolle, da die Gebäudetrennwand eines bis zu dreigeschossigen Gebäudes (Gebäudeklasse 1 bis 3) als geschlossenes Tragelement im Holzrahmenbau statisch nicht ausgenutzt ist – anders gesagt: Sowohl für die Vertikal- als auch für die Horizontallasten haben die Wände meist eine recht große Lastreserve.

Der Tragwerksplaner ist es gewohnt, einzelne Bauteile „freizuschneiden" und an diesen Tragelementen alle erforderlichen Spannungs- und Stabilitätsnachweise zu führen. Um die Randbedingungen für die Wand festzulegen, stellt sich also die scheinbar einfache und im Detail dann doch so knifflige Frage „Wer hält wen?"
Es wird weder auf First-, Mittel- noch Traufpfetten-Auflagerdetails eingegangen. Nur soviel: Auch wenn es trivial erscheint, diese Bauteile dürfen natürlich nicht über die Trennwandachse durchlaufen.

Scheibe Dach

Die Dachfläche des Gebäudes wird fast immer zur Aussteifung des Gesamttragwerks herangezogen und ist daher als Scheibe nachzuweisen. Der moderne Holzbau leistet diese Funktion i.d.R. durch die Aussteifung mit einer dafür geeigneten und zugelassenen Beplankung. Die Kräfte entlang des Scheibenrandes müssen daher zuverlässig in das weiterleitende, vertikale Bauteil übertragen werden. Und hier nähert sich das erste ‚Achtung'-Schild:
Die als Scheibe nach DIN EN 1995-1-1 nachzuweisende Dachfläche endet mit der aussteifend angesetzten MDF-Platte am letzten Sparren vor der Wand, der aus anderen Gründen (Schallschutz, Wärmebrückeneffekt, s.o.) ein Stück von der Trennwand entfernt liegt. Der Sparren stellt also den Randgurt der Scheibe dar und ist an allen betreffenden Auflagerdetails entsprechend anzuschließen. Dennoch müssen die Scheibenkräfte in das Rähmholz der Wand nach Möglichkeit über die gesamte Länge (trifft hier der Begriff Ortganglänge noch zu?) eingeleitet werden.
Damit die vereinfachten Bemessungsregeln für den Nachweis der Dachscheibe nach DIN EN 1995-1-1 anwendbar bleiben, ist darauf zu achten, dass eine Verlegeplanung der Beplankung erfolgt. Auch wenn es unser aktuelles condetti-Detail nicht betrifft: Es sei einmal mehr klargestellt, dass für diese aussteifend/tragende Beplankung keine freien Beplankungsstöße parallel zu den Sparren zulässig sind – ein leider bei der Bauüberwachung häufig festzustellender und doch so leicht vermeidbarer Fehler, der auch beseitigt werden muss (= Beplankung neu).
Um die Randkräfte in das Rähmholz einzuleiten, wird nun ein aus Brandschutzgründen nicht-brennbarer Beplankungsstreifen hergestellt, der als Schubfeld zur Übertragung der Scheibenkräfte in das Rähmholz dient. Doch auch hier lauert eine Gefahr: Es handelt sich um einen Werkstoffwechsel der statisch angesetzten Beplankung. Bei der Verbindungsmittelwahl ist darauf zu achten, dass die Nägel oder Klammern für die beiden Werkstoffe (MDF-Platte in der Dachfläche und nicht

brennbare Platte im Anschlussbereich an die Brandersatzwand) zugelassen sind. Es ist aber auch völlig legitim, diesen Streifen (er dient voraussichtlich sowieso zum Toleranzausgleich und wird damit am Schluss der Dachfläche hergestellt) mit einem anderen Verbindungmittel, z. B. Schrauben kraftschlüssig auf dem letzten Sparren und dem Rähmholz zu befestigen.

Eine Nebenbemerkung zu der Aussteifung der Dachfläche mit Stahl-Windrispen. Aufgrund mangelnder Kenntnis der Tragwerksplaner und gleichzeitig schlecht formulierter EDV-Standard-Ausdrucke verabschiedet sich diese Variante nur (zu) langsam aus der üblichen Baukonstruktion der Dachtragwerke. Wenn Windrispen als Teil der Aussteifung angesetzt werden (und es gibt durchaus Anwendungen, wo sie gut und leistungsfähig eingesetzt werden können), ist für den Anschluss an die Trennwand wichtig, dass im First- und Traufbereich jeweils die Befestigung mit dem Rähmholz der Wand und nicht nur mit dem letzten Sparren erfolgt. Hier besteht ein Unterschied in der als Scheibe betrachteten Dachfläche zu unserem auf Beplankung basierenden Detail. Auf die entsprechend in diesen Details notwendigen Anschlussflächen der Verbindungsmittel und Zusatzhölzer wird hier nicht eingegangen.

Scheibe Wand

Der Scheibennachweis der Wand ist jedoch meist einfach. Erstens weil eine satte, mehrlagige Beplankung vorhanden ist und zweitens weil die Trennwand fast immer als eine große, ungestörte Fläche herangezogen werden kann und die Wand somit statisch nur selten ausgenutzt ist – schon gar nicht im Dachbereich, wo sich die Lasten ja erst zu sammeln beginnen. Sofern also ein sauberer Nachweis der Lasteinleitung aus der Dachscheibe in die Wand geführt wurde, ist der größte Teil bereits geschafft. Doch auch hier ist noch Vorsicht geboten: Da die Wand am Kopf (= Rähm) keine relevanten Vertikallasten erhält (der letzte Sparren sitzt recht dicht daneben), ist eine Überdrückung der Randständer an der Traufe ggf. nicht nachweisbar. Je nach Elementierung der Trennwand muss dies bei der Verankerung der Wandenden berücksichtigt werden.

Vertikallasten in der Dachfläche

Neben der Scheibenwirkung der Dachfläche gibt es natürlich auch die Beanspruchung als Platte – also orthogonal zur Dachfläche. Eigengewicht, Schnee und Wind belasten die Dachfläche auf Biegung. Der letzte Sparren ist naturgemäß für die Vertikallasten „weicher“ als die Wand. Da er auch noch mit einer „Lücke“ zur Wand sitzt, kann sich eine Biegeverformung auch bemerkbar machen. Der im condetti®-Detail dargestellte 240 mm hohe Sparren bringt allerdings bereits eine recht hohe Steifigkeit mit. Erst bei ungewöhnlich großen Spannweiten, bei starker Windbeanspruchung oder in höheren Schneelastzonen kann sich in Feldmitte eine relevante Verformungsdifferenz ergeben. Eine sorgfältige Planung vorausgesetzt, ist hier jedoch kein Problem zu erwarten – ggf. kann der letzte Sparren konstruktiv einfach statt 60 mm auch 100 mm oder breiter gewählt werden. Die Gipsfaser- oder Faserzementplatte zwischen Sparren und Wandkopf gleicht hier die Verformung auch elegant aus, nur der Innenausbau sollte darauf reagieren können.

Die Metalllattung über der Brandwandachse hat wie bereits erläutert keine statische Funktion, sondern dient nur konstruktiv zur Ablastung der Dacheindeckung und Haltung der Mineralfaserdämmung als Brandwandpfropfen (s.o.).

Horizontale Haltung der Wand

Dass die Dachfläche ein horizontales Auflager für die Wand an deren Kopf darstellt ist selbstredend. Immer wieder wird aber auch die Diskussion geführt, ob die Wand auch im Brandfall durch die Dachfläche gehalten werden muss. Insbesondere vor dem Hintergrund, dass die Wand hohe Brandschutzanforderungen (90 Minuten Standsicherheit und Raumabschluss) zu erfüllen hat, stellt es einen scheinbaren Widerspruch dar, dass die Dachfläche nach MBO nur als B2-Bauteil (normal entflammbar) aber ohne Brandwiderstand ausgebildet werden darf. Unabhängig davon, dass die MBO einige dieser Widersprüche tatsächlich enthält: Im vorliegenden Fall sind alle relevanten Szenarien sicher abgedeckt.

Für die sogenannte Kaltbemessung (also ohne Brandeinwirkung) ergibt sich aus Dach- und Wandscheibe ein steifes Gesamttragwerk, das nur mit gegenseitiger Haltung funktioniert; allerdings nicht über die Trennwand hinweg.

Aus einem auf der Landesbauordnung basierenden Brandschutznachweis ohne verschärfende Randbedingungen rechtfertigt sich nicht, dass die Dachfläche die Wand auch im Brandfall halten muss. Für die Heißbemessung ist es daher legitim, dass das Dachtragwerk bereits nach relativ kurzer Zeit versagt, da keine darüber liegenden Aufenthaltsräume gefährdet werden. Der dem Brandereignis zugewandte Teil der Trennwand wird dann nicht mehr seitlich gehalten. Da dann aber der davon unabhängige andere Teil der Trennwand noch mit 90 Minuten Brandwiderstand vorhanden ist, wird das eigentliche Schutzziel (das Brandereignis bleibt über 1 1/2 Stunden mit ausreichender Sicherheit auf die eine Gebäudehälfte beschränkt) erfüllt.

Da die dargestellte Konstruktion der Dachfläche zusätzlich auch in fast allen gut geplanten und ausgeführten Fällen einen realen Brandwiderstand von mindestens 30 Minuten und mehr aufweist, ist auch die Frage der seitlichen Haltung der Wand robust sichergestellt. Es empfiehlt sich, den Nachweis des konstruktiven Brandschutzes für die Dachfläche und für die Wand dazu ausführlich zu beschreiben und dabei nach dem durch die Bauordnung geforderten und real umgesetzten Brandwiderstand zu unterscheiden.

Abb. 6: Gebäudeabschlusswand und Brandersatzwand auf real geteilten Grundstücken

Konstruktion und Montage

Gebäudeabschlusswände als Gebäudetrennwände hatten wir bereits in früheren Ausgaben betrachtet. Mit dem Fokus auf das Bauteil Außenwand in Ausgabe 3/2000, in den Ausgaben 1/2002 und 2/2002 wenn diese horizontal zueinander versetzt sind. In Heft 5/2003 waren es die höhenversetzten Dachflächen einer vertikal verspringenden Gebäudetrennwand, die in aktualisierter Form im Kompendium Condetti & Co. 3. abgedruckt sind.
Mit dem diesmaligen condetti-Detail wenden wir uns dem Standardfall einer Gebäudetrennwand zu, die aus deckungsgleichen Gebäudeabschlusswänden bestehen. Gegenüber den vorherigen Ausgaben zu diesem Thema sind diesmal vor allem Erkenntnisse aus den Untersuchungen zum Schallschutz eingeflossen.

Wer die Wahl hat …

Für Gebäudeabschlusswände, häufig im Holzbau auch als F 30-B/F 90-B Wände bezeichnet, sind neben der Lösung nach DIN 4102-4 auch Systeme mit allgemeiner bauaufsichtlicher Zulassung auf dem Markt verfügbar. Diese lassen sich in zwei Arten von Gebäudeabschlusswänden unterscheiden:

- solche, die ähnlich der DIN-Konstruktion mit zwei Lagen nicht brennbaren Gipskarton- oder Gipsfaserplatten (mindestens Baustoffklasse A2) auf der Wandaußenseite funktionieren und
- solche, die aus Brettsperrholz je nach Zulassung ein- oder zweilagig mit brandschutztechnisch wirksamen Bekleidungen versehen werden sowie
- solche, die mit speziellen Bauplatten und einem hohen Zementanteil mit nur einer Plattenlage hergestellt werden dürfen.

Besonders bei den einlagigen Systemen kommt der Fugenausbildung der Beplankung aus Brandschutzgründen eine entsprechend große Bedeutung zu. Da eine überlappende oder gegenseitig verfalzte Fugenausbildung nicht möglich ist, ist eine maßlich äußerst präzise Herstellung der Elemente besonders wichtig, um die Elementfugen brandschutztechnisch sicher ausbilden zu können. Die Konstruktions- und Detailhinweise der Hersteller sind zwingend zu beachten. Aus Platzgründen müssen wir an dieser Stelle darauf verzichten.

Während bei der normgerechten Herstellung von Gebäudeabschlusswänden als Dämmstoff nur die Baustoffklasse A verwendet werden darf, gibt es bei den zugelassenen Systemen mittlerweile auch die Möglichkeit andere Dämmstoffe zu verwenden (z.B. Zellulose, Homatherm) oder solche der Baustoffklasse „mindestens B2“. Für die hier beschriebenen Montagefolgen haben wir uns auf die Darstellung einer Ausführungsart beschränkt: Gipsbasierte Bauplatten mit einem nichtbrennbaren Mineralfaserdämmstoff.

Haus links …

… ist weitgehend montiert; die Gebäudetrennwand des obersten Geschosses ist im Lot, mit Schiebestützen gesichert und die Befestigungen am Wandfuß und an den beiden Außenwänden hergestellt. Auch die Dachelemente des linken Gebäudes sind verlegt, so dass die vorgesehene Montagefuge von 60 mm Breite mit Dämmstoffstreifen gleicher Dicke über die gesamte Gebäudebreite lückenlos ausgefüllt werden kann (MF 1-1).

Anschließend kann die Dachscheibe an das Rähm der aussteifenden Gebäudetrennwand kraftschlüssig angeschlossen werden. Da MDF-Platten in Dicken von 15 oder 16 mm am Markt sind, empfiehlt sich die Verwendung von 15 mm dicken Streifen aus Gipskartonfeuerschutzplatten oder Gipsfaserplatten – sinnvollerweise aus dem gleichen Material, das für die Außenseite (Fugenseite) der Trennwand verwendet wurde (MF 1-2).

… und Haus rechts

Zwischenzeitlich werden die Bauteile des rechts anschließenden Gebäudes montiert: die Gebäudeabschlusswand (MF1-4) und die Dachelemente (MF 1-5). Dann folgen die gleichen Montageschritte wie 1 und 2 bei dem linken Gebäude. Zwischen den nun spiegelbildlich vorhandenen Wänden haben wir eine 150 mm breite Lücke gelassen, die vor allem dem Schallschutz im tieffrequenten Bereich zugute kommt.

Bei der hier gewählten Variante mit zwei Lagen Gipsplatten ist eine flächige Belegung der Trennwandfläche mit Dämmung nicht erforderlich; in jedem Fall und unbedingt jedoch für den gesamten Randbereich. Die exemplarisch dargestellte Fugendämmung aus 160 mm dicken Dämmstreifen (inkl. 10 mm Übermaß) entlang des Ortgangs (MF 2-1) muss sinngemäß über die komplette Außenwandhöhe von der Traufe bis zum Sockel fortgeführt werden.

Während diese Maßnahmen auf der Außenseite erfolgen, kann auf der Raumseite mit den weiteren Arbeiten begonnen werden. Dazu sind zunächst die seitlichen Ränder der luftdichtenden Dampfbremsbahn mit geeigneten Klebematerialien (aus der Kartusche) gemäß DIN

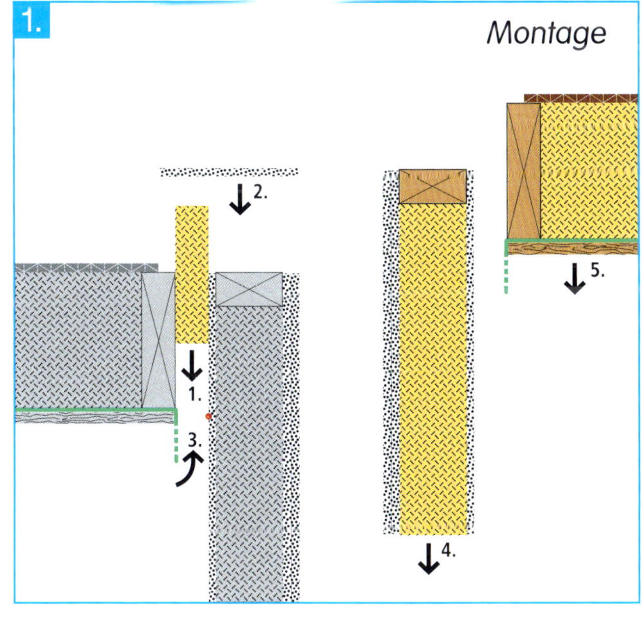

4108-7 auf den staubfreien Beplankungslagen zu befestigen (MF 1-3).

Verbindende Elemente

Zum Schutz der beiden Plattenstreifen aus Gipswerkstoff- oder Gipsfaserplatten am Kopf der Gebäudetrennwände und auch zur Herstellung der Luftdichtheit wird eine diffusionsoffene Feuchteschutzbahn angebracht. Damit diese zuverlässig funktioniert, wird vor ihrer Anbringung eine Klebeschnur aus der Kartusche entlang des MDF-Plattenrands aufgebracht (MF 2-2) und mit den Konterlatten dauerhaft gesichert (MF 2-3).
Danach können die beiden Dachflächen mit der Lattung für die Dacheindeckung (hier: konventionelle Betondachsteine) versehen werden (MF 2-4). Dabei ist darauf zu achten, dass die Lattung auf der jeweils ersten bzw. letzten Konterlatte endet und keinesfalls über die beiden Gebäudeabschlusswände hinwegläuft.
Der Bereich über den Trennwänden und zwischen den beiden Konterlatten muss nun mit einem geeigneten Dämmstoff ausgefüllt werden (MF 2-5). Am besten geeignet sind Steinwolle-Produkte, die die Anforderungen „nicht-brennbar / Baustoffklasse A“ und „Schmelzpunkt ≥ 1.000° C“ sowie die Mindestrohdichte von 30 kg/m³ sicher erfüllen.
Bei der Verwendung von Fermacell-Gipsfaserplatten (innen 12,5 mm, außen 2 x 18 mm) ist durch das Prüfzeugnis Z-19.32-2254 auch der Einsatz von Zellulosefasern möglich (wie im Hauptdetail rechts gezeigt).
Die Dicke des Dämmstoffs muss so gewählt werden, dass er bis zur Unterkante der Dachhaut (= Dachziegel) reicht. Ein bestimmtes Übermaß bei der Wahl der Dämmstoffdicke ist daher erforderlich.

Das Finish

Als Lattung für die Dacheindeckung im Bereich der beiden Gebäudeabschlusswände muss ein nicht brennbares Material verwendet werden. Hier können sowohl U-förmige Profile, wie sie aus dem Trockenbau bekannt sind (z.B. CD-Profil) oder gekantete Blechwinkel (Blechdicke ca. 2 mm) Verwendung finden. Die Metalllattung kann einfach von oben auf die beiden seitlichen Lattenenden aufgeschoben werden (MF 3-1). Die Dämmung ist so anzupassen, dass sie nicht zusammengedrückt wird und ein Hohlraum zur Ziegelunterkante entstehen kann. Die Verwendung von L-förmigen Blechwinkeln erscheint daher sinnvoller, da nur jeweils eine Fuge in dem Dämmstreifen erforderlich ist, um den Blechschenkel einschieben zu können.
Wird die Metalllatte – unabhängig davon ob CD-Profil oder Blechwinkel – nur auf einer Gebäudeseite befestigt (MF 3-2), ist eine vollständige Trennung der Metalllatten im Bereich der Gebäudefuge nicht erforderlich. Das Eigengewicht der nachfolgenden Dacheindeckung (MF 3-3) ist üblicherweise ausreichend groß, um die einseitige Befestigung zu favorisieren; eine beidseitige Befestigung hat einen nachteiligen Einfluss auf den Schallschutz.
Zwischenzeitlich sind auf der Raumseite die Gipswerkstoffplatten an der Lattung unterhalb der Sparren angebracht (MF 2-6) und die Papierfugendeckstreifen am Übergang von Dachfläche zu Wandfläche eingespachtelt.
Mit dem Einzug dürfte sich der Baulärm gelegt haben und die Geräuschkulisse der Nachbarn nicht mehr stören. ■

Literaturhinweise

[DEGA 103:2009] DEGA-Empfehlung 103 „Schallschutz im Wohnungsbau – Schallschutzausweis“, Fassung 03/2009, Deutsche Gesellschaft für Akustik e.V., Berlin 2009 – Internet: www.schallschutzausweis.de

[LSW 2004] Labor für Schall- und Wärmemeßtechnik GmbH: Optimierung des Holzbaus durch Verbesserung der Wandkonstruktionen, AiF-Forschungsvorhaben 12930 N, Stefanskirchen 2004.

[ifo hhb 3-3-4] Informationsdienst Holz (Hg.): Schallschutz Wände und Dächer. Holzbau Handbuch Reihe 3, Teil 3, Folge 4., (HAF) 08-2004 .

[VDI 4100: 1994] Verein deutscher Ingenieure: Schallschutz von Wohnungen - Kriterien für Planung und Beurteilung; September 1994

[ifo hhb 3-3-1] Informationsdienst Holz (Hg.): Schallschutz im Holzbau – Grundlagen und Vorbemessung. Holzbau Handbuch Reihe 3, Teil 3, Folge 1, 03-2019.

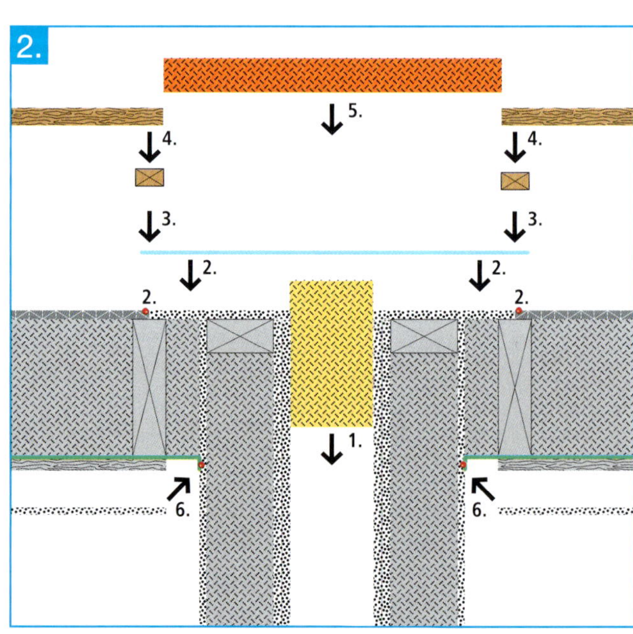

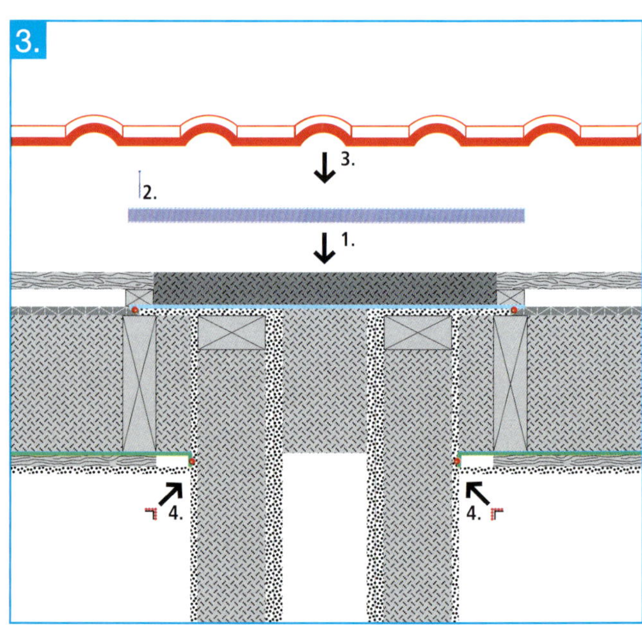

OMEGA PoBit Plus Sprühpaste

OMEGA Pobit PLUS ist eine sprühbare Dichtpaste mit hohem Haftvermögen auf fast allen Untergründen. Die Abdichtung kann gegen Feuchtigkeit bei frei ablaufendem Wasser eingesetzt werden. Auch der Einsatz als sprühbare Dampfbremse mit der Funktion als Luftdichtheitsschicht ist damit möglich. Durch die Sprühapplikation erspart man sich eine umständliche Werkzeugreinigung und kann auch bei schwer zugänglichen Stellen schnell abdichten.

Als Untergründe sind typische Gegebenheiten im Hoch und Tiefbau wie z.B. Holz, Beton, Mauerwerk, Holzwerkstoffplatten, Metall und Fließklebebänder geeignet. Nach bereits kurzer Trocknungszeit ist das Material regenfest und kann auch überputzt bzw. überklebt werden.

VORTEILE:

+ SCHNELLE VERARBEITUNG – WENIG AUFWAND FÜR WERKZEUGREINIGUNG
+ LUFTDICHT UND RISSÜBERBRÜCKEND
+ WASSERFEST UND DICHT AUCH IN KRITISCHEN BEREICHEN WIE FENSTERBANK UND BODENNÄHE
+ ÜBERPUTZ- UND ÜBERSPACHTELBAR
+ HAFTUNG AUF FAST ALLEN BAUÜBLICHEN UNTERGRÜNDEN

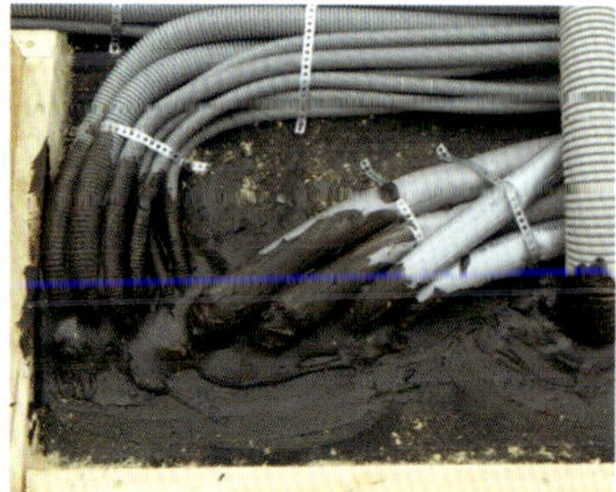

Anwendungsbeispiele OMEGA PoBit Dichtpaste

Alter Fuß in neuen Schuhen

Sanierung eines Fachwerksockels auf der Wetterseite

Fachwerksockel

Nachdem nun ein Jahr vergangen ist, beschäftigen wir uns erneut mit einem Fachwerkgebäude.
Der Ausgangspunkt liegt diesmal darin, dass die Schwelle einer stark wetterbeanspruchten Giebelwand stark zerstört und ein abschnittsweise vollständiger Austausch unumgänglich ist. Da die starke Wetterbeanspruchung auch zukünftig von der Fachwerkwand kaum zu meistern sein wird, haben wir eine Vorhangfassade vorgesehen. Während wir im condetti-Detail von Heft 5/2005 die Möglichkeiten einer nachträglichen Innendämmung erläutert haben, behandeln wir in dieser Ausgabe die bauphysikalisch vorzuziehende Variante der Außendämmung.

Ähnlich verhält es sich mit dem Brandschutz von Fachwerkgebäuden. Klassifizierte Aufbauten mit Angabe der Feuerwiderstandsdauer sind in DIN 4102-4 nicht enthalten. Da wir uns bereits im condetti® der Ausgabe 5/2005 mit brandschutztechnischen Anforderungen bei Fachwerkbauten beschäftigt haben und in Ausgabe 4/2006 ein separater Artikel zur Thematik erschien, sind wir auf brandschutztechnische Aspekte nicht weiter eingegangen.

Wenn es um die Sanierung eines Fachwerkgebäudes geht, ist man als stolzer Eigentümer einer solchen Immobilie in der vorherrschenden Meinungsvielfalt nahezu verloren. Über allem schwebt das Damoklesschwert der negativen Erfahrungen, als man alleine durch die Wahl der Fassadenbeschichtung (Latexfarbe, kombiniert mit einer umlaufenden Silikonabspritzung der Gefache) einen Großteil der so beschichteten Fassaden schwer geschädigt, wenn nicht sogar teilweise zerstört hat. Hierdurch wurden die Sinne aller Beteiligten dafür, was passieren kann, wenn Holzkonstruktionen über einen längeren Zeitraum einer zu hohen Feuchtebelastung ausgesetzt sind, in erheblichem Maße geschärft.
Und da die energetische Ertüchtigung einer Außenwand den Wärmeverlauf innerhalb der Konstruktion, sei es durch Außen- oder Innendämmung, erheblich beeinflusst, ist man sehr vorsichtig, weil die bauphysikalischen Zusammenhänge nicht klar sind.

Feuchteschutz ist Holzschutz

Nun muss aber die das Holz schädigende Feuchtigkeit nicht unbedingt von innen kommen. Einer Gebäudeaußenwand kommt nun einmal die Aufgabe zu, vor Wind und Wetter zu schützen. In diesem Sinne hat gerade die Fassade der „Wetterseite" Höchstleistungen zu vollbringen. Kann das Wasser nicht ordnungsgemäß abgeleitet werden, führt dies unweigerlich früher oder später zu einer Zerstörung der Holzbauteile. Die Schwelle, als unterstes Bauteil einer sichtbaren Fassade, trägt damit ein besonders hohes Risiko der Zerstörung.
Eine sich nach und nach zersetzende Schwelle führt zumindest Auflagersenkungen der auf ihr ruhenden Pfosten nach sich und ist daher auch aus statischer Sicht ein wichtiges Bauteil. Und muss die Schwelle saniert oder gar ausgewechselt werden, darf die Standsicherheit des Gebäudes zu keinem Zeitpunkt gefährdet werden.

Schall- und Brandschutz

Je nach verkehrstechnischer Lage des Gebäudes bestehen zusätzliche Anforderungen an den Schallschutz der Außenwände. Das Schallschutzmaß lässt sich, im Vergleich zum U-Wert einer Konstruktion, leider nicht exakt bestimmen, sondern bestenfalls rechnerisch abschätzen.

Denkmalschutz

Steht das Gebäude zusätzlich unter Denkmalschutz (oftmals handelt es sich bei dem Gebäude nicht um ein Baudenkmal, es besteht allerdings Ensembleschutz), werden konservative Lösungen angestrebt; eine kontroverse Diskussion mit der Denkmalpflege soll weitgehend vermieden werden.
Hiervon haben wir uns im vorliegenden Detail versucht frei zu machen: das technisch Machbare wollen wir vorstellen, die Umsetzung obliegt dem Bauherren. Der Ausspruch „Das haben wir schon immer so gemacht" darf uns nicht daran hindern, unter den aktuellen Rahmenbedingungen der technischen Regelungen auch einmal ausgetretene Pfade zu verlassen.
Der damit einhergehende Aufwand (Austausch der Fensterbänke, Modifikation der Fensterleibungen, Vergrößerung der Dachüberstände etc.) ist von allen zu bestreiten, die ein vorhandenes Gebäude mit einer Außendämmung nachträglich versehen möchten.
Das condetti-Team freut sich über Ihre Meinung zum vorliegenden Umsetzungsvorschlag.

Autoren:
Robert Borsch-Laaks
E.u. Köhnke
Holger Schopbach
Gerhard Wagner
Helmut Zeitter

Feuchteschutz ist Schlagregenschutz

Bei kaum einer Bauweise werden Fragen des Feuchteschutzes so kontrovers diskutiert wie beim Fachwerk. Die einen fürchten Tauwasserrisiken bei Innendämmungen, die anderen mahnen den Schlagregenschutz der Fassade an, und die dritten sorgen sich um Feuchte aus dem Untergrund. Unsere diesmalige Aufgabenstellung, Sanierung am Sockelpunkt einer Wetterseite, hat das Hauptproblem bereits mitgeliefert: eine verfaulte Schwelle bei einer vor Jahren freigelegten Fachwerkwand. Da Feuchteschutz immer auch gleich Holzschutz ist, werden wir nach einer Lösung suchen müssen, mit der die notwendig gewordene aufwändige Schwellensanierung langfristig geschützt wird.

Abb. 1: *Außen gedämmte Giebelwand eines Fachwerkhauses in Kassel*
Foto: Rainer Wendorff

Wir haben ein Problem ...

Die letzten Jahrzehnte der Bauforschung zu Sanierung und Erhalt von alten Fachwerken sprechen bautechnisch eine klare Sprache:

- Fugen zwischen Ausfachungen und Holztragwerk sind unvermeidlich
- Für die Verhinderung holzzerstörender Fäulnisbildung ist der Schlagregenschutz von zentraler Bedeutung
- Wenn ein Sichtfachwerk auf der Wetterseite vorgesehen wird, wird ein ganzes Bündel von konstruktiven Schutzmaßnahmen und vor allem eine dauerhaft gesicherte Wartung erforderlich.

In den technischen Regeln (z.B. in WTA-Merkblättern) ist festgeschrieben, dass nur in der Schlagregengruppe 1, d.h. bei weniger als 140 l/m² jährlicher Schlagregenbelastung, Sichtfachwerke einigermaßen sicher umsetzbar sind.

... und schauen uns um

In der Praxis besteht aber das kaum lösbare Problem, die Schlagregenbelastung korrekt zu erfassen. Außer bei Forschungsprojekten kann kaum erwartet werden, dass eine Vorort-Messung durchgeführt wird. Darüber hinaus liefert eine einzelne Schlagregenmessstelle selten Gewissheit darüber, ob die Belastungen an anderen Stellen vergleichbar sind. Hilfreich ist eher, sich in der Nachbarschaft mit offenen Augen umzusehen und zu prüfen:

- Sind vergleichbar orientierte Wände bekleidet oder verputzt?
- In welchem Zustand sind Sichtfachwerke?

Wenn, wie beim vorliegenden Beispiel, bereits heftige Schäden der entscheidenden Traghölzer (Schwelle und Fußpunkte der hierauf stehenden Pfosten und Streben) vorgefunden werden, dann sollten beim Planer sämtliche Alarmlampen angehen. Es gilt nachzuforschen, wann die letzten Sanierungs- und Wartungsarbeiten gemacht wurden bzw. ob besondere Baufehler vorlagen. Abb. 2 zeigt ein drastisches Negativbeispiel.

Sicher kann man durch spezielle Handwerkstechniken und geeignete Materialwahl die Risiken minimieren (s. Heft 5/2005 und 4/2006). Es ist jedoch schriftlich festzuhalten, ob nach den Regeln der Technik im betreffenden Fall eine Sichtfachwerklösung überhaupt verantwortbar ist. Dem Bauherrn sollte klarer Wein bezüglich des Instandhaltungsaufwands eingeschenkt werden.

Die Entscheidung

Angesichts von Vorgeschichte und Exponiertheit der Fassade haben wir die bautechnischen Kriterien in den Vordergrund gestellt. Daher haben wir uns für die Variante entschieden, die in bautechnischer Hinsicht nur Vorteile bringt – eine Außendämmung mit Vorhangfassade:

- Zusätzlicher Wärmeschutz ohne Wohnflächenverlust und damit Verbesserung des Wohnklimas
- Die Bestandteile des Tragwerks und die Gefache liegen allesamt im warmen und damit trockenen Bereich des Konstruktionsquerschnitts

Abb. 2: *Stark zerstörte Schwelle*
Foto: IB Wagner Zeitter

Abb. 3: Wettereinfluss nach vielen, vielen Jahren
Foto: Holger Schopbach

- Diffusionstechnisch gibt es keine Probleme und die Luftdichtheit ist relativ einfach herzustellen.

Dass damit in vielen Fällen eine Auseinandersetzung mit der Denkmalpflege einhergeht, ist uns bewusst. Aber genau solch eine Diskussion wird in vielen Fällen zu selten geführt.

Abb. 4: Fassadenmix an einem Fachwerkhaus
Foto: Holger Schopbach

Vorhangfassade, die sichere Lösung

Die Verschalung oder Verschindelung von wetterbeanspruchten Fachwerkfassaden ist genauso eine traditionelle Bauweise, die „Denkmalschutz“ verdient, wie das Zeigen von Sichtfachwerk an den unproblematischen Gebäudeseiten. Insofern ist der Abriss einer alten Vorhangfassade zum Zweck der Freilegung des Fachwerks eine Maßnahme, die in mehrfacher Hinsicht äußerst bedenklich sein kann:

Für eine Bekleidung hat es in der Geschichte des Gebäudes meist gute Gründe gegeben. Wenn nicht gleich zu Beginn, so sind doch viele oft schon vor Jahrzehnten angebracht worden. Auch früher war der hohe Wartungsaufwand für Schlagregen exponierte Sichtfachwerke nicht nur arbeits-, sondern auch kostenintensiv – bei den heutigen Lohnkosten erst recht.

Es wäre ein Missverständnis des Denkmalschutzgedankens, wenn die Schutzmaßnahmen vorheriger Eigentümergenerationen missachtet werden, nur damit ein Bauensemble an optischem Reiz gewinnt.

Vorhangfassade, die schöne Lösung

Auch Vorhangfassaden können „schön“ sein, insbesondere dann, wenn sie mit traditionellen Techniken ausgeführt werden. Sei es die Schieferbekleidung im Bergischen Land, der Biberschwanz in Franken, die Holzschindeln im Odenwald oder der Hohlpfannenbehang in Niedersachsen etc. ... jede Region hat typische Wetterschutzbekleidungen. Diese erlauben es Denkmäler in einer Art und Weise zu erhalten, die für die heutigen Bauherren bezahlbar bleibt.

In diesem Sinne mag ein jeder die symbolhaft dargestellte Vorhangfassade in unserem Hauptdetail in ortstypischer Weise gestalten und sicher auch in der Nachbarschaft überzeugende Beispiele finden, die in die Diskussion mit der Denkmalbehörde eingebracht werden können.

Bautechnisch gesehen unterscheidet sich eine moderne Vorhangfassade von ihren traditionellen Vorgängern nur in ihrem „Innenleben“. Statt einer einfachen Lattung ist eine Unterkonstruktion anzubringen, die Raum für die außen liegende Wärmedämmung schafft. Feuchtetechnisch ist hier nur eine zweite (potentiell) wasserführende Ebene als Abdeckung der Dämmebene zu ergänzen (im einfachsten Fall eine diffusionsoffene Unterspannbahn oder auch eine MDF- oder Holzfaserdämmplatte).

Was tun gegen die Dampfkonvektion?

Diffusionstechnisch erzeugen alle Außendämmungen, ganz gleich mit welchem Dämmstoff, keine Probleme. Die vorhandene Fachwerkwand hat auch auf ihrer Außenseite ein Temperaturniveau, bei dem Tauwasserbildung bei den heute üblichen Dämmstärken ausgeschlossen ist.

Und was ist mit der Konvektion? Sockelpunkte werden, da sie an der tiefsten Stelle des Gebäudes liegen, durch winterliche Thermik stets von außen nach innen durchströmt. Eindringende Außenluft wird sich immer auf dem Weg nach innen erwärmen und deshalb nie auskondensieren können – selbst dann, wenn draußen Nebelwetter herrscht (vgl. hierzu Artikel „Risiko Dampfkonvektion“ in condetti & Co. Bd. 3). Gleichwohl gilt es, den „Kaltluftsee“ im EG zu vermeiden (s. Abschnitt Wärmeschutz).

Feuchteschutz am Sockel

Sockelpunkte sind feuchtetechnisch neuralgische Punkte. Insbesondere dann, wenn Hölzer darauf stehen oder liegen. Verschärfend kommt bei unserer Bestandsituation hinzu: das Gebäude ist nicht unterkellert und das Erdreich reicht bis an die Schwellhölzer der Wände und Lagerhölzer des Dielenfußbodens (Abb. 6).

In punkto „aufsteigende Feuchte“ können wir davon ausgehen, dass am Standort weder drückendes Wasser noch hohe Grundwasserstände zu befürchten sind. Aber aus dem Erdreich kann Wasser durch Verdunstung über die gesamte Bodenfläche nach oben transportiert werden. Um diesen Diffusionsprozess so weit zu unterbinden, dass oberhalb angeordnete Hölzer und Holzwerkstoffe nicht geschädigt werden, haben wir eine Folie unter der Fußbodendämmung eingeplant.

Woher kommt die Bodenfeuchte ...

Neben dem Grundwasserniveau hat vor allen Dingen die Oberflächenfeuchte, sprich Regen, Einfluss auf die Höhe der Bodenfeuchte. Westseiten sind durch ablaufenden Schlagregen zusätzlich belastet. Das Austrocknungspotenzial durch Sonneneinstrahlung wird vielfach durch Büsche und Stauden minimiert. Drainagen und Vertikalsperren fehlen in der Regel. Aber schon die „normale“ Bodenfeuchtigkeit kann für darüber liegende Hölzer und Holzwerkstoffplatten schäd-

Abb. 5:
Nach Sanierung erneut geschädigte Schwelle
Foto: Rainer Wendorff

lich sein. Wie in unserem Detail zu Holzbauten mit Kriechkeller *(Heft 5/2005)* näher erläutert und mittlerweile in der Holzschutznorm [DIN 68 800-2:2012] verankert, hilft hier zuverlässig, eine stark dampfbremsende Bahn auf dem Untergrund der Dämmschicht.

An dieser, und eigentlich nur an dieser Stelle, halten wir einen s_d-Wert dieser Folie von 20 m und mehr für den Holzschutz zuträglich. Sprich: Schon eine lose verlegte, normale 0,2 mm PE-Folie ist hier ausreichend. Da keine nennenswerte Luftströmung aus dem Boden erfolgen kann, muss diese Folie auch nur vollflächig verlegt und nicht verklebt werden *(s. Heft 4/2005)*, wenn aufsteigendes Wasser durch eine kapillarbrechende Schicht verhindert wird.

... und wohin geht sie?

Fundamentsockel unter alten Fachwerkhäusern bestehen meist aus unregelmäßig geformten Bruchsteinen (mit mehr oder weniger fachgerechten Ausbesserungen), siehe Abb. 5. Dennoch funktioniert der Feuchtehaushalt des Stein-Mörtel-Gemenges ausreichend solide, sonst würde das Fachwerkhaus nicht mehr stehen.

Heute ist bekannt, dass durch Mörtelschichten getrenntes Mauerwerk keine aufsteigende Feuchte über mehr als ein paar Steinreihen hinweg transportieren kann (vgl. [Künzel, H. 2004]). In gleicher Weise wirken auch die Schichtung und der Versatz im Bruchsteinmauerwerk, solange die kapillaren Übergangswiderstände an den horizontalen Lagerfugen nicht durch ein größeres zusammenhängendes Mörtelgerüst umgangen werden.

Wenn holzzerstörende Gefährdungen der Schwelle nicht aus aufsteigender Feuchte im Mauerwerk stammen, ist auch eine Bitumenpappe als Trennlage überflüssig. Sie kann sogar schädlich sein, wenn Sie in der Praxis zur „Badewanne" für ablaufendes Schlagregenwasser wird.

Was ändert die Außendämmung?

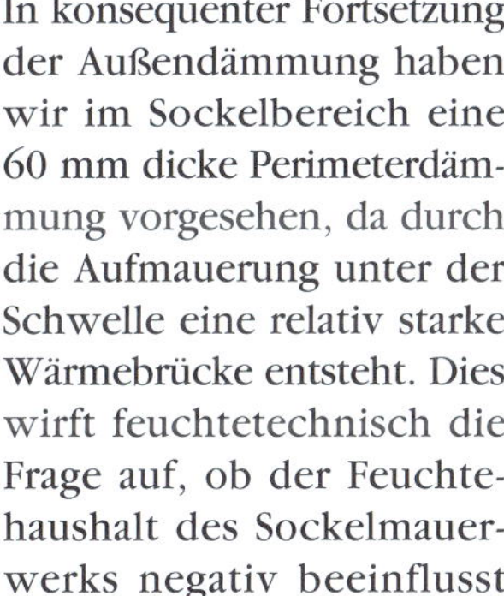

In konsequenter Fortsetzung der Außendämmung haben wir im Sockelbereich eine 60 mm dicke Perimeterdämmung vorgesehen, da durch die Aufmauerung unter der Schwelle eine relativ starke Wärmebrücke entsteht. Dies wirft feuchtetechnisch die Frage auf, ob der Feuchtehaushalt des Sockelmauerwerks negativ beeinflusst wird.

Üblicherweise werden für Perimeterdämmungen Produkte aus XPS-Hartschaum verwendet ($\mu = 80$, ergibt $s_d = 5{,}00$ m). In der Tat kann ein solch hoher Diffusionssperrwert die Abtrocknung von Bodenfeuchte, die in das Sockelmauerwerk gelangt ist, stark behindern. Alternative hierzu: Hydrophobierte Steinfaserdämmplatten, denn diese sind diffusionsoffen.

Und was ist mit dem Zementputz, der üblicherweise als Sockelputz bei WDVS verwendet wird? Zementputze sind in hohem Maße sperrend gegenüber flüssigem Wasserdurchtritt. Aber für gasförmiges Wasser, also Dampf, haben sie keine absonderlich hohe Sperrwirkung (siehe Tabelle 1).

Ein s_d-Wert von 0,5 m für 20 mm Zementputz liegt noch im Bereich dessen, was in DIN 4108-3 als diffusionsoffen klassifiziert wird.

Es wird wärmer

Die Betrachtung von Materialkennwerten ergibt nur die halbe bauphysikalische Wahrheit. Für den Wassertransport per Diffusion ist als zweites das Dampfdruckgefälle verantwortlich, und dieses ist i.d.R. temperaturabhängig. Das bedeutet für den Sockelpunkt konkret:

Wie der Isothermenverlauf in Abbildung 7 zeigt, befindet sich der gedämmte Sockel auf einem ca. 20% höheren Temperaturniveau als der ungedämmte. Zumindest in der feuchten Jahreszeit (Winter) besteht somit ein deutlich höheres Dampfdruckgefälle zur Außenluft hin.

Welche Effekte quantitativ dominieren, ist nur mit zweidimensionaler hygrothermischer Simulation zu erfassen. Solche Untersuchungen gibt es bislang nicht. Hinweise finden sich allerdings im dritten Teil der Artikelserie „Tauwasserschutz 2D" in *Heft 1/2007.*

Abb. 6:
Ist-Zustand unseres condetti-Themas

Tabelle 1: μ-Werte und s_d-Werte von Putzschichten

	μ [-]	Putzdicke [m]	s_d-Wert [m]
Kalkputz	7	0,02	0,14
Sanierputz	12	0,02	0,24
Kalkmörtel	15	0,02	0,30
Kalkzementputz	19	0,02	0,38
Zementputz	25	0,02	0,50

Wärmeschutz und Luftdichtung

Holzhausbauer sind es heute gewöhnt, Volldämmungen in Ständerwerke mit mindestens 160 mm Tiefe einzubauen. Zur Verringerung der Wärmebrückeneffekte durch die Holzanteile werden außen z.B. Wärmedämmverbundsysteme oder innen gedämmte Installationsebenen ergänzt.
Lässt sich dies auf die wärmetechnische Sanierung einer alten Fachwerkwand übertragen? Gibt es Grenzen, die durch Bauphysik oder Optik der Fassade gesetzt werden? Wie ist die Luftdichtheit des Bestandes zu bewerten? Was muss getan werden, um im Zuge der Schwellensanierung auch gleich den fehlenden strömungsdichten Anschluss an das Sockelmauerwerk herzustellen?

Vom Fachwerk zum modernen Holzbau?

Betrachten wir noch einmal die Bauaufgabe: Es geht um die Sanierung einer stark geschädigten Westfassade. Wenn die Sanierung so weit gehen muss, dass die Gefache entkernt werden, dann spricht bauphysikalisch überhaupt nichts dagegen, aus dem alten Fachwerk einen modernen Holzbau zu machen. Und das geht ganz einfach:

- Innenseitige Beplankung mit OSB-Platten (lässt sich mit bekannten Techniken und Materialien auch bestmöglich luftdichten)
- Volldämmung der Gefache, am einfachsten mit Einblasdämmstoff
- Außenseitig eine Unterfassade aus dämmenden Holzfaserplatten
- Am Ende eine Vorhangfassade und fertig.

Da bei unserem Beispielobjekt die vorhandenen Ausfachungen weitgehend erhalten bleiben konnten (und sollten), wandert der Wärmeschutz (aus feuchtetechnischen Gründen, s.o.) auf die Außenseite des Tragwerks. Es ist vergleichsweise einfach, an ein altes Holztragwerk einen hölzernen Vorsatzrahmen zu schrauben, dabei evtl. Unebenheiten und Schiefstellungen der alten Wand auszugleichen und einen handwerklich soliden Untergrund für die Vorhangfassade zu schaffen. Wenn die Dachüberstände am Giebel nicht reichen, kann im Bereich der Lattenebene mit vergleichsweise geringem Aufwand eine Verbreiterung erfolgen.

Wie dick soll die Dämmung sein?

Es gibt in der EnEV keinerlei Ausnahmeregelungen, wenn es um die Sanierung von Fachwerkwänden mit einer Außendämmung und Wetterschutzbehang geht.
Konkret: Die EnEV fordert eine äquivalente Dämmdicke von 167 mm (U-Wert ≤ 0,24 W/m²K). Die vorhandene Fachwerkwand bringt bis zu 25 mm Dämmdicke in die Rechnung ein. Unter Berücksichtigung der Holzanteile in der Vorhangkonstruktion ergibt sich die im Hauptdetail gewählte Zusatzdämmstärke von 60 mm. Weitere Verbesserungen bis hin zum Niedrigenergiestandard sind technisch kein Problem.

Artgerecht gedämmt

Alte Fachwerkwände sind stets krumm und schief. Deshalb sind Vorsatzschalen mit diffusionsoffener Beplankung und Einblasdämmstoffen besonders leicht in der Lage, Hohlräume lückenlos zu füllen. Wird, wie im vorliegenden Fall, die „Sparvariante" mit einer äußeren Folienabdeckung gewählt, sollten Faserdämmstoffe so eingesetzt werden, dass Hinterströmungen zwischen Dämmung und alter Fachwerkwand vermieden werden (ggf. mit Übermaß einbauen und komprimieren).
Bei den Besitzern und Restauratoren alter Fachwerkhäuser sind meist „natürliche" Baustoffe gefragt. Das in Qualität und Angebot gewachsene Marktspektrum an Dämmstoffen aus nachwachsenden Rohstoffen erlaubt problemlos den Einsatz von Holzfaser, Flachs, Hanf o.Ä. hinter der Vorhangfassade.

Ästhetik kontra Wärmeschutz?

In Fachwerkhäusern finden wir typischerweise verhältnismäßig kleine Fenster, die relativ weit außen im Konstruktionsquerschnitt angeordnet sind (dies war aus Sicht des Holzschutzes noch nie eine besonders großartige Erfindung). Dennoch gilt es zu bedenken, dass eine ca. 200 mm dicke Vorhangkonstruktion ein erhebliches Verschattungsproblem erzeugt. Wenn gleichzeitig die Sanierung der Fenster ansteht, sollte über eine neue Position nachgedacht werden.
Außen auf dem alten Tragwerk ist bauphysikalisch eine günstige Position, die einen besonderen gestalterischen Charme hat. Die heute üblichen, sehr breiten Fensterblendrahmen passen nicht zur Fachwerkoptik und bringen großen Lichtverlust.
Bei Montage vor der alten Fachwerkebene lässt sich ein guter Teil des Blendrahmenquerschnittes in der Vorhangkonstruktion „verstecken". Hierdurch wird der Lichteinfall um 10 bis 20% vergrößert, der Wärmebrückeneffekt minimiert und die äußere Fensternische auf eine (fast) normale Tiefe gebracht.
Wir werden uns in einem späteren condetti®-Detail damit näher beschäftigen.

Abb. 7: Zweidimensionale Wärmebrückenberechnung mit THERM 5.2: Verdichtung der Isothermen am Sockel zeigt starke Wärmebrücken (linkes Bild. Rechts: Lösung mit Perimeterdämmung)

Fachwerksockel ohne/mit Perimeterdämmung

Ohne PD: $\psi_{außen}$ = 0,12 W/mK
Mit PD: $\psi_{außen}$ = 0,03 W/mK

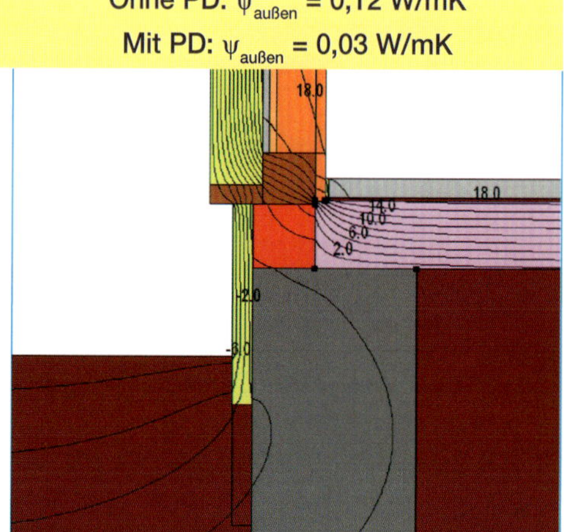

Fachwerksockel *Außendämmung, nicht unterkellert vertikal*

condetti *12.06

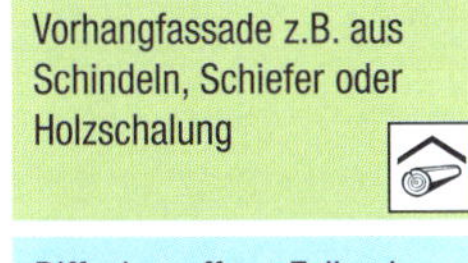

Vorhangfassade z.B. aus Schindeln, Schiefer oder Holzschalung

Diffusionsoffene Folie als zweite wasserführende Ebene

Dämmstoff ggf. mit Übermaß einbauen, um Hinterströmung zu vermeiden

Fassadenbahn überall luftdicht anschließen

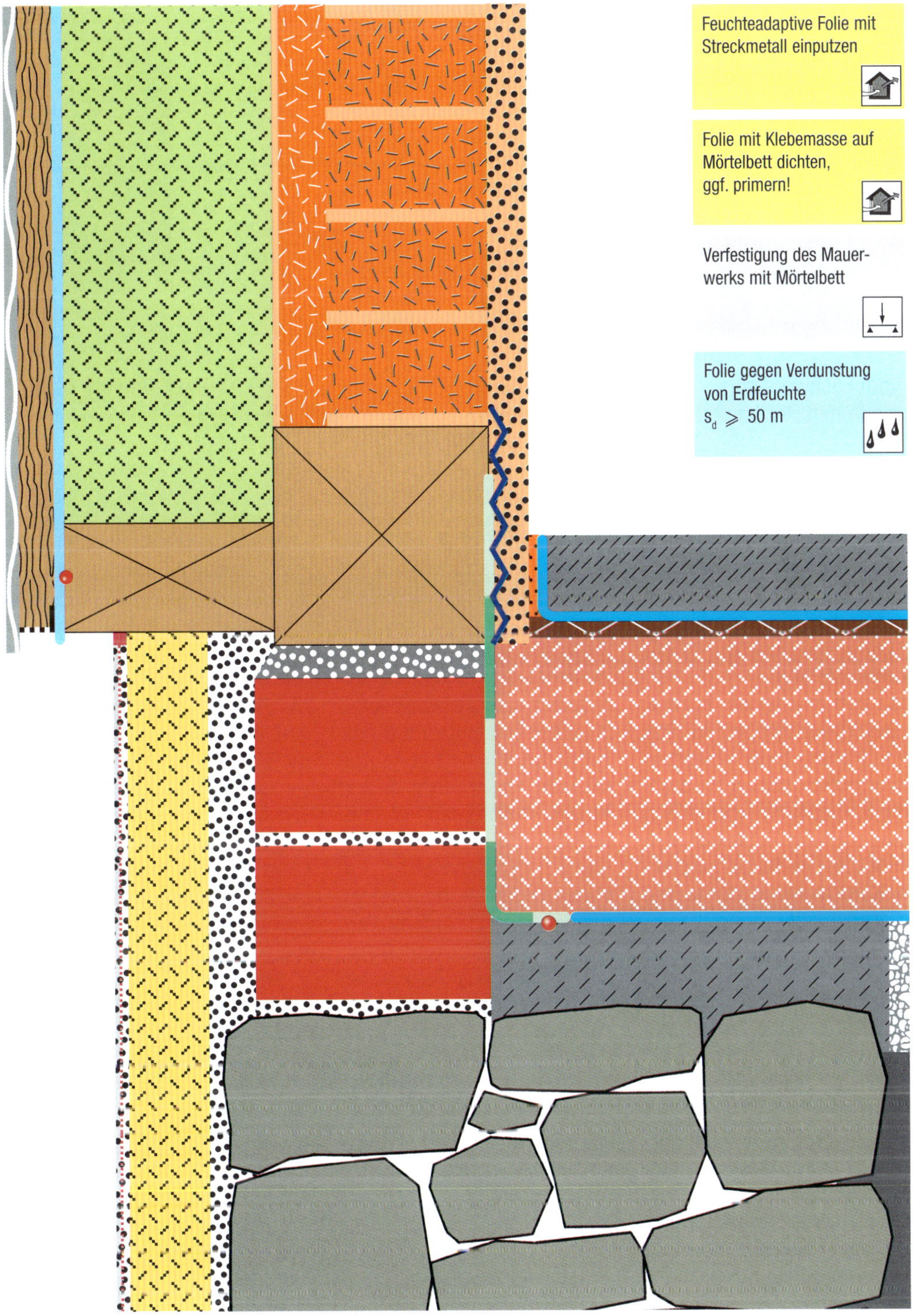

Feuchteadaptive Folie mit Streckmetall einputzen

Folie mit Klebemasse auf Mörtelbett dichten, ggf. primern!

Verfestigung des Mauerwerks mit Mörtelbett

Folie gegen Verdunstung von Erdfeuchte $s_d \geqslant 50$ m

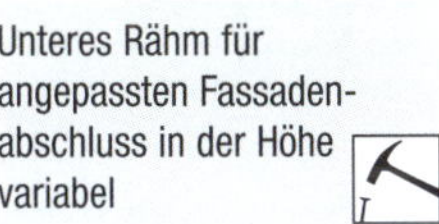

Kleintierschutzgitter empfehlenswert

Unteres Rähm für angepassten Fassadenabschluss in der Höhe variabel

Anputzleiste für Sockelputz anbringen

Zementputz des Sockels: $s_d \leq 0{,}50$ m

Hydrophobierte Steinfaserplatten als Perimeterdämmung

Maßstab 1:5

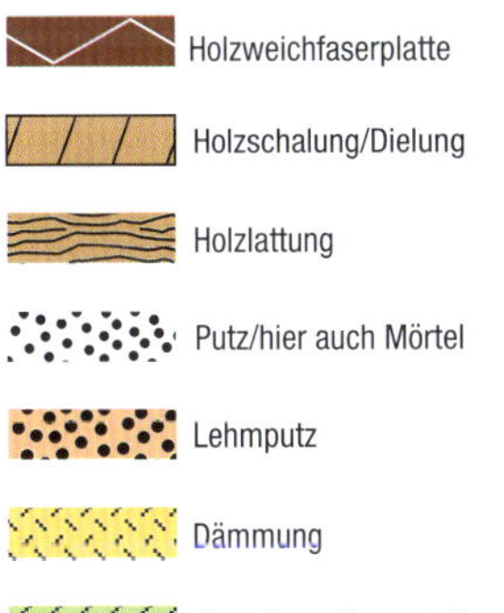

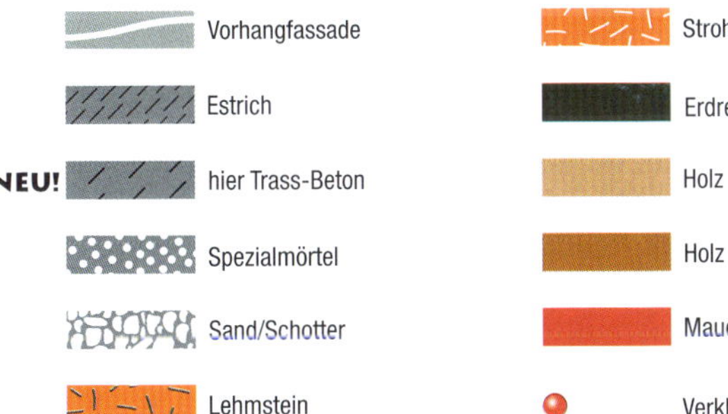

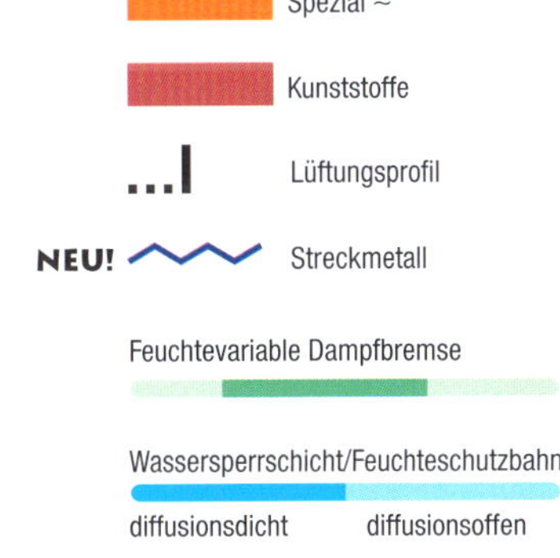

Schüttdämmung auf dem Boden

Bei unserem Beispielobjekt handelt es sich um ein nicht unterkellertes Gebäude. Der Untergrund besteht im Wesentlichen aus gestampfter Erde und Bauschutt. Auf solchem Untergrund haben Schüttdämmstoffe, wie z.B. hydrophobierte Perlite, große verarbeitungstechnische Vorteile (Abb. 8): Nur grobes Planum herstellen, Folie ausrollen (nicht verkleben, da lediglich Diffusionssperre), Dämmstoff einschütten, kein Zuschnitt, einfacher Höhenausgleich, feststampfen und zur Druckverteilung mit einer dünnen Holzweichfaserplatte abdecken (s. Abb. 8).

Der notwendige Abbruch der Mauerkrone schafft den Platz, um die Dämmschicht möglichst nahe bis an die Tragwerksebene der Wand heranzuführen.

Mit 210 mm ist die Dämmstärke zwar doppelt so dick wie von der EnEV gefordert, aber dafür umso zukunftsfähiger. Die Eigentümer sollten davon verschont bleiben, den Fußboden in diesem Jahrhundert noch einmal aufnehmen und sanieren zu müssen.

Die Wärmebrücke am Sockel

Bei diesem Altbausockel ist es wie bei vielen anderen: Das alte Fußbodenniveau beherrscht die Detailplanung. Gerade bei Fachwerkhäusern mit relativ geringen Raumhöhen gibt es kaum Spielraum nach oben.

Abbildung 7 auf Seite 22 zeigt, dass durch den Versatz der Dämmebenen von Boden und Wand an der inneren Ecke von Schwelle und Aufmauerung eine starke Wärmebrücke entsteht. Zum Glück ist sie allerdings nicht so gravierend, dass an der inneren Sockelkante Schimmelprobleme zu befürchten sind. Aber 14,7 °C im unteren Eckbereich sind auch nicht gerade ein großer Abstand von den Mindestanforderungen nach DIN 4108-2 ($T_{o,min}$ = 12,6 °C).

Normalerweise bringen Perimeterdämmungen bei nicht unterkellerten Holzbauten kaum wärmetechnische Verbesserungen. Im diesmaligen Fachwerkbeispiel verbessert eine Dämmplatte (625 mm Höhe) vor dem Sockel den Wärmeschutz allerdings deutlich.

Der ψ-Wert sinkt um 75%. Die minimale Innenoberflächentemperatur steigt auf 16,3° C.

Luftdichtung am Sockel

Erfahrene Holzhausbauer wissen, was zu tun ist. Zwischen der Holzbauwand und Bodenplatte bzw. Sockel muss eine luftdichte Verbindung hergestellt werden. Der Innenputz auf ausgemauerten Fachwerken kann i.d.R. als luftdichte Ebene betrachtet werden – zumindest in der Fläche. Problematisch sind allerdings Balkendurchdringungen, von denen es im Fachwerkhaus immer reichlich gibt. Ein luftdichter Verbund von Lehm und Holz, z.B. in Deckengefachen, ist technisch nicht dauerhaft möglich – alleine schon auf Grund der unterschiedlichen thermischen und hygrischen Ausdehnungskoeffizienten der Materialien. Direkt durchströmbare Fugen sind fast unvermeidlich.

Ein Anschlussstreifen einmal ringsum

Die sicherste Verbindung zwischen einer Putzschicht und einer Luftdichtungsbahn ist nach wie vor das Einputzen mit Streckmetall o.ä. Da Fachwerkbalken innenseitig i.d.R. sowieso einen solchen Putzträger erhalten, ist das Einputzen eines darunter gelegten Anschlussstreifens kein besonderer Aufwand.

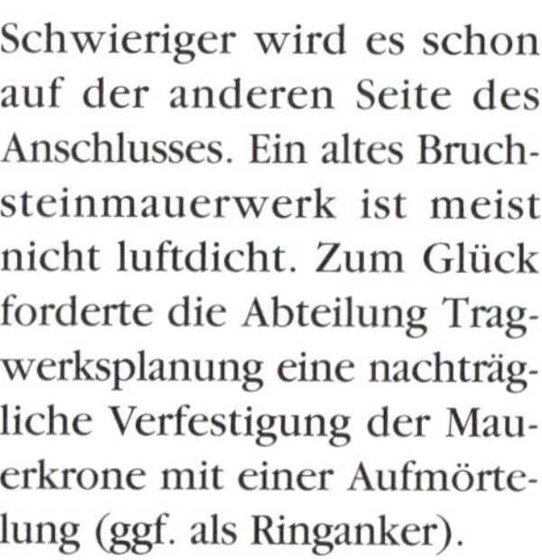

Schwieriger wird es schon auf der anderen Seite des Anschlusses. Ein altes Bruchsteinmauerwerk ist meist nicht luftdicht. Zum Glück forderte die Abteilung Tragwerksplanung eine nachträgliche Verfestigung der Mauerkrone mit einer Aufmörtelung (ggf. als Ringanker).

Auf diesem Untergrund ist die Verklebung mit einer Raupe aus speziellen Klebemassen als die sicherste Methode anzusehen. Einseitige Klebebänder haben i.d.R. zu dünne Klebstoffschichten, um auf Mörteloberflächen gut zu haften (vgl. HOLZBAU 2/2005, S. 39 ff.). Auf jeden Fall ist hierbei ein Vorprimern erforderlich.

Ein besonderes Problem, auch wenn es manchmal den Bauablauf stört, sollte beachtet werden: Die lösungsmittelfreien Klebemassen vertragen sich nicht mit hoher Restfeuchte in Beton- und Mörtelschichten. Besonders ungünstig kann sich auswirken, wenn die zu verklebende Bahn eine dampfdichte Folie ist. Nachstoßende Feuchte aus dem Untergrund kann den Kleber verflüssigen. Auch aus diesem Grund haben wir für den unteren Abschluss der Luftdichtheitsebene eine feuchteadaptive Bahn eingeplant.

Abb. 8: Mineralische Dämm-Schüttung direkt aus dem Sack auf die Folie

Foto: R. Borsch-Laaks

Luftdichtung für die gesamte Wand

Alte Sichtfachwerke haben in aller Regel kein durchgängiges Luftdichtheitskonzept. Deshalb gelten sie oft zu Recht als „zugige Butzen". Mit der neuen Außendämmung unserer Giebelwand besteht aber die Möglichkeit, dies nachzuholen. Eine Möglichkeit wäre, dies über eine luftdichte Bahn auf der Außenseite des Fachwerks zu bewerkstelligen.

Da aber in unserem Detail sowieso eine diffusionsoffene Fassadenbahn als zweite wasserführende Ebene unter der Außenbekleidung vorgesehen ist, bietet es sich an, diese auch zur Luftdichtheitsebene zu ertüchtigen. Dies hilft auch die anderen (im Detail nicht sichtbaren) potentiellen Leckagen für die Luftströmung zu beseitigen: Fugen zwischen Holztragwerk und Gefachen, Deckenanschlüsse und die Fenster.

Wenn die Fenster erneuert werden, so können diese so nicht nur schlagregendicht, sondern auch luftdicht angeschlossen werden.

Der Schallschutz alter Fachwerkwände

Eigentlich kann man zum Schallschutz bestehender Fachwerkwände kaum eine verlässliche Aussage treffen. Schallschutz kann, im Gegensatz zum Wärmeschutz, leider nicht korrekt berechnet, bestenfalls rechnerisch abgeschätzt werden.
Dies gilt umso mehr bei Fachwerkwänden

Was wird gefordert?

Über das Anforderungsniveau an die verschiedenen Bauteile wurde bereits in diversen Beiträgen der „HOLZBAU – die neue quadriga" berichtet. Für den Bereich der Außenwände besonders zum Nachlesen empfohlen: condetti in Ausgabe 4/2001.

In unserem Detail geht es um eine Außenwand. Dafür fordert die DIN 4109 für Wohnungen in ruhigen Wohnlagen, das sind Lagen mit einem max. Außenlärmpegel bis 55 dB(A), ein Bauschalldämm-Maß von mindestens $R'_{w,res}$ 30 dB.

Dieser Wert ist auch noch zulässig für den Lärmpegelbereich II mit einem Außenlärmpegel bis 60 dB (A).

Beim Lärmpegelbereich III, Außenlärmpegel bis 65 dB (A), müssen es denn 35 dB sein, Bereich IV dann 40 dB und im Bereich V dann 45 dB. Diese Werte gelten für Aufenthaltsräume in Wohnungen sowie Übernachtungsräumen in Beherbergungsstätten, Unterrichtsräumen und ähnlich genutzten Räumen.

Das Maß muss allerdings als resultierender Wert erreicht werden, also der Wand mit allen Nebenwegen (Flankenübertragung) sowie Fenstern und Türen etc. Werden z.B. $R'_{w,res} \geqslant 35$ dB als resultierender Wert gefordert und weist das Fenster nur 30 dB auf, muss die Wand bei 30% Fensterflächenanteil schon rund 40 dB erreichen.

Was erreicht eine alte Fachwerkwand

Da wird es schwierig. Werden an das Objekt höhere Anforderungen gestellt, etwa ab Lärmpegelbereich III, und ist eine Berufung auf den Bestandsschutz nicht möglich und auch keine Vorsatzschale möglich, sollte die Wand kritisch überprüft werden bzw. der Schalldämmwert gemessen werden. Weist die Fachwerkwand eine Ausfachung mit Natursteinen, Lehm-Strohgemischen oder Mauerwerk auf und weder außen noch innen eine zusätzliche Vorsatzschale, liegen die Werte in etwa im Bereich monolitischer Mauerwerkswände, für welche die DIN 4109 masseabhängige Bauschalldämm-Maße nennt. Richtwerte daraus finden sich in Tabelle 2. Das Flächengewicht errechnet sich aus der Rohdichte des Ausfachungsmaterials und der Wanddicke.

Einen gewissen Einfluss hat natürlich auch die Charakteristik des Ausfachungsmaterials. Biegeweiches Material wie Lehm und Stroh ist bei gleichem Raumgewicht günstiger als modernes biegesteifes Mauerwerk.

Was die erreichbaren Werte in der Praxis anbelangt, sind die Aussagen in der einschlägigen Literatur spärlich bis widersprüchlich. Verständlicherweise gibt es zu dieser Thematik, zumindest soweit im Autorenteam bekannt, keine labormäßigen Messungen.

Im holzbau handbuch, Reihe 3, Teil 3, Folge 3, einer Schrift des Informationsdienst Holz zum Thema Schallschutz, wird ausgeführt, dass alte Fachwerkwände Bauschalldämm-Maße von 65 bis 68 dB erreichen können. In holzbau handbuch, Reihe 1, Teil 14, Folge 1, Modernisierung von Altbauten hingegen ist die Rede von bis über 40 dB mit einer gemauerten Ausfachung, wenn auf einer Seite vollständig verputzt wurde. Unverputzt, je nach Fugenanteil, Schalldämmwerte um 30 dB bzw. darunter.

Wir würden der letztgenannten Literatur eher zustimmen. Diese Angaben stehen auch in einer guten Relation zu den bereits genannten Werten, welche gem. DIN 4109 aus der vorgefundenen Masse resultieren.

Anwendungs-warnvermerk

Die Ausführungen zum Schallschutz beziehen sich auf das Beiblatt 1 zu DIN 4109, Ausgabe November 1989, die zwischenzeitlich zurückgezogen wurde. Mit der entsprechenden Neuausgabe von „DIN 4109-2:2018-01; Schallschutz im Hochbau – Rechnerische Nachweise zur Erfüllung der Anforderungen" sind Fachwerkkonstruktionen jedoch weiterhin nicht ver-

Tabelle 2: Richtwerte aus DIN 4109 Beiblatt 1

Flächenbezogene Masse [kg/m²]	Bewertetes Schalldämm-Maß $R'_{w,r}$ [dB]
100	36–37
150	40–41
200	44–45
250	46–47
300	49–50
350	50–51
400	52–53

treten. Daher sind die zuvor gemachten Ausführungen als Orientierungswerte zur Beurteilung weiterhin geeignet. Weitere Hinweise zur schalltechnischen Bewertung finden sich im [WTA Merkblatt 8–11: 2016] „Schallschutz bei Fachwerkgebäuden".

Und die Fenster?

In der Regel ist davon auszugehen, dass im Zuge der Sanierung die Fenster erneuert werden und damit deren Schalldämm-Maße bekannt sind. Sollten beispielsweise aus Denkmalschutzgründen die alten Fenster unsaniert verbleiben, können dafür Schalldämmwerte von 18 bis 25 dB angenommen werden. Unter 25 dB kann es dann selbst für den Lärmpegelbereich I und II mit dem erforderlichen, resultierenden Schalldämm-Maß von mindestens 30 dB für Wand und Fenster eng werden.

Allerdings wird es bei derartigen alten Fenstern auch mit der Luftdichtung und dem Wärmeschutz sehr eng. Besser sind alte Kastenfenster mit einer Dichtung. Diese erreichen Werte von 30 bis 37 dB. Im niedrigen Frequenzbereich, wichtig z. B. beim Straßenverkehrslärm, sind sie deutlich besser als neue Fenster mit üblichen Isoliergläsern. Hier kommt der größere Scheibenabstand zur Wirkung. In diesem Fall gilt es sorgfältig abzuwägen, ob restauriert oder erneuert werden soll.

Problemkind Fuge

Beim Luftschallschutz haben Fugen erhebliche Auswirkungen auf das Ergebnis. So kann beispielsweise eine Fuge von nur 2 mm, sofern sie gerade durchläuft, den Luftschallschutz um bis zu 10 dB verschlechtern. Wir gehen allerdings davon aus, dass im Zuge einer fachgerechten Sanierung einer Außenwand keine Fugen mehr verbleiben: entweder durch einen fachgerechten dauerhaften Fugenverschluss oder durch eine dicht schließende Vorsatzschale, egal ob innen oder außen.

Fugen sind ja alleine schon aus Gründen des Witterungsschutzes sicher zu verschließen: bei Außenwänden üblicherweise auf der Außenseite. Dem dient in unserem Beispiel auch die aus Gründen von Wetterschutz und Luftdichtheit eingeplante Bahn auf der Außenseite der hohlraumfreien Dämmebene. Handelt es sich allerdings um Innenwände, gar Wohnungstrennwände, ist eine sorgfältige Überprüfung und Dichtung der Fugen erforderlich.

Vorsatzschale

Mit Vorsatzschalen kann, sofern federnd oder entkoppelt montiert wird, das Bauschalldämm-Maß erheblich verbessert werden. Beispiele sind im Beiblatt 1 zur DIN 4109 aufgeführt.

Vorsatzschalen, wie sie beispielsweise aus Gipswerkstoffplatten, über angedübelte Lattung mit mindestens 60 mm Mineralwolle zwischen den Latten, auf der Innenseite von Außenwänden angebracht werden, verbessern den Schallschutz danach um mindestens 10 dB. Vorsatzschalen wie vor, ohne Verbindung zur Fachwerkwand oder mit federnder Verbindung, verbessern in der Regel um mindestens 15 dB.

Damit ist dann auch bei einer „schwachen" Fachwerkwand mit einem Bauschalldämm-Maß von nur 30 dB ein Wert von 45 dB erreichbar und die Verwendung in der Schallschutzklasse V (für den Außenlärmpegelbereich V bis 75 dB (A)) möglich, zumindest wenn sie keine Fenster aufweist.

Abb. 9: Arbeiten am Sanierungsfall
Foto: IB Wagner Zeitter

Tragwerksplanung – ... auch Altes will über die Schwelle getragen werden

In vergangenen Jahrhunderten nahm man an, die bösen Geister wohnten alle unter der Türschwelle des Hauses. Daher wurde es guter Brauch, dass der Bräutigam die junge Braut über die Türschwelle trug, besonders (aber nicht nur) in der Hochzeitsnacht. So konnten die bösen Geister dem Paar nichts anhaben. Für die Paare scheinen die bösen Geister inzwischen andere Wege gefunden zu haben. Für das Haus aber blieb die Schwelle nicht nur im Bereich der Tür ein Quell unerfreulicher Überraschungen. Zur Strafe und um den Rollentausch perfekt zu machen, soll die Schwelle nach der Sanierung nun selbst dauerhaft tragen. Dazu gilt es einiges zu beachten – wie in der Hochzeitsnacht.

Aller guten Kräfte sind drei

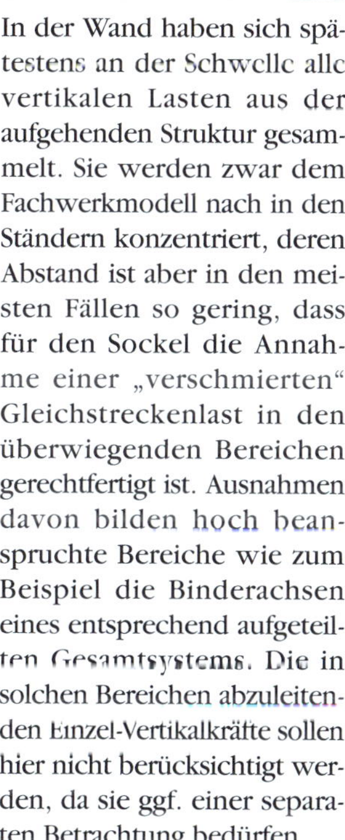

In der Wand haben sich spätestens an der Schwelle alle vertikalen Lasten aus der aufgehenden Struktur gesammelt. Sie werden zwar dem Fachwerkmodell nach in den Ständern konzentriert, deren Abstand ist aber in den meisten Fällen so gering, dass für den Sockel die Annahme einer „verschmierten“ Gleichstreckenlast in den überwiegenden Bereichen gerechtfertigt ist. Ausnahmen davon bilden hoch beanspruchte Bereiche wie zum Beispiel die Binderachsen eines entsprechend aufgeteilten Gesamtsystems. Die in solchen Bereichen abzuleitenden Einzel-Vertikalkräfte sollen hier nicht berücksichtigt werden, da sie ggf. einer separaten Betrachtung bedürfen.

Da in alten Fachwerkhäusern ein statischer Nachweis der Aussteifung immer nur bei Betrachtung am Gesamtsystem erfolgen sollte, ergibt sich die Tatsache, dass sich i.d.R. alle Wände und damit alle Schwellen an der Übertragung der Horizontallasten in der Wandebene auf den Sockel beteiligen müssen.

Und schließlich sind es noch die Windlasten, die die Schwelle horizontal – aber diesmal orthogonal zur Wandebene – beanspruchen. Bei größeren Raumhöhen im Erdgeschoss, wie sie in repräsentativeren Häusern vorkommen können, sind dies durchaus relevante Kräfte.

Bei dem hier dargestellten Detail mit einem Höhenunterschied zwischen dem Fußboden innen und der Geländeroberfläche außen wird zudem nicht selten das (dann oft dünnere) Mauerwerk durch den Erddruck von innen nach außen geschoben, so dass die Schwelle verkanten oder ganz aus der Wandachse verschoben werden kann. Solange die Struktur sich diesem Vorgang widersetzt, bedeutet dies, dass in der Schwelle Rückstellkräfte vorhanden sind. In solchen Fällen hilft aber nur eine grundlegende Beseitigung der Ursache, die hier nicht beschrieben werden kann.

Integrität des Mauerwerks prüfen!

Für den Nachweis des gesamten Sockeldetails ist die Betrachtung des Mauerwerks im Detail aber auch für das gesamte Bauwerk erforderlich. Mörtel- und Steinqualität können auch innerhalb eines Bauwerks stark differieren. Zur Materialwahl und zum Ringanker auf dem Mauerwerkssockel wird später im Abschnitt Konstruktion und Montage eingegangen.

Querpressung

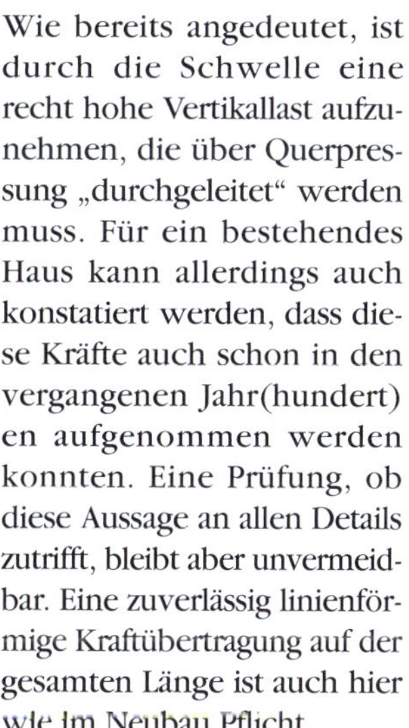

Wie bereits angedeutet, ist durch die Schwelle eine recht hohe Vertikallast aufzunehmen, die über Querpressung „durchgeleitet“ werden muss. Für ein bestehendes Haus kann allerdings auch konstatiert werden, dass diese Kräfte auch schon in den vergangenen Jahr(hundert)en aufgenommen werden konnten. Eine Prüfung, ob diese Aussage an allen Details zutrifft, bleibt aber unvermeidbar. Eine zuverlässig linienförmige Kraftübertragung auf der gesamten Länge ist auch hier wie im Neubau Pflicht.

Für den Ersatz des maroden Bauteils ist es aber umso wichtiger, dass ein entsprechend hochwertiges Material eingesetzt wird. Wenn man sich die Hölzer aussuchen darf, sollte man dabei auf enge Jahrringe und andere querpressungsrelevante Kriterien achten. Die Verwendung trockenen Holzes ist sowieso selbstverständlich.

Besondere Vorsicht ist geboten, wenn die Schwelle nicht durchläuft (beispielsweise an Eingangstüren). Dann greifen die üblichen, verschärften Bemessungsbedingungen für einen fehlenden, geringfügigen oder ausreichenden Schwellenüberstand.

Verankerung

Entgegen den Gepflogenheiten im modernen Holzrahmenbau ist bei Fachwerkhäusern die Notwendigkeit der Verankerung der End- und Eckständer vor dem Hintergrund anderer Kriterien zu bewerten.

Wenn wesentliche Wände, insbesondere im Innenraum, entfernt werden sollen, um aus der meist sehr kleintei-

Abb. 10: Temporäre Abstützung des Eckpfostens einer Fachwerkaußenwand
Foto: IB Wagner Zeitter

ligen Raumaufteilung großzügigere Räume zu schaffen, bleibt den bisher oft wenig beanspruchten Außenwänden keine andere Wahl als die Horizontallasten aufzunehmen. Eine Berechnung der Beanspruchung ist aus Gründen der Standsicherheit unumgänglich. Auf ein unangenehmes Ergebnis (Innenwände müssen ggf. zum größten Teil erhalten werden) muss aber auch der Bauherr und/oder Architekt vorbereitet werden.

Eine Verankerung der Endständer ist meist deshalb wenig sinnvoll, da Zuglasten in den Ständern der Wände nicht auftreten können, da die weiteren Anschlussdetails auch keine Zugkräfte aufnehmen können. Bei den Fachwerkhäusern handelt es sich fast immer um statisch hochgradig unbestimmte Systeme, die eine Umlagerung der vertikalen Wechsellasten auf Kosten der Verformungen zulassen. Außerdem zählt letztlich nur die Durchleitung in das Mauerwerk, das dann selbst wiederum nur äußerst geringe Zuglasten aufnehmen kann. Eine übertriebene Reduktion der aussteifenden Bauteile muss unbedingt verhindert werden. Das Konzept für den statischen Nachweis muss daher darauf hinauslaufen, dass keine oder nur geringe Verankerungen erforderlich werden.

Anders sieht es aber mit den zu übertragenden Horizontallasten in der Fuge zwischen der Schwelle und dem Mauerwerk aus. Auch hier kann und muss die Reibung zwischen der vollflächig (s.o.) aufgelagerten Schwelle bei der Bewertung berücksichtigt werden. Ein rechnerischer Nachweis liefert einen Ansatz, hilft aber zur Bemessung einer Verbindung nur sehr begrenzt weiter. In den Bereichen, in denen eine neue Mauerwerksauflage u.U. sogar mit Ringanker entsteht, sollte eine Verdübelung stattfinden. Für Bauwerke in Erdbebenregionen muss ggf. darüber hinaus nachgebessert werden, da die Annahme einer ausreichenden permanenten Auflast aus den vertikalen Beschleunigungen nicht unbedingt zutrifft.

Zum entscheidenden Zeitpunkt nachgeben!

Der Ausbau und Ersatz eines der höchstbeanspruchten Bauteile in einem Haus kann nicht ohne Einfluss auf die restliche Tragstruktur bleiben. Es muss damit gerechnet werden, dass die Maßnahmen im Sanierungsbereich auch bei sorgfältigster Ausführung der notwendigen temporären Abfangung der auf der Wand ruhenden Lasten zu Verformungen und Setzungen führen. Insbesondere wenn es „gesunde" Bereiche gibt, deren Struktur unangetastet bleiben kann und daneben ein Austausch erforderlich ist, sind Differenzverformungen nahezu unvermeidlich.

Auch die neue Struktur braucht in allen Details wieder ihre Zeit um sich in die Endposition zu begeben. Der Vorgang lässt sich nicht auf den „Rohbauzustand" beschränken. Teile der Verformungen kommen aufgrund der anteilig relativ hohen Verkehrslasten unter Umständen erst in der Nutzungsphase.

Abb. 11: Teilweiser Rückbau des Bruchsteinsockels
Foto: IB Wagner Zeitter

Abb. 12: Abschnittweise Wiederherstellung des Sockelmauerwerks mit Glattstrich
Foto: Arch. Schauer + Volhard, Darmstadt

Abb. 13: Sanierte Fachwerkwand, Gefache mit Lehmsteinen ausgemauert
Foto: Arch. Schauer + Volhard, Darmstadt

Konstruktion und Montage

Auch wenn alle Wege nach Rom führen – nicht immer sind es die einfachen oder direkten Wege. Abzweige, Umleitungen oder Nebenstrecken sind auch und gerade in der Sanierung häufig möglich, oft überraschend und manchmal auch unvermeidbar. Nicht alle Eventualitäten können in der Praxis vor dem Sanierungsbeginn bedacht sein. Dennoch: In dem gewählten Beispiel haben wir es übersichtlich gehalten und werden sie auf dem Weg zu unserem fertigen Hauptdetail in gewohnter Weise begleiten.

Der Ist-Zustand

Die betrachtete Giebelwand befindet sich auf der Wetterseite und wurde vor einigen Jahren von ihrer Fassade „befreit". Als Sichtfachwerk sollte sie ein reizvoller Anblick sein und zeigen, was die Zimmererkunst schon seit Jahrhunderten so interessant und ansehnlich macht. Nach nur wenigen Jahren steht nun die erneute Sanierung der Fassade und des Sockels an.

Kein schöner Anblick: Die Schwelle ist sowohl von innen als auch von außen in einem Maße geschädigt, dass ein abschnittweise vollständiger Austausch unumgänglich und die bereichsweise Erneuerung der untersten Gefache notwendig ist. Auch das Gefüge des Bruchsteinsockels ist durch die Regenbeanspruchung verschlechtert worden (s. Abb. 6).

Sicherung und Rückbau

Bevor mit dem Ausbau der geschädigten Schwelle begonnen werden kann, muss die Giebelwand gesichert und abgefangen werden. Gegebenenfalls sind auch die Deckenbalkenlagen abzufangen oder soweit möglich Erleichterungen (z.B. Inventar und Möbel zeitweise entfernen) vorzunehmen. Die Standsicherheit des Gebäudes darf durch die nachfolgenden Sanierungsmaßnahmen zu keinem Zeitpunkt gefährdet sein.

An den Stellen, wo ein vollständiger Austausch der Schwelle notwendig ist, sind die Gefache nur bedingt zu erhalten bzw. temporär auszubauen, da die aufgehenden Ständer in ihren Fußpunkten ebenfalls ausgebessert oder ersetzt werden müssen. An den Stellen, an denen eine Ausbesserung bspw. durch vorgesetzte oder eingepasste Bohlen möglich ist, ist der Erhalt des Gefaches möglich und sinnvoll. Die fachgerechte Sanierung der Schwelle durch einen erfahrenen Betrieb wird an dieser Stelle vorausgesetzt, so dass die Sanierung des Sockelpunktes als Ganzes im Vordergrund stehen soll.

Der Aufbau I

Zunächst ist ein Glattstrich erforderlich (MF 1-1), bevor mit dem Aufmauern unterhalb der neuen Schwelle begonnen werden kann. Besonders geeignet sind in diesem Bereich Trasszementmörtel, die sich durch ihre gegenüber einem Zementmörtel geringere Steifigkeit und damit günstigere Anpassung an den abgebrochenen Bruchsteinhorizont besonders qualifizieren. Die ausgetauschte Schwelle (besonders geeignet sind Farbkernhölzer wie Lärche oder Douglasie) kann nun mit Vollsteinen aus Kalksandstein und dem geeigneten Ziegelformat abschnittweise untermauert werden (MF 1-2). Für das kraftschlüssige Untermörteln der Schwelle ist ein mindestens 25 mm hoher „Spalt" einzuhalten, um den so genannten Quellmörtel mit einer Fugenkelle kraftschlüssig einbringen zu können (MF 1-3). Nachdem die Schwelle vollständig untermauert ist, kann auf der Innenseite mit der Verfestigung des Bruchsteinsockels begonnen werden (MF 1-4). Auch hier ist zu prüfen, ob ein Estrichbeton oder ein Trasszementmörtel die geeignete Wahl ist. Bei Schichtdicken von 6 bis ca. 10 cm sollte eine Körnung von höchstens 0/8 verwendet werden. In manchen Fällen kann die Ausbildung eines Ringankers erforderlich werden, wobei dann von einer Mindesthöhe von im Mittel 8 bis 10 cm und von Rundstahl Ø 12 mm als Bewehrung auszugehen ist. Das zuvor eingebaute Kantholz als Schalung und Nivellement kann nun ausgebaut (MF 1-5) und der verbleibende Hohlraum mit Splitt, Schotter oder nicht bindigem Material ausgefüllt werden (MF 2-1).

Abb. 14: Kraftschlüssiges, abschnittsweises Untermauern der Schwelle
Foto: Arch. Schauer + Volhard, Darmstadt

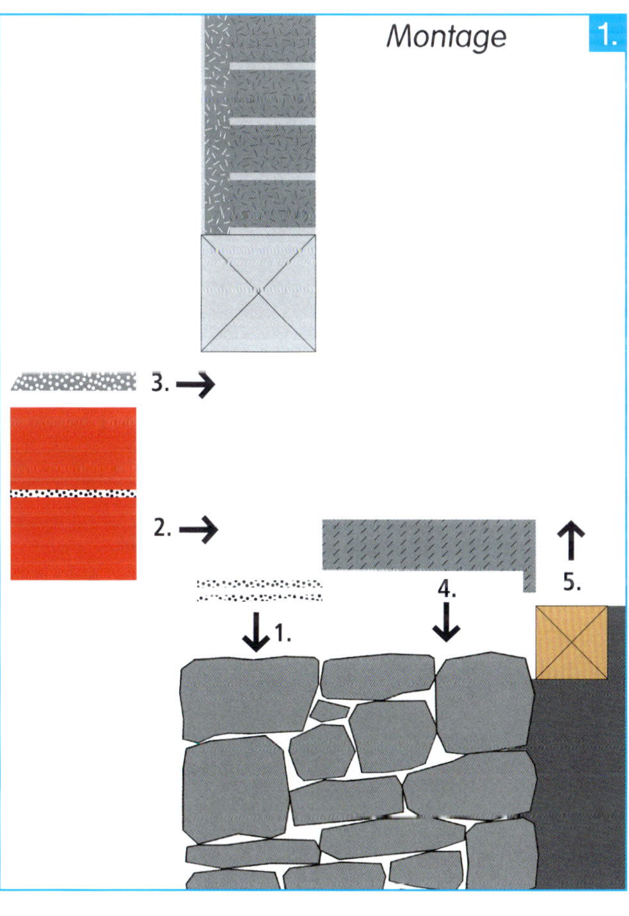

Der Aufbau II

Auf der Innenseite beginnen wir mit dem Anbringen der diffusionsoffenen Folie zur Luftdichtung des Sockelpunktes, indem wir sie zusammen mit dem Streckmetall an die Schwelle tackern, und – nach dem Primern – auf unserer Beton- bzw. Mörtelschicht mit einer Kleberaupe befestigen (MF 2-2). Zur abschließenden Herstellung der Luftdichtung werden Streckmetall und Folie mit dem zu ergänzenden Lehmputz eingeputzt (MF 2-3).

Zum Schutz vor Verdunstung aus dem Erdreich wird die (PE-)Folie bahnenweise verlegt; an den Stößen überlappend aber unverklebt (MF 2-4). Die Folie sollte eine ausreichende Robustheit haben, da noch etwas Zeit vergeht bis die Perlite-Schüttung in der erforderlichen Höhe eingebracht
(MF 2-5), verdichtet, abgezogen und mit einer geeigneten Holzfaserdämmplatte belegt wird (MF 3-1). Parallel dazu kann auf der Außenseite der Giebelwand mit der Herstellung der Unterkonstruktion für die Vorhangfassade und als Gefache zur Aufnahme der Wärmedämmung begonnen werden (MF 2-6 und 2-7). Auch die Außenseite des Bruchsteinsockels kann mit einem Putz (z.B. Kalkzementmörtel) als Ausgleichsschicht versehen werden (MF 2-8).

Der weitere Aufbau

Während im Gebäude mit den Estricharbeiten begonnen werden kann, indem Randdämmstreifen (MF 3-2) und PE-Folie (MF 3-3) verlegt und der Zementestrich (MF 3-4) eingebracht wird, stehen auf der Außenseite zunächst die Dämmarbeiten an: Hydrophobierte Steinfaserdämmplatten für den Sockelbereich (MF 3-6) und nachwachsende Dämmstoffe oder Faserdämmstoffe für die Gefache der Fassaden(unter)konstruktion (MF 3-8).

Für den Zement- oder Sperrputz auf den Dämmplatten wird eine gewebearmierte, also zweilagige Ausführung, empfohlen (MF 3-7). Eine Anputzleiste, die vor dem Einbau der Sockeldämmung angebracht werden sollte (MF 3-5), erleichtert den Abschluss des Sockelputzes an das untere Rähm der Fassade.

Zum Schutz der Dämmung und als zweite wasserführende Ebene wird die diffusionsoffene Folie (MF 3-9) oder alternativ eine Holzfaserdämmplatte (z.B. bei einer geringeren Dämmdicke der Unterkonstruktion) angebracht. Kleintierschutzgitter (MF 3-10), Lattung (MF 3-11) und eine nach Region typische oder optisch reizvolle Vorhangfassade (MF 3-12) vervollständigen unser diesmaliges condetti®-Detail. ■

Literaturhinweise

[Feist 1999] Wolfgang Feist: Energieeffizienz – Wohlstand – Lebensqualität. In: Tagungsband zur 3. Passivhaustagung, 19./20.02.1999 in Bregenz. Darmstadt/Dornbirn 1999.

[Künzel, H. 2004] Helmut Künzel: Bauphysik und Denkmalpflege, Teil 4: Kapillar aufsteigende Grundfeuchte. In: arconis, Heft 1/2004 (IRB Verlag, Stuttgart).

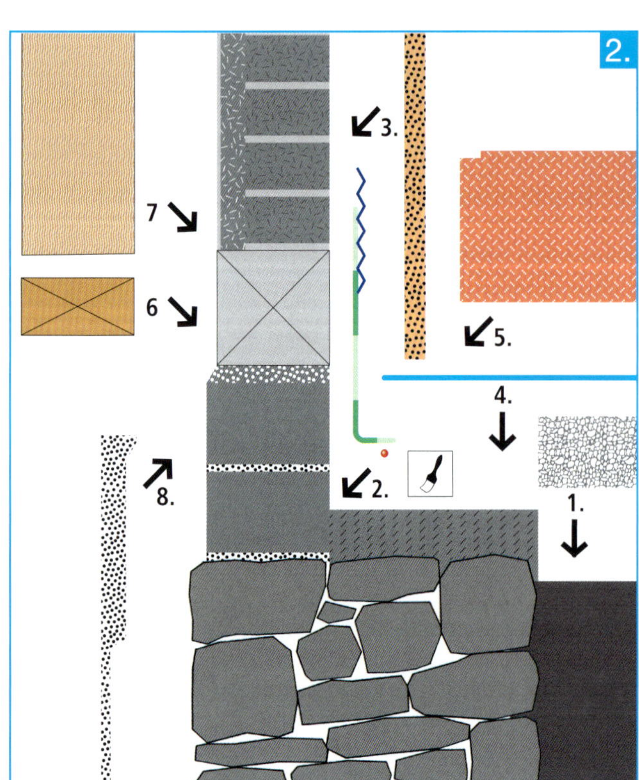

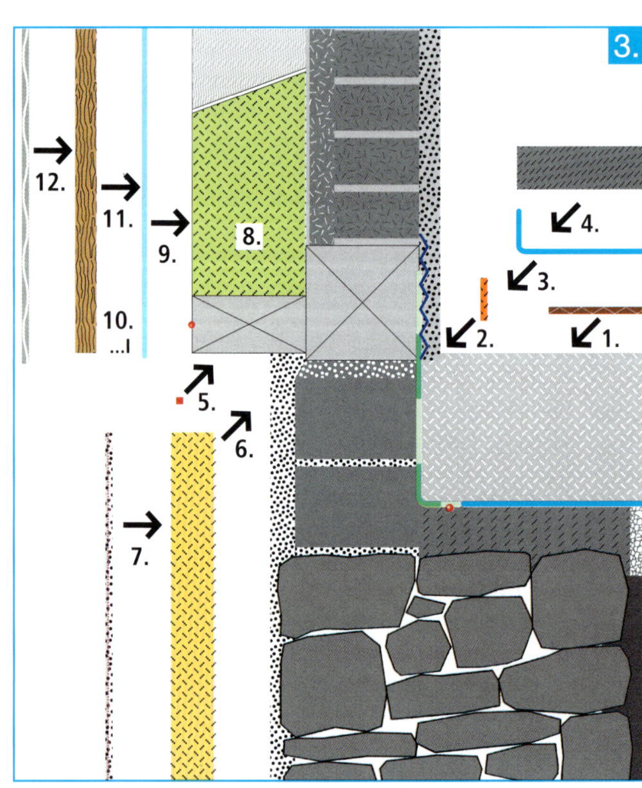

Ein Loch und sein Rand

Fenstereinbau in Massivholzwand in Gebäudeklasse 4

Fensteranschlüsse sind neuralgische Punkte – gerade im Holzbau. Vielfach haben wir in dieser Zeitschrift auf Feuchterisiken durch eindringenden Schlagregen hinweisen müssen und Schäden publiziert. Also setzen wir uns die Aufgabe, in einem condetti®-Detail zu zeigen, wie man es technisch besser macht und Sicherungen mit vertretbarem Aufwand einbaut.
Auf Leserwunsch widmen wir uns zum zweiten Mal der Detailausbildung bei einer Massivholzwand. Der Fokus liegt diesmal bei den Anwendungen für Holzbauten mit mehr als 3 Geschossen. In Gebäudeklasse 4 kommt es auf eine gut durchdachte Kapselung der Holzbauteile an, die auch die Belange des Wärmeschutzes und der Luftdichtung berücksichtigt.

Passivhausfenster
Massivholzwand

Autoren:
Robert Borsch-Laaks
Holger Schopbach
Gerhard Wagner
Helmut Zeitter

Die Wand

Massivholzwände (von Brettstapelelementen bis hin zu Brettsperrholz) ermöglichen durch ihre hohe Tragfähigkeit fünf- und mehrgeschossige Holzbauten. Trotz nachgewiesener Feuerbeständigkeit mit kalkulierbaren Abbrandraten sind die Massivholzkonstruktionen bislang bauaufsichtlich nicht geregelt. Dies fordert uns, ein Brandschutzkonzept und eine Konstruktionsbewertung in Anlehnung an die Musterbauordnung zu definieren, die aktuelle Forschungsergebnisse einbezieht.
Manche Massivholzsysteme ermöglichen die Verlegung von Elektroinstallationen in eingefrästen Kanälen. Wenn verleimte MH-Elemente eingesetzt werden, sind zusätzliche Installationsebenen oder eine außen liegende Dichtungsbahn verzichtbar.

Das Fenster

Die hohe Präzision der Fertigung, die heute von Massivholzelementen erwartet werden kann, ermöglicht neue Ansätze bei der Fensterintegration. Wir konstruieren in diesem condetti® mit einem Leibungskasten, der in die passgenaue Öffnung der Massivholzwand eingeschoben wird. D.h., die üblichen 20 mm Einbaufuge in Breite und Höhe, und die damit verbundenen Nebenarbeiten können entfallen.
Das ausgewählte Fenster steht als Beispiel für die neue Generation von Passivhausfenstern. Eine besonders schlanke Rahmenkonstruktion verbessert die solare Energiebilanz ohne den Wärmeschutz zu verschlechtern. Zusammen mit der eingesparten Einbaufuge kann die Strahlungsausbeute um 20% gesteigert werden.

Die Fassade

Vorhangfassaden haben sich (nicht nur im Holzbau) als langlebiger Wetterschutz bewährt. Jedoch kommt es insbesondere beim Fensterbankanschluss immer wieder zu gravierenden Problemen *(vgl. Heft 4-2008)*. Untersuchungen der Holzforschung Austria haben zu neuen Leitdetails geführt, die wir bei unserer Konstruktion einbezogen haben. Wesentlicher Punkt: eine zweite wasserführende Ebene am unteren Anschluss des Rahmens. Dies hat uns angeregt, einen Anstoß für die Produktentwicklung seitens der Folienhersteller zu geben.

Dieses condetti®-Detail mit einer anspruchsvollen Kombination der Aufgaben mag dabei helfen, neue Arbeitsfelder des Holzbaus auch im Detail zu bewältigen. Sicher lassen sich aus der „Formel 1“ der Holzbauaufgaben auch Ideen für Innovationen bei der normalen Fortbewegung des qualitätsbewussten Holzbaus gewinnen.

Abb. 1: Großflächige Massivholzelemente aus Brettsperrholz erlauben präzise Rohbauöffnungen für die Fenster.
Foto: Finnforest Merk, Aichach

Wärmeschutz und Luftdichtung auf hohem Niveau

Der Holzbau dringt zunehmend mit „Leuchtturmprojekten" in eine Domäne des Massivbaus vor. Seit der Änderung der Musterbauordnung 2002 und zugehöriger Holzbaurichtlinie ist der Einstieg in die Gebäudeklasse 4 geschafft. Wer heute vielgeschossige Neubauten plant, sollte die grundlegenden Vorzüge des Holzrahmenbaus (hoher Wärmeschutz bei geringer Konstruktionstiefe) mitnehmen. Wir haben unser condetti®-Detail mit einer tragenden Massivholzschale und einer Dämmkonstruktion entwickelt, die wärmebrückenfrei eine flexible Anpassung an jedes förderfähige Wärmeschutzniveau ermöglicht.
In ein energieeffizientes Gesamtkonzept gehören heute beim Neubau Passivhausfenster. Beides, Wärmeschutz in der opaken Fläche und beim Fenster, sind aber immer nur so gut wie ihre Zusammenfügung im Detail. Die Analyse der Wärmebrückeneffekte und ein taugliches Luftdichtungskonzept für Großbaustellen gehören zur Detailentwicklung dazu.

Was dämmt die Wand?

Die Massivholzschale bringt bei 145 mm Dicke etwa 20% des Gesamtwärmeschutzes im dargestellten Detail. Nicht mehr und nicht weniger. Deshalb ist zum Erreichen von U-Werten ≤ 0,15 W/m²K eine Zusatzdämmung von 200 mm Dicke und mehr nötig.
Es macht konstruktiv wenig Sinn, diese zwischen Vollholzquerschnitte vor die Massivholzschale zu setzen. Dies ist wirtschaftlich wenig effektiv und erzeugt unnötige Wärmebrücken durch das Ständer- und Riegelwerk. Holzstegträger sind eine Lösung, die allerdings auch recht teuer und nur begrenzt wärmebrückenfrei sind *(vgl. Heft 2/2006)*. Wir haben eine Konstruktionsweise gewählt, die eine flexible Anpassung der Dämmdicken ermöglicht: Ein auf Konsolen vorgestelltes Ständerwerk mit nur 60 x 60 mm KVH. Aussteifung und Verankerung wurden in *condetti 2/2008* erläutert. Werden bessere oder geringere U-Werte benötigt, verschiebt sich lediglich die Lage des äußeren Traggerüstes.
Der Brandschutz lässt in GK 4 bislang nur mineralische Dämmstoffe zu. Mit den Spitzenprodukten am Markt (WLS 032) können mit dem dargestellten Aufbau U-Werte bis 0,14 W/m²K erreicht werden.

Das Fenster und sein Einbau

Als beispielhaft für eine neue Generation von Passivhausfenstern haben wir das Enersign-Fenster eingebaut, das von Günter Pazen – einem der Pioniere der PH-Fenstertechnik – entwickelt wurde. Es zeichnet sich durch eine besonders schlanke Rahmenkonstruktion aus. Die transparente Fläche wird im Mittel um 10% erhöht.
Möglich wurde dies durch eine Kombination von klassischem Holzrahmen und Fiberglasprofilen, in die die Scheiben eingeklebt werden. Diese aus dem Großfassadenbau bekannte Technik wird hiermit erstmalig für den Einsatz als Wohnraumfenster nutzbar gemacht.
Der zusätzliche Solargewinn muss nicht durch eine Verschlechterung der Rahmendämmung erkauft werden. Im Gegenteil, mit einem U_f-Wert von 0,64 W/m²K (seitl./oben) und 0,78 W/m²K (unten) kann ein Gesamtfenster U_w-Wert von 0,65 W/m²K erreicht werden (Bezug: Normfenstergröße, U_g = 0,53 W/m²K).
Die außen im GFK-Profil (λ = 0,25 W/mK) liegende Rahmendämmung (λ = 0,035 W/mK) ermöglicht den direkten Anschluss an die Fassadenkonstruktion. Wir haben hierfür einen vorkonfektionierten 80 x 80 mm-Dämmblock aus gleichem Material vorgesehen. Bei optimaler Einbausituation kann man mit diesem Fenstertypus im Leibungs- und Sturzbereich durchaus einen negativen Einbau-Ψ-Wert (ca. – 0,01 W/mK) erzielen.

Abb. 2: Enersign – Passivhaus-Fenster: moderne Optik und bessere Energiebilanz
Quelle: Günther Pazen, Zeltingen

Die Energiekosten des Brandschutzes

Für die brandschutztechnische Kapselung der Holzbauwand sind in der Leibung 2 Lagen Gipsplatten erforderlich – und dies durchgehend von innen bis zur Außenfassade. Diese unvermeidliche Wärmebrücke macht sich beim Ψ-Wert deutlich bemerkbar (Ψ = 0,03 W/mK). Da die Gipswärmebrücke an allen Seiten das Fenster umschließt, kann sich der Fenster U-Wert durch die Einbausituation um 0,10 bis 0,15 W/m²K erhöhen. Das schmerzt ein wenig, ist aber bei großen Gebäuden mit ihren günstigen A/V-Verhältnissen zu verkraften. Die quantitative Anforderung des Wärmebrückenbeiblatts zur DIN 4108 für den Gleichwertigkeitsnachweis nach EnEV (Ψ ≤ 0,03 W/mK) wird von unserem Detail trotz der durchlaufenden Gipsbeplankung (knapp) eingehalten.
Die gute Nachricht: Die minimale Oberflächentemperatur am Wandanschluss beträgt 16°C und die am Scheibenrand immerhin noch 14°C, und das bei -10°C außen.

Der Fensterkasten

Wenn nun schon die Fensterleibung komplett eingehaust werden muss, ist es nahe liegend, diese als Kasten vorzufertigen und den Fensterrahmen dort hinein ohne Einbaufuge einzubauen. Diese Werksvorfertigung bietet größte Genauigkeit und eine ganz einfache Luftdichtung zwischen Blendrahmen und der Leibung (Kompriband oder Dichtmasse). Die Z-Stöße der Gipsplatten an den Kanten werden auch bereits im Werk luftdicht abgeklebt.
Von verleimten Massivholzelementen oder massiven Holzwerkstoffplatten kann eine hohe Präzision beim Herstellen der Fensteröffnung auf der CNC-Fräse erwartet werden. Deshalb planen wir so, dass der formstabile und maßgenaue Kasten nur wenige Millimeter „Luft" benötigt, um in die Öffnung geschoben zu werden (siehe Montagefolge).
Für das Tischlergewerk, das auch für Luftdichtung am Fenster zuständig sein sollte, reduziert sich das aufwändige Anarbeiten und Ausstopfen auf ein umlaufendes Eckklebeband vom Massivholzelement an den Leibungskasten. Auch ein Vorteil für Bauorganisation: Die Fenster(ein)bauer müssen nur einmal auf die Baustelle und liefern ein Gewerk ab, an dem keine Nacharbeiten erforderlich sind.

Brandschutz hilft „Luftschutz"

Aus Gründen der Rauchdichtigkeit sollten in der Gebäudeklasse 4 verleimte Massivholzelemente verwendet werden. Diese sind als solche rauchdicht und damit auch luftdicht. Die Ausbildung der Elementfugen ist allerdings sorgfältig für den kalten wie den heißen Wärmeschutz auszuführen. Zur Luftdichtung sind am besten innenseitig angebrachte, einseitige Klebebänder genügender Breite geeignet. Wenn die Deckenelemente aus gleichartigen Baustoffen bestehen, kann hier mit Eckklebebändern in gleicher Weise verfahren werden.
Manche Hersteller bieten die Integration von Kabelkanälen und Hohlraumdosen in die massive Tragschale an. Bei verleimten Massivhölzern dürfte deren Luftdichtheit hiervon nicht beeinträchtigt werden. Für den Brandschutz in höheren Gebäudeklassen muss allerdings die Kapselung aus Gipsbauplatten und Spachtelung im Installationsbereich konsequent fortgesetzt werden.

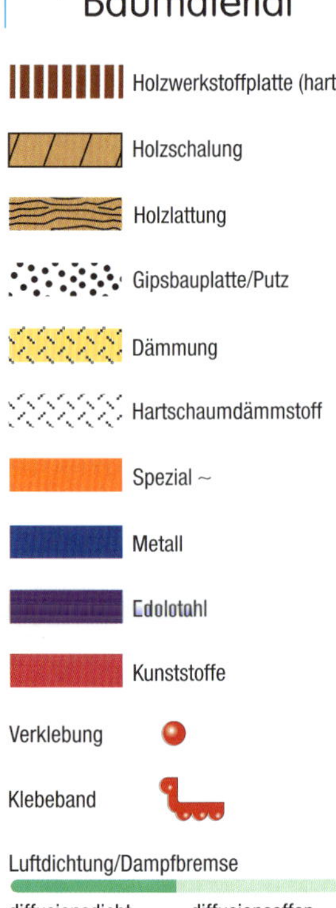

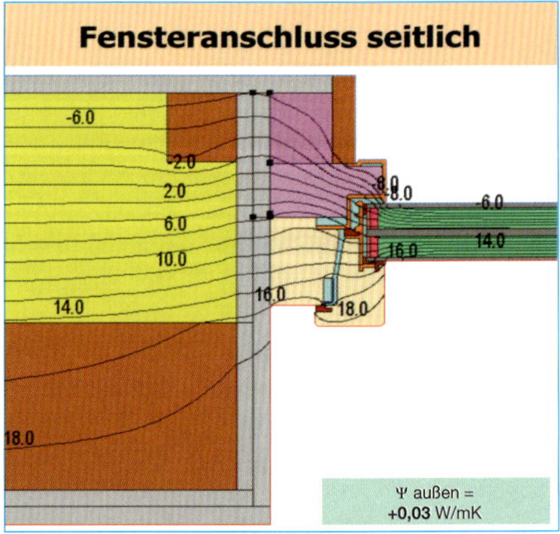

Abb. 3: Wärmebrückenberechnung zum seitlichen Fensteranschluss.
Die Isothermen beziehen sich auf 20°C innen und -10°C außen.

DETAIL 09.07.

Fensteranschluss

Massivholzwand Gebäudeklasse 4 — seitlich unten — horizontal vertikal

condetti *04.09

10 mm Schattenfuge zw. Leibungsbrett und Stülpschalung

Einbau Ψ-Wert: 0,03 W/mK. (ohne Gipskapselung: minus 0,01 W/mK)

Doppelte Schlagregendichtung am Leibungsbrett

Dämmblock minimiert Wärmebrücke am seitlichen und oberen Fensteranschluss

Hohe Tragfähigkeit von Massivholzwand ermöglicht vielgeschossige Holzstruktur

2 x 18 mm GF-Platten für Brandschutz in Gebäudeklasse 4

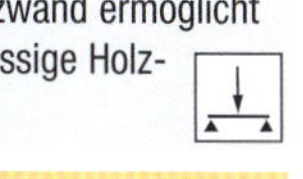

Passivhausfenster neue Generation: 10% mehr Licht

Dauerdichter Anschluss zwischen Fenster und Leibung

Folienschürze: Zweite Sicherheit unter der Fensterbank

Belüftungsebene geschossweise oberseitig geschlossen gegen Hohlraumbrand

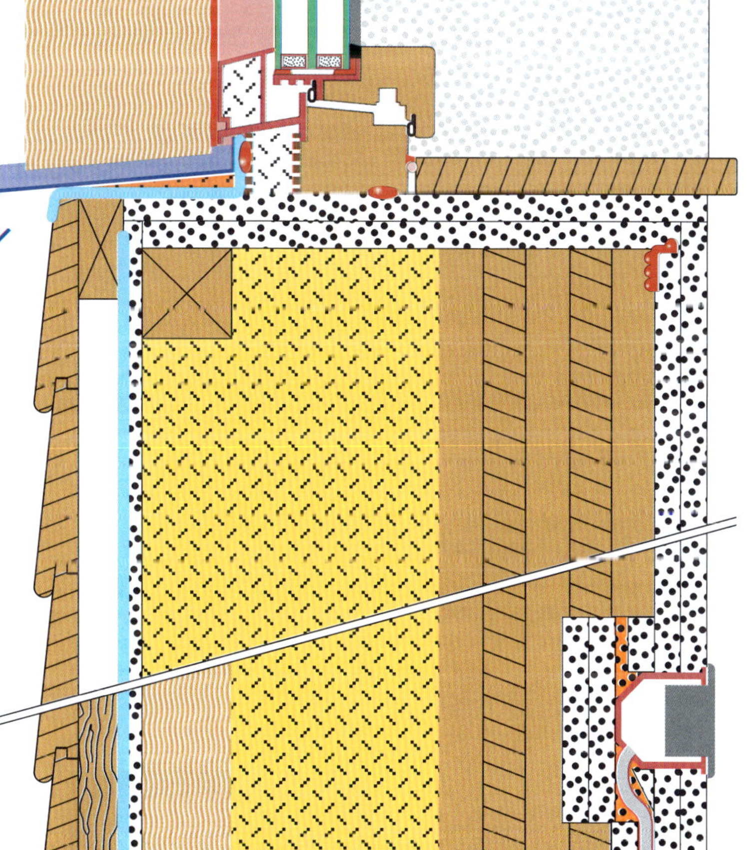

Selbsttragender Leibungskasten mit Massivholz zweireihig verschraubt

Passgenauer Einbau eines Leibungskastens

Einfache Fugendichtung bei luftdichten Massivholz-Elementen

Elektroinstallation mit brandtechnisch wirksamer $K_2$60- Kapselung

Effizienzhaus U-Wert ≤ 0,15 W/m²K durch weitgehend entkoppelte Tragschale

Vertikale Drainage und diffusionsoffene Bahn als 2. wasserführende Ebene

Maßstab 1:5

Hoch hinaus – Brandschutz in Gebäudeklasse 4

Wieder einmal soll die Höhe des obersten Geschossfußbodens mehr als 7,0 m über der Geländeoberfläche liegen, womit die erhöhten Anforderungen der Gebäudeklasse 4 erfüllt werden müssen. Dafür wollen wir diesmal eine Massivholzwand nehmen, die aber durch die Muster-Holzbau-Richtlinie nicht geregelt wird. Und auch in der Fassade schwebt uns eine heimelige Holzoberfläche vor, wo die Bauordnungen die Baustoffklasse B1-schwerentflammbar verlangen. Ein Brandschutzkonzept ist zwar unumgänglich, aber wir liefern Hilfestellung, um dieses Problem zu lösen.

Bauaufsichtliche Einstufung und brandschutztechnische Anforderung

Bei dem vorliegenden condetti®-Hauptdetail soll die Höhe des obersten Geschossfußbodens, in dem Aufenthaltsräume möglich sind, mehr als 7,0 m über der Geländeoberfläche liegen; die Nutzungseinheiten haben eine Größe von maximal 400 m². Damit befinden wir uns in der Gebäudeklasse 4 entsprechend MBO 2002 bzw. dem Großteil der novellierten Landesbauordnungen (s. Basics auf Seite 30f.).

In dieser Gebäudeklasse müssen die tragenden und aussteifenden Bauteile zumindest **hochfeuerhemmend** ausgebildet werden. Holzbauteile brauchen hierfür entsprechend MBO § 26, Absatz 2 **allseitig** eine Bekleidung aus nichtbrennbaren Baustoffen („brandschutztechnisch wirksame Bekleidung") und **nichtbrennbare** Dämmstoffe. Die bauaufsichtliche Bezeichnung bei der Verwendung von Holzbauteilen lautet demzufolge F60-BA.

Brandschutzbekleidung und Muster-Holzbaurichtlinie

Die geforderte „brandschutztechnisch wirksame Bekleidung" (definiert in DIN EN 13501-2, praktisch eine zweilagige Gipsplattenbekleidung) muss das dahinter liegende Material vor Entzündung, Verkohlung und anderen Schäden für eine festgelegte Zeit (hier 60 Minuten) schützen. Diese Brandschutzfunktion muss selbstverständlich auch bei sämtlichen Bauteilanschlüssen (z.B. Decken) und Bauteilöffnungen (z.B. Fenster und Türen) gewährleistet sein, vgl. [M-HFHHolzR 2004].

Werden diese Anforderungen erfüllt, kann ausgeschlossen werden, dass sich die latent vorhandene Brandlast der Konstruktion im definierten Zeitraum am Brandgeschehen beteiligt. Des Weiteren werden kritische Hohlraumbrände im Inneren der Holzbauteile verhindert und so kein verzögertes Tragwerkversagen sowie ein unbemerkter Durchbrand in benachbarte Nutzungseinheiten auftritt.

Der Geltungsbereich der M-HFHHolzR schließt allerdings die Massivholzbauweise explizit aus:

„Die Richtlinie gilt für Holzbauweisen, die einen gewissen Grad der Vorfertigung haben wie Holztafel-, Holzrahmen- und Fachwerkbauweise; sie gilt nicht für Holz-Massivbauweisen wie Brettstapel- und Blockbauweise, ausgenommen Brettstapeldecken."

Obwohl Massivholzelemente den Vorteil haben, dass die Gefahr von Hohlraumbrände nicht besteht, lagen bei der Einführung der Richtlinie keine entsprechenden Versuche zur Beurteilung ihres Brandverhaltens vor.

Neue Forschungsergebnisse

Dies wurde glücklicherweise zwischenzeitlich nachgeholt: zusammen mit dem Holzabsatzfonds und dem Deutschen Institut für Bautechnik konnte am IBMB der TU Braunschweig das DGfH-Projekt „Brandverhalten massiver flächiger Holzbauteile" durchgeführt werden. Hier wurden Brettschichtholz-, Brettsperrholz-, Brettstapel- und Holzwerkstoffelemente untersucht. Massivholzelemente mit planmäßigen Hohlräumen sind gesondert zu werten, die nachfolgenden Ausführungen gelten hier nur eingeschränkt. Die Ergebnisse der Untersuchungen wurden u.a. in [BK 2008] und [bmh 2009] veröffentlicht. Hierauf wird im Folgenden Bezug genommen.

Untersuchungen am IBMB Braunschweig

Neben dem eigentlichen Projektziel, die Anwendung massiver flächiger Holzbauteile bei mehrgeschossigen Holzgebäuden bis zur GK 4 zu ermöglichen, wurden zusätzlich Möglichkeiten zur Reduzierung der Brandschutzbekleidung bis hin zum vollständigen Verzicht untersucht. Das zunehmende Brandrisiko muss dann durch entsprechende Kompensationsmaßnahmen ausge-

Abb. 4: MH-Elementstoß vor und nach der Brandprüfung am IBMB.
Quelle: [BK 2008]

glichen werden; als Hilfestellung wurden hierfür verschiedene Brandschutzkonzepte erarbeitet. Zwei wesentliche Eigenschaften wurden am IBMB untersucht:

- Kohleschicht

Bei Brandeinwirkung entsteht auf der Oberfläche eines massiven Holzbauteils eine Kohleschicht. Diese Kohleschicht hat eine isolierende Wirkung, so dass die Abbrandgeschwindigkeit abnimmt. Im Zuge von Löschmaßnahmen könnte sich aber diese zunächst positive Eigenschaft ins Gegenteil umdrehen: der Kühleffekt des Löschwassers erreicht ebenfalls verzögert das glimmende Material.
Die Löschbarkeit von Massivholzelementen konnte bei Kleinbrandkörpern als auch im Realmaßstab aufgezeigt werden. Das Herabkühlen der Brandraumtemperatur im Großversuch war jedoch aufgrund der hohen Energiefreisetzung der Bauteile sehr aufwändig.

- Rauchdichtigkeit der Massivholzelemente

Unbekleidete, genagelte oder gedübelte Brettstapelelemente weisen auf Grund ihrer durchgehenden Fugen, wie zu erwarten, keine Rauchdichtigkeit auf. Während verklebte MH-Elemente bei den Kleinbrandkörpern und im mittleren Maßstab die Rauchdichtigkeit gewährleisteten, konnte sie dagegen im Großversuch auch für diese Systeme nicht nachgewiesen werden (obwohl verschiedene Fugenausbildungen untersucht wurden), vgl. Abb. 4.
Die kaum vermeidbaren Fertigungs- und Montageungenauigkeiten führten zu Fugen von einigen Millimetern, die bei Brandbeanspruchung weiter aufklafften. Zur Erfüllung der Rauchdichtigkeitsanforderungen ist daher der Einsatz einer Bekleidung unverzichtbar.

Was sagt die Untersuchung für die Praxis?

Werden die Elemente raumseitig und in Tür- und Fensternischen mit einer $K_2$60-Kapselung versehen (z.B. 2318 mm GKF- Platten), ist eine Massivholzbauweise brandschutztechnisch zu bewerten wie eine entsprechende Holzrahmenkonstruktion. Bei der Detailplanung sind die Anforderungen der Muster-Holzbaurichtlinie zu beachten.
Aber auch eine reduzierte $K_2$30-Kapselung ist möglich, wenn eine Brandmeldeanlage installiert wird (siehe Tabelle 1 zur Brandschutzkapselung).
Auch unbekleidete Konstruktionen lassen sich realisieren, wenn entweder eine automatische Feuerlöschanlage installiert wird oder die nach MBO zulässige Größe einer Nutzungseinheit (400 m²) reduziert und weitere Kompensationsmaßnahmen (z.B. eine Brandmeldeanlage) realisiert werden.
Damit spricht nichts gegen den Einsatz von Massivholzelementen in der Gebäudeklasse 4, wir haben uns im Hauptdetail für die $K_2$60-gekapselte Variante entschieden.

Installationen: In oder vor die Wand?

Installationen sind grundsätzlich außerhalb der Bauteile zu führen. Hierfür ist eine Installationsebene erforderlich, die durch eine Vorsatzschale bzw. eine Unterdecke gebildet wird. Die Bauteiloberfläche der Massivholzelemente als Rückseite der Installationsebene muss dabei aus einer nichtbrennbaren Bekleidung (z.B. 12,5 mm Gipsbauplatte) bestehen.
Eine Ausnahme bilden elektrische Leitungen. Diese dürfen als Einzelleitung oder gebündelt (max. drei Leitungen) auch innerhalb der Massivholzelemente geführt werden. Die Leitungen müssen dabei allseitig ohne Hohlraum durch nichtbrennbare Baustoffe umgeben sein, z.B. durch Gipsplattenstreifen oder eine nicht brennbare Spachtelmasse.
Beim Einbau der Hohlraumdose haben wir darauf geachtet, dass die Brandschutzbekleidung diese vollständig umhüllt. Gegenüberliegende Dosen in Innenwänden mit Brandschutzanforderungen müssen um mindestens 150 mm versetzt werden.

Klasse	Brandschutzbekleidung
$K_2$30	2 x 12,5 mm Feuerschutzplatten (GKF)
	2 x 10 mm Fermacell Gipsfaserplatte
	1 x 18 mm Fermacell Gipsfaserplatte
$K_2$45	2 x 12,5 mm Fermacell Gipsfaserplatte
$K_2$60	20 mm Knauf Fireboard +
	15 mm Fermacell Gipsfaserplatte
	2 x 18 mm Feuerschutzplatten (GKF)
	2 x 18 mm Fermacell Gipsfaserplatte

Tab. 1: Durch Prüfung nachgewiesene Wandkonstruktionen

Holzfassade beim Mehrgeschosser?

Die MBO regelt in §28, dass Oberflächen von Außenwänden sowie Außenwandbekleidungen einschließ-

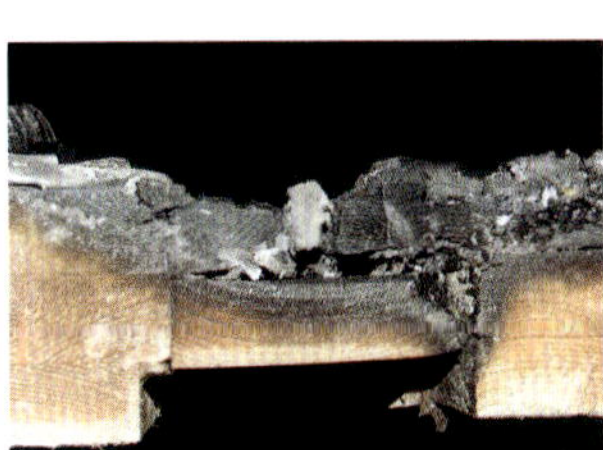

lich der Dämmstoffe und Unterkonstruktionen schwerentflammbar sein müssen; Unterkonstruktionen aus normalentflammbaren Baustoffen sind zulässig, wenn eine Brandausbreitung ausreichend lang begrenzt ist. Weiterhin fordert §28 (4), dass bei Außenwandkonstruktionen mit geschossübergreifenden Hohl- oder Lufträumen wie Doppelfassaden und hinterlüfteten Außenwandbekleidungen gegen die Brandausbreitung besondere Vorkehrungen zu treffen sind.

Im Rahmen des von der Lignum, Dachorganisation der Schweizer Wald- und Holzwirtschaft, initiierten internationalen Forschungsprojektes „Brandschutz bei Holzfassaden", wurden Holzfassaden umfassend experimentell an der MFPA Leipzig untersucht *(s. Heft 6/2007, S. 14 ff.)*. Bei den Untersuchungen wurden Außenwände zugrunde gelegt, die einen Feuerwiderstand von mind. F30-B aufwiesen und die außenseitig durch eine harte, geschlossene, nicht brennbare Schicht ≥ 12 mm abgeschlossen wurden; alternativ kann eine brennbare Platte mit einer Steinwolleüberdeckung (≥ 40 mm) gewählt werden [PH2006].

Das grundlegende Schutzziel bei Fassaden besteht darin, dass es bei einem Brand an der Gebäudeaußenwand bis zum Löschangriff der Feuerwehr nicht zu einer Brandausbreitung über mehr als 2 Geschosse oberhalb der Brandetage kommen darf.

Ergebnisse der Brandversuche an der MFPA Leipzig

Die Untersuchungen an der MFPA Leipzig brachten folgende Ergebnisse [HBH 2009]:

Holz- Außenwandbekleidungen verhalten sich bei realen Brandszenarien deutlich besser als entsprechende Kleinbrandversuche erwarten lassen. Durch die Verkohlung der Oberfläche wird eine rasche Brandausbreitung in vertikaler Richtung verhindert, die seitliche Brandausbreitung ist vernachlässigbar gering. Horizontale Bekleidungen auf einer einlagigen, vertikalen Unterkonstruktion mit geringem Hinterlüftungshohlraum verhalten sich unkritisch, daher wurde dieser Aufbau im vorliegenden Detail verwendet.

Gleichwohl müssen, da eine Holzfassade immer eine Abweichung von der MBO darstellt, Kompensationsmaßnahmen ergriffen werden. Dafür sind beispielsweise horizontale Brandschutzabschottungen geeignet, die geschossweise über die gesamte Fassadenbreite durchgehend auszuführen sind (Abb. 4). Ihre Position kann frei gewählt werden, sie sind aber im Bereich der Geschoßdecken am sinnvollsten. Die Abschottungen lenken auf einer ebenen Fassade die Flammen von der Oberfläche ab und verhindern durch die gleichzeitig stattfindende Kaltluftbeimengung eine Entzündung bzw. eine Brandweiterleitung.

Die Brandschutzabschottung besteht beispielsweise aus einer Stahlblechschürze (d > 0,8 mm) mit einer freien Ausladung von mind. 60 mm. In Österreich sind ≥ 100 mm Überstand mittlerweile normiert (ÖNORM B 2332), siehe Lupe 1. Außen- und Innenecken verdienen hierbei besondere Aufmerksamkeit, bei Innenecken ist die Auskragung ggf. zu vergrößern.

Fenster und Brandschutz

Die Fenster bzw. deren Profile müssen übrigens keine erhöhten Anforderungen in den Gebäudeklassen 4 und 5 erfüllen. Die MBO sagt hierzu eindeutig in § 28 (2): Die Forderung nach nichtbrennbaren Baustoffen oder feuerhemmender Bekleidung „gilt nicht für brennbare Fensterprofile und Fugendichtungen sowie brennbare Dämmstoffe in nichtbrennbaren geschlossenen Profilen der Außenwandkonstruktion".

Unter der Fensterbank wird der Hohlraum mit hoch verdichteter Mineralwolle (z.B. Estrichdämmplatten) gefüllt. Dies reduziert nicht nur die (Niedertemperatur) Wärmebrücken sondern vermindert auch das Hochtemperaturrisiko eines Einbrandes bis zum Fensterrahmen.

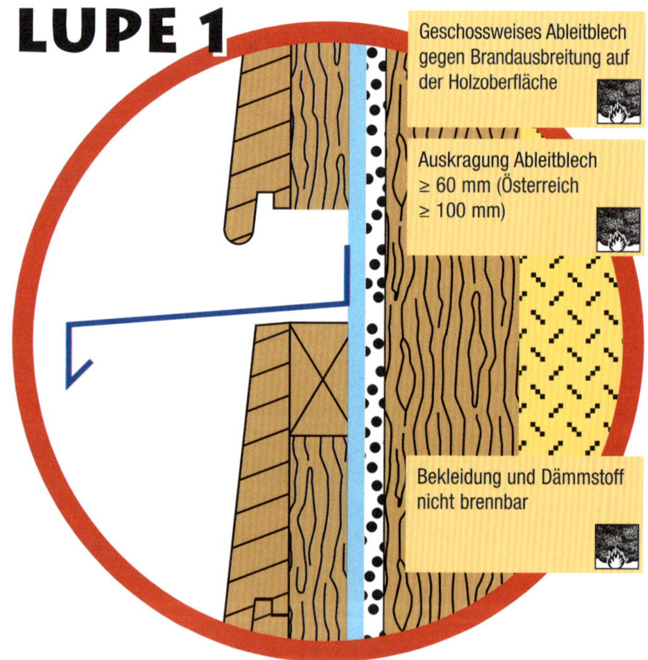

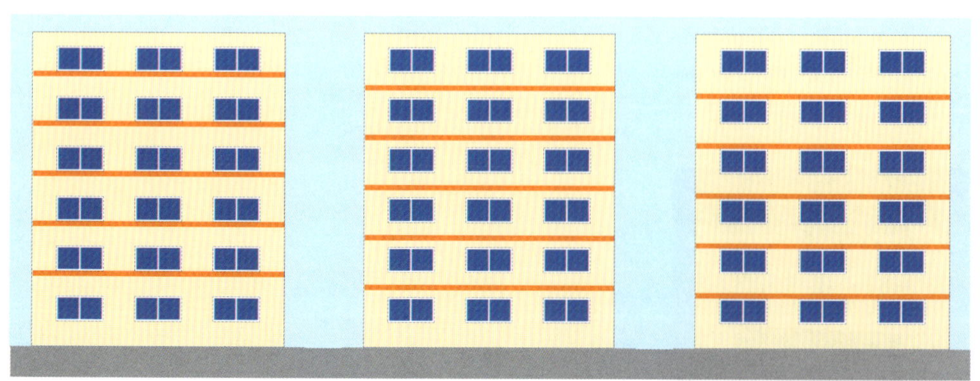

Abb. 5: Horizontale Brandschutzabschottung: in Höhe der Fensterbank, im Bereich der Geschoßdecke, am Fenstersturz (v.l.n.r.)
Quelle: [HBH 2009]

Schutz für alle Wetter

Der Schlagregenschutz unserer Holzfassade hat viele Facetten, welche sich in zwei Hauptgruppen einteilen lassen. Es sind die Baurechtlichen, also die Pflichtübungen und die Privatrechtlichen.
Bei den baurechtlichen Pflichtübungen geht es vor allem um die Einhaltung der [DIN 4108-3], Klimabedingter Feuchteschutz, und der [DIN 68800-2 und 3], Baulicher bzw. vorbeugend chemischer Holzschutz. Es gibt natürlich auch noch eine Vielzahl von bauaufsichtlich nicht eingeführten Normen und Regelwerken, welche beachtet werden sollten.

Schlagregenschutz

Die baurechtlichen Aspekte betreffen weniger die Außenbekleidung selbst, sondern vielmehr die dahinter befindliche Wand. Der Bekleidung (nicht Beplankung!) kommt die Funktion des Witterungsschutzes zu. Gemäß der bauaufsichtlich eingeführten [DIN 4108-3] genügen Wände mit hinterlüfteten Außenwandbekleidungen nach [DIN 18516-1; 3 und 4] allen drei Schlagregenbeanspruchungsgruppen.
Dabei wird auch klargestellt, dass offene Fugen zwischen Bekleidungsplatten den Regenschutz nicht beeinträchtigen. Das soll heißen, Fugen dürfen sein, wenn Niederschlagswasser auf andere Art sicher und unschädlich abgeleitet wird, z.B. durch eine Drainageebene (mind. 20 mm) mit Öffnung am Fußpunkt der Schalung (wie in unserem condetti-Detail).
Vertikale Schalungen auf ungekonterten horizontalen Latten sind zu vermeiden, wenn auf den Latten abtropfende oder ablaufende Niederschlagsfeuchte von dort in die Wand weitergeleitet werden kann. Länger verbleibende Feuchte in diesem Bereich kann sich auch nachteilig auf einen evtl. Anstrich der Holzbekleidung auswirken.
Die Schlagregensicherheit ist auch, besser gesagt vor allem, im Bereich von Öffnungen und Anschlüssen zu gewährleisten. Insbesondere im Bereich der Fensteranschlüsse sind die häufigsten Mängel zu beklagen.

Holzschutz

Ein weiterer Aspekt ist die Zuordnung der tragenden Außenwand in die Gefährdungsklasse (neuerdings Gebrauchsklasse) 0, also der Verzicht auf chemischen Holzschutz. Schon die [DIN 68800-2] von 1996 gestattet die GK 0, wenn die „vorgehängte Bekleidung" oder dergleichen auf lotrechter Lattung, wie in unserem Beispiel, oder auf waagerechter Lattung mit einer Konterlattung ausgeführt wird.
Ist der Hohlraum nicht hinterlüftet, ist eine wasserableitende Schicht mit $s_d \leq 0{,}2$ m auf der äußeren Wandbekleidung, erforderlich. In unserem Detail haben wir eine <u>belüftete</u> Bekleidung vorgesehen, die aus Brandschutzgründen mindestens geschossweise geschlossen ist, um die Ausbreitung von Hohlraumbränden zu verhindern. Diese ist nach neueren Untersuchungen *(vgl. Heft 6/2007, S. 14 ff)* bei Holzschalungen feuchtetechnisch gleichwertig zur <u>hinterlüfteten</u> Konstruktion, die unter- <u>und</u> oberseitig einen Lüftungsspalt aufweist.

Die privatrechtlichen Aspekte

Privatrechtlich ist bei allen weiteren Anforderungen ein breiter Spielraum gegeben. Damit einem die Vielzahl der weiteren bauaufsichtlich nicht eingeführten Normen, Merkblätter und Regelwerke im Streitfall nicht auf die Füße fallen, empfiehlt sich zunächst, wie immer, eine genaue vertragliche Vereinbarung der Leistung.
Wird eine aus praktischer Sicht ungünstige oder risikobehaftete Ausführung gewählt, muss der Auftraggeber natürlich – nachweisbar – auf die entsprechenden Risiken hingewiesen werden. Sachverstand und Erfahrung ist auch durch Regelwerke und Merkblätter nicht immer zu ersetzen. Dennoch geben die verschiedenen Regelwerke viele nützliche und sinnvolle Hinweise zur Ausbildung einer sicheren und gebrauchstauglichen Holzfassade.

Der neuralgische Punkt

Der schadensträchtigste Punkt ist die Ecke zwischen Fenster, Fensterbank und Leibung. Die größtmögliche Sicherheit wird dadurch erreicht, dass die Fensterbänke möglichst weit in die

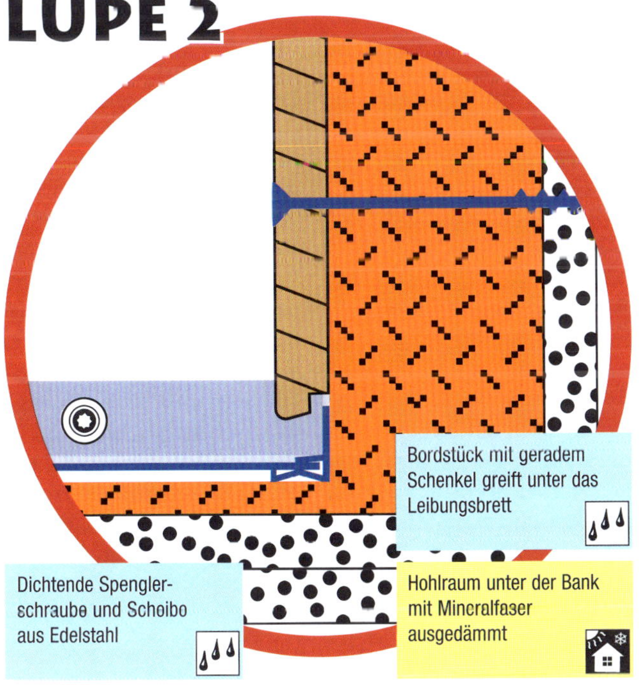

Abb. 6: Eine sauber gearbeitetes Fensterdetail aus Heft 6/2007.
Aber, ist das Bordstück hinten in der Ecke wirklich dicht?
Aktueller Hinweis: In den zwischenzeitlich erschienen Fachregeln des Zimmererhandwerks zu Holzfassaden wird zwischen Leibungsbrett und Schalung ein Abstand von 10 mm verlangt.
Foto: Klaus Selbach, Berg. Gladbach.

Leibung hineinragen, damit in den Anschlussfugen herablaufendes Niederschlagswasser nicht in die darunter liegende Brüstung gelangt, sondern immer vor dem Bordstück auf die Fensterbank trifft (vgl. Lupe 2). Auch Rollladenleisten sollten auf der Fensterbank enden, nicht daneben *(s. Heft 4/2008, S.43 ff)*.
Solange evtl. eindringendes Wasser im Bereich der Drainageschicht durchtritt und nicht in die Wand geleitet wird, ist das Schadensrisiko gering. Vielfach weisen aber die Fensterbänke keine absolut dichten Bordstücke bzw. Endkappen auf, so dass eine „Schürze" als zweite Wasser führende Ebene erforderlich wird. Die neuen Leitdetails der Holzforschung Austria geben hierzu praktische Empfehlungen. Eine vorgeschlagene Lösung zeigt Abb. 8.
Wir haben uns für eine zusätzliche Dichtung aus Folien entschieden, s. Abb. 7. Eine weitere Lösung wäre eine „Wanne" aus pastöser Dickbeschichtung, wie wir es schon bei Türanschlüssen am Sockel publiziert hatten (vgl. Heft 6/2002, S.36)
Bemerkenswert ist der Hinweis in den Zimmererfachregeln, dass vor der Montage des Leibungsbrettes eine „Sichtprüfung" vorzunehmen ist, ob die Fenster wind- und regendicht eingebaut sind
Häufig vergessen wird die Leibungsauskleidung im Sturzbereich. Auch durch die Holzbekleidung oberhalb der Fenster dringt Niederschlagswasser ein, vor allem bei höheren Gebäuden. Dieses Wasser muss ebenfalls sicher nach außen abgeleitet werden und darf nicht auf dem oberen Leibungsbrett verbleiben oder gar nach innen laufen. Das gilt natürlich auch beim Einbau von Außenrollladenkästen.

Holzschutz und Anstrich

Ein chemischer Holzschutz ist weder für die Bekleidung noch für die darunter befindliche Traglattung erforderlich, sofern nicht vom Auftraggeber ausdrücklich verlangt. Ob die Schalung mit oder ohne Oberflächenbeschichtung ausgeführt werden soll, entscheidet ebenfalls der Auftraggeber.
Allerdings sollte im Vorfeld geklärt werden, ob später ein Anstrich ausgeführt werden soll. In diesem Fall wäre nämlich die erforderliche Rückseitenbeschichtung mit mindestens einem schichtbildenden (nicht nur Imprägnierung) Anstrich später nicht mehr möglich. Natürlich sind dann auch die Schnittkanten und Hirnholzflächen zu schützen, ganz besonders im Bereich von Tropfkanten.
Die Art einer evtl. Beschichtung ist Geschmackssache und ebenfalls vorher zu vereinbaren, auch ein Schutzanstrich gegen Bläue, Schimmel und Algenbefall. Farblose Beschichtungen sind wegen des geringen UV-Schutzes nicht empfehlenswert. Lasuren und Anstriche weisen, je nach Exposition und Anstrichart unterschiedliche Standzeiten von 1 bis 10 Jahren auf. Anstriche auf sägerauem Holz zeigen in der Regel eine längere Standzeit als auf gehobelten Flächen. Dies liegt weniger an der Haftung auf dem Untergrund, sondern vor allem daran, dass bei sägerauem Holz eine größere Materialmenge aufgebracht wird bzw. werden kann.
Denken wir daran, eine optisch ansprechende Fassade, dauerhaft schadensfrei ausgeführt, ist die beste Werbung für den Holzbau.

Abb. 7: Die Folienschürze unter der Fensterbank: Überlegt geschnitten und mit „Kofferecke" an der kritischsten Stelle.

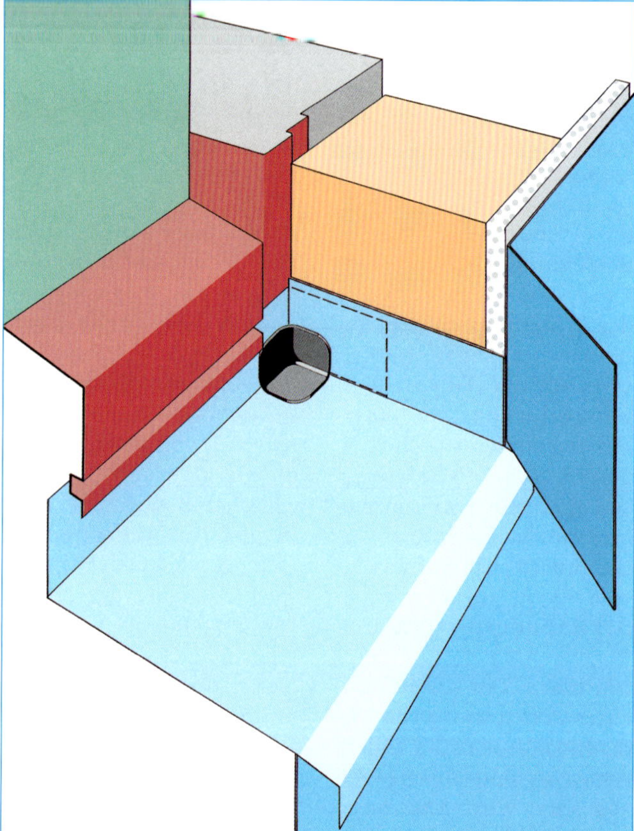

Abb. 8: Folienstreifen plus Dichtmasse. Eine der untersuchten Varianten aus der Schlagregenprüfung der Holzforschung Austria.
Foto: Holzforschung Austria, Wien

Statik einer Lochfüllung

Zur Statik der Fenster verwertbare Informationen zu geben schien bisher überflüssig oder detailvernarrt. Hier soll auch nicht auf die schon vielfach beschriebenen Auswirkungen einer Fensteröffnung auf das Gesamttragwerk eingegangen werden, wenngleich jede Wiederholung der wichtigen Fragen gegen das Vergessen hilft:

- Sind über dem Fenster Einzellasten abzufangen?
- Bleibt in der Wandebene noch genug „Fleisch" zur Aussteifung?

Das vorliegende condetti-Detail dreht sich um das Fenster mit seinen Randbedingungen für den Einbau in eine Massivholzkonstruktion, die für die oben stehenden Fragen eine robuste Leistungsgrenze anbietet.

Statik im weiteren Umfeld des Lochs

Im Detail ist eine harmlose Steckdose gezeichnet. Dass diese gekapselt sein muss, ist bereits im Brandschutzkapitel ausgeführt worden. Das Gleiche gilt bekanntlich für den Schlitz der zugehörigen Zuleitung. Da dieser Schlitz entsprechend tief sein muss, um auch den rückwärtigen Gipsfaserplattenstreifen aufzunehmen, entsteht das aus dem optimierten Mauerwerksbau bekannte Problem der Schlitztiefe und -richtung. Anders als im Mauerwerksbau gibt es hier keine klaren Regelwerke für die Schlitze, so dass man das Schlitzen einer Massivholzwand keinesfalls ungeplant dem Elektriker überlassen sollte.
Ein horizontaler Schlitz über die Wandlänge schwächt die Wand erheblich und muss daher vermieden werden. Die Hersteller der Brettsperrholzelemente bieten für geringe Kosten das exakte Fräsen der Leitungsschlitze und Dosen in der gewünschten Größe an. Voraussetzung ist natürlich, dass man sich in diesem Stadium der Planung bereits für die Elektroinstallation festgelegt hat. Und dabei sollte die Statik beachtet werden.

Statik auf der Außenseite des Lochs

Für die Befestigung der Fassade wurde bereits in *Heft 2/2008* ausführlich beschrieben, wie die eigentlichen Fassadenlasten über die Dämmebene hinweg in die Tragebene geführt werden. Das Prinzip ist hier das gleiche: Wie in den Montagefolgen beschrieben wird eine Sekundärkonstruktion auf der Außenseite angebracht, die nur die flächigen Lasten aus der bewitterten „Haut" aufzunehmen hat. Das sind neben dem Eigengewicht auch die Windlasten.
Da das Detail Teil einer Baukonstruktion ist, die in der Gebäudeklasse 4 funktioniert, ist zu berücksichtigen, dass in der hier zulässigen Höhe von bis zu 13 m bereits recht große Windgeschwindigkeiten herrschen, die Soglasten insbesondere an den Gebäudeecken verursachen. Die Verbindungsmittel müssen daher darauf ausgelegt werden, dass diese Lasten auch zuverlässig aufgenommen werden. Die äußere Fensterbank bringt keine allzu großen Lasten, liegt aber auf dieser Unterkonstruktion auf.

Statik unter dem Loch

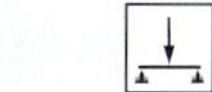

Passivhaustaugliche Fenster wiegen aufgrund der Dreifachverglasung deutlich mehr als herkömmliche Fenster. Die Massivholzwand bringt die besten Voraussetzungen mit, um ein nahezu beliebig hohes Fenster zu tragen. Da die Ebene des Fensterrahmens vor der Massivholzkonstruktion liegt, muss der Leibungskasten diese Tragfunktion übernehmen. Nun ergibt sich aus dem Brandschutz bereits eine doppelte Lage aus jeweils 18 mm Gipsfaserplatten. Diese sind in gewissen Grenzen durchaus in der Lage, das Gewicht des Fensters als Kragplatte aufzunehmen. Je weiter das Fenster außen liegt und je höher das Fenster ist, desto problematischer wird es natürlich.
Um diesen Mechanismus zu ermöglichen, muss die Beplankung mit geringen Abständen und geeigneten Schrauben auf der horizontalen Fläche der Massivholzöffnung befestigt werden.

Fensterhöhe der Dreifachverglasung (40 kg/m²)		
1,25 m	1,75 m	2,25 m
e ≤ 250 mm	e ≤ 180 mm	e ≤ 140 mm
u = 2,8 mm	u = 1,6 mm	u = 0,9 mm

Tabelle 2: Maximaler Überstand e [mm] und resultierende Vertikalverformung u [mm] in Abhängigkeit von der Höhe der Dreifachverglasung

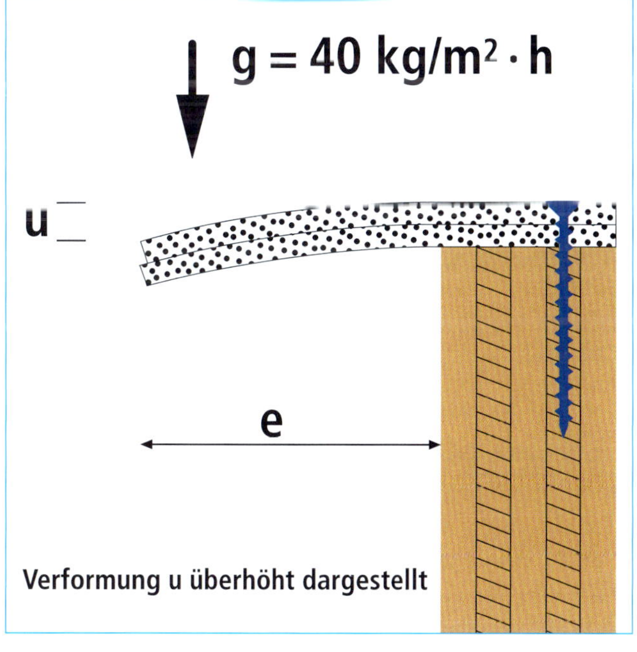

Anmerkung: Bei dünneren Wänden als 125 mm wird dies nicht mehr funktionieren, so dass unter der Beplankung eine Konsole erforderlich wird.
Bei unserem Detail liegt der Fensterkasten zwar auch auf der Fassadenunterkonstruktion auf, dies wird jedoch nicht statisch vorausgesetzt und dementsprechend auch nicht nachgewiesen. Die Auflagerung bildet somit nur ein redundantes System und sorgt für einen robusten „Betrieb" der Fenster.

Statik neben dem Loch

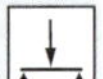

Das Gewicht der Fenster wird dann wirklich interessant, wenn das Fenster geöffnet wird. Wenn der Öffnungsflügel im 90°-Winkel zur Wand steht, entstehen die größten Scheiben-Beanspruchungen auf die vertikalen Beplankungen des Leibungsrahmens. Und wenn gerade die Verriegelung geöffnet wird und der Drehflügel nur gering offen steht, ergibt sich die maximale Platten-Beanspruchung für die vertikalen Beplankungen des Leibungsrahmens.
Um diese Kräfte aufzunehmen, muss der Fensterrahmen mit dem Leibungsrahmen verschraubt werden. Hier empfiehlt sich, die Schrauben diagonal einzubringen, da die Leistungsfähigkeit der Schrauben wesentlich besser genutzt werden kann.
Je nach Breite des Fenster(flügel)s ergeben sich auch für die Beschläge enorme Beanspruchungen, so dass vom Fensterbauer unbedingt die Angaben zu den Beschlägen und deren Befestigungen abgefragt werden müssen.

Statik im Loch

So vielfältig wie die Architektur, so vielfältig ist auch die Fragestellung, was sich innerhalb des Leibungsrahmens noch alles abspielen kann. So sind ggf. im Sturzbereich Verschattungseinrichtungen zu berücksichtigen oder das gleiche Detail soll auch für einen französischen Balkon angewendet werden. Kurt Tucholskys Essay hilft auch hier: s. Kasten.

Zur soziologischen Psychologie der Löcher

Kurt Tucholsky, „Zwischen Gestern und Morgen"

„Ein Loch ist da, wo etwas nicht ist. … Das Merkwürdigste an einem Loch ist der Rand. Er gehört noch zum Etwas, sieht aber beständig in das Nichts, eine Grenzwache der Materie. Das Nichts hat keine Grenzwache: während den Molekülen am Rande eines Lochs schwindlig wird, weil sie in das Loch sehen, wird den Molekülen des Lochs… festlig? Dafür gibt es kein Wort. Denn unsre Sprache ist von den Etwas-Leuten gemacht; die Loch-Leute sprechen ihre eigne. … Wenn ein Loch zugestopft wird: wo bleibt es dann? Drückt es sich seitwärts in die Materie? oder läuft es zu einem andern Loch, um ihm sein Leid zu klagen – wo bleibt das zugestopfte Loch? Niemand weiß das: unser Wissen hat hier eines…
Löcher, die sich vermählen, werden ein Eines, einer der sonderbarsten Vorgänge unter denen, die sich nicht denken lassen. Trenne die Scheidewand zwischen zwei Löchern: gehört dann der rechte Rand zum linken Loch? oder der linke zum rechten? oder jeder zu sich? oder beide zu beiden? Meine Sorgen möcht ich haben. Und warum gibt es keine halben Löcher? Manche Gegenstände werden durch ein einziges Löchlein entwertet; weil an einer Stelle von ihnen etwas nicht ist, gilt nun das ganze übrige nichts mehr. Beispiele: ein Fahrschein, eine Jungfrau und ein Luftballon."

Konstruktion und Montage

Leicht haben es mir meine Mitautoren diesmal nicht gemacht. Für die Montage des Leibungskastens und den Randbereich der Fensteröffnung müsste man beständig die Perspektive wechseln. Aber Dank der vielen Detailzeichnungen ist es ausreichend vom Horizontalschnitt der ersten Montagefolge in den Vertikalschnitt der nächsten beiden Montagefolgen zu wechseln. Auch wenn die Zeichnung die Sprache der Planer und Ausführenden ist, einige Sätze der Erläuterung sind notwendige Brücken zur Verständlichkeit.

Die Konstruktion und die Dämmebene

Bei der Verwendung von Massivholzelementen aus Brettsperrholz bietet sich eine weitgehende Konfektionierung der einzelnen Wandelemente an. Dies betrifft neben den Fügedetails vorrangig die bereits eingeschnittenen Rohbauöffnungen für die Fenster und Fräsungen

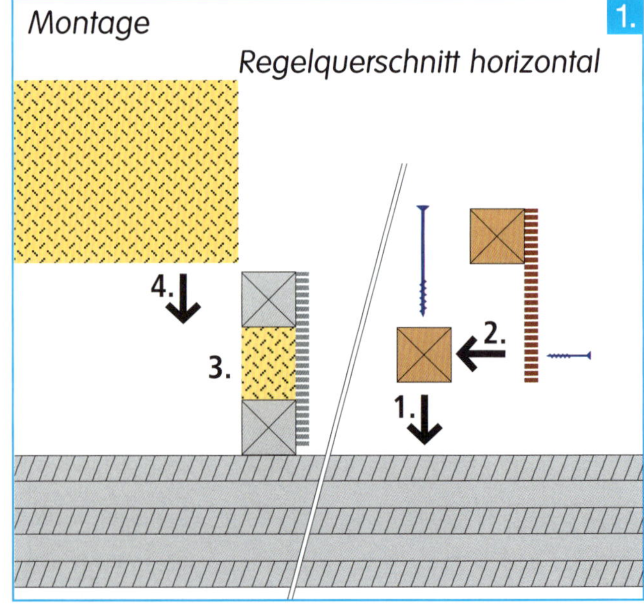

für die Elektroleitungen und Hohlraumdosen. Letztere sind bei einem Verzicht auf eine Installationsebene sinnvollerweise werkseitig herzustellen und müssen die gleiche Kapselungsqualität aufweisen wie die Innenwandfläche. Die Wandelemente sind möglichst auf exakte Höhe einzubauen, um Untersteckungen zwischen Leibungskasten und Brüstung zu vermeiden.
Für die Unterkonstruktion in der Dämmebene haben wir uns für die gleiche Unterkonstruktion entschieden wie bei der Fachwerkaußenwand in *Heft 2/2008*. Rähmhölzer aus 60x60 mm KVH werden in regelmäßigen horizontalen Abständen von 625 mm vertikal auf der Massivholzwand gemäß Statik angeschraubt (MF 1-1, Horizontalschnitt). Unmittelbar neben dem einzubauenden Fenster sind sie über die Öffnungshöhe entbehrlich (siehe Abb. 3, Wärmebrückenberechnung zum seitlichen Fensteranschluss). Die Befestigung dieser Hölzer kann ggfs. bereits werkseitig erfolgen. Vor Ort werden dann die werkseitig vorbereiteten „halben" Stegträger aus 12 mm dicken OSB-Streifen und Rähmhölzern 60x 60 mm an den wandseitigen Rähmhölzern angeschraubt (MF 1-2).
Geringfügige Lotabweichungen der Massivholzwand können dabei durch die horizontale Justierung dieser halben Stegträger ausgeglichen werden. Die OSB-Streifen laufen nicht über die jeweilige Geschosshöhe durch, sondern werden in festzulegenden Abständen über die Höhe verteilt. Bevor die 200 mm dicken Dämmstoffbahnen aus Mineralfasern (für den Holzrahmenbau auf eine Breite von 575 mm konfektioniert) zwischen den Stegträgern eingebaut werden können (MF 1-4) müssen die Stegbereiche zwischen den beiden Rähmhölzern mit vorbereiteten Dämmstreifen ausgedämmt werden (MF 1-3).

Bekleidungen und Leibungskasten

Wir beginnen mit der äußeren Bekleidung aus Gipsfaserplatten, die flächig auf die äußeren, vertikal verlaufenden Rähmhölzer aufgeschraubt werden (MF 2-1, vertikalschnitt). Unterhalb und oberhalb der Fensteröffnungen sind die äußeren Rähmhölzer um ca. 70 mm tiefer bzw. höher einzubauen, so dass das horizontale Konstruktionsholz in der Ecke zwischen äußerer Gipsplatte und Leibungskasten über die Fensterbreite ungestoßen eingebaut werden kann (MF 2-2). Beim Einbau des horizontalen Konstruktionsholzes ist die Höhenlage auf die Oberkante der Brüstung des Massivholzelements zu nivellieren bevor es mit der äußeren Gipsfaserplatte verschraubt wird (MF 2-3).
Nach diesen vorbereitenden Arbeiten kann nun der vorkonfektionierte Leibungskasten aus 2 x 18 mm Gipsfaserplattenstreifen und mit Dichtungsmasse oder Kompriband eingedichtetem Blendrahmen eingeschoben werden (MF 2-4).
Nach interner Diskussion gehen wir von einem horizontalen und vertikalen Übermaß der Fensteröffnung von jeweils 5 mm aus. Als Einschubhilfe hat sich die Verwendung eines V4A Edelstahlblechs bewährt, das wie ein Schuhlöffel nach dem Einschieben des Rahmens herausgezogen wird. Sobald der Leibungskasten ausgerichtet ist, wird er zuerst mit der Massivholzwand zweireihig verschraubt (MF 2-5). Danach erfolgt die Verschraubung mit den horizontal verlaufenden außenseitigen Konstruktionshölzern oberhalb und unterhalb der Öffnung (MF 2-6) sowie den flankierenden Vertikalhölzern des seitlichen Leibungsbereichs.
Ob der Einbau des Leibungskastens von außen erfolgt (in Abstimmung mit dem Montagefortschritt des Gerüsts auf der Außenseite) oder von der Raumseite erfolgt (rechtzeitige Zwischenlagerung vor Aufbringen der nächsten Geschossdecke) sollte individuell von der Arbeitsvorbereitung festgelegt werden. Vor der Montage der beiden inneren Bekleidungslagen aus GKF-Platten (MF 2-8 und 2-9) wird ein Eckklebeband umlaufend von der Massivholzwand auf den Leibungskasten aufgebracht (MF 2-7) um die Luftdichtheit sicherzustellen.

Fassade und Fensterbank

Die diffusionsoffene und nicht brennbare Gipsfaserplatte auf der Außenseite wird in der Fläche mit einer ebenfalls diffusionsoffenen Feuchteschutzbahn bekleidet (MF 3-1). Im Übergang zum Leibungskasten wird sie am unteren Kastenrand horizontal eingeschnitten und mit einem Überstand entsprechend der Leibungstiefe und Überdämmungsbreite vertikal abgeschnitten, s. auch 3D-Darstellung in Abb. 7.
Die vorbereitete Folienschürze wird auf der Brüstung aufgelegt (MF 3-3) und mit doppelseitigem Klebeband am höchstmöglichen Punkt des Blendrahmens befestigt (MF 3-2). Dabei muss der Zuschnitt so erfolgen, dass

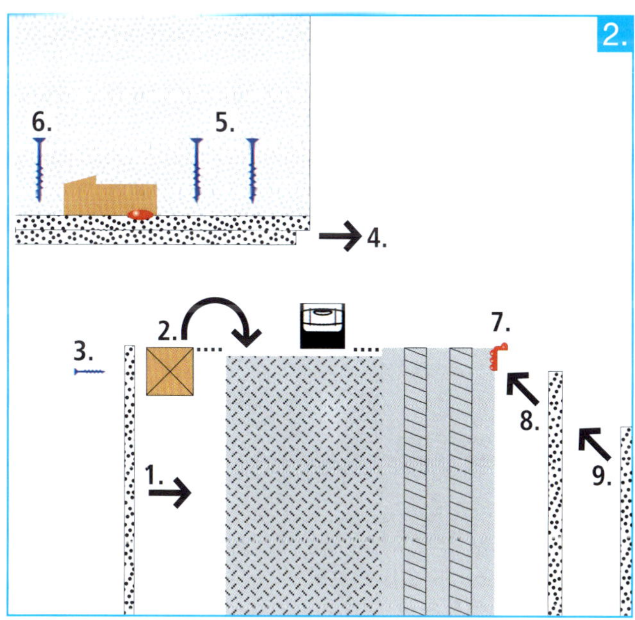

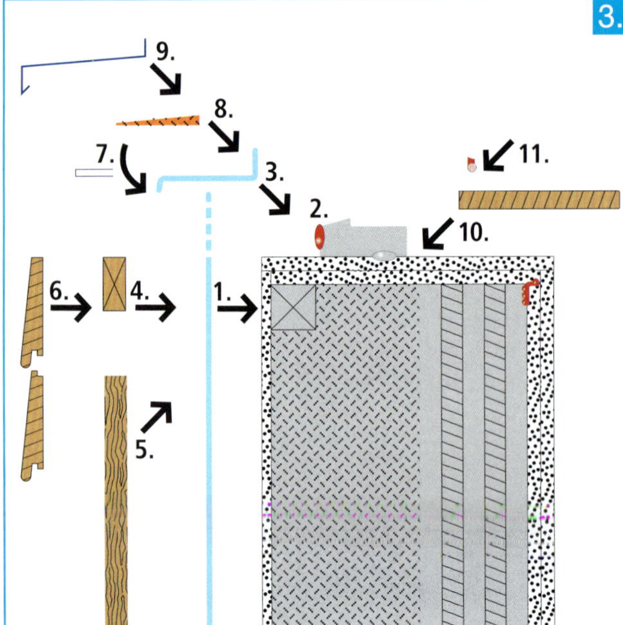

die Folie auf den beiden Leibungsseiten mindestens 60 mm hochgeführt werden kann (Abb. 7). In den Montagefolgen nicht dargestellt ist der seitliche Dämmblock (Abmessung ca. 80 x 80 mm) aus druckfestem Dämmmaterial, der vor dem Anbringen der Folienschürze eingebaut werden muss. Die seitlichen Folienüberstände werden dann auf den Dämmblock geschlagen und mit einem Eckklebeband an dem Fiberglasrahmen des Fensterelements befestigt.

Nun kann die Traglattung für die Fassade montiert (MF 3-4 und 3-5) und das obere Stülpschalungsbrett mit nicht rostenden Verbindungsmitteln befestigt werden (MF 3-6). Der überstehende Folienbereich der Schürze wird nach unten auf das Stülpschalungsbrett geklappt und mit Edelstahlklammern befestigt (MF 3-7). Für die Montage der Fensterbank (MF 3-9) ist zunächst ein Passstück aus nichtbrennbarer Mineralfaser-Estrichmatte anzubringen (MF 3-8).

Ist die Fensterbank mit ca. 70 mm langen Spenglerschrauben und zugehörigem Dichtring eingebaut, können die Fassadenarbeiten fortgesetzt werden. Auf der Raumseite steht der Montage des Fensterbretts (MF 3-10 und 3-11) nun nichts mehr im Wege. ■

Literaturhinweise

[BK 2008] Kampmeier, B.: Risikogerechte Brandschutzlösungen für den mehrgeschossigen Holzbau. Heft 206 des IBMB der TU Braunschweig, 2008.

[bmh 2009] Hosser, D. und Kampmeier, B.: Entwicklungen beim Brandschutz im mehrgeschossigen Holzbau, in: bauen mit holz, 2 & 3-2009.

[PH 2006] Schober, K.P. und Matzinger, I.: Brandschutztechnische Ausführung von Holzfassaden. Pro:Holz Arbeitsheft 8/06, Holzforschung Austria, 2006.

[HBH 2009] DGfH: Holz Brandschutz Handbuch, Kapitel 9: Fassadenbekleidungen aus Holz. 3. Auflage, Vieweg Verlag, Berlin 2009.

Das ist Spitze!

Spitzbodenausbau beim Kehlbalkendach

Ob es nun am beschränkten Budget gelegen hat oder der mühsamen Erreichbarkeit: Der Spitzboden wurde ursprünglich als ungenutztes Volumen angesehen, geplant und gebaut. Er blieb damit kalt, leer und bildete lediglich die geometrische Spitze des Satteldachs. Aber schneller als gedacht wird die Familie von dem Bedürfnis nach mehr Raum überrollt und so undenkbar wie einst ist die Nutzung des Spitzbodens plötzlich nicht mehr.

Kehlbalkenanschluss
Ausbau Spitzboden

Platz ist in der kleinsten Hütte

Je nach Nutzungswunsch und Größe des Spitzbodenbereichs kommen die unterschiedlichsten Ausbauvarianten in Frage. Vier typische Anlässe dafür sind:

Nutzungsvariante 1:
Die klobigen Koffer für den Jahresurlaub oder aber die Verpackung des Elektrogeräts, die vor Ende der Garantie angeblich nicht entsorgt werden darf, müssen unauffällig untergebracht werden.

Nutzungsvariante 2:
Der familiäre Spieltrieb, wie zum Beispiel die Lego-Sammlung des Juniors oder die Modellbahn des Seniors, braucht Fläche.

Nutzungsvariante 3:
Die Sammlung von Büchern, CDs und DVDs explodiert und man wünscht sich einen Ort, wo man in Ruhe lesen, Musik hören oder fernsehen kann.

Nutzungsvariante 4:
Der langersehnte Arbeitsplatz oder das Gästezimmer kann endlich verwirklicht werden.

Je nach Variante ergeben sich grundlegende Fragestellungen: Ist eine Dämmung erforderlich? Und wenn ja, ist der Spitzboden dann schon ein Aufenthaltsraum? Geht das auch statisch ohne größere Probleme? Müssen Leitungen nach oben gebracht werden? An welcher Stelle kommt man dort hin?

Auch der Erstleser ahnt, was der Stammleser bereits erwartet: Es gibt einiges zu beachten und planen, wenn man schadenfrei zum Ziel kommen will.

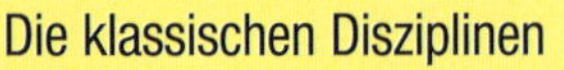

Die Beurteilung, ob es sich um einen Aufenthaltsraum handelt oder nicht, ist entscheidend für das Thema des vorbeugenden Brandschutzes. Neben der bauordnungskonformen inneren Erschließung (= notwendige Treppe) des ersten Rettungswegs ist es der zweite Rettungsweg, der über mehr oder weniger Kosten entscheidet. Während im Idealfall ein schon vorhandenes, ausreichend großes Giebelfenster genügen kann, müssen je nach Gebäudeklasse bzw. Lage des Gebäudes auf dem Grundstück weitreichende Maßnahmen getroffen werden. Stichworte sind: Abholplatz und Feuerwiderstand der Bauteile etc.

Gästezimmer oder heimischer Arbeitsplatz – da ist nicht nur die Beurteilung des Statikers gefragt, sondern auch die Einschätzung des Schallschutzexperten, der im privat-rechtlichen Bereich Empfehlungen geben soll. Und spätestens dann, wenn das Thema Estrich diskutiert wird, sind wir wieder beim Tragwerksplaner, der sich um die statischen Belange des Ausbaus und insbesondere der Kehlbalkenlage kümmern muss.

Damit sind wir aber noch nicht am Ziel. Wie verhält es sich eigentlich mit dem bauphysikalischen Ist-Zustand

Autoren:
Robert Borsch-Laaks
Holger Schopbach
Gerhard Wagner
Helmut Zeitter

Wärmeschutz, Luftdichtung und Tauwasser

Soll man Spitzböden dämmen und dichten, oder nicht? Diese Frage ist auch aus wärmetechnischer Sicht eine Frage der beabsichtigten Nutzung. Dies gilt sowohl für die Lage der Dämmebenen als auch dafür, wo und wie Luftdichtungsmaßnahmen vorgesehen und Dampfbremsen angeordnet werden.
Angesichts der hierbei zu erwartenden bautechnischen Schwierigkeiten, die insbesondere beim Kehlbalkenanschluss an die Dachschräge entstehen, sollte die Nutzungsperspektive im Vorfeld mit der Bauherrschaft intensiv diskutiert werden. Wenn, wie in unserem Beispiel, das Kind bereits im Brunnen ist, d. h. ein Ausbau des Spitzbodens erst nachträglich in Angriff genommen wird, kann der Aufwand erheblich werden und Sonderlösungen sind gefragt.

des darunter liegenden Dachgeschosses? Unter der Voraussetzung, dass für diese Ebene per se kein Handlungsbedarf hinsichtlich Dämmstandard und Luftdichtheit besteht: Wie sieht eigentlich die Verbindung der einen mit der anderen Ebene aus? Da wäre der in etlichen condetti-Details viel diskutierte „Königskinder-Effekt“ zu nennen und in der Folge auch die handwerklichen Möglichkeiten, um zu einer robusten Lösung zu kommen. Schließlich will man sich bei der Umsetzung des Luftdichtheitskonzepts ja nicht die Finger brechen.
Wir haben uns (natürlich) für die aufwendigeren und damit planerisch anspruchsvolleren Varianten 3 und 4 entschieden. Auch diesmal nähern wir uns dem aktuellen Thema auf allen Ebenen in allen Disziplinen, um Ihnen als Architekt, Bauherr oder Fachunternehmen einen Einstieg ins Thema, Sensibilität für die daraus folgenden Fragestellungen und baupraktische Antworten mit auf den Weg zu geben. Und für den Fall, dass wir spezielle Aspekte nicht beleuchten konnten, freuen wir uns auf Zuschrift(en).

Dämmung bis in die Spitze?

Der Wärmeverlust des oberen Abschlusses des Dachgeschosses ist nicht nur eine Frage des U-Wertes. Der Wärmeverlust wird wesentlich von der Größe der Wärme abgebenden Hüllfläche mitbestimmt.
Wenn der Dachspitz nicht zum beheizten Bereich gehört, sondern allenfalls Koffer und „Gerümpel“ bergen soll, so ist es nahe liegend, die Dämm- und Dichtungsebene in der Kehlbalkenlage auszuführen (Fall A in Abb. 3 und Tab. 1). So ergibt sich die bestmögliche Minimierung der Wärmeverluste bei geringst möglichem Kosten und Konstruktionsaufwand.
Wird ein minderwertig genutzter Spitzboden in die wärmetechnische Gebäudehülle einbezogen, so vergrößert sich die Wärme abgebende Dachfläche bei einem 45° Dach um 41 % (Tab. 1, Fall B). Und es kommen weitere Probleme hinzu. Insbesondere der luftdichte Anschluss des Kehlbalkens kann erheblichen Aufwand verursachen. Die vermeintlich kostengünstige und einfache Ausführung aus zweiteiligen Kehlbalken als Zangenkonstruktion wird dann unversehens zu einer arbeitsaufwändigen Sonderkonstruktion – dazu später mehr. In jedem Fall ist der damit verbundene Bauaufwand gegenüber dem Nutzen sorgfältig abzuwägen.

	U-Wert [W/m²K]	Umrisslänge [m]	Wärmeverlust [W/mK]
Fall A	0,247	4,70	1,16
Fall B	0,247	6,65	1,64
Fall C 1	0,144	4,70	0,68
Fall C 2	0,102	6,65	0,68
Randbedingung: Dämmdicke Schräge und Kehlbalkenlage 180 mm			

Tab. 1: Wärmeverluste bei den Varianten zur Spitzbodendämmung.

Ein Vorteil der Dämmung bis in die Spitze (Fall B) ist sicherlich, dass der Dachspitz nun im warmen Bereich liegt und damit das Spektrum der lagerfähigen Güter erweitert. In einem ungedämmten Dachspitz sind Frosttemperaturen zu erwarten und Probleme nicht selten. Insbesondere dann, wenn über Undichtheiten der Bodentreppe oder der einbindenden Innenwände Wasserdampf über Konvektion in den kalten Dachraum eindringen kann, sind Tauwasser an der Unterspannbahn oder gar Verschimmelung von diffusionsoffenen Unterdeckplatten oder Sparren ein häufig beklagter Mangel (vgl. *z.B. HOLZBAU 4/2010, S. 25ff.*). Aus diesem Grunde ist für kalte Spitzböden nicht nur die Ursache – sprich: die Undichtheit – zu beseitigen, sondern auch für eine Mindestlüftung des Dachbodens zu sorgen.

Das eine tun ohne das andere zu lassen

Die dritte Alternative (Fall C), die mehrere Optionen offen hält, ist die Dämmung in der Kehlbalkenlage plus eine Dämmung und Dichtung der Schrägen im Dachspitz. Dies ist mit Sicherheit die materialaufwendigste Variante, aber sie bietet langfristig Vorteile. Von vornherein in diese Richtung zu planen hält die Option offen, den Spitzboden doch später

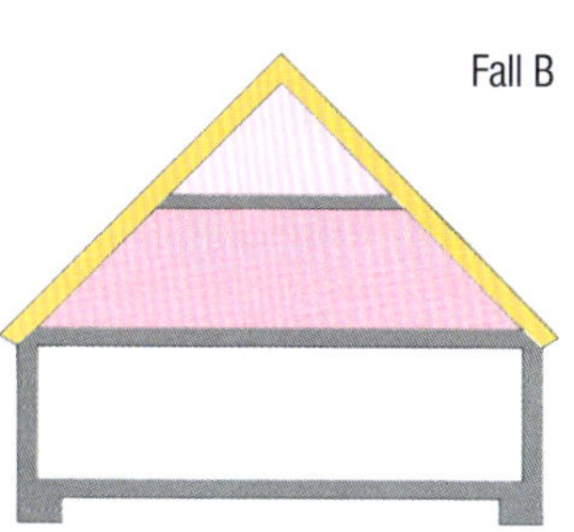

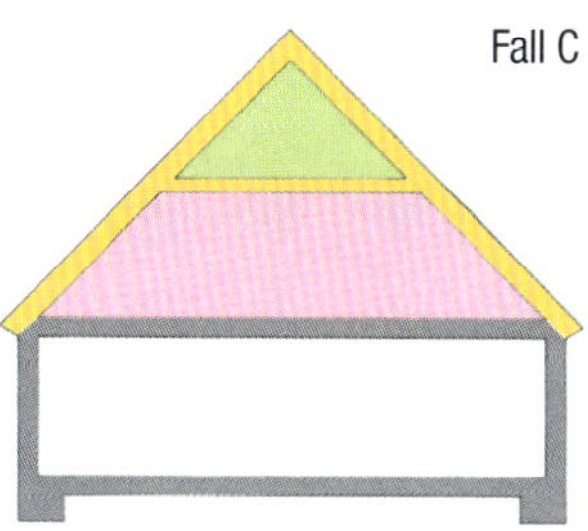

Abb. 3: Drei Varianten, um Spitzböden zu dämmen und zu dichten.

für ein Hochbett oder eine Kinderspielebene für die darunter liegenden Dachzimmer zu nutzen – sofern bei dieser Planung auch Schall- und Brandschutz mit bedacht wurden.
Insgesamt wird hierdurch auch der geringste Wärmeverlust des oberen Dachabschlusses gewährleistet (Tab. 1 Fall C). Dies gilt allerdings nur solange dort kein Heizkörper ist und der Spitzboden quasi einen Pufferraum darstellt. Bei der Berechnung des resultierenden U-Wertes ist in diesem Fall immer der Geometrieeffekt mit zu berücksichtigen. Der Wärmewiderstand der einzelnen Schichten muss entsprechend den Flächenverhältnissen korrigiert werden. Zwei Berechnungswege sind in Tab. 1 dokumentiert.

Wohin mit der Dichtungsebene?

Im Fall A ist alles ganz einfach und bekannt. Die innere Dampfbremse wird durch Verklebung der Anschlüsse und Überlappungen zur Luftdichtheitsebene ertüchtigt und umschließt das Dachgeschoss unterseitig der Kehlbalkenlage. Diese wird auch beim Anschluss von Innenwänden nicht unterbrochen (vgl. *condetti-Detail 2/2006*).
In dem Fall, wo die Wärmedämmung bis in die Spitze geführt wird, sollte dieser auch die Luftdichtheitsebene folgen. Der in der Literatur gelegentlich zu findende Vorschlag, ober- und unterseitig der Kehlbalkenlage die Luftdichtheitsebene anzuordnen (vgl. z.B. [FVe BW 2009]), ist wohl eher der etwas hilflose Versuch, die Bearbeitung der Probleme bei den Balkendurchdringungen zu umgehen. Eine wirklich taugliche Lösung ist dies jedoch nicht.
Oft wird diese Dichtungsebene oberseitig bei den Anschlüssen z.B. an Durchdringungen von Installationen etc. ähnlich schwierig wie der Balkenanschluss. Auch die im Bestand zu erwartenden Undichtheiten bei der vorhandenen, unteren Dichtungsebene werden hierdurch nicht beseitigt. Mehr noch, sie werden noch gefährlicher. Während konvektiv mitgeführter Wasserdampf durch die Fugen der alten Dielung zuvor noch auf kurzem Weg in den gut belüfteten Dachraum entweichen konnte, besteht bei einer Dichtfolie auf den Dielen das Risiko, dass er nun über die Undichtheiten am Zangenanschluss in die Gefache der Dachschräge strömt.
Außerdem besteht bei windigem Wetter die Möglichkeit, dass die Kehlbalkendecke ungewollt zur Kühldecke wird. Da sie an beiden Seiten offen ist, kann sie von der Luv- zur Leeseite durchströmt werden, wie Abb. 4 aus einem Schadensbericht von Prof. Oswald dokumentiert (vgl. auch *Heft 3/2008*).

Die Lösung: Das Dichtungsschott

In unserer diesmaligen Detailaufgabe muss der luftdichte Anschluss nachträglich hergestellt werden, weil beim Bau des Hauses der Fall A gewählt wurde. Besonders schwierig ist die Dichtung an der Vielzahl der Durchdringungspunkte der Kehlbalkenzangen. Hier mit den üblichen Methoden (Folie und Eckklebebänder) arbeiten zu wollen, ist wenig Erfolg versprechend. Auch andere Methoden der Luftdichtung in Holzbalkendecken (Stellbretter + Anschlussabklebung), wie wir sie bei einteiligen Kehlbalken dargestellt haben, helfen hier nicht weiter (*vgl. condetti-Details in 5/2008 und 5/2011*).
Deshalb haben wir uns für eine ungewöhnliche Lösung entschieden, die von unserem Autor Ulli Köhnke entwickelt wurde und bei wissenschaftlichen Untersuchungen ihre Qualitäten bewiesen hat [Hall u. a. 2001]. Im Gefachbereich wird ein Dichtungsschott aus Trittschall-Polystyrol eingeklemmt. Dieses plastifizierte Material ist in gewissem Maße stauchbar und führt – wenn mit Übermaß eingepresst – zu einem dichten Anschluss an den seitlichen Flanken.
Damit auch gegenüber der alten Dichtungsebene der Kehlbalkenlage (Folie unter der Decke) die Dichtheit hergestellt werden kann, ist es sinnvoll, den EPS-Block im Bereich einer Lattung für die Bekleidung der Decke anzuordnen. Die Dichtungsfolie des auszubauenden Dachgeschosses wird in gleicher Weise oberseitig bis an den EPS-Block herangeführt und dort mit der Dielung mechanisch angepresst – eine Dichtstoffraupe kann nicht schaden.
Was bleibt und eine besondere Herausforderung darstellt, sind die Löcher zwischen den Zangen. Über deren luftdichte Verfüllung muss ebenfalls kreativ nachgedacht werden.

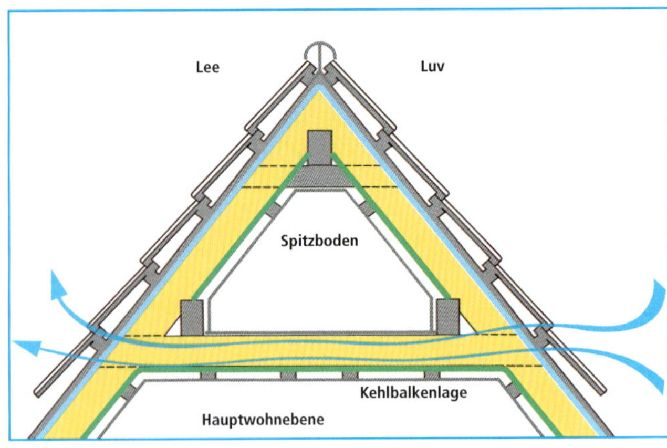

Abb. 4: Luftströmung durch Kehlbalkenlage bei unterbrochener Dichtungsebene.
Quelle: [Oswald 2008]

Kann man Löcher luftdicht ausschäumen?

Kann man diese 60-80 mm x 160-200 mm großen Löcher mit PU-Schaum dauerhaft luftdicht verschließen? Bei dieser Frage geht natürlich ein Ruck bzw. Aufschrei durch die Reihen der Luftdichte-spezialisten. In [DIN 4108-7:2011] steht doch deutlich vermerkt, dass PU-Schaum zur Luftdichtung ungeeignet ist, oder?

Abb. 5: SO NICHT! Blower-Door Prüfung mit Nebelgenerator zeigt starke Luftströmung durch die Kehlbalkenlage zwischen zwei ausgebauten Dachgeschossen.

Aber sind wir doch einmal realistisch: Im Markt sind Brandschutzschäume, mit einer Allgemeinen Bauaufsichtlichen Zulassung (ABZ) für den geforderten Brandschutz erhältlich. Damit lassen sich zum Beispiel Abschottungen bei Rohrdurchdringungen bis zur Klasse R 90, bei Elektrokabeln bis S 90 und bei Bauteilfugen bis F 90 herstellen. Das bedeutet doch, dass diese Schäume dauerhaft haltbar und, auch um den Durchgang von Rauchgasen zu verhindern, dicht sein müssen. Genau die letztgenannte Eigenschaft ist also durch die Bauaufsicht bzw. die von ihr erteilte Zulassung bescheinigt!

Demgegenüber verfügen die Klebebänder, obwohl mit ihnen eine bauaufsichtliche Anforderung erfüllt werden muss, zumindest bis zum heutigen Tage über keine ABZ. Von den Brandschutzschäumen wurde zum Beispiel das Produkt Tangit FP 550 zusätzlich zur bauaufsichtlichen Zulassung in Bezug auf den Brandschutz durch das Fraunhofer Institut auf seine Luftdurchlässigkeit geprüft [UMSICHT 2006]. Dazu wurde ein Betonelement mit 150 mm Dicke verwendet, in welchem eine Öffnung von 200 x 200 mm ausgeschäumt wurde.

Es wurde ein Luftdurchsatz an diesem Prüfkörper von 0,3 Liter je Stunde bei 50 Pa Druckdifferenz gemessen. Ein Wert, welcher bei der üblichen Leckageluftmenge von mehreren 100 m³/h mit umgerechnet 0,0003 m³/h wohl sicher zu vernachlässigen ist.

Ob es nun in der Praxis immer die recht teuren Brandschutzschäume sein müssen oder ob es auch andere, neuere im Markt befindliche Schäume sein können, die speziell auf die Belange der Luftdichtheit eingestellt sind, sollte realistisch betrachtet werden und nicht von vornherein abgelehnt werden. Es gibt halt diverse Ecken und Löcher, die sich weder mit Manschetten noch mit Klebebändern oder gar plastischen Dichtstoffen sauber und luftdicht verschließen lassen.

Eine Alternative: Die „Armaflex-Dichtung“

Eine andere Möglichkeit, die Löcher zwischen den Zangen zu verschließen, ist das Einbringen von Rohrisolierungen aus dem Heizungsbau. Wie schon an anderer Stelle erfolgreich praktiziert, kann bei einfachen Geometrien dieses sehr flexible Material gute Dichtheitswerte erzielen (*vgl. Heft 4-2003, S. 24*).

Auch hier wird mit Übermaß gearbeitet, um durch Komprimierung an den Flanken des Dichtungselementes keine Fugen zu hinterlassen. Zur Lagefixierung und Abdichtung im Toleranzbereich kann u. U. eine Abspritzung mit einer luftdichtenden Klebemasse erfolgen (s. Abb. 6).

Abb. 6
Heizungsisolierschlauch als Dichtung für systembedingte Luftleckagen.

Muss man den gedämmten Dachspitz heizen?

Welche Temperaturen sich im Dachspitz einstellen, hängt wesentlich davon ab, wie sich die Leitwerte (= Produkte aus U-Werten und Oberflächen) bei Kehlbalkenlage und Dachschräge zueinander verhalten. Wenn in beiden Bauteilen gleiche U-Werte vorhanden sind, so wird der Temperaturabfall vom Raum in den unbeheizten Spitzboden von den geometrischen Parametern bestimmt.

Heißt konkret: Wenn die Wärme abgebende Oberfläche des Dachspitzes 40 % größer ist als diejenige der Kehlbalkenlage, dann wird 60 % des Temperaturabfalls zwischen innen und außen schon auf dem Weg vom beheizten Dachgeschoss in den Dachspitz erfolgen. D. h. bei extremen Außentemperaturen muss man damit rechnen, dass auch im gedämmten Spitzboden Frosttemperaturen herrschen können.

In unserem Beispiel gleicht die bessere Dämmung des nachträglichen Ausbaus im Dachspitz die Geometrieeffekte in etwa aus (Fall C2 in Tab. 1). Die geringere Dämmdicke in der Kehlbalkenlage trägt zusätzlich dazu bei, dass es im Spitzboden wärmer wird.

Ungünstig ist, wenn die Wärmeverluste des Dachspitzes durch evtl. vorgesehene Fenster und Lüftungsverluste zusätzlich erhöht werden. Lediglich dann, wenn südorientierte Dreifachverglasungen in Schräge oder Giebel eingebaut werden, ist zu erwarten, dass die Solargewinne auch im Winter deren Wärmeverluste weitgehend kompensieren. Aber Achtung: Das Risiko der Überhitzung im Sommer ist unter dem Dach besonders hoch, weshalb eine außen liegende Verschattung der Dachflächenfenster auf jeden Fall eingeplant werden sollte.

Wo liegt die Dampfbremsebene?

Die Luftdichtung und damit die Dichtung gegenüber konvektiver Wasserdampfbelastung ist am höchsten Punkt des Gebäudes immer das wichtigste Thema beim Tauwasserschutz. Unabhängig davon ist hier auch die Lage der diffusionsbremsenden Schichten zu überlegen.

Der Fall A ist wieder der Einfachste, weil das Grundprinzip „Dampfbremse innenseitig der Dämmung“ ohne Wenn und Aber durchgehalten werden kann.

Im Fall B (Ausbau bis in die Spitze, aber unbeheizt) besteht ein Risiko der Tauwasserbildung an den Innenoberflächen des Spitzbodens, wenn die Deckendämmung z.B. aus Schallschutzgründen so dick gewählt wurde, dass die Taupunkttemperatur der Raumluft dort unterschritten werden kann. Ob der Diffusionswiderstand der Bauteilschichten des Deckenaufbaus ausreicht, um die Dampfkonzentration genügend herabzusetzen, ist mit dem Glaserverfahren nach Norm nicht zu planen und gerät daher in der Praxis eher zum Schimmel-Lotto. Fazit: Wenn die Decke gedämmt wird, sollte auch eine Dampfbremse eingebaut werden.

Hierfür spricht ein weiterer Grund: Wird ein stark dampfbremsender Belag, zum Beispiel PVC oder Teppich, mit relativ dampfdichter Rückenbeschichtung aufgelegt und der Spitzboden nicht beheizt, wäre ebenfalls zu überprüfen, ob die Kehlbalkendecke an der Unterseite (Warmseite) eine ausreichende Dampfbremse aufweist.

Deshalb ist in jedem Fall bezüglich der Lage der Dampfbremse die Variante Fall C nach Abb. 3 vorzuziehen. Nur dann, wenn im Zuge des Ausbaus der Spitzboden beheizt wird oder die Dämmung in der Kehlbalkenlage weggelassen bzw. stark reduziert wird, kann auf eine Dampfbremse unterseitig der Decke verzichtet werden.

Welche Dämmdicken im Dachspitz?

Unabhängig von den vorherigen Betrachtungen zur Lage der Dämmebenen müssen für den Neuausbau des Spitzbodens die Anforderungen der Energieeinsparverordnung berücksichtigt werden. Bei der Bestandssituation, von der wir für den bisherigen Dachausbau ausgegangen sind, ergibt sich für die reine Zwischensparrendämmung ein mittlerer U-Wert von 0,26 W/m²K und 0,35 W/m²K bei der Kehlbalkendecke. Dies war ausreichend für die Baupraxis der 90er Jahre. Zwei Verordnungen später wird mehr von uns verlangt.

Die Anforderungen für die nachträgliche Dachsanierung nach EnEV ($U \leq 0{,}24$ W/m²K) sollte mindestens als Richtschnur dienen. Da die nächsten Verschärfungen der Wärmeschutzanforderungen schon in Sichtweite sind, ist es empfehlenswert, auch heute schon mehr zu tun, um nicht schon bald wieder eine veraltete Konstruktion im Haus zu haben.

Da für die Erweiterung unseres relativ jungen Bestandsbaus eine Verbesserung der Wärmedämmung von außen noch nicht wirtschaftlich darstellbar ist, haben wir eine Aufdoppelung mit einer gedämmten Installationsebene vorgesehen. Die zusätzlichen 60 mm Dämmung reduzieren den U-Wert auf 0,19 W/m²K, was nicht gerade revolutionär ist, aber angesichts des geringen Flächenanteils an der gesamten Gebäudehülle vertretbar erscheint.

Abb. 8: Vorprogrammierter Bauschaden: So ist die Folie nicht luftdicht.
Foto: E. U. Köhnke

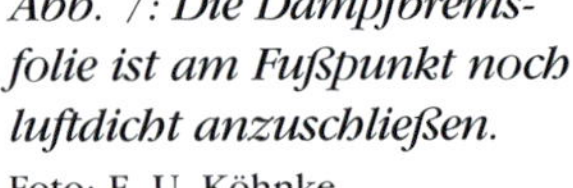

Abb. 7: Die Dampfbremsfolie ist am Fußpunkt noch luftdicht anzuschließen.
Foto: E. U. Köhnke

Schallschutz

Zum Thema Schallschutz gibt es diesmal eigentlich kaum etwas zu sagen, oder doch? Die Frage, ob ein bestimmtes Schallschutzniveau erforderlich oder sinnvoll ist, richtet sich nach der Art der Nutzung und dem Komfortanspruch. Sollen in dem ausgebauten Spitzboden nur Gegenstände geschützt aufbewahrt werden, erübrigt sich ein guter Schallschutz; ein sauberer Belag reicht aus.

Was wäre, wenn …

Dient der Raum bei entsprechender Größe der gelegentlichen Unterbringung von Übernachtungsgästen, empfiehlt sich eventuell ein „leichter Schallschutz", zum Beispiel ein weich federnder Teppichboden, eventuell auf einer zusätzlichen Holzweichfaserplatte verlegt, um nicht jeden Schritt deutlich zu hören. Bei geringer Nutzung und damit vorliegender geringer mechanischer Belastung ist die Verlegung eines Teppichs auf einer Holzweichfaserplatte allgemein zu verantworten, unabhängig davon, ob eine derartige Konstruktion nun den Regelwerken entspricht oder nicht.

Soll der Spitzboden als Spielzimmer für kleine und eventuell auch größere Kids Verwendung finden, darf es allerdings schon etwas mehr sein. Vorschriften gibt es hier aber ebenfalls nicht und auch keinen Stand der Technik.

Und die Werte?

Die Kehlbalkendecke in unserem Hauptdetail erreicht in etwa einen Normtrittschallpegel von 75 bis 77 dB. Mit einem guten Bodenbelag, zum Beispiel einem hochwertigen Teppich, sind 70 dB erreichbar. Gehgeräusche sind dabei deutlich hörbar.

Mit einem guten Trockenestrich, zum Beispiel Gipsfaserplatte auf Mineralfaser mit einer dynamischen Steifigkeit s' ca. 15 bis 20 MN/m³ wären ohne Teppich ca. 66 dB erreichbar. Mit beiden Maßnahmen zusammen etwas über 60 dB.

Damit sind Gehgeräusche zwar immer noch hörbar, aber für den Anwendungszweck der gelegentlichen Nutzung unter den gegebenen Umständen ausreichend bzw. vertretbar.

DETAIL 12.03.

Kehlbalkenanschluss

Ausbau Spitzboden, luftdichtend — vertikal

condetti *04.12

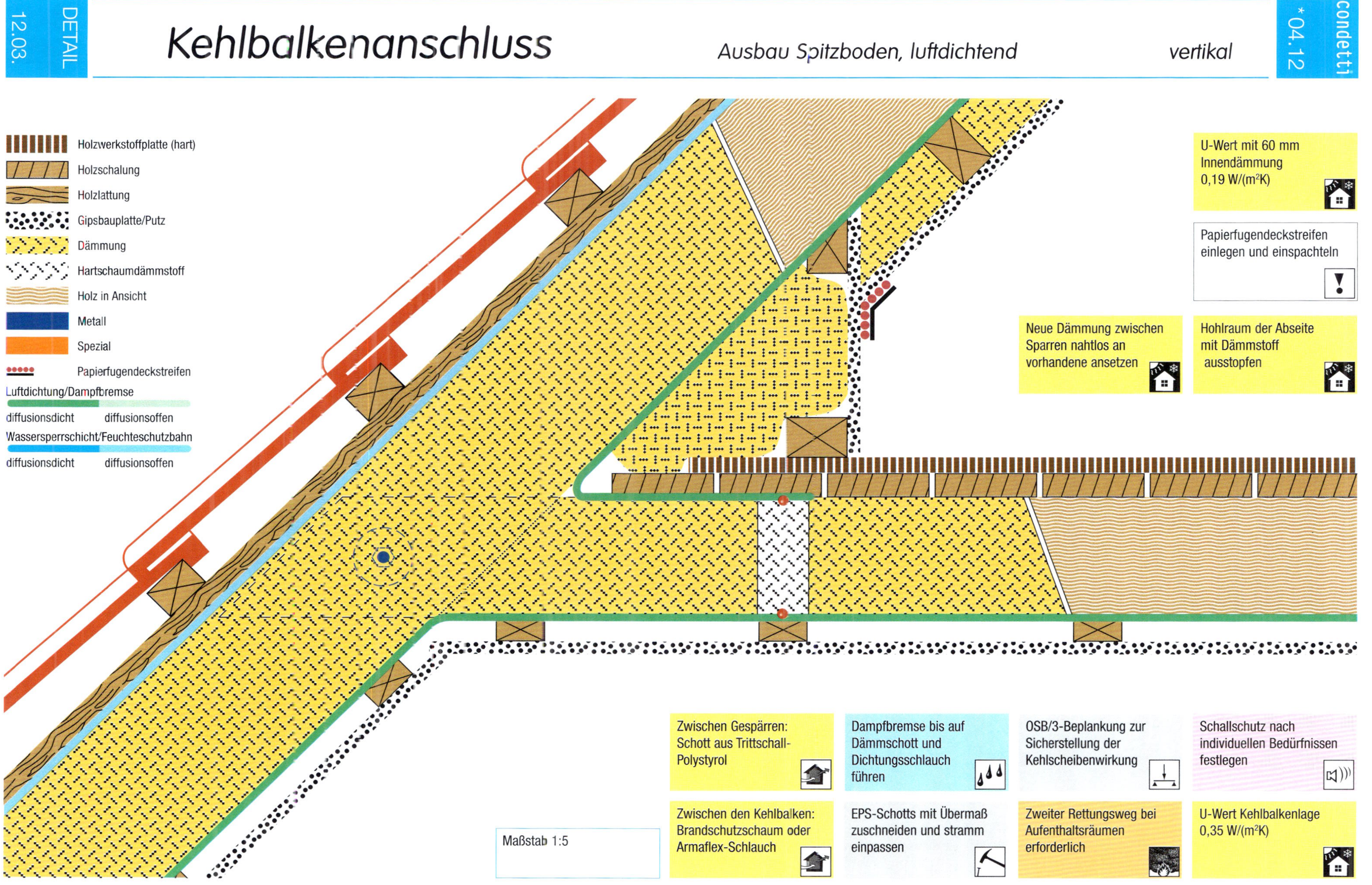

condetti

Brandschutz

Im vorliegenden Hauptdetail schließt die Dämmhülle den Spitzboden mit ein und in Abhängigkeit der Höhe in der Mitte des Spitzbodens kann dieser vielfältig genutzt werden. Die Nutzungsvarianten 1 bis 4 des Spitzbodens aus der Einleitung zu unserem condetti-Detail können für derartige Probleme die perfekte Lösung sein. Ist der Spitzboden jedoch groß genug, um hier beispielsweise das Musik- oder Schlafzimmer unterzubringen (Nutzungsvariante 3 und 4), ist von einem Aufenthaltsraum auszugehen. Aus brandschutztechnischer Sicht ist dabei einiges zu beachten.

Anforderungen bei Aufenthaltsräumen

Das Vorhandensein von Aufenthaltsräumen ist aus brandschutztechnischer Sicht von elementarer Bedeutung, da jeder Aufenthaltsraum im Brandfall über zwei unabhängige Rettungswege verfügen muss. Diese Rettungswege sind im Normalfall die notwendige Treppe, ggf. mit zugehörigem notwendigen Flur sowie Treppenhaus sowie zumindest ein anleiterbares Fenster mit definierten Mindestgrößen. Ab der Gebäudeklasse 4 kann die Anleiterbarkeit durch Steckleitern nicht mehr sichergestellt werden. Die hierfür notwendigen Hubrettungsfahrzeuge haben eine längere Anfahrt, was sich durch höhere geforderte Feuerwiderstandszeiten für die tragenden Bauteile ausdrückt.

Was ist aber nun unter einem Aufenthaltsraum zu verstehen? Im Hinblick auf unseren Spitzboden zählen insbesondere Wohn- und Schlafräume, Wohndielen, Wohn- und Kochküchen sowie Arbeitsräume und Werkstätten zu den Aufenthaltsräumen.

Spitzboden als Neben- oder Lagerraum

Keine Aufenthaltsräume sind dagegen Nebenräume, wie Speisekammern und andere Vorrats- und Abstellräume, Trockenräume sowie Räume, die zur Lagerung von Waren und zur Aufbewahrung von Gegenständen bestimmt sind, auch wenn in ihnen die mit der Lagerung und Aufbewahrung notwendig verbundenen Arbeiten verrichtet werden.

Völlig problemlos in der Umsetzung sind damit unsere Varianten 1 und 2, bei denen keine Aufenthaltsräume geschaffen werden; aus brandschutztechnischer Sicht sind keine Anforderungen zu beachten. Der Zugang geschieht entweder über eine Bodeneinschubtreppe (bei der Kofferlösung) oder eine steile Spartreppe bzw. Leiter.

Spitzboden als Aufenthaltsraum

Ganz anders sieht es allerdings aus, wenn im Spitzboden Aufenthaltsräume entstehen. Diese benötigen im Allgemeinen eine lichte Raumhöhe von mindestens 2,40 m. Dies gilt allerdings nicht für Aufenthaltsräume in Wohngebäuden der Gebäudeklassen 1 und 2 sowie für Aufenthaltsräume im Dachraum. Darüber hinaus benötigen sie eine Mindestbelichtung und -belüftung (im allgemeinen Fensteröffnungen mit einem Achtel der Grundfläche) und sind in den meisten Bundesländern mit einem Rauchwarnmelder auszustatten.

Der erste Rettungsweg wird über eine notwendige Treppe realisiert; logischerweise ist hierfür keine Einschubtreppe zulässig. Diese muss im Normalfall in einem Zuge zu allen angeschlossenen Geschossen führen und mit dem Dachraum unmittelbar verbunden sein. Dies gilt jedoch nicht für Gebäude der Gebäudeklassen 1 bis 3.

Der zweite Rettungsweg

Problematischer wird dagegen häufig der zweite Rettungsweg. Dieser kann, abgesehen von einer zweiten ortsfesten Treppe bzw. einem Giebelfenster, nur über ein Dachflächenfenster erfolgen (siehe Abb. 9).

Für Fenster als Rettungsweg sind Abmessungen von mindestens b/h = 0,9 m x 1,2 m im Lichten einzuhalten; die Brüstungshöhe darf in keinem Fall mehr als 1,2 m betragen. Kann diese maximale Brüstungshöhe nicht eingehalten werden, sind entsprechende Ausstiegshilfen (z.B. in Form einer Leiter) vorzusehen.

Liegen diese Öffnungen in Dachschrägen oder Dachaufbauten, darf ihre Unterkante oder ein davor liegender Austritt, horizontal gemessen, nicht mehr als 1 m von der Traufkante entfernt sein. Ansonsten ist diese Öffnung von unten durch die Feuerwehr nicht einsehbar und anleiterbar.

Liegt die Unterkante der Öffnung mehr als 1 m von der Traufkante entfernt, muss durch auf der Dachfläche angeordnete Trittstufen sichergestellt werden, dass die Traufe sicher erreicht werden kann. An der Traufe muss eine Standfläche für die zu rettenden Personen sowie eine Anleitermöglichkeit für die Feuerwehr vorhanden sein. Dieser Rettungsweg muss bei jeder Witterung benutzbar sein. Daher muss neben den Trittstufen ein Geländer angeordnet werden. Auch auf der Standfläche an der Traufe muss ein entsprechendes Geländer als Absturzsicherung angeordnet werden. Zur Umsetzung einer solchen Konstruktion auf dem Dach ist neben der Branddirektion ggf. die untere Denkmalschutzbehörde anzuhören. Angesichts dieses Aufwands und der gestalterisch selten ansprechenden Lösungen sollte man vielleicht über neue (anleiterbare) Fenster in den Giebelwänden des Spitzbodens nachdenken. Aber auch für die Giebelfenster gilt, dass der Fußboden im Spitzboden nicht mehr als 7 Meter über dem Gelände liegen darf. Man sollte sich daher ganz genau überlegen, ob man im Spitzbodenbereich tatsächlich Aufenthaltsräume schaffen will; der Aufwand kann erheblich sein.

Abb. 9: Höchstmaße für die Anordnung von Fenstern als zweiten baulichen Rettungsweg.

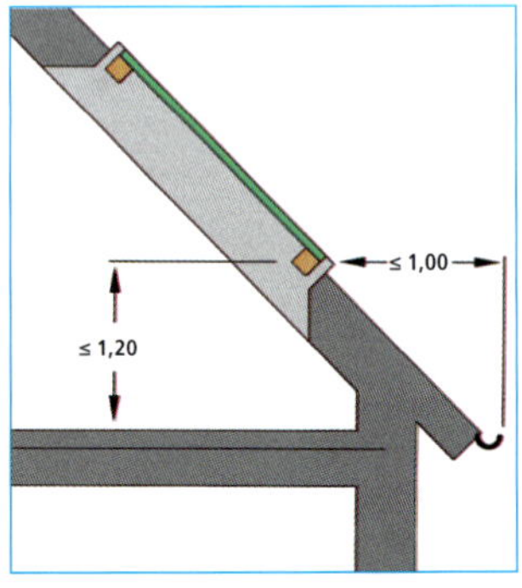

Tragwerksplanung

Die Baukonstruktion, von der wir diesmal ausgehen, ist ein altbekanntes statisches System: das unverschiebliche Kehlbalkendach. Unter der Voraussetzung, dass eine noch näher zu hinterfragende Nutzung schon ursprünglich vorgesehen war und somit das Tragwerk grundsätzlich geeignet ist, wird im Folgenden darauf eingegangen, wie der Tragwerksplaner die notwendigen Eigenschaften verifizieren kann. Zwangspunkte aus der Haustechnik sind nicht zu erwarten.

Staubiges und neues, aber bezahltes Papier

Wie bei jeder Maßnahme im Bestand lohnt sich gerade für den Tragwerksplaner eine gründliche Aktenrecherche. Wenn der Eigentümer keine Unterlagen mehr vorlegen kann, besteht durchaus die Chance, dass sich im Archiv der Unteren Bauaufsicht noch ein Exemplar der Statik finden lässt. Dann sogar voraussichtlich in geprüfter Fassung. Wenn diese Informationen vorliegen, ist zwar immer noch zu überprüfen, ob die Planung mit der Bauausführung übereinstimmt (auch damals gab es Termin- und Kostendruck), aber bezüglich der Dachkonstruktion lassen sich die wesentlichen Fakten auch vor Ort gut verifizieren.

Die aktuell vorgesehene Änderung der Nutzung sollte unbedingt nachvollziehbar und vollständig dokumentiert werden. Auch wenn es sich nicht um eine genehmigungspflichtige Maßnahme handelt, sollte die archivierte Statik ergänzt werden. Dafür sind die im Folgenden näher beschriebenen Planungsaspekte zu beleuchten. Die betroffenen Bauteilaufbauten der Dachfläche (Dacheindeckung, Konstruktion etc.) und der Kehlbalkenlage (Querschnitte, Beplankung für aussteifende Scheibe, evtl. Bodenaufbau) sowie die Verbindungsmittel sind mit der vorhandenen Struktur abzugleichen und Differenzen zu erfassen.

Wenn es keine Unterlagen zum Bestand gibt, kommt der Bauherr nicht um eine Planungsleistung des Tragwerksplaners herum, die nach vollständiger Erfassung aller Bauteile der Leistungsphase 4 und 5 nach § 51 HOAI 2013 entspricht. Da das System jedoch in den Abmessungen bekannt und in der Komplexität überschaubar ist, sollte daraus kein relevantes Hemmnis entstehen.

Nutzlasten: Was ist anders, was ist neu?

Sofern sich das Tragwerk des Dachstuhls ohne erkennbare Schäden bzw. Verformungen oder bauliche Veränderungen darstellt, besteht kein Anlass an den Grundlagen zu zweifeln. Wenn aber Verformungen, Risse oder ähnliches zu sehen sind, sollte die Frage beantwortet werden, ob mit weiteren Verformungen zu rechnen ist und es relevante Bauzustände, temporäre Nutzungsunter brechungen oder außergewöhnliche Beanspruchungen (Brand, Blitzschlag, zweckentfremdete Nutzung o.ä.) gegeben hat, auch wenn zwischen dem Errichtungszeitpunkt und der aktuell anstehenden Bauaufgabe nur wenige Jahrzehnte liegen.

Schon für den oben angesprochenen Brandschutz wurde die Nutzungsfrage gestellt. Bezüglich der Lastannahmen ist besonders wichtig, sich ein realistisches Bild zu machen und für die Zukunft verlässliche Annahmen zu treffen. Nach DIN EN 1991 werden für Spitzböden, die nicht dem Aufenthalt sondern nur der Lagerung dienen (können), als Flächenlast 1,0 kN/m² angesetzt. Nur zur Klarstellung: Diese Flächenlast ist mit ca. 20 – 25 cm hohen Zeitungsstapeln bereits ausgenutzt. Mit den Bewohnern ist daher über die kurz- und vor allem langfristige Nutzung im Sinne der Varianten A und B aus der Einleitung zu sprechen.

Spätestens bei einer Nutzung als Aufenthaltsraum sind für die Bemessung der Bauteile schon in der alten Normengeneration 2,0 kN/m² vorgesehen, von denen 1,5 kN/m² weiterzuleiten sind. Wenn in der alten Statik diese Lastansätze nachvollzogen werden können, ist im Hinblick auf die vorhandene Konstruktion „nur noch" der kritische Blick auf die Qualität der Ausführung notwendig. Die Beratung zur Vermeidung von Sonderlasten für Flügel, Aquarium oder Wasserbett bleibt davon unberührt.

Auch wenn sich die Bemessungslasten für Wind und Schnee nach DIN EN 1991-1 nur marginal ändern, kann für diese veränderlichen Lasten auf dem Dachsparren davon ausgegangen werden, dass kein Verstärkungsbedarf be-steht. Die relativ steile Dachneigung von 45° reduziert effektvoll die anzusetzenden Schneelasten, erhöht aber na-türlich die asymmetrisch an-zusetzenden Windlasten. In-teressanter ist aber die Frage, ob die Steigerung der Flächenmasse im Dach zur Verbesserung des sommerlichen Wärmeschutzes nicht we-sentlichen Einfluss auf die Schnittgrößen und Beanspruchungen der Querschnitte und Verbindungsmittel hat. Die Lasterhöhung auf der Kehlbalkenlage durch die neue Beplankung auf der vorhandenen Brettschalung mit entsprechendem Bodenbelag kann fast vernachlässigt werden.

Kehlbalkenquerschnitte und Scheibenwirkung

Für das condetti-Detail maßgebend sind die Querschnitte der Doppel-Kehlbalken, die mit 2 x 6/12 cm angenommen wurden. Die neue Nutzung liegt zwar nach o.g. Voraussetzung im Bereich der damals bereits vorgesehenen Lasten, jedoch spielten zum Errichtungszeitpunkt die Verformungen im Hinblick auf Schwingungen keine Rolle, so dass die Querschnitte als „grenzwertig" einzustufen sind. Da die Erwartungshaltung für die neuen Flächen naturgemäß nicht sehr hoch sein dürfte, besteht auch hier zwar Beratungs-, aber kein Handlungsbedarf.

Bei der Brettschalung kann fast immer davon ausgegangen werden, ob sie in der Lage ist, die Vertikallasten abzutragen. Dennoch sollte bei der Gelegenheit geprüft werden, ob die Stoßstellen der Bretter auch immer auf den Kehlbalken angeordnet sind. Formal darf diese Brettschalung nicht als aussteifende Kehlscheibe angesetzt werden. Aus gutem Grund setzt DIN EN 1995-1 schon immer eine nachweisbare Konstruktion voraus. Dennoch ist in vielen Dachstühlen nur die Brettschalung vorhanden. Eine Spundung spielt dabei keine Rolle.

Zur Sicherstellung der Scheibenwirkung in der Kehlbalkenlage ist somit die Anordung einer aussteifenden Beplankung erforderlich, die im Verband nach dem Schema in DIN EN 1995-1-1 Bild 9.4 verlegt wird. Die Platten der Beplankung sind dabei in Reihen rechtwinklig oder parallel zu den Kehlbalken angeordnet, wobei die Plattenstöße der einen Richtung immer auf den Kehlbalken erfolgen. Formal fehlt der Kehlbalkenlage ein Randgurt parallel zum Dach. Möglicherweise lassen sich die äußeren Bretter(paare) als solche Randgurte nachweisen.

Eine kontinuierliche Anordnung der Verbindungsmittel (15 cm > e > 10 cm) lässt sich gut sicherstellen. Als Verbindungsmittel reichen zwar die üblichen Nägel Ø 2,8 mm aus, zur Schonung der Oberflächen unter der Kehlbalkenlage ist aber eine Verschraubung sinnvoller.

Sparrenquerschnitte

Die Sparren haben einen üblichen Querschnitt von 8/16 cm, der allerdings aus der Spannungsausnutzung zwingend die Unverschieblichkeit der Kehlbalkenlage voraussetzt. Die neu hinzutretenden Lasten aus der Zwischensparrendämmung und der inneren „Installationsebene" im Spitzboden müssen bei der Berechnung des Tragwerks jedoch berücksichtigt werden, zumal sie Auswirkungen auf die Verformungen im nicht veränderten Dachgeschoss haben.

Im Detail nicht dargestellt ist die Konstruktion, die aus der Dachfläche eine Scheibe macht. Ohne darauf im Einzelnen einzugehen, kann bei einer schadensfrei bestehenden Dachkonstruktion die Aussage getroffen werden, dass die neue Installationsebene mit deren GK-Beplankung einen positiven Beitrag zur Scheibenwirkung leisten wird.

Verbindungsmittel

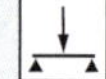

Im Detail wird in den Fugen zwischen den Kehlbalken-Zangen und dem Sparren die Anordung eines Sonderdübelpaares Bulldog (C1) oder Geka (C10) unterstellt. Diese Annahme ergibt sich aus der Bestandsstatik oder der Überprüfung eines exemplarisch geöffneten Anschlusses. Mit diesen leistungsfähigen Verbindungsmitteln können die Lasten abgetragen werden, wobei die Querschnittsschwächungen ggf. überprüft werden sollten. Der Bulldog-Dübel hat zwar etwas geringere Tragfähigkeiten, lässt sich aber leichter einpressen und wurde daher häufiger gewählt. Ein 62 mm-Bulldogdübel-Paar hat ca. 20 kN Tragfähigkeit (unter Berücksichtigung der Bolzentragwirkung) und sollte daher ausreichend sein.

Sollte diese Verbindung aus welchen Gründen auch immer (ggf. auch lokal) nicht ausreichend tragfähig sein, gibt es Verstärkungsmöglichkeiten. Die einfachste Maßnahme besteht in dem seitlichen Einbringen von Vollgewindeschrauben in der Verschneidungsfläche zwischen Kehlbalken und Sparren. Hier ist jedoch die Zugänglichkeit deutlich erschwert und die Einhaltung von Rand- und Verbindungsmittelabständen nicht unbedingt einfach sicherzustellen.

Weiterhin ist es möglich, von unten Knaggen an die Sparren zu schrauben. Dies ist gestalterisch meist sehr unbefriedigend und setzt darüber hinaus die Freilegung der Querschnitte im Dachgeschoss mit allen Konsequenzen für Luftdichtung und Dämmung voraus.

vertikal Schottausbildung

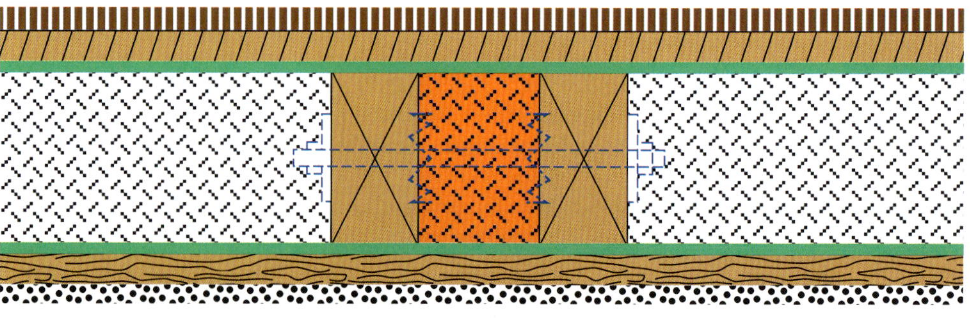

EPS-Schott stramm eingeklemmt zwischen Lattung und Dielung

Zwischen Kehlzangen flexible Rohrdämmung oder Spezialschaum

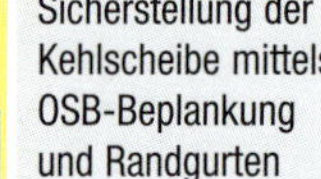

Dampfbremsfolien mit Klebmasse an EPS-Schott befestigen (oben und unten)

Sicherstellung der Kehlscheibe mittels OSB-Beplankung und Randgurten

Konstruktion und Montage

Nicht gerade selten wird das eigene Heim nicht nur auf Raten abbezahlt, sondern auch auf Raten ausgebaut. War der Dachstuhl bisher nur eine Option für zusätzlichen Wohnraum, wurde das Dachgeschoss schon vor einiger Zeit nutzbar gemacht. Dämmung, Dampfbremse und Luftdichtheit sind nach Plan umgesetzt worden und der Spitzboden wurde konsequent ausgeklammert – so viel Platz braucht man ja doch nicht.
„Sag' niemals nie!" und schon sind wir bei Fall C und einer der Nutzungsvarianten 2 bis 4 angekommen: Auch der letzte Zipfel im Haus ist noch sinnvoll zu nutzen, die baurechtlichen und planungsrelevanten Parameter sind geklärt und die Montage kann beginnen.

Was bisher passiert ist (MF 1-1)

Der Aufstieg in den Spitzboden wurde gelöst, Werkzeug und Material ist vorhanden, und die Schalungsbretter in den Abseiten wurden so weit wie nötig gelöst, aufgenommen und zur Seite gelegt. Meist enden die Dämmstoffbahnen knapp oberhalb der Kehlbalkenebene und es kann unmittelbar daran anschließend die 160 mm dicke Dämmung aus Mineralfaserdämmstoffen in den Gefachen zwischen den Sparren bis zur Firstpfette verlegt werden (MF 1-1).
Die Dämmung in der Kehlbalkenlage wurde zurückgeschlagen, um die für das Einbringen des Dämmschotts aus plastifiziertem Polystyrol geeignete Lattung festzulegen. Je nachdem wie weit die Abseite in den Raum rücken soll, ist die nächstliegende Lattung zu bestimmen. Von der Dachschräge bis zur Lage des Dämmschotts kann eine Dämmstoffbahn entsprechender Länge in den Gefachen zwischen den Kehlbalken – und selbstverständlich zwischen den Kehlbalkenpaaren im Stopfverfahren – eingebracht werden (MF 1-1).

Arbeiten an der Kehlbalkenlage

Zunächst wird das mit Übermaß (Länge und Höhe) zugeschnittene Dämmstoffschott mit einer Dicke von ca. 60 mm oberhalb der zuvor bestimmten Lattung stramm eingebracht (MF 1-2). So lassen sich die Zwischenräume zwischen den Gespärren gut ausfüllen. Für die eher kleinvolumigen Stellen zwischen den Kehlbalkenpaaren haben wir Rohrleitungsdämmungen (bekannt aus dem Heizungsbau) vorgesehen, die ebenfalls mit Übermaß zuzuschneiden sind (s. Nebendetail und Montagefolge dazu). Alternativ sind auch zugelassene Schäume verwendbar, wie z.B. das Produkt Tangit FP 550, das bereits im Abschnitt Luftdichtheit beschrieben wurde. Entscheidend sind hier neben der „Vorliebe" für das ein oder andere Produkt auch die preislichen Aspekte. Die zuvor zurückgeschlagene Kehlbalkendämmung wird auf das notwendige Maß gekürzt und zurückgeschlagen (MF 1-3). Dabei sollte die Passgenauigkeit Vorrang vor Schnelligkeit haben.
Nachdem nun die Dämmebene vollständig hergestellt ist, geht es an die luftdichtende und dampfbremsende Ebene: das Verlegen der Folienbahnen (MF 1-4). Diese ist auf der Kehlbalkenebene bis auf das Dämmschott zu führen und anschließend können die Schalungsbretter wieder an ihrer ursprünglichen Stelle eingebracht werden (MF 1-5). Fehlstellungen an Balkenrundungen, Folienfalten etc. sind mit Klebemassen zu schließen (Montage Nebendetail 1a). Um unzuträgliche Erschütterungen zu vermeiden, wird eine Befestigung mit Schrauben empfohlen. Dies gilt gleichermaßen für die anschließend zu verlegenden

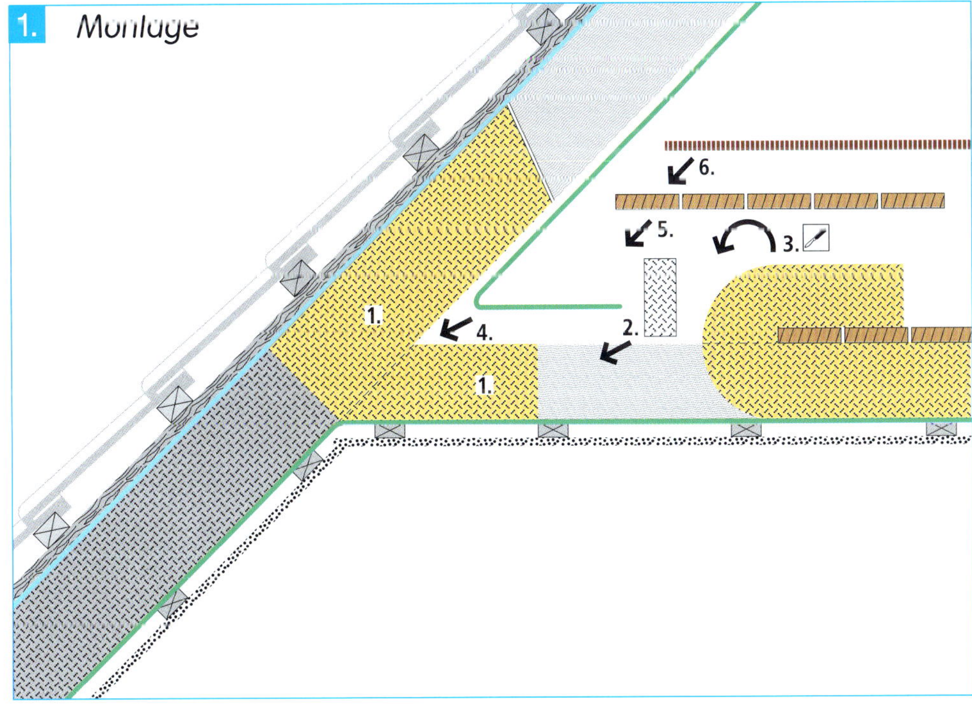

OSB-Platten (MF 1-6), die gemäß den Verlegeregeln für aussteifende Beplankungen nach DIN EN 1995-1-1 anzuordnen sind.

Dachschräge und Abseite

Für die Dachschrägen haben wir eine zusätzliche, 60 mm dicke Dämmebene vorgesehen. Nicht nur um einen zukunftsfähigen U-Wert vorweisen zu können, sondern vielmehr auch aus geometrischen Gründen: Die Dachfläche im Spitzboden ist um ca. 40 % größer als die Kehlbalkenfläche! Außerdem haben wir so eine gedämmte Installationsebene geschaffen, die die Dampfbremsebene vor ungewollten Beschädigungen schützt.

Die Lage der Abseite ist – nach erschöpfenden Diskussionen mit den Nutzern / Familienmitgliedern / Freunden und Bekannten – festgelegt, und so können wir die Latte (Querschnitt ca. 40/60 mm) auf unserer kombinierten Beplankung aus OSB und Schalung festschrauben (MF 2-1). Von dort kann der Ansatzpunkt der Latte am oberen Abschluss der Abseite „hochgelotet“ werden, und die in Dachneigung abgeschrägte Latte an den Sparren angeschraubt werden (MF 2-2). Die Dachschräge wird mit horizontal verlaufenden Latten (40/60mm) aufgedoppelt (MF 2-3).

Bevor die Abseite mit einem möglichst passgenau zugeschnittenen Streifen aus Gipswerkstoffplatten geschlossen wird (MF 2-5), ist das spitze Dreieck mit Dämmstoff lückenlos auszustopfen (MF 2-4). Gutes Augenmaß und handwerkliches Geschick erspart hier den einen oder anderen Wutausbruch. Zwischen der Lattung unterhalb der Sparren werden die 60 mm dicken Dämmstoffbahnen eingelegt (MF 2-6) und im Anschluss die Gipskartonplatten mit den dafür geeigneten Schrauben befestigt (MF 2-7).

Damit die Freude des neu hinzugewonnen Nutzungsbereichs nach Fertigstelllung nicht durch Risse getrübt wird, ist wie stets an Ecken und Abschlüssen ein Papierfugendeckstreifen einzulegen und einzuspachteln (MF 2-8). Zu welchem Zweck auch immer Sie den hinzugewonnenen Spitzboden nutzen – mit den hier gegebenen Hinweisen und Empfehlungen ist eine langfristige Lösung geschaffen. ■

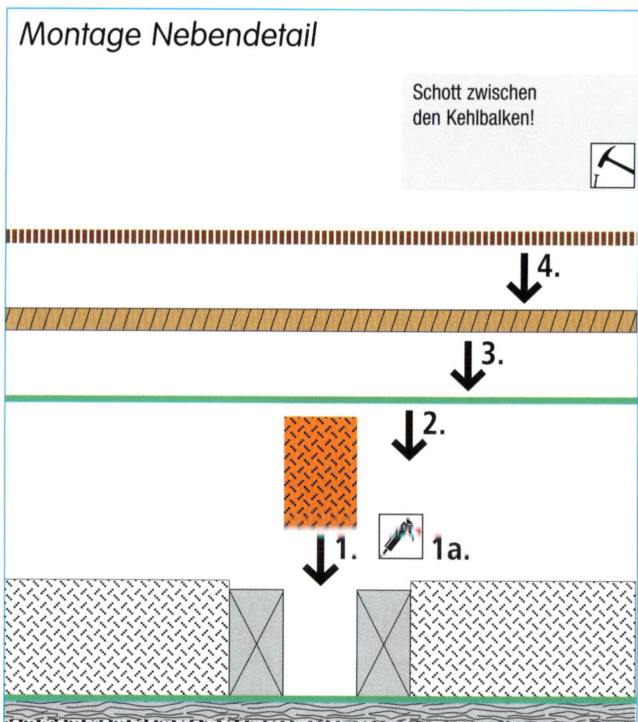

Literaturhinweise

[FVe BW 2009] Fachverbände des Elektro-, Stuckateur- und Zimmererhandwerks Baden-Württemberg (Hg.): Gemeinsame Richtlinie zur Ausführung luftdichter Konstruktionen und Anschlüsse, Stuttgart 2009

[Oswald 2008] Rainer Oswald: Schwachstellen. Spitzboden. In: Deutsche Bauzeitung, Heft 3-2008.

[Hall u.a. 2001] M. Hall, A. Geißler, G. Hauser: Konstruktive Maßnahmen zur Vermeidung erhöhter Transmissionswärmeverluste in Dachabschnitten, Abschlussbericht AIF-Forschungsvorhaben Nr. 11632, April 2001).

[Umsicht 2006] Fraunhofer Institut für Umwelt-, Sicherheit-, Energietechnik, UMSICHT, Beurteilung einer feuerwiderstandsfähigen Abschottung für Rohre (R30 bis R90), Bauteilfugen (F30 bis F90) und Elektrokabel (S30 bis S90). Luftdurchflussmessung entsprechend dem Blower-Door-Verfahren.

[Hall, Köhnke, Hauser] Konstruktionskatalog und Empfehlungen zur Verbesserung der Luftdichtheit im Holzbau, Abschlussbericht Universität Gesamthochschule Kassel, 2001

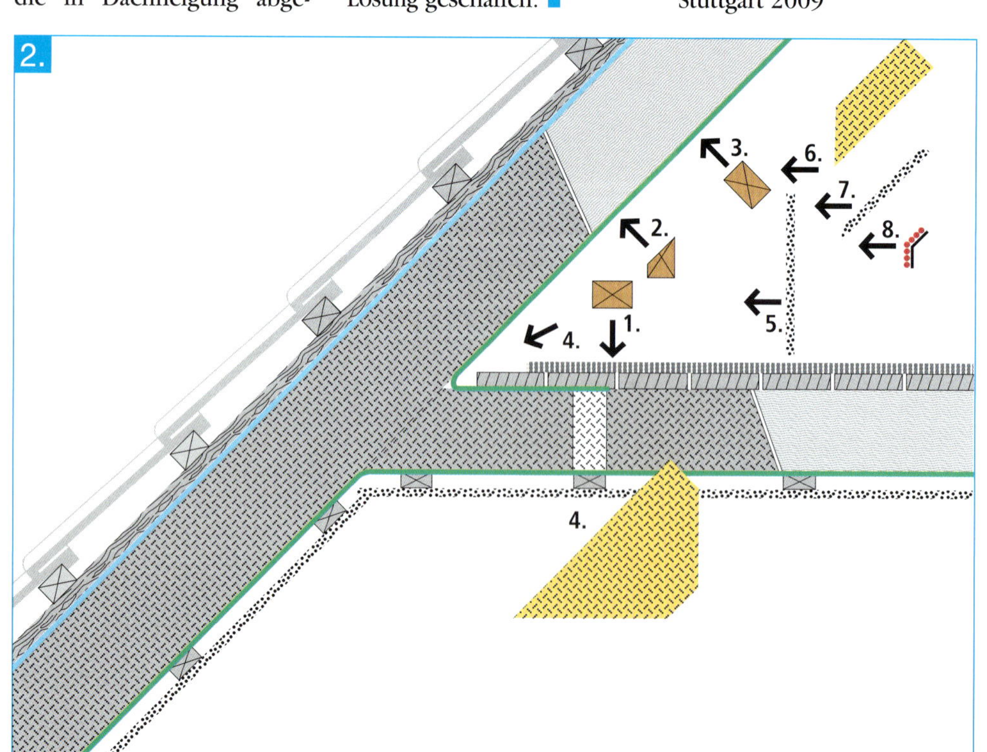

Einfach eins draufsetzen

Wohnungstrennwand und Außenwand in Einem

Inhalt des vorliegenden condetti-Details ist eine Wohnungstrennwand zwischen zwei Nutzungseinheiten, die zur Außenwand wird und den Trennwandcharakter beibehält. Alles andere als eine gewöhnliche Innenwand im Holzrahmenbau. Damit es überschaubar bleibt, haben wir vereinfachend eine Aufstockung in Holzrahmenbauweise auf einem Massivbau unterstellt. Trotz dieser Beschränkung gibt es viele spannende Punkte zu lösen.

Wohnungstrennwand

Eigentlich wollten wir uns in dieser Ausgabe mit dem Anschluss einer Wohnungstrennwand an das Dachtragwerk beschäftigen. So sah es der vor einem Jahr beschlossene Themenplan vor. Die für das Bauen oft notwendige Flexibilität und Aufgeschlossenheit hat natürlich auch das condetti-Team. So haben wir uns spontan entschlossen, auf einen aktuellen Fall zu reagieren.

Über den Umweg ein Brandschutzkonzept für eine Aufstockung in Holzbauweise auszuarbeiten, sind wir auf eine interessante Fragestellung gestoßen: Wie lässt sich eine unter Schallschutzaspekten konstruierte Innenwand zur Außenwand gestalten, wenn sie möglichst als ein Element gefertigt und montiert werden soll?

In unserem Beispiel soll die Aufstockung auf einem in üblicher Massivbauweise hergestelltem Bestandsgebäude errichtet werden. Mit Blick auf den vorgelegten Grundriss schrillten zum Thema Wohnungstrennwand schon alle Alarmglocken: einschalige Trennwand?!? Gut gehen kann das wohl nicht. Was liegt also näher, als sich für das fünfzigste condetti mit dieser Aufgabenstellung zu befassen.

Wenn die Trennwand zur Außenwand wird

Interessanterweise trennt diese Wand auch den Terrassenbereich des Nutzers A vom Wohnbereich des Nutzers B. Formal ist es dann eine Außenwand, an die entsprechend geringere Anforderungen an den Schallschutz gestellt werden als bei der Wohnungstrennwand – es sei denn, eine ICE-Trasse oder eine Formel 1-Rennstrecke führt unmittelbar durch den Garten. Nicht ganz so lärmintensiv dürfte es allerdings auf der Terrasse des Nutzers A zugehen. Steigt aber mal eine Party, dann ist zwischen innen und außen kein relevanter Unterschied beim Lärmpegel festzustellen. Besonders interessant erscheint uns dabei die Kombination mit den einschaligen Außenwänden sowie die Ecksituation der Wohnungstrennwand im Innenbereich. Einschalige Wandelemente müssen schalltechnisch sauber und statisch robust an die Wohnungstrennwand angeschlossen werden. Unseren Vorschlag dazu finden Sie im Hauptdetail. Eine gute Anschlusssituation gilt umso mehr für die Trennwand: Wie bringt man sie sauber um die Ecke? Gemeint ist hier: konsequent zweischalig und bei aussteifender Funktion gleichzeitig kraftschlüssig. Zur Darstellung der Trennwandecke haben wir in dieser Ausgabe das Nebendetail gewählt.

Und wie sieht es mit dem Wärmeschutz aus, wenn die zweischalige Trennwand möglichst schlank sein soll, als Außenwand aber gleichfalls einen guten Wärmeschutz bieten muss? Idealerweise ein WDVS aus Holzfaserdämmstoffen als Prinziplösung, das gut zu den Außenwänden passt, die im vorliegenden Fall mit Zellulosefasern gedämmt sind. Zumindest bis einschließlich Gebäudeklasse 3. Ab Gebäudeklasse 4 ist ein als B2 klassifiziertes WDVS (und das sind alle Holzfaser-WDVS) aus Brandschutzgründen nicht zulässig.

Dass man die Trennwand – dort, wo sie Außenwand ist – auch zu Installationszwecken verwenden darf, ist ein besonderer Punkt, auf den wir ihre Aufmerksamkeit lenken möchten. Für das diesmalige Jubiläums-condetti® haben wir nun ein weiteres Detail vorgelegt. Wir hoffen damit auch weiterhin, ihr Interesse für die nächsten fünfzig Details wecken zu können.

Autoren:
Robert Borsch-Laaks
E.U. Köhnke
Holger Schopbach
Gerhard Wagner
Helmut Zeitter

Wärme, Luft und Feuchte

Immer dann, wenn Innenwände an Versprüngen der Gebäudehülle nach außen raus laufen, müssen sie aus Sicht von Wärme- und Feuchteschutz „aufgerüstet" werden. Im vorliegenden Fall wird eine Wohnungstrennwand zur Außenwand. Da im vorliegenden Detail die Trennwand in Holzbauweise mit versetztem Ständerwerk und Volldämmung ausgeführt wird, bringt sie schon aus Gründen des Schallschutzes gute Voraussetzungen mit, um auch als Grundkonstruktion einer Außenwand zu dienen. Wie viel Aufwand betrieben werden muss, um die Anforderungen von Wärmeschutz, Luftdichtheit und Tauwasserschutz zu erfüllen, hängt – wie immer – im Detail von den Randbedingungen ab.

Wärmeschutz ergänzen

Wir haben uns für eine besonders schlanke Konstruktionsweise der Wohnungstrennwand entschieden. Mit nur 195 mm Gesamtdicke hat sie einen deutlich geringeren Platzbedarf als schalltechnisch vergleichbare Massivwände. Mit 140 mm hohlraumfreier Zellulose-Volldämmung und wärmetechnisch günstigem versetztem Ständerwerk hat diese Trennwand schon einen guten Wärmeschutz. Um einen mittleren U-Wert von U_m = 0,30 W/m²K zu erreichen, müsste eine verputzte 240 mm KS-Wand eine 100 mm dicke Zusatzdämmung erhalten – und würde damit zusätzlich Terrassenfläche verbrauchen.

Zieht man das Wärmedämmverbundsystem der angrenzenden Außenwand (s. Hauptdetail) in gleicher Dicke (100 mm) um die Ecke auf die Trennwand, so wird schon ein guter Niedrigenergie-Wärmeschutz erreicht (U_m = 0,17 W/m²K).

Mehr tun, wenn nötig

Die normale Außenwand im linken Bildbereich des Hauptdetails weist überdies eine gedämmte Installationsebene von 60 mm Tiefe auf. Dies gewährleistet einen U-Wert, mit dem auch hohe Anforderungen an förderfähige Effizienzhauser zu erfüllen sind (U_m=0,14 W/m²K). Im Bereich der ausspringenden Wohnungstrennwand ebenfalls eine gedämmte Installationsebene zu ergänzen, bedeutet allerdings erheblichen zusätzlichen Bauaufwand und vor allen Dingen Raumverlust. Es macht wenig Sinn, eine Innenschale nur im Bereich des Wandversprungs vorzusehen. Eine solche Aufdopplung würde im Raum als störend empfunden oder, wenn man sie über die gesamte Wandbreite zieht, erheblichen Flächenbedarf erzeugen ohne einen wärmetechnischen Nutzen.

Stattdessen ist es sicher wirtschaftlicher, außen durch eine entsprechende Erhöhung der Dämmstärke des Holzfaser-WDVS den Wärmeschutz der auskragenden Trennwand an die normale Außenwand anzupassen. Hierzu wären etwa 50 mm Zusatzdämmung erforderlich. Die verlorene „Wohnfläche" auf der Terrasse fällt weniger ins Gewicht als bei einer raumseitigen Ergänzung. Ob überhaupt ein Wechsel in der Dicke der Außendämmung notwendig wird, ist ebenfalls zweifelhaft. Sofern sich der Versprung auf übliche Terrassentiefen von ca. 1,5 m beschränkt, fällt der Unterschied im Wärmeschutz der beiden Wände des Hauptdetails in der Gesamtbilanz kaum ins Gewicht.

Wenn man's genau nimmt

Zugegeben: Würde man unser Detail in „KS + WDVS" ausführen, gäbe es auch keine Wärmebrückenprobleme – im dargestellten Horizontalschnitt. Aber spätestens am Fußpunkt der Wände, die auf einer vorhandenen Betondecke errichtet werden, ergäbe sich heftiger Sonderaufwand – vergleichbar mit der Situation beim Anschluss einer Wohnungstrennwand an die Bodenplatte oder Kellerdecken (vgl. *condetti in Heft 1-2010)*.

Die „Wärmebrückchen" des Holzrahmenbaus sind die Massivholzanteile. Aufgrund ihres niedrigen λ-Werts erfüllen sie von Natur aus alle Anforderungen an die Vermeidung von Wärmebrücken an Durchdringungen der dämmenden Hülle. Deshalb lohnt es immer bei Holzbauten mit hohem energetischem Anspruch eine detaillierte Wärmebrückenberechnung zu machen, um eine wirtschaftliche Optimierung des Dämmaufwandes auszuloten.

Für den „normalen" Gleichwertigkeitsnachweis gem. Beiblatt 2 zur DIN 4108, der einen halbierten Wärmebrückenzuschlag nach den Regeln der Technik erlaubt, fallen die Gebäudekanten unter die Bagatellregel. Vergleichsdetails und Anforderungen hieran sind im Beiblatt nicht enthalten, da sich die ψ-Werte von Innenecken und Außenecken i.d.R. gegenseitig aufheben.

Wie zuverlässig sind mittlere U-Werte?

Die planerische Erfüllung von schall- und brandtechnischen Schutzzielen ist schwer bis unmöglich zu berechnen. Insbesondere die Nebenwege können vermeintlich sichere Konstruktionen ins Gegenteil verkehren. Ganz so dramatisch ist der Einfluss von wärmetechnischen „Nebenwegen" nicht – zumindest

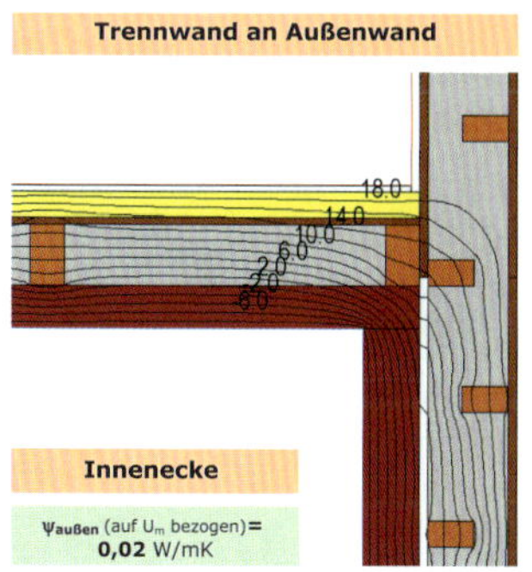

Abb. 1: Wärmebrückenberechnung mit Therm 5.2 zum Anschluss der auskragenden Wohnungstrennwand an die benachbarten Außenwände.

Anmerkung: Im untersuchten Detail wurden die Hölzer des Regelquerschnitts in der zweidimensionalen Ermittlung miterfasst. Deshalb ist es zulässig, bei der Umrechnung des 2D-Gesamtwärmestroms auf längenbezogene Ψ-Werte die mittleren U-Werte beim Abzug der eindimensionalen Wärmeströme der Regelquerschnitte anzusetzen.

Die bei vielen WB Programmen übliche Umrechnung mit Gefach bezogenen Regel-U-Werten ergibt deutlich schlechtere Ergebnisse (Innenecke: ψ_e = 0,04 W/mK, Außenecke: ψ_e = - 0,03 W/mK). S.a. die condetti-Details in Heft5 + 6-2003.

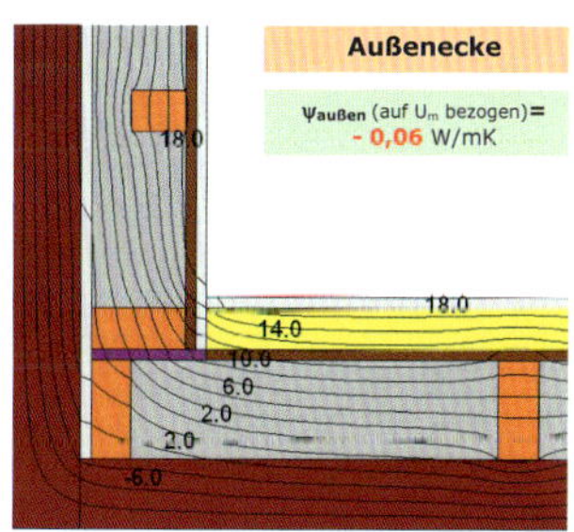

dann, wenn wir auf dem Holzweg bleiben. Und vor allem sind Effekte mit hoher Genauigkeit auch mit einfachen Mitteln quantifizierbar. Das war nicht immer so, wie die Tabelle 1 zeigt. Als der Autor Mitte der 90er Jahre die Wärmeschutznachweise im Rahmen der NEH-Förderung NRW prüfte, waren 90 (!) % der Dach-U-Werte nur über den Schnitt durch das Gefach berechnet worden. Auch die damals bereits gültige Ermittlung von mittleren U-Werten gem. [DIN 4108-5] lag noch nicht wirklich auf der sicheren Seite. Erst die genauere Mittelungsmethode durch die [DIN EN ISO 6946], die mit der EnEV 2002 Berechnungsgrundlage wurde, liefert eindimensionale U-Werte, die auch in der dritten Nachkommastelle mit genauer 2D-Finite-Elemente-Rechnung übereinstimmen.

Die Fehler, die sich durch mangelhafte Berücksichtigung der Holzanteile im Regelquerschnitt in die Ermittlung der erforderlichen Dämm- und Konstruktionsstärken einschleichen können, sind bei zwei- und mehrschaligen Querschnitten mit überdämmtem Tragwerk vergleichsweise gering (bis ca. 20 mm). Bei reiner Zwischensparrendämmung kann der Fehler dreifach höher liegen (vgl. *condetti BASICS „Das Maß des Wärmeschutzes“*).

Außenbeplankung ändern – und fertig

Für die Wohnungstrennwand wurde von der Abteilung Schallschutz eine beidseitige Beplankung aus je einer Holzwerkstoff- und Gipsfaserplatte „genehmigt“. Dies erlaubt mit nur einem Materialwechsel diese Wand auch als Außenwand mit Sicherheit tauwasserfrei zu bekommen. Dort, wo die Trennwand zur Außenwand wird, ersetzen wir die äußere OSB-Beplankung durch eine Gipsfaser-Platte (s_d ca. 0,2 m) in gleicher Stärke.

In Verbindung mit einem Holzfaser-WDVS haben wir dann den klassischen diffusionsoffenen Aufbau einer Holzrahmenbauwand, ohne einen besonderen Nachweis führen zu müssen. Die an dieser Stelle zuerst angedachte MDF-Platte wäre diffusionstechnisch gleichwertig. Diese Lösung wurde jedoch verworfen, da vielfach die Holzfaser-WDVS für diesen Untergrund keine Zulassung besitzen und zusätzliche Befestigungshölzer erforderlich sein würden. Dies ist in den Zulassungen der jeweiligen WDVS-Produkte geregelt.

Luftdichtheit mal andersrum

Aus Gründen des Wärmeschutzes und der konstruktiven Anforderungen des WDVS wäre die außen liegende Gipsfaser-Platte bei dem Tennwandteil, der an die Außenluft grenzt, verzichtbar. Zur Strömungsdichtheit haben wir dieser Platte eine besondere Funktion zugewiesen. Um den bekannten „ Königskindereffekt“ (durchströmbarer Hohlraum zwischen Dichtungsebenen) zu vermeiden, übernimmt diese Platte im Bereich der Auskragung die Funktion der Luftdichtheitsebene.

Diese geht dann von der innenseitigen Beplankung der Außenwand über eine Eckabklebung über in die linke OSB-Platte der Wohnungstrennwand. Hieran wird die Gipsfaserplatte luftdicht angeschlossen und durch die Verschraubung der Ständer mechanisch gesichert. Die Gipsfaser-Platte ist in der Fläche luftdicht – Stöße müssen allerdings abgeklebt werden.

An der nächsten Gebäudeecke (vgl. Außenecke in Abb. 1) wird von dieser Beplankung über den Eckpfosten eine luftdichte Brücke zur Innenbeplankung der angrenzenden Außenwand hergestellt.

Die Trennwand als Installationsebene

Diese einfache Führung der Dichtungsebene erlaubt es, die Wohnungstrennwand in ihrer gesamten Länge auch für den Einbau von Installationen zu nutzen. Die Dichtungsebene liegt zwar nicht, wie sonst üblich, auf der Innenseite des Gesamtquerschnittes, sie ist aber dennoch nicht tauwassergefährdet, auch nicht aus konvektiven Feuchtebelastungen.

Zum einen schließen die Mehrfachbeplankungen und die Volldämmung aus Einblaszellulose. Durch- und Hinterströmungen der Hohlräume praktisch aus. Zum anderen liegt die Luftdichtheitsebene nicht ganz im kalten Bereich,

U-Wert	Außenwand		Trennwand	
	HRB m. ged, Inst. Ebene + WDVS [W/m²K]	Äquivalente Dämmdicke (d_{eq}) [cm]	Versetzte Ständer + WDVS [W/m²K]	Äquivalente Dämmdicke (d_{eq}) [cm]
U_{gefach} (nach allen Normen)	0,128	31,3	0,157	25,5
U_m n. DIN 4108-5:1981	0,133	30,0	0,165	24,2
U_m n. DIN ISO 6946:1996	0,136	29,4	0,169	23,6
U_m 2D n. DIN EN 10 211:2001	0,136	29,4	0,170	23,6
Dämmdicke 040, real	300 mm		240 mm	

Hinweis: Die Werte für die Außenwand enthalten aus Gründen der Vergleichbarkeit mit der 2D-Berechnung nicht die Holzanteile der gedämmten Installationsebene.
Diese erhöhen die mittleren U-Werte um ca. 0,003 W/m²K ($\Delta d_{eq} \cong 0,6$ cm).
Bedeutsamer ist der Unterschied zwischen der außengedämmten Wand des Details und einer einschaligen Wand mit 60 x 240 mm Ständerwerk: ΔU_m ca. 0,01 W/m²K ($\Delta d_{eq} \cong 2,0$ cm).

Tab. 1: Vergleich der mittleren U-Werte nach verschiedenen Berechnungsverfahren

DETAIL 18.03.

Aufstockung

Außenwand und Wohnungstrennwand

horizontal

condetti *11.10

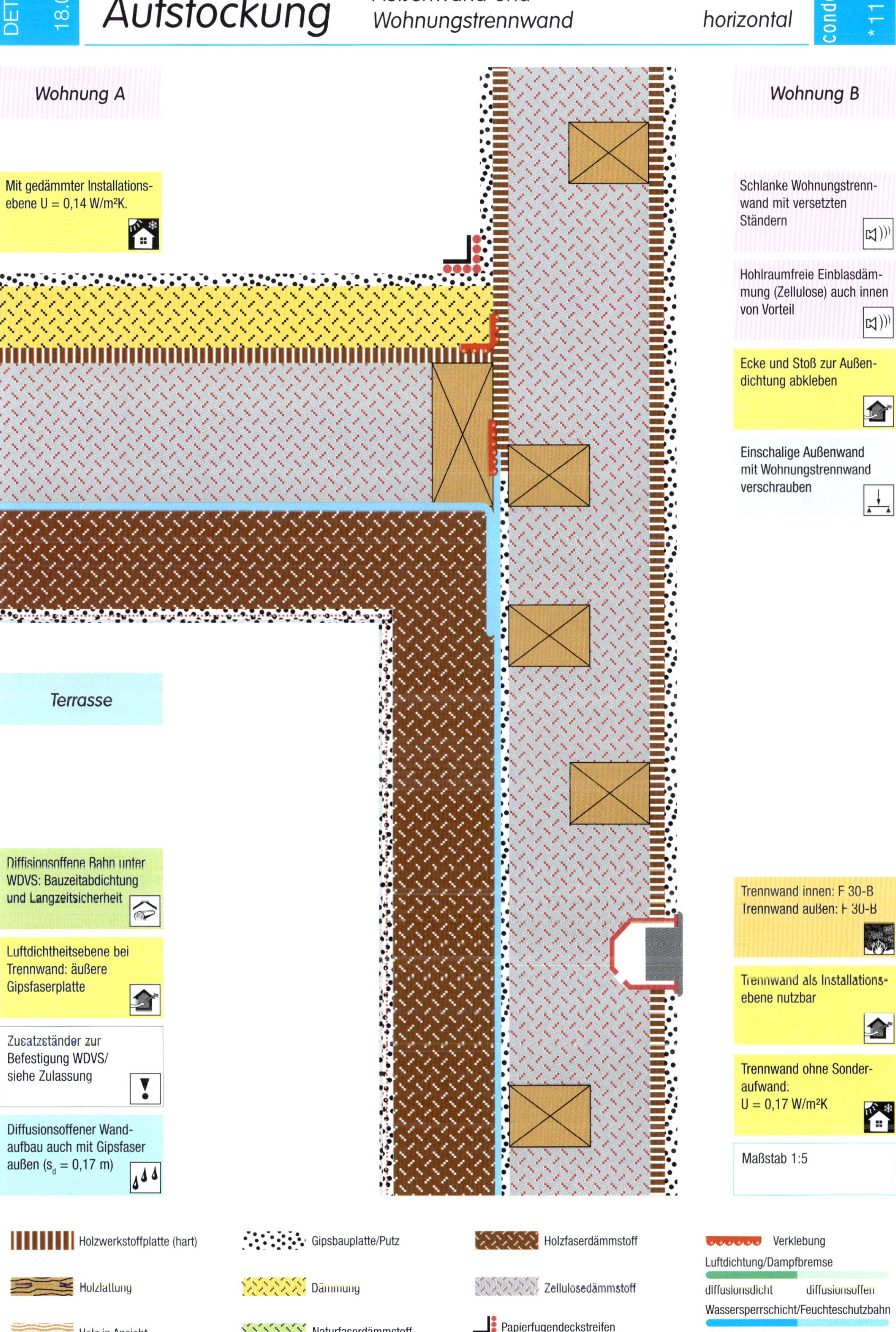

Holzwerkstoffplatte (hart) | Gipsbauplatte/Putz | Holzfaserdämmstoff | Verklebung

Holzlattung | Dämmung | Zellulosedämmstoff | Luftdichtung/Dampfbremse: diffusionsdicht – diffusionsoffen

Holz in Ansicht | Naturfaserdämmstoff | Papierfugendeckstreifen | Wassersperrschicht/Feuchteschutzbahn: diffusionsdicht – diffusionsoffen

sondern durch das WDVS stets bei Temperaturen, die oberhalb der Tauwassergrenze liegen.

Achtung beim Bodenanschluss

So einfach sich das Luftdichtungskonzept im Horizontalschnitt darstellt, so komplex kann es werden, wenn man über die Anschlüsse an die darunterliegende Geschossdecke nachdenkt. Hier sind drei Fälle zu unterscheiden:

- Bei einer Aufstockung auf einer vorhandenen Betondecke sind die Herausforderungen gering und Lösungen bekannt. Im Prinzip ist das Detail dann zu behandeln wie ein Sockelpunkt bei einer Betonbodenplatte.
- Läuft unter der Schwelle der Trennwand parallel ein Deckenbalken mit oberseitiger Beplankung, so ist hierdurch eine Brücke für den Übergang zwischen den Luftdichtheitsebenen zwischen unterem und oberem Geschoss konstruktiv schon vorhanden.
- Anders sieht es aus, wenn die Balkenlage quer zu den Schwellen der Wandelemente verläuft. Hierzu sind weitergehende Überlegungen erforderlich, die wir in den Details zu Loggien und einspringenden Eingangsbereichen behandelt haben *(Hefte 3-2004, 1-2006 und 6-2009).*

Praktische Holzschutzphilosophie

Die Zulassungen der Holzfaser-WDVS fordern keine zweite wassersperrende Schicht, die das Tragwerk vor ungewollt eintretendem Versagen der äußeren Wetterschutzschicht (Putz) absichert. Dennoch halten wir das Einziehen einer diffusionsoffenen Bahn unter der Weichfaserplatte in vielen Fällen für empfehlenswert (vgl. z.B. *die condettis in Heft 4-2002, 1-2006, 5-2009.*)

Im aktuellen Fall sprechen dafür vor allem zwei Gründe: Wir haben es bei der „normalen“ Außenwand des Details mit einem sehr geringen Vorfertigungsgrad zu tun – nur einseitig (innen!) beplankte Wandelemente. Bis das WDVS montiert werden kann, muss erst der Dachdecker alle Abdichtungsarbeiten auf der Terrasse erledigen. Für diese u. U. unzuträglich lange Phase ist die Holzkonstruktion, allenfalls mit ein paar Planen notdürftig bedeckt, Wind und Wetter ausgesetzt – und zwar an exponierter Stelle.

Neben ihrem soliden Wetterschutz als Bauzeitabdichtung kann eine bleibende diffusionsoffene Bahn auch die Einbindung einer zweiten wasserführenden Ebene am neuralgischen Punkt „Fensterbankanschluss“ erleichtern (vgl. *condetti in 2-2009, und Heft 4-2008, S. 43 ff. und 6-2009, S. 56 ff.*).

DETAIL 01.05. **Aufstockung** *Wohnungstrennwand* *horizontal* NEBEN DETAIL

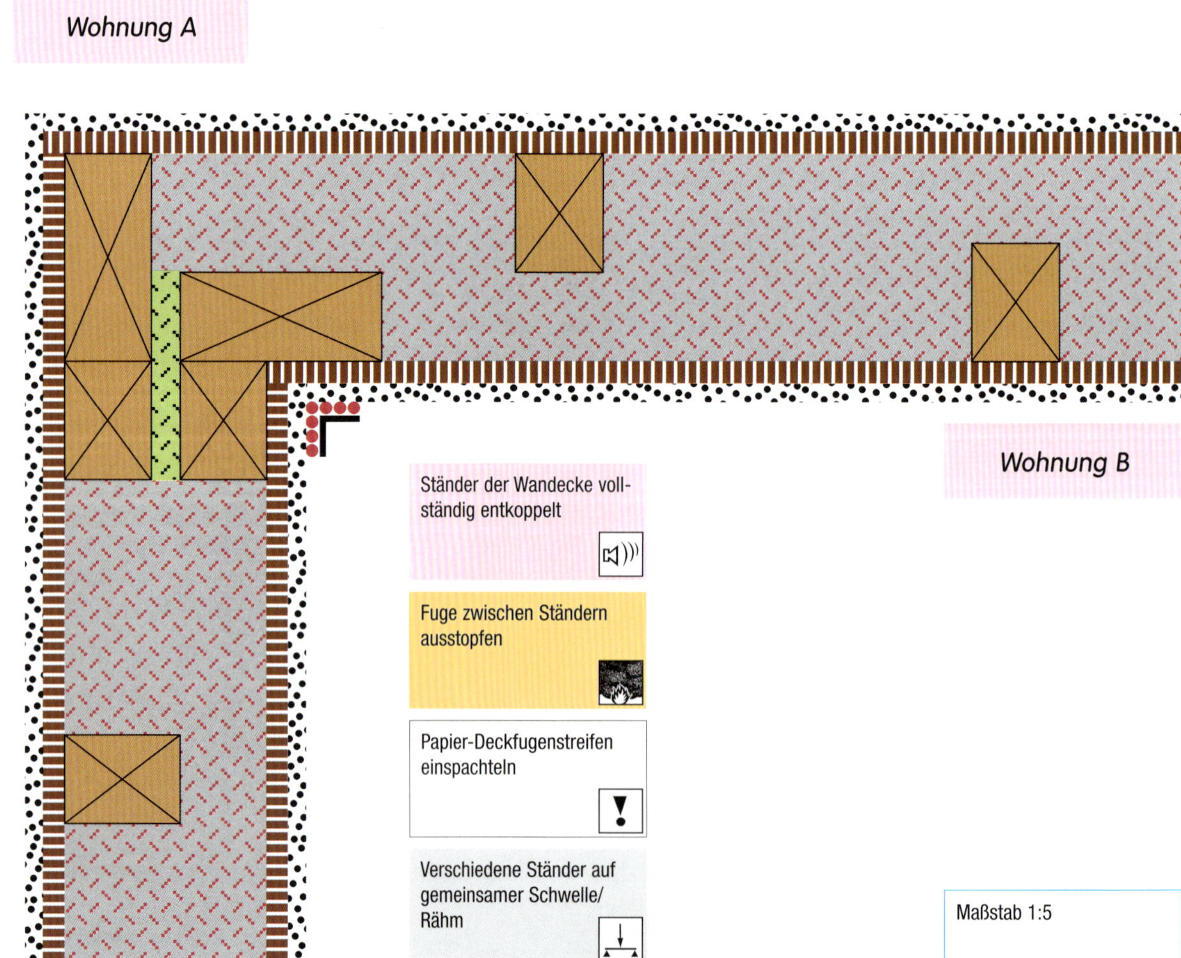

Brandheiße Nachbarschaft – Brandschutz bei Trennwänden

Trotz bauaufsichtlich strenger Anforderungen an den vorbeugenden, baulichen Brandschutz sterben jedes Jahr nahezu 600 Personen bei einem Brandereignis. Der Großteil der Brandtoten stirbt dabei an den Folgen einer Rauchvergiftung. Die Auslöser sind vielfältig: eine unbeaufsichtigte Kerze, das vergessene Essen auf dem Herd, ein eingeschaltetes Bügeleisen, spielende Kinder, die eine Herdplatte einschalten, ein Raucher im Bett, elektrische Defekte etc. Häufig ist also menschliches Versagen die Ursache. Wollte man diese Zahl weiter reduzieren, müsste zu stark in die Rechte einzelner Personen eingegriffen werden.
Es gilt daher aus brandschutztechnischer Sicht, vorbeugend mehrere Personen, die in eigenständigen Nutzungseinheiten unter einem Dach leben oder arbeiten, voreinander zu schützen. Diese Funktion wird von einer Trennwand erfüllt, auf die wir nachfolgend etwas näher eingehen.

Nutzungseinheiten

Die im vorliegenden Detail behandelte Wand macht ihrem Namen alle Ehre: sie trennt unterschiedliche Nutzungseinheiten voneinander ab. Als Nutzungseinheit ist in bauaufsichtlichem Sinne dabei eine gewisse Anzahl von Aufenthaltsräumen zu verstehen (im Sonderfall ein einziges Zimmer), die von einer Person bzw. einem gemeinschaftlichen Personenkreis genutzt werden. Es ist dabei ohne Bedeutung, ob es sich um Wohnungen, Büros, Praxen etc. handelt. Alle Nutzungseinheiten sind durch einen eigenen abschließbaren Zugang vom Freien, vom Treppenraum oder vom gemeinsam genutzten Flur abgetrennt. Für jede Nutzungseinheit wird ein eigenes Rettungswegsystem, bestehend aus erstem und zweitem Rettungsweg, verlangt.

Bauaufsichtliche Anforderungen

Trennwände zwischen Nutzungseinheiten untereinander und anders genutzten Räumen müssen als raumabschließende Bauteile ausreichend lang widerstandsfähig gegen die Ausbreitung von Feuer und Rauch sein. Das bedeutet, dass im Brandfall die Tragfähigkeit (falls es sich um eine tragende Wand handelt), der Raumabschluss sowie die Wärmedämmung bei einer einseitigen Brandeinwirkung gewährleistet sein müssen.
Trennwände müssen die Feuerwiderstandsfähigkeit der tragenden und aussteifenden Bauteile des Geschosses haben, jedoch mindestens feuerhemmend sein. Die Anforderungen lauten daher:

- Gebäudeklasse 3: feuerhemmend
- Gebäudeklasse 4: hochfeuerhemmend
- Gebäudeklasse 5: feuerbeständig

Diese Anforderungen gelten nicht für Wohngebäude der Gebäudeklassen 1 und 2, also bei Gebäuden mit einer Höhe bis zu 7 m und nicht mehr als zwei Nutzungseinheiten von insgesamt nicht mehr als 400 m².
Trennwände zu Räumen mit Explosions- oder erhöhter Brandgefahr müssen stets feuerbeständig sein.

Trennwände im Dachbereich

Entsprechend den bauaufsichtlichen Anforderungen sind Trennwände bis zur Rohdecke, in Dachgeschossen bis unter die Dachhaut zu führen. Werden in Dachgeschossen Trennwände nicht direkt bis unter die Dachhaut geführt, ist der obere Abschluss (also beispielsweise die raumseitige Beplankung der Sparren) als raumabschließendes Bauteil feuerhemmend herzustellen.

Öffnungen in Trennwänden

Da durch Öffnungen in Trennwänden die raumabschließende Eigenschaft verloren geht, sind diese nur dann zulässig, wenn sie auf die für die Nutzung erforderliche Zahl und Größe beschränkt sind und Feuer-

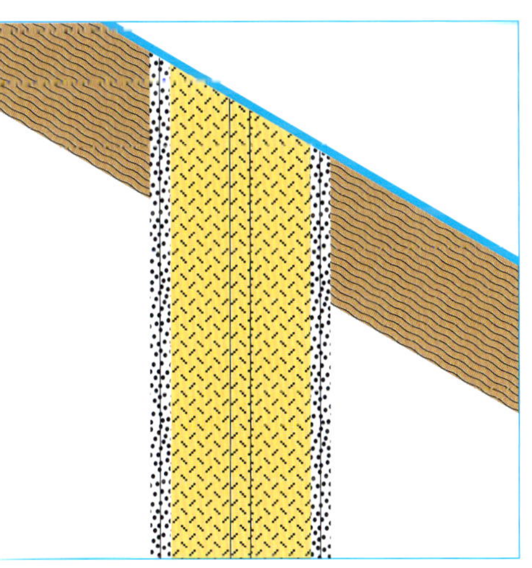

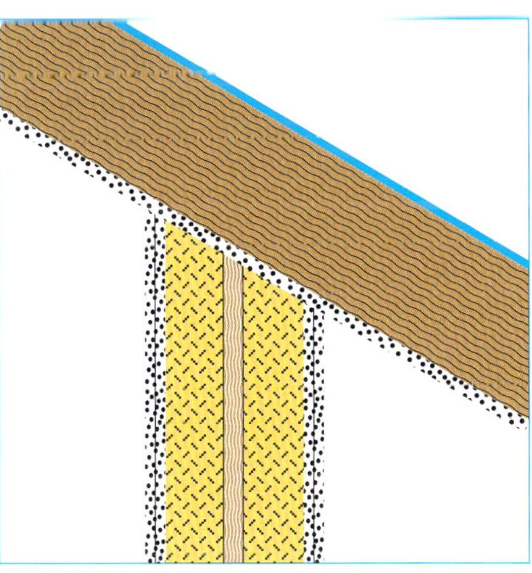

Abb. 2: Führung der Trennwand bis unter die Dachhaut bzw. bis an die feuerhemmende Bekleidung [dnq 1/2010]

schutzabschlüsse haben. Ergibt sich also aus den betrieblichen Anforderungen keine zwingende Notwendigkeit von Öffnungen, sind diese in Trennwänden nicht zulässig. Wirtschaftlichkeit und Gestaltung sind keine maßgeblichen Gründe für die Zulässigkeit.
Sind Öffnungen unverzichtbar, müssen die erforderlichen Feuerschutzabschlüsse feuerhemmend, dicht- und selbstschließend sein. Als dichtschließende Türen gelten Türen mit stumpf einschlagendem oder gefalztem, vollwandigem Türblatt mit mindestens dreiseitig umlaufender Dichtung (vgl. Heft 4/2008 sowie 4/2009)

Bauliche Umsetzung der brandschutztechnischen Anforderungen

Bauaufsichtlich gelten für die tragenden und aussteifenden Außen- und Innenwände des Dachgeschosses, die gleichen Anforderungen wie in den unteren Geschossen. Lediglich bei Geschossen im Dachraum besteht keine Forderung an den Feuerwiderstand, wenn darüber keine Aufenthaltsräume möglich sind.
Für das Dachtragwerk ist lediglich die Verwendung von Baustoffen der Baustoffklasse 2 vorgeschrieben. Die Dachhaut muss als harte Bedachung gemäß DIN 4102-4, Abschnitt 8.7 ausgeführt werden.

Um die bauaufsichtlichen Anforderungen umzusetzen, muss der Wandaufbau entsprechend DIN 4102-4 klassifiziert oder durch ein bauaufsichtliches Prüfzeugnis geregelt sein.

Fassade

Die Fassade kann in den Gebäudeklassen 1 bis 3 aus normalentflammbaren Baustoffen (B2) bestehen. Das von uns vorgesehene WDVS aus Holzweichfaserplatten entspricht diesen Anforderungen.
Erst ab Gebäudeklasse 4 (wenn also die Höhe des obersten Geschossfußbodens, in dem Aufenthaltsräume möglich sind, zwischen 7 m und 13 m über der Geländeoberfläche liegt), sind für die Oberflächen von Außenwänden sowie Außenwandbekleidungen einschließlich der Dämmstoffe und Unterkonstruktionen mindestens schwerentflammbare Baustoffe (B1) erforderlich. Hierfür eignen sich insbesondere WDVS aus nichtbrennbaren Mineralfasern. Werden WDVS aus Polystyrol verwendet, sind unbedingt die in der allgemeinen bauaufsichtlichen Zulassung für WDV-Systeme aus Polystyrol definierten Ausführungsbedingungen zu beachten.

Schallschutz

Schalldämmend und wärmend

In diesem Detail prallen nun die Interessen ganz unterschiedlicher Disziplinen auf eine Wand ein. Die dargestellte Wand muss auf der einen Hälfte die Anforderungen an eine Wohnungstrennwand erfüllen, also in erster Linie einen hohen Schallschutz bieten und auf deren anderen Hälfte als Außenwand einen guten Wärmeschutz bringen.
Um aber einen geringen Produktions- und Materialaufwand zu sichern, macht es Sinn, bei gleichzeitiger Riss- und Beulfreiheit, die Wand in einem Stück zu fertigen. So etwas fordert dann mal etwas mehr Kreativität.

Entkopplung statt Masse

Schallschutz wird bekanntermaßen entweder durch Masse oder durch Entkopplung erreicht. Während der Massivbau auf Masse setzt, bedient sich der Holzbau vorrangig der Entkopplung. Eine vollständige Entkopplung wird dabei durch zwei vollständig getrennte Wände erreicht. Das ist natürlich sehr lohnintensiv, sowohl in der Produktion als auch in der Montage. Da sich aber an den Flanken durch die angrenzenden bzw. anschließenden Bauteile ohnehin eine Flankenübertragung des Schallpegels einstellt und das resultierende Schalldämm-Maß beeinträchtigt, spielt es keine allzu große Rolle, wenn die Schwelle und der Obergurt der Bauteile nicht getrennt werden.
Die Schwelle, in der Regel nur max. 60 mm dick, liegt tief im Fußbodenaufbau und stellt keine allzu große „Schallbrücke" dar. Der Obergurt liegt an der Decke an, welche in der Regel ohnehin einen ungünstigen Schallnebenweg darstellt.
Alles andere, die Platten auf jeder Seite mit ihren Stielen sowie der Innenecken, sind völlig getrennt und bieten so einen guten Schallschutz.

Welcher Schallschutz wird erreicht?

Ein Bauakustiker schaut immer recht neidisch auf die Kollegen des Wärmeschutzes und der Statik, welche mit konkreten, anerkannten Rechenverfahren, den U-Wert bis auf die dritte oder noch mehr Nachkommastellen genau berechnen können. Die Akustiker sprechen, be-sonders bei aus diversen Materialien unterschiedlich zusammengesetzten Konstruktionen eher von einer „rechnerischen Abschätzung."
Nicht jede Konstruktion ist samt all ihrer Anschlüsse in

der Literatur erfasst und auch bei noch so genauen Abschätzungen läuft man immer Gefahr, dass der Messwert im Falle einer Messung abweicht. Nach DIN 4109, Beiblatt 1 (1989), erreicht eine derartige Wand, nur einlagig beplankt, bei getrennter Schwelle und Obergurt ca. 50 dB. Dieser Wert berücksichtigt allerdings bereits die Flankenübertragung, in der Regel die ungünstigsten Materialien für die Beplankung und die ungünstigsten Randbedingungen.

Die Firma Xella nennt für eine solche 2-schalige Wand mit einer Wanddicke von 160 mm mit 100 mm Mineralwolldämmung und je Seite 2 x 15 mm Fermacell ein Luftschalldämm-Maß von $R_{W,R}$ = 66 dB als „Labormaß", also ohne Flankenübertragung bzw. bauüblichen Nebenwegen. Die Firma Knauf nennt für die ansonsten gleiche Wand, beplankt mit 2 x 12,5 mm GKB oder GKF einen RW,R von 59 dB und bei Verwendung von 2 x Knauf Piano 61 dB. Hier wird deutlich, dass die Werte aus dem Beiblatt der DIN 4109 von 1989 doch wohl einen sehr großen Nebenwegseinfluss berücksichtigen.

Bei einer Optimierung der Flankenübertragungen, vor allem im Bereich der Geschossdecke durch Trennen der Beplankungen und dem Einbau von wirksamen Abschottungen im Bereich der Decke (vgl. *Heft 4-2002*), wären 53 dB einer doppellagigen Beplankung mit einer Holzwerkstoffplatte und einer Gipskartonplatte prinzipiell erreichbar.

Wer aber auch bei der Akustik Wert auf Qualität legt und dafür ein paar Euro mehr auszugeben bereit ist, der sollte dann doch im Bereich der Wohnungstrennung auf die Fermacell-Gipsfaserplatte setzen. Ein $R_{W,R}$ von 66 dB, zwar ohne Flankenübertragung, ist schon eine Hausnummer.

Um das zu verdeutlichen hilft ein Blick in das bereits zitierte Beiblatt der DIN 4109 aus 1989. Hier wird in Tabelle 5 für eine 240 mm dicke Mauerwerkswand mit einer Steinrohdichte von 1.8 ein Bauschalldämm-Maß von $R'_{W,R}$, also mit Nebenwegen, von nur 53 dB genannt. So üppig sind also die Werte im Mauerwerk bei dem dort vielfach gerühmten Schallschutz wirklich nicht.

Der Außenwandteil

Da auch im Außenbereich der Trennwand getrennte Stiele vorliegen, wird dieser Teil, je nach Beplankung der Innenseite, einen ähnlich guten Wert erreichen. Die Weichfaserdämmplatte inkl. Putz dürfte nicht sehr viel schlechter sein als eine doppellagige Beplankung.

Selbst ohne die auch hier in unserem Beispiel gezeigten, getrennten Stiele, also mit Stielen 60 x 140 mm, erreicht der Außenwandanteil ein R_{WR} von etwa 46 dB und wäre damit geeignet für einen Einsatz bis in den Lärmpegelbereich IV, also Bereiche mit einem Außenlärmpegel von bis zu 70 dB nach DIN 4109 (1989), welche derzeit zumindest baurechtlich immer noch Gültigkeit besitzt. Dennoch sollten auch hier, wie im Bereich der Wohnungstrennwand, die getrennten Stiele eingesetzt werden. Der Mehraufwand ist nicht der Rede Wert, der Wärmeschutz ist durch die getrennten Stiele auch etwas besser, aber vor allem gibt es keinen Stress, wenn der Nachbar auf dem Balkon mal eine Party feiert.

Was ist denn gefordert?

Für Wohnungstrennwände gilt es eine baurechtliche Anforderung zu erfüllen. Das resultierende Schalldämm-Maß R'_W muss mindestens 53 dB betragen. Das ist aber noch nicht eine gehobene Qualität!

Infolge der Überalterung der DIN 4109 wird der geschuldete Schallschutz zunehmend durch Gerichte bestimmt, wenn der Vertrag einen genauen Wert ausweist. Gerne wird hier auf das Beiblatt 2, Vorschlag für einen erhöhten Schallschutz, Bezug genommen, was für Wohnungstrennwände allerdings nicht so problematisch ist.

Merkwürdigerweise liegt hier zwischen der Mindestanforderung und der Empfehlung für einen erhöhten Schallschutz nur eine Differenz von 2 dB, also R'_W 55 dB statt 53 dB. Die Lobby des Massivbaus lässt grüßen! Auch der Entwurf der neuen DIN 4109, 2. Normvorlage von 1999, ist hier in der geplanten Schallschutzstufe II (mittlere Qualität) mit 56 dB doch noch sehr zurückhaltend.

Das alles sollte uns im Holzbau nicht davon abhalten, auch beim Schallschutz durch gebaute Qualität unser Image zu verbessern, um weitere Marktanteile zu erreichen.

Abb. 3: Entkopplung in XXL. Bis zu 10 m hohe Holzrahmenbauwände mit versetzten Ständern trennen Sporthallenbereiche in einer ehemaligen Tennishalle

Tragwerksplanung

Die Situation bietet aus statischer Sicht nur wenig interessante Details. Der T-förmige Stoß zweier Wände entspricht im Wesentlichen der Situation Innenwand an eine durchlaufende Außenwand, den wir in fast jedem Grundriss finden. Hier sind es aber letztlich drei ungleiche Brüder, die zusammenwirken müssen. Wie groß die Beanspruchung für die einzelnen Bauteile ist, wollen wir am Beispiel der vorgestellten Grundriss-Situation (siehe Abb. Seite 58) untersuchen.

Wer hat welche Aufgabe?

Das Detail stammt aus der Planung einer Dachterrasse für eine Aufstockung. Die Tatsache, dass hier die Trennung zweier Nutzungseinheiten stattfindet, ist aus statischer Sicht bis auf die schalltechnisch entkopppelten Ständer nahezu irrelevant. Das Tragwerk eines gering geneigten Dachs legt sich auf diese Stoßstelle auf und es gilt nun zu sortieren, welche Beanspruchung daraus resultiert.

Zunächst gehen wir davon aus, dass die Dachfläche selbst von einer in Balkenquerschnitte aufgelösten, gedämmten Baukonstruktion gebildet wird. Das hat zur Folge, dass in den meisten Fällen eine von beiden Wänden parallel zur Spannrichtung des Dachs liegt und somit geringe Lasten aufnehmen muss, während die andere Wand als Auflager des Dachtragwerks dient. Wenn nicht völlig ungewöhnliche Raumgrößen und damit Spannweiten vorliegen, kann davon ausgegangen werden, dass die vertikale Tragfähigkeit der dargestellten Wandkonstruktionen bei weitem nicht ausgenutzt wird.

Selbst die mit versetzten Ständern ausgebildete Wand hat ein erhebliches statisches Leistungspotential, da diese Wandkonstruktion durchaus auch für mehrgeschossige Wohnungstrennwände geeignet ist. Aus dem Artikel zu dem Mehrfamilien-Passivhaus in Heft 2/2006 kann nachvollzogen werden, dass die Wand in unserem condetti®-Detail die auftretende Beanspruchung mühelos beherrscht.

Eine steife Ecke, oder vielleicht zwei?

Spannender ist da schon die Frage, wie sich die aussteifende Wirkung zweier aufeinander stoßender Wände auf das Detail auswirkt. In jedem Fall sind solche Wandstöße, an denen nicht unmittelbar eine Öffnung grenzt, ein willkommener Fixpunkt bei der Betrachtung der Gesamtaussteifung. Je nach angrenzender Wandlänge zieht sich die betreffende Wand auch die entsprechenden Kräfte herbei. Da jedoch nur die Windangriffsfläche der oberen Wandhälfte über die Dachscheibe am Wandkopf wirkt, sind die Kräfte ebenfalls vergleichsweise gering. Die tragend/aussteifende Beplankung, die von der OSB-Platte gebildet wird und deren Befestigung auf dem Ständerwerk reicht somit selbst bei kurzen Wandlängen für eine ausreichende Steifigkeit.

Die Ecke hat natürlich nur dann eine Chance, richtig steif zu werden, wenn die Verschraubung der beiden an der Schnittstelle liegenden Ständer zuverlässig erfolgt. Als Minimal-Forderung sollte man über die Höhe mindestens fünf Vollgewindeschrauben mit einem Durchmesser von 6 mm verteilen. Aus der konkreten Berechnung kann sich aber auch mehr ergeben. In jedem Fall kann man für die Betrachtung der einen oder anderen Aussteifungsrichtung das Wandgewicht der jeweils anderen Wandabschnitte für die Verankerungskraft mindernd berücksichtigen.

Grundsätzlich ähnliches gilt für die im Nebendetail dargestellte Ecke der beiden Wände. Auch hier stoßen zwei Wandbereiche aufeinander, die – da sie ja als Trennwände zwischen den Nutzungseinheiten fungieren – ohne Öffnungen sind und daher eine hohe Steifigkeit erzeugen. Dass an der Ecke aus Gründen der Schallentkopplung nur kleinere Ständerquerschnitte zur Verfügung stehen ist nicht weiter tragisch. Die Nachweise für die am Wandende notwendige Zugverankerung bzw. für den auf Druck beanspruchten Endständer ergeben sich aus vergleichsweise geringen Horizontallasten bei erklecklichen Wandlängen.

Dachüberstand im Eck

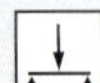

Für den Anschluss an die Dachbauteile ist zu berücksichtigen, dass ein üppiger Dachüberstand natürlich in luftiger Höhe auch entsprechende Soglasten erzeugt. Verschärfend kommt hinzu, dass sich in dem Eck der Dachterrasse die Windkräfte stauen können, so dass eine nachzuweisende, kräftige Verschraubung mit den Wandquerschnitten erforderlich wird.

Resultierend aus dem Grundriss bietet es sich an, dass der Dachüberstand von der Auskragung aus dem großen Raum in der Wohnung A gebildet wird. Sofern die Spannrichtung des Dachs parallel dazu verläuft und der seitliche Dachüberstand an der Trennwand über Stichsparren gelöst wird, entspannt sich die Situation, da die Schnittstelle der beiden Dachüberstände außerhalb unseres condetti®-Wandstoßes liegt.

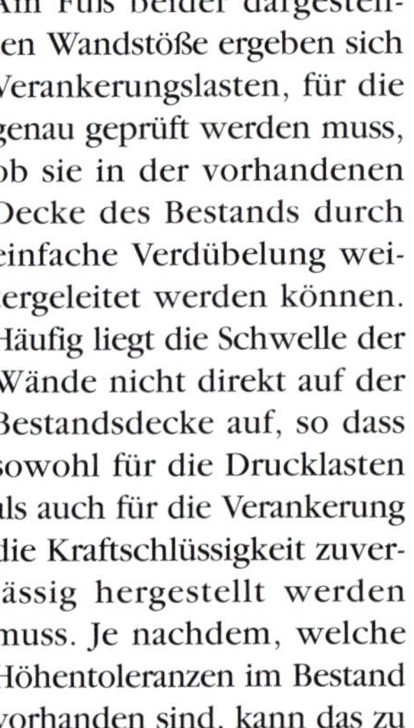

Verankerungsanschluss am Fuß

Am Fuß beider dargestellten Wandstöße ergeben sich Verankerungslasten, für die genau geprüft werden muss, ob sie in der vorhandenen Decke des Bestands durch einfache Verdübelung weitergeleitet werden können. Häufig liegt die Schwelle der Wände nicht direkt auf der Bestandsdecke auf, so dass sowohl für die Drucklasten als auch für die Verankerung die Kraftschlüssigkeit zuverlässig hergestellt werden muss. Je nachdem, welche Höhentoleranzen im Bestand vorhanden sind, kann das zu einem Zusatzaufwand führen.

Abb. 4: Werkseitige Vorfertigung einer zweischaligen Wand auf gemeinsamen Rähmhölzern.

Konstruktion und Montage

Die Montage umfasst beide in Haupt- und Nebendetail gezeigten Bereiche: Den Anschluss der Wohnungstrennwand im Eckbereich und den Anschluss der Außenwand an die zweischalige Trennwand. Dabei wird die vorlaufende Fertigung der zweischaligen Wandelemente in den Montagefolgen nicht dargestellt. Sonst hätten wir den Rahmen des üblichen Seitenumfangs deutlich gesprengt.

Die Wandkonstruktionen

In unserem Hauptdetail zeigen wir eine zweischalige Trennwandkonstruktion, an die eine einschalige Außenwand angeschlossen wird. Da die Ständer der zweischaligen Wand Schwelle und Rähm gemeinsam nutzen, können für beide Wandarten größtenteils identische Holzquerschnitte verwendet werden: 60/140 mm. Die Ständer der einschaligen Wand werden im Regelraster von 625 mm angeordnet. Für die zweischalige Konstruktion werden Querschnitte 60/80 mm verwendet und wechselseitig im halben Raster platziert. Für Rähm, Schwelle und Holzständer wird selbstverständlich Konstruktionsvollholz eingesetzt.

Der Abstand der Ständer zur gegenüberliegenden Beplankung beträgt 60 mm und stellt für das lückenlose Einblasen des Zellulosefaserdämmstoffs vor Ort keine Schwierigkeit dar. Erst bei Spaltbreiten von weniger als 40 mm wird es knifflig. Daher haben wir die 20 mm breiten Fugen an den Wandenden der beiden dargestellten Wohnungstrennwände mit einer stopfbaren Dämmung aus nachwachsenden Rohstoffen dargestellt.

Die Materialwahl ist kein „Muss", denn auch kostengünstige Trittschalldämmmatten aus Mineralfaserdämmung können verwendet werden. Restestreifen von Unterdeckplatten aus Holzfasern oder entsprechend dünne Platten aus Holzfaserdämmstoffen sind dagegen nicht geeignet, da sie schalltechnisch ungünstiger sind.

Vorfertigung

Die Herstellung der zweischaligen Wand im Betrieb hängt zwar von den Produktionsbedingungen und -möglichkeiten ab, dennoch sollen ein paar Hinweise gegeben werden. Die erste Lage der Ständer 60/80 mm wird im Raster 625 mm auf dem Montagetisch ausgeteilt, Schwelle und Rähm angelegt und beispielsweise durch Nageln (Druckluftnagler) miteinander verbunden. Als konstruktive Verbindung ist das „Heften" ins Hirnholz der Ständer zulässig. Die zweite Lage der Ständer kann dann ebenfalls im Raster 625 mm zwischen Schwelle und Rähm eingestellt und geheftet werden (vgl. Abb. 4). Bei üblichen Wandhöhen im Wohnhausbau können dann die OSB-Platten auf den 60/80er Ständern aufgelegt und geklammert oder genagelt werden, ein Federn der Ständer findet nach bisheriger Kenntnis nicht statt.

Die werkseitige Montage endet mit der ersten, ca. 12 bis 15 mm dicken Lage der Beplankung: ausschließlich OSB für die Wand „im Warmen", OSB und Gipsfaser für den Wandabschnitt, der zur Außenwand wird. Für die Wandbereiche, die dem Terrassenbereich zugewandt sind, muss eine ausreichend steife Platte vorhanden sein. Dies erfüllt bspw. eine Gipsfaserplatte, die wir bereits für die Trennwand vorgesehen haben (vgl. *condetti in Heft 6-2009*). Die Einblasdämmung aus Zellulosefasern wird erst nach erfolgter Montage der Wände vor Ort eingebracht.

Zweischalig um die Ecke gebracht

Nachdem die erste zweischalige Wand bereits montiert und ggf. mit Schiebestützen gesichert ist, wird das zweite Wandelement vom Kran eingehoben. Als Führung dient dabei die überstehende OSB-Platte der bereits montierten Wand (MF 1-1). Der Wandendstiel (60/140 mm) von Wand 2 wird mit dem Endstiel (60/80 mm) von Wand 1 ohne Vorbohren verschraubt (MF 1-2). Für die Verschraubung der Ständer im Bereich der Innenecke wurden bereits werkseitig über die Wandhöhe drei kreisrunde Bohrungen (Dosenbohrer) in der OSB-Platte hergestellt, so dass die Schrauben problemlos eingedreht werden können (MF 1-3). Je nach statischer Erfordernis können ggf. mehr als drei Schrauben notwendig werden. Dabei ist zu beachten, dass nach DIN EN 1995-1-1 gilt: *„Bei mehreren Öffnungen in der aussteifenden Beplankung darf die Gesamtfläche der Aussparungen, bezogen auf eine 2,5 m² große Wandfläche nicht mehr als 300 cm² betragen. Die größte Öffnungsbreite der Aussparungen darf in Summe nicht mehr als 200 mm sein, auch bei einer einzelnen Aussparung."*

Um für die später einzubauenden Gipswerkstoffplatten im Eckbereich größtmögliche Rissesicherheit zu gewährleisten, wird die OSB-Platte von Wand 1 mit dem Endstiel von Wand 2 vernagelt (MF 1-4). Die kreisrunden Öffnungen sind zu schließen (MF 1-5), wobei ausreichend große Klebefolien den Verzicht auf die OSB-„Deckel" ermöglichen.

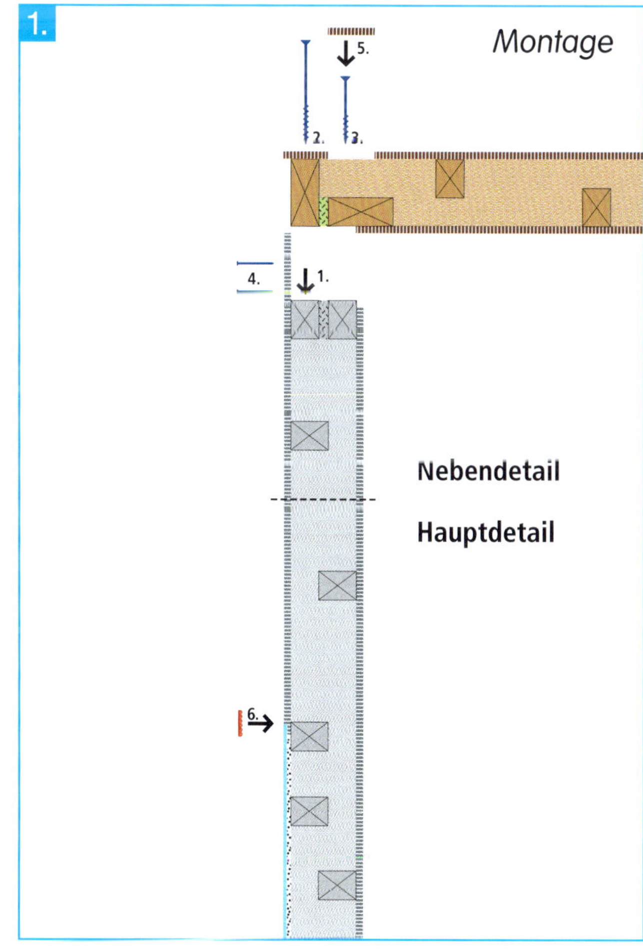

Das Abkleben des Stoßes zwischen OSB- und Gipsfaserplatte kann bereits im Werk erfolgen. Diese Abklebung ist aufgrund des Luftdichtheitskonzepts erforderlich (s. Wärme, Luft, Feuchte) und sollte spätestens zum jetzigen Zeitpunkt erfolgen (MF 1-6).

Einschalig an zweischalig

Die Außenwand ist – abweichend von der zweischaligen Trennwand – nur einseitig beplankt vorgefertigt, da wir auf eine außenliegende Holzwerkstoffplatte verzichten können. Sie schließt im Bereich des abgeklebten Stoßes an die Trennwand an (MF 2-1) und wird an dem dahinter liegenden Ständer 60/80 mm angeschraubt (MF 2-2). Hinweise zum vollflächigen Untermörteln der Schwellhölzer oder ggf. Untersteckungen im Hinblick auf statische und schallschutztechnische Aspekte sind dem Abschnitt Montage des condetti-Details in *Heft 1/2010* zu entnehmen.

Bis das WDVS angebracht werden kann, müssen die Abdichtungsarbeiten im Terrassenbereich an den Fußpunkten der Außenwände erfolgt sein. Im unteren Bereich der Wandständer sind diese ausgenommen und mit geeigneten Holzwerkstoffplatten (z.B. zementgebundene Spanplatten, ZSP) oder Gipsfaserplatten (s. oben) versehen, um einen geeigneten Befestigungsuntergrund für die Abdichtungsbahn sicherzustellen (vgl Loggiadetail in Heft 6- 2009). Für diesen Zeitraum ist die Anbringung einer diffusionsoffenen Feuchteschutzbahn als Witterungsschutz erforderlich (MF 2-3), die gleichzeitig als zweite wasserführende Schicht zusätzlichen Schutz bietet und bei den Fensterbankanschlüssen punkten kann. Sind die Abdichtungsarbeiten im Terrassenbereich beendet, kann das WDVS aus Holzfaserdämmstoffen aufgebracht werden (MF 2-4). Jetzt ist die Voraussetzung geschaffen, die Wände zu dämmen: Das Einblasen der Zellulosefasern kann sukzessive erfolgen (MF 2-5 bis 2-7).

Ausbau

Die optionale Installationsebene der einschaligen Außenwand kann nun abschließend montiert werden. Zuerst die horizontale Lattung (MF 2-8) und nach dem Verlegen der Elektro- oder ggf. Heizleitungen die Dämmung (MF 2-9). Die dargestellte Verwendung von Mineralfaserdämmstoffen ist auch hier nicht zwingend, aber aus Kostengründen manchmal gewünscht. Einige Hersteller von Naturfaserdämmstoffen haben speziell für diesen Bereich bereits eigene Produkte im Programm.

Abschließend werden die Gipskartonplatten auf den OSB-Platten bzw. der Lattung der Installationsebene befestigt (MF 3-1 und 3-2) und die Papierdeckfugenstreifen im Bereich der Innenecken eingespachtelt (MF 3-3). Unabhängig davon können die erforderlichen Putzschichten und das Armierungsgewebe auf den Holzfaserdämmplatten im Außenbereich aufgebracht werden (MF 3-4). ■

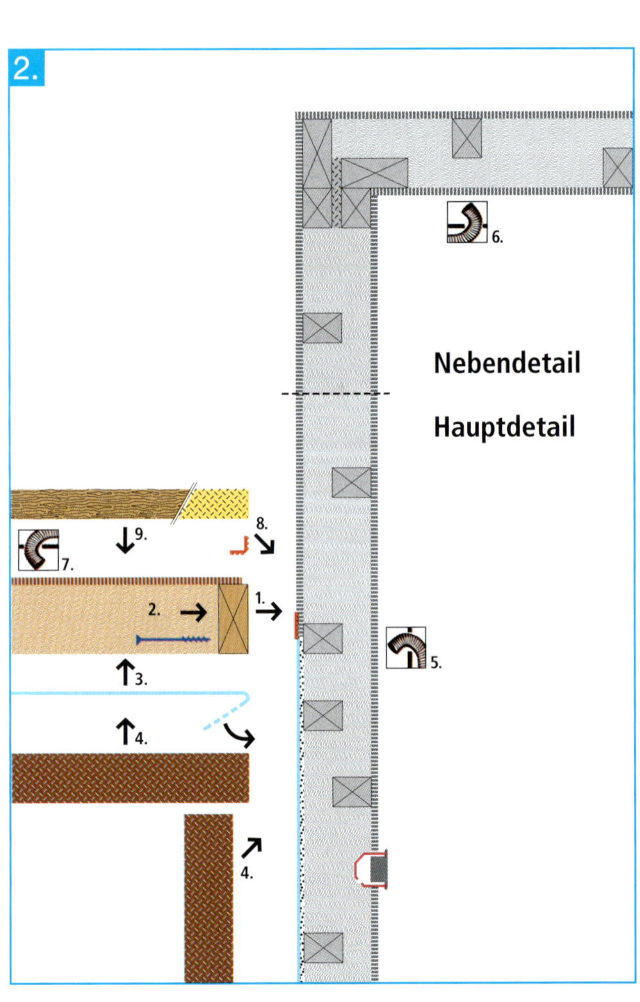

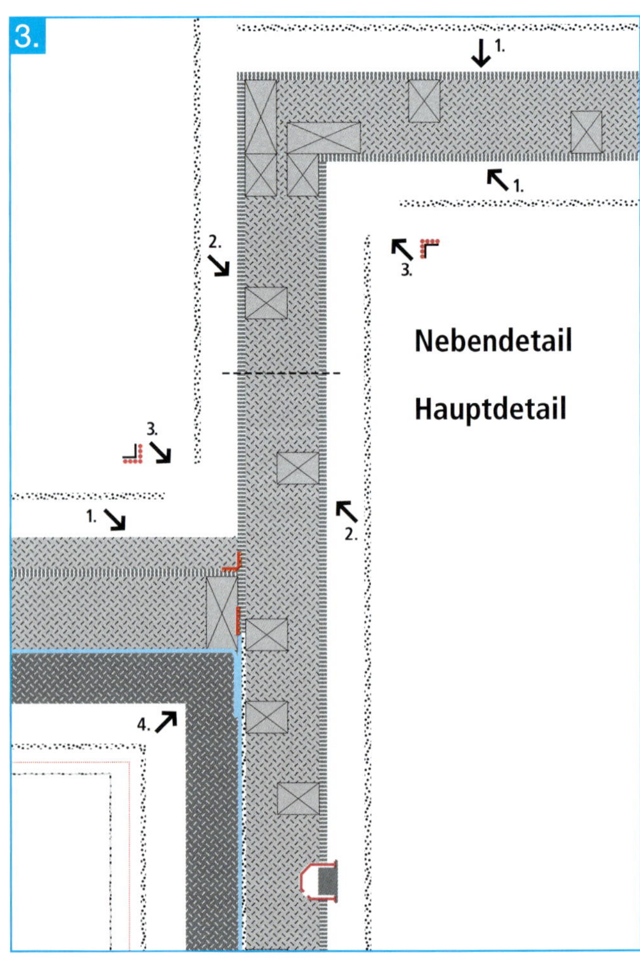

Sockelpunkt ganz oben

Traufanschluss beim Dachausbau mit zweischaligem Mauerwerk

In der Bestandssanierung fängt der Holzbau meist erst oberhalb der Vollgeschosse an. Beim Dachausbau gibt es jedoch fast immer viel Arbeit für die Zimmerleute – aber auch so manche offene Frage an Bauphysik, Statik etc.
Die Erkenntnisse aus der Konstruktion von Sockelpunkten für Holzhäuser lassen sich zu Teilen durchaus auf den Traufanschluss beim nachträglichen Dachausbau übertragen. Erschwerend kommt allerdings oft hinzu, dass bereits ein geschlossenes Holzbauteil vorhanden ist: Eine oberste Geschossdecke in traditioneller Bauweise – unterseitig verputzt und oberseitig mit einer Holzschalung beplankt. Wie weit muss vor dem Ausbau zurückgebaut werden, um einen Anschluss herzustellen, der den heutigen Schutzanforderungen entspricht?
Bei der Suche nach einer anspruchsvollen Bestandskonstruktion sind wir diesmal in den Norden der Republik gegangen. Wir haben ein zweischaliges Mauerwerk gewählt, wie es in der norddeutschen Tiefebene die vorherrschende Bauweise ist.

Traufe
Bestandssanierung

Zwei Beispiele für viele

Aus der Vielzahl der möglichen Aufgabenstellungen, die von der Bestandssituation vorgegeben werden, haben wir zwei beispielhafte Varianten ausgewählt:

- Hauptdetail:
  Ein eingeschossiges Einfamilienhaus (EFH) mit zwei halbsteinigen Wänden, wie sie im ländlichen Bauen die Regel sind (Dicke der Wandschalen 90–120 mm). Der Dachstuhl ist mit Hohlpfannen eingedeckt.
- Nebendetail:
  Ein dreigeschossiges Mehrfamilienhaus (MFH) mit 240 mm Hintermauerwerk und 120 mm Vormauerschale (Reichsformat). Das Dach weist eine vorhandene Brettschalung mit bituminöser Vordeckung auf.

In beiden Fällen sollen die Dachgeschosse zur Wohnraumerweiterung komplett ausgebaut werden.

Feuchteschutz fängt oben an

Das zweischalige Mauerwerk wurde vor gut 100 Jahren zur Regelkonstruktion in den schlagregenstarken Regionen immer dann, wenn ein Sichtmauerwerk gewünscht wurde. Der vornehmliche Grund für diese aufwändigere Bauweise war es, das Hintermauerwerk durch eine Luftschicht von der bewitterten Außenschale zu trennen. Die innere Wand sollte immer trocken bleiben.
Im Zuge der wärmetechnischen Sanierung steht die Frage nach der wärmedämmenden Verfüllung des Hohlraums mit einem geeigneten Dämmstoff auf der Tagesordnung.
Die Bestandssituation des MFH-Beispiels stellt infolge der außenseitigen Dachschalung mit Bitumenpappe eine besondere Herausforderung für den Tauwassernachweis dar.

Wärmeschutz und Luftdichtung

Der Dachausbau erfolgt in vielen Fällen im Zuge des Eigentümerwechsels. Im Zuge einer Grundsanierung sind daher zukunftsfähige Dämmdicken erforderlich. Diese sind im normalen Sparrenquerschnitt bei zeitgemäßen U-Werten nicht mehr unterzubringen. Wir haben deshalb in diesem Detail zwei Varianten durchkonstruiert: Eine mit zusätzlicher Aufsparrendämmung durch Holzfaserplatten, die andere mit Innendämmung im Bereich der Traglattung für die raumseitige Bekleidung. Besonde-

Abb. 1: Zweischaliges Sichtmauerwerk mit nachträglichem Dachausbau
Foto: Rainer Wendorff

Autoren:
Robert Borsch-Laaks
Holger Schopbach
Gerhard Wagner
Helmut Zeitter

rer Aufmerksamkeit bedarf die Wärmebrücke der Durchmauerung am Wandkopf.
Die Luftdichtheit der alten Holzbalkendecke mit geeigneten Methoden sicherzustellen, ist eine der größeren Herausforderungen beim Dachausbau. Gerade in den windstarken Regionen muss alles Mögliche dafür getan werden, dass eine Durchströmung der nun zum warmen Bereich gehörenden Deckenhohlräume zuverlässig verhindert wird.

Brand – Schall – Statik

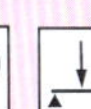

Die brand- und schalltechnische Sanierungsplanung hat insbesondere bei der Mehrfamilienhausvariante (Nebendetail) die Ausbaufähigkeit des Bestandes zu prüfen und ggfs. zusätzliche Maßnahmen zur Verbesserung vorzuschlagen.
Die Abteilung Tragwerksplanung steht insbesondere beim EFH vor der Aufgabe, zusätzliche Verkehrs- und Konstruktionslasten aus dem Dachausbau auf die dünnen Innenschalen abzulasten.

Feuchteschutz zuerst

Um die Frage der nachträglichen Dämmung zweischaliger Mauerwerke ranken sich so manche pseudophysikalische Mythen. Es werden gravierende Taupunktverschiebungen befürchtet und Szenarien von „absaufenden" Wänden aufgestellt, die ihre Regenbelastung nicht mehr abführen können. Hier ist bauphysikalisches Augenmaß und Kenntnis der Funktionsweise der Bestandskonstruktion erforderlich.
Bei der Suche nach einer Lösung für die nachträgliche Dämmung des verschalten MFH-Daches ist scheinbar alles klar: Dampfsperre nach innen – und fertig? Ganz so einfach ist es in diesem Punkt nicht. Wie regelmäßige Leser dieser Zeitschrift wissen, ist der richtige Umgang mit außenseitig dampfdichten Dächern von einigen zusätzlichen Randbedingungen abhängig.

Wie funktioniert ein zweischaliges Mauerwerk?

Der bewährt gute Schlagregenschutz eines zweischaligen Sichtmauerwerks steht auf drei Säulen:

- Die Trennung von bewitterter Außenschale und wohnungsseitigem Hintermauerwerk durch eine Luftschicht.

Im Norden kommen die Regentropfen oft waagerecht, aber hinter der Wand kann selbst eingedrungenes Wasser nicht weiter „fliegen".

- Saugfähigkeit der Vormauerziegel

Schlagregenbelastungen sind stets im oberen Teil der Wände am größten, vgl. *condetti® 2/2008*, Abb. 8. Evtl. eindringendes Regenwasser läuft auf der Rückseite der Vormauerschale ab und wird in aller Regel auf dem Weg nach unten von den Mauerwerksziegeln aufgesaugt.

- Drainageöffnungen am Fußpunkt der Hohlschichten

Durch offene Stoßfugen in der ersten Steinlage oberhalb einer z-förmig verlegten Folie, die ins Hintermauerwerk einbindet, kann evtl. bis zum Fußpunkt abgelaufenes Wasser wieder nach außen treten. Der Feuchteschutz funktioniert also mit Gürtel (Schalentrennung), Hosenträger (kapillare Saugfähigkeit) und Gummizug im Bund (Drainage).

Und was ist mit der Belüftung?

Vielfach wird noch als viertes Schutzsystem die Hinterlüftung der Vormauerschale ins Feld geführt. Dabei kann man den Eindruck gewinnen, dass dies möglicherweise sogar die entscheidende Schutzmaßnahme sei. Langjährige Forschungen in der Praxis haben jedoch gezeigt, dass die Belüftungen auf den Feuchtehaushalt der Vormauerschalen so gut wie keinen Einfluss haben, vgl. *[Künzel, H. 2002]*. Alte Hohlschichtmauerwerke bei Gebäuden, die vor dem 2. Weltkrieg gebaut wurden, haben in aller Regel auch keine Belüftungsöffnungen und meist noch nicht einmal eine Drainage und sie funktionieren erfahrungsgemäß trotzdem, weil Gürtel und Hosenträger nicht gerissen sind.
Die Verfüllung des Hohlraums mit einem geeigneten Dämmstoff verbessert sogar die Trennfunktion zwischen den Mauerwerksschalen. Dies hatte schon vor 40 Jahren eine grundlegende Untersuchung aus unverdächtiger Quelle festgestellt (Institut für Ziegelforschung, Essen [IZF 1968]). Es wurde eine bewusst schlecht ausgeführte Vormauerschale (115 mm) hergestellt *(„sehr hohlfugig gemauert und mit zu trocken verarbeitetem Zementmörtel nur einlagig verfugt")*. Beim Schlagregenversuch wurde demgemäß ein hoher Wasserdurchtritt erzeugt (47 l/m2 bei achtstündiger Beregnung, vgl. Tab. 1). Nach Verfüllung des Hohlraums mit hydrophobierter Perlite reduzierte sich der Wasserdurchtritt um 96 (!) %. Auch die Wasseraufnahme der Vormauerschale war nach Beregnung der gedämmten Wand geringer als bei nicht verfüllter Hohlschicht.

Welche Dämmstoffe in welche Hohlräume?

Materialien zur nachträglichen Kerndämmung benötigen eine allgemeine bauaufsichtliche Zulassung. Es sind nur solche Materialien geeignet, die selbst nicht Wasser saugend und verrottungsfest gegenüber zeitweise erhöhter Luftfeuchte im Hohlraum sind. Die Einbringung erfolgt

Tab. 1: Schlagregenprüfung an zweischaligem Mauerwerk ohne/mit Hohlraumdämmung *Quelle: [IZF 1968]*

	Regendurchlässigkeit der Verblendschale	Wasseraufnahme der Verblendschale
Nullversuch (o. Verfüllung), 8 h Beregnung	51,4 Liter	14,0 Liter
Hauptversuch (mit Hyperlite KD), Mittel aus 3 * 8 h Beregnung	2,1 Liter	12,3 Liter

Beregnete Fläche: 1,1 m², Prüfdruck 300 Pa (entspr. Windstärke 9 – 10 Beaufort), Rohdichte des Dämmstoffs: 100 kg/m³

Abb. 2: Einblasen von Kerndämmstoff in zweischaliges Mauerwerk
Werkfoto: Fa. Saint Gobain Rigips

bei bewährten System im Einblasverfahren (s. Abb. 2). Je nach Material sind Hohlräume ab 40–50 mm befüllbar. Die Produktpalette der bewährten Materialien ist vielfältig (hydrophobierte Perlite, Steinwollegranulat, Polystyrol-Perlen). Welchem Produkt man den Vorzug gibt, hängt entscheidend davon ab, ob es in der jeweiligen Region erfahrene Fachbetriebe mit guten Referenzen gibt.
Die Endoskopierung des Hohlraums vor einer Angebotserstellung ist ein wesentliches Qualitätsmerkmal. Eine besonders vertrauensbildende Maßnahme ist die Kooperation von Fachbetrieb bzw. Hersteller mit Thermografen, die nach Ausführung der Arbeiten überprüfen, ob alle Hohlräume lückenlos gefüllt wurden.

Außen dampfdicht – Innen was tun?

In den Mittelgebirgsregionen und bei soliden Mehrfamilienhäusern des 20. Jahrhunderts findet man in windstarken Gebieten vielfach schon eine Unterdeckung bei nicht ausgebauten Dächern. Ganz gleich, ob diese aus Schalung plus Pappe oder aus ölgetränkten Holzhartfaserplatten besteht, ihr Diffusionssperrwert ist zu hoch, um ohne weiteres auf einen nachträglichen (chemischen!) Holzschutz nach [DIN 68800] verzichten zu können. Beim nachträglichen Ausbau eine Hinterlüftung dieser Schale vorzusehen, gerät meist schnell an die Grenzen des praktisch Machbaren, wenn neue Dachaufbauten, Gauben und Dachflächenfenster eingebaut werden. Über dies besteht durch die Belüftung in windstarken Regionen die Gefahr, dass die Teildämmungen an Wärmeschutzwirkung weiter verlieren, wenn Sie von Kaltluft durchströmt werden.

Die Wissenschaft hat festgestellt

Grundlegende Untersuchungen zur nachträglichen Dämmung solcher Dächer wurden bereits in den 90er Jahren von Fraunhofer Institut für Bauphysik an der Freilandversuchsstelle in Holzkirchen durchgeführt und in der *bauen mit holz* 1998 publiziert, vgl. [*Künzel, H.M. 1998*]. Die Quintessenz:

- Dampfbremsen mit einem s_d-Wert von nur 2 m ergeben eine größere Feuchtesicherheit als der Einsatz von Dampfsperren.
- Feuchtevariable Dampfbremsen können auch bei hohen inneren Feuchtelasten und ungünstiger Orientierung (Steildächer nach Norden) eine Auffeuchtung verhindern.

Wir haben den im Nebendetail empfohlenen Dachaufbau für den kritischen Fall (Norddach, 45° geneigt) mittels hygrothermischer Simulation durchgerechnet und hierbei eine Sicherheitsreserve für konvektiven Wasserdampfeintrag berücksichtigt (250 g/m² nach [*Künzel, H.M. 1999*]). Abb. 3 zeigt bei mehrjährigem Berechnungszyklus, wie sich der Feuchtegehalt in der kritischen Bauteilschicht, der äußeren Holzschalung entwickelt.

Risiko Dampfsperre

Die Berechnung startet bei einer Ausgleichsfeuchte der Holzschalung von 15 Masseprozent. In der ersten Winterperiode steigt in allen Varianten die Holzfeuchte der Schalung zumindest kurzzeitig über die 20%-Grenze. Am deutlichsten ist der Anstieg bei den Varianten mit geringem s_d-Wert (auch bei der variablen Dampfbremse mit niedrigem $s_{d,trocken}$-Wert, Var. B). Am günstigsten scheint sich im ersten Winter die Variante mit Dampfsperre zu verhalten: Die 20% Marke wird nur geringfügig und an wenigen Tagen überschritten.
Da die Dampfsperre jedoch die sommerliche Rücktrocknung auch an einem Norddach behindert, findet im Verlauf mehrjähriger Zyklen eine kontinuierliche Auffeuchtung der Schalung statt. Im dritten Jahr wird die 20%-Grenze über mehr als sieben Monate überschritten. Längerfristige Kontrollrechnungen zeigen, dass der konvektive Feuchteeintrag auf Dauer zu einer fäulnisgefährdeten Situation führt.
Die Variante mit moderater Dampfbremse ($s_d = 2$ m) weist eine gegenteilige Tendenz auf: Langfristig fallender Wassergehalt der Schalung, der einem unkritischen Feuchteniveau zustrebt. Allerdings wird auch in diesem Fall in den ersten Jahren die 20%-Grenze für mehrere Monate überschritten.
Auf lange Sicht können die feuchtevariablen Bahnen die Befeuchtung durch Dampfkonvektion am besten verkraften. Beide Produkte bleiben ab dem zweiten Jahreszyklus immer unter der Holzschutzgrenze (20M.-%). Die Variante mit hohem $s_{d,trocken}$-Wert verhält sich in den Winterhalbjahren deutlich günstiger (Var. A). Insgesamt können aber beide Produkte für eine robuste Langzeitlösung zur nachträglichen Volldämmung herangezogen werden.

Abb. 3: Feuchtegehalt der Dachschalung im Nebendetail bei verschiedenen Dampfbremstypen. Randbedingungen: Außenklima: Holzkirchen, innen: normale Feuchtelast. Feuchtequelle Dampfkonvektion 250 g/m² auf der Innenseite der Schalung über 6 Wintermonate verteilt.

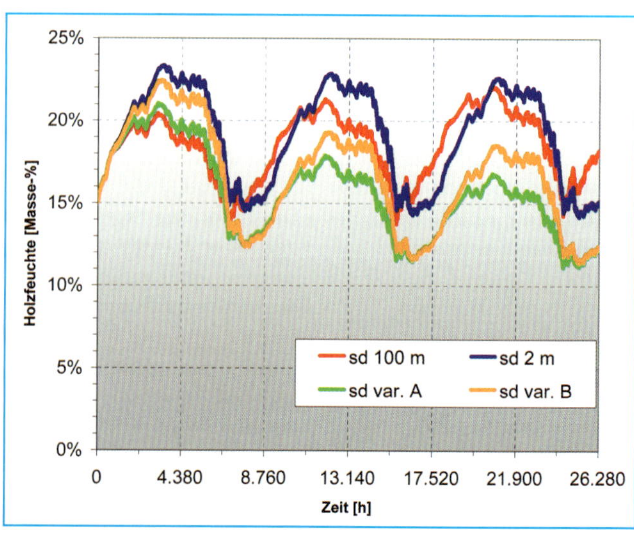

Konzentrierte Lasten = Nachweise auf dem Punkt

In einem Traufdetail vereinen sich zahlreiche Belastungsarten mit so ziemlich allen bauphysikalischen Anforderungen. Wenn sich im Bestand bereits Probleme gezeigt haben, sind die statischen Schäden meist Sekundärschaden, die zum Beispiel aus einer dauerhaft durchfeuchteten Traufpfette resultieren. Sowohl zur Behebung von Schäden als auch zur Ertüchtigung darf daher kein Kompromiss eingegangen werden, da das Detail auch im Endzustand „empfindlich" bleibt.

Dann entsteht eine 2-achsige Biegung der Traufpfette, die vom vorhandenen Querschnitt meist nicht aufgenommen werden kann. Wenn der Eingriff in das Traufdetail überschaubar bleiben soll, muss der Tragwerksplaner also den Bauherrn und seinen Architekten von diesen Vorstellungen „erlösen".

Die Traufe im Gesamttragwerk

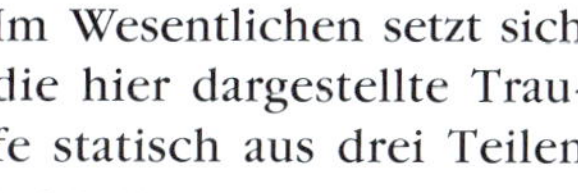

Im Wesentlichen setzt sich die hier dargestellte Traufe statisch aus drei Teilen zusammen:

- Da kommt von oben die Dachfläche mit ihrem (durch den Ausbau vergrößerten) Eigengewicht und den üblichen Schnee- und Windlasten…
- …von der Seite kommt die Decke mit ihrem (durch den Ausbau vergrößerten) Eigengewicht und den üblichen Nutzlasten…
- …und all das soll in eine Wandkonstruktion eingeleitet werden, die meist als „filigran" einzustufen ist.

Zunächst stellt sich die Frage, ob das Bestandssystem standsicher ist. Meist kann dies mit ja beantwortet werden, wenngleich dies häufig nicht rechnerisch nachvollziehbar ist. Oft sind aber bereits im unveränderten Zustand Einschränkungen der Gebrauchstauglichkeit vorhanden. Aber wen hat es bisher interessiert, wenn sich der Dachstuhl bei Sturm um ein paar Millimeter bewegt hat? Jetzt interessiert sich die Luftdichtheit dafür. Und wer im Dachstuhl auf der Suche nach dem Koffer war, wurde unten gehört und gespürt. Na und? Jetzt interessiert sich der Schall- und Schwingungsschutz dafür.

Das Dachtragwerk

Wenn man davon ausgeht, dass sich die Dachform durch den Dachausbau, von einer Gaube abgesehen, nicht wesentlich ändert, also keine großen Aufbauten erfolgen, gibt es keine relevante Änderung der Windangriffsfläche. Die Schneelasten sind (auch nach der neuen Schneelastnorm) nicht wirklich anders. Damit kann der Tragwerksplaner zwar einerseits bei schadensfreiem Bestand etwas beruhigt sein, sollte aber andererseits dennoch die Lasteinleitung aus dem Sparren in die Pfette kontrollieren und ggf. Verstärkungen vorsehen. Häufig sind bei vorhandener Kraftschlüssigkeit der Sparrenanschlüsse an die Traufpfette lange Vollgewindeschrauben (verschränkt von oben durch den Sparren und die Traufpfette geschraubt) eine einfache und günstige Lösung

Aber auch die Lagerungsbedingungen der Pfette selbst sind natürlich zu überprüfen. Dies gestaltet sich häufig nicht einfach, da dazu (mindestens stichprobenartig) dieser Bereich freigelegt werden muss. Diese Freilegung erfolgt sinnigerweise in der Planungsphase, so dass die erschwerte Zugänglichkeit meist anstrengend ist.

Dient die Pfette in Teilbereichen gleichzeitig als Sturz über Fenstern? Im Bestand ist dies eher selten der Fall, aber nach Neu-Drapierung der Fensterfronten im Geschoss darunter sind nicht selten raumhohe Fenster gewünscht.

Die Dachfläche

Die Dachfläche selbst hat bei modernen Dachgeschossausbauten auch entsprechende Ansprüche an den sommerlichen Wärmeschutz. Dies bedingt möglichst hohe Massen in der Dachfläche … und das innen. Die im Hauptdetail dargestellte OSB-Beplankung mit direkt aufgebrachter Gipskartonplatte stellt dabei das Massen-Minimum dar, für das die Sparren und alle weiterleitenden Bauteile nachzuweisen sind. Das ist für die meisten Sparren und deren Lastweiterleitung (Pfetten) zu viel.

Wenn in der Mitte des Grundrisses Pfosten stehen (gerne mit Kopfbändern), sollen diese meist „weggerechnet" werden. Wenn das überhaupt gelingt, bedeutet es fast immer erheblich höhere Lasten auf dem Traufdetail. Wenn dann der seltene Fall eintritt, dass noch Tragreserven da sind, lohnt sich eine zweite GK-Platte für den sommerlichen Wärmeschutz *(Heft 2/2013, S. 50 ff)*.

Die Aussteifung erfolgt im Bestand häufig real über eine Schalung auf den Sparren. Als Konzept für die Scheibenwirkung der Dachfläche war das schon im Bestand nicht nachvollziehbar/berechenbar – und jetzt entfällt die Schalung sowieso. Windrispenlösungen erzeugen genau im Anschlussbereich der Traufe wie üblich besondere Probleme (alles hat ein Ende, nur die Windrispe hat zwei). Im neuen Zustand übernimmt die innen liegende OSB-Platte die Funktion der Aussteifung bei Windruck auf die Giebelwand. Um das vollständige Ausblasen des Details sicherzustellen, muss diese OSB-Platte aber vor der Pfette enden. Hier ist das Nachweisgeschick des Tragwerksplaners gefragt, der dann die Summe aller Sparren als Kragarm heranzieht oder mit einem Blick auf das Gesamtsystem des Dachs eine andere Lösung findet.

Die Decke

Die Weiterleitung der Horizontallasten aus den Sparren in die Traufpfette und von dort in die Deckenbalkenlage ist meist im Bestand bereits gegeben. Für die zu ertüchtigende Decke muss aber hinterfragt werden, ob diese als steife Scheibe betrachtet werden kann. Die Traufpfette dient dann meist als Gurt der Deckenscheibe. Auch hier sollte ein kritischer Blick auf das Gesamtsystem geworfen werden, so kann eventuell eine statische Ergänzung entfallen.

Schließlich muss auch die Lagerung der Deckenbalken auf dem Mauerwerk überprüft werden. Auch wenn die o.g. feuchtetechnische Prüfung positiv ausfällt, ist durch die Beschwerung der Decke und die neue, höhere Nutzlast die Querpressung nachzuweisen, da die Auflagerfläche auf der dünnen, inneren Mauerschale relativ klein ist.

Die üblichen Fragen zur Tragfähigkeit der Deckenbalkenlage mit entsprechenden Voraussetzungen der Schwingungen und der Spannweiten in Verbindung mit häufig unschönen Wechseln in der Deckenbalkenlage für Kamin, Einschubtreppe etc. sollen hier nicht betrachtet werden.

Die Wand

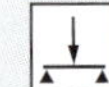

Die statisch schwierigste Frage ergibt sich aus dem Mauerwerk. An dieser Stelle sollte keine allgemeine Problematisierung erfolgen, aber auch keine allgemeine Sorglosigkeit Platz haben. Wie immer sind zahlreiche Kriterien zu prüfen. Unter anderem sind dies:

- Welche Qualität hat das Mauerwerk der tragenden Schale inkl. Fugenmörtel?
- Wie funktioniert die statische Kopplung der beiden Mauerwerksschalen bei Winddruck und -sog?
- Gibt es einen Ringanker oder wird dieser durch die Traufpfette gebildet?
- Wird aufgrund der quer laufenden Innenwände oder deren Entfernung ein Ringbalken erforderlich?
- Gibt es Anzeichen von Setzungsrissen oder anderen „Bewegungen" in der Tragschale?

Die unterschiedlichen Kombinationen dieser und weiterer Randbedingungen führen dann zu der vollen Bandbreite an Ergebnissen: Von völlig entspannter Freigabe bis hin zur Unmöglichkeit des gesamten Ausbauvorhabens.

Wann muss gerechnet werden?

Der Tragwerksplaner muss bei diesem kritischen Detail ohnehin von Anfang an involviert sein. Aber die Nachweistiefe der statischen Berechnung erhöht sich natürlich, wenn

- die Standsicherheit des Bestands nicht zweifelsfrei feststeht oder keine Reserven hat
- das System bestehen bleibt, aber voraussichtlich Probleme mit der Gebrauchtauglichkeit zu erwarten sind
- das System verändert wird: große Dachflächenfenster, Gauben, Loggien, Ausdünnen von Gebinden (liegender Stuhl) etc.
- die Deckenbalkenlage für die neue Beanspruchung nicht nachgewiesen werden kann.

Bestand: Einfamilienhaus

Hauptdetail

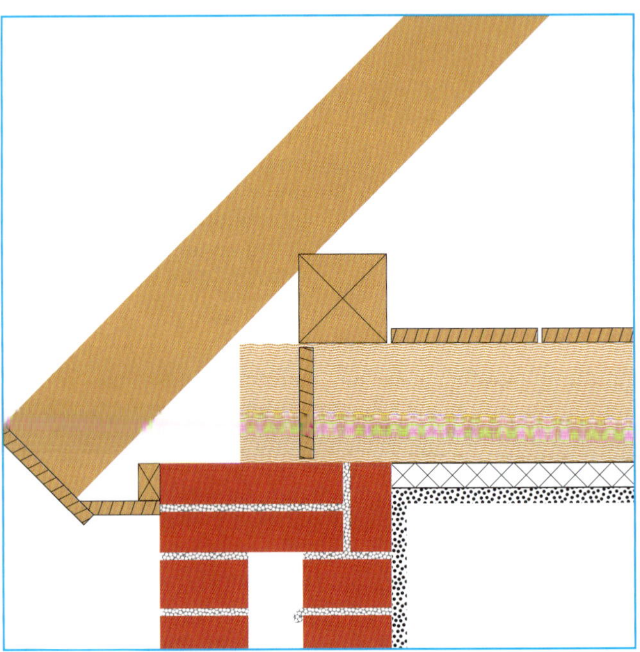

Bestand: Mehrfamilienhaus

Nebendetail

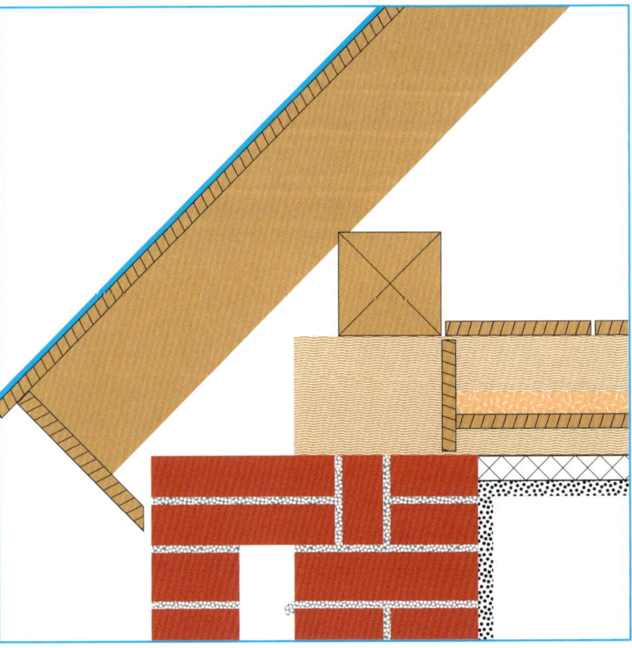

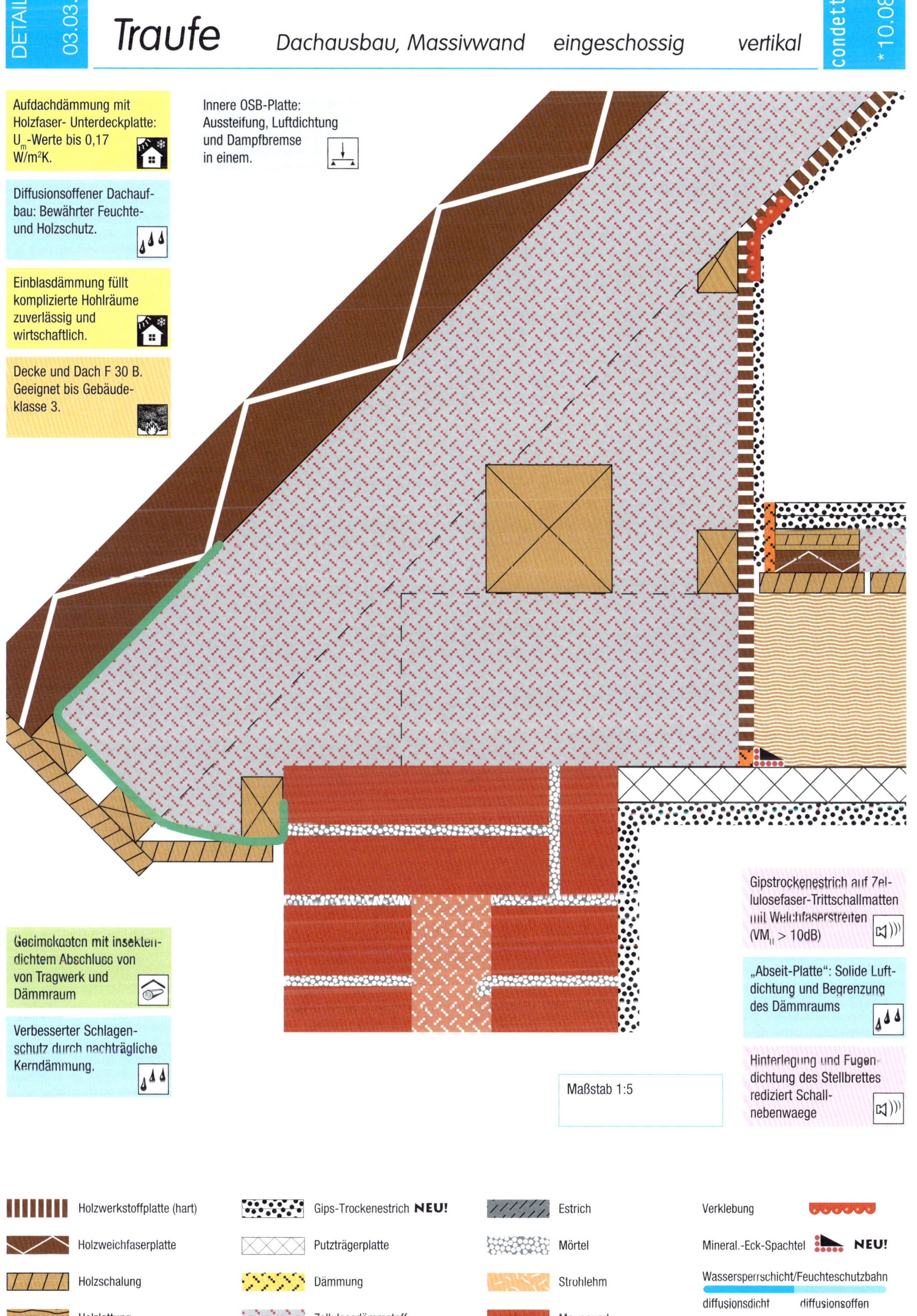
DETAIL
03.03.
Traufe
Dachausbau, Massivwand
eingeschossig
vertikal
condetti
*10.08
Aufdachdämmung mit Holzfaser- Unterdeckplatte: U_m-Werte bis 0,17 W/m²K.
Innere OSB-Platte: Aussteifung, Luftdichtung und Dampfbremse in einem.
Diffusionsoffener Dachaufbau: Bewährter Feuchte- und Holzschutz.
Einblasdämmung füllt komplizierte Hohlräume zuverlässig und wirtschaftlich.
Decke und Dach F 30 B. Geeignet bis Gebäudeklasse 3.
Gesimskasten mit insektendichtem Abschluss von von Tragwerk und Dämmraum
Verbesserter Schlagenschutz durch nachträgliche Kerndämmung.
Gipstrockenestrich auf Zellulosefaser-Trittschallmatten mit Weichfaserstreifen (VM_{II} > 10dB)
„Abseit-Platte“: Solide Luftdichtung und Begrenzung des Dämmraums
Hinterlegung und Fugendichtung des Stellbrettes rediziert Schallnebenwaege
Maßstab 1:5
Holzwerkstoffplatte (hart)
Holzweichfaserplatte
Holzschalung
Holzlattung
Gipsbauplatte/Putz
Gips-Trockenestrich NEU!
Putzträgerplatte
Dämmung
Zellulosedämmstoff
hier: mineralischer Einblas-Dämmstoff
Estrich
Mörtel
Strohlehm
Mauerwerk
Spezial
Verklebung
Mineral.-Eck-Spachtel NEU!
Wassersperrschicht/Feuchteschutzbahn
diffusionsdicht diffusionsoffen
Luftdichtung/Dampfbremse
diffusionsdicht diffusionsoffen
condetti

Wärmeschutz und Luftdichtung bei der Sanierung

Die EnEV 2009 hatte die Anforderungen an den Wärmeschutz beim Dachausbau um 30 % verschärft. Die gültige Obergrenze U = 0,24 W/m²K kann mit einfacher Zwischensparrendämmung nicht mehr erreicht werden. Deshalb haben wir für unser condetti-Detail zusätzlich eine Aufsparren- bzw. Untersparrendämmung in besonders wirtschaftlicher Ausführung konstruiert.
Der nachträgliche Wärmeschutz der Wand durch Hohlraumverfüllung mit Kerndämmmaterial ist eine notwendige aber u. U. keine hinreichende Maßnahme zur Verbesserung der Energieeffizienz. Die verbleibende starke Wärmebrücke am durchgemauerten Wandkopf bedarf der näheren Analyse.
Die luftdichte Verbindung zwischen der Dampfbremse des Dachausbaus und dem alten Mauerwerk stellt eine besondere Herausforderung dar, für die wir eine solide und sichere Lösung entwickelt haben.

Neue Anforderungen – bekannte Lösungen

Die neuen Wärmeschutzanforderungen entsprechen einer äquivalenten Dämmdicke von knapp 170 mm. Infolge der Holzanteile würden bei reiner Zwischensparrendämmung rund 200 mm Dämmdicke (λ = 0,040 W/mK) notwendig werden. Dies geben die üblichen eher sparsamen Sparrenquerschnitte norddeutscher Dächer meist nicht her. Die von uns vorgestellten Ergänzungen haben sich jedoch seit Jahren auch bei vielen energetisch ambitionierten Sanierungen bewährt:

- Aufsparrendämmung (Hauptdetail) mit wärmedämmenden Unterdeckplatten aus Holzfaser. Bei Dämmdicken von bis zu 120 mm können U-Werte bis 0,17 W/m²K erreicht werden.
- Untersparrendämmung (Nebendetail) im Bereich einer hochkant angeordneten 40 x 60 mm Traglattung für die Innenbekleidung ergibt sich bei WLG 035 ein U-Wert von 0,18 W/m²K.

Man muss auch angesichts der Klimakrise nicht aus jedem Altbau ein Passivhaus machen. Aber die seit 10 Jahren nicht geänderten Bauteilanforderungen der EnEV sind keinesfalls mehr zukunftsfähig.
Da die Dämmung im Traufzwickel mit üblichen matten- oder plattenförmigen Dämmstoffen schnell zur Sisyphusarbeit oder zu einem mangelhaften Ergebnis führt, haben wir uns in beiden Detailvarianten für eine Einblasdämmung entschieden. Hiermit kann hohlraumfrei gearbeitet werden. Ein gewisses „Überangebot“ an Dämmstoffen fällt weit weniger ins Gewicht als die hohe Einsparung an Verarbeitungszeit.

Die Wärmebrücke am Wandkopf

Die Wärmebrücke der Durchmauerung am Wandkopf springt ins Auge. Und in der Tat ist dieser Anschluss auch schon im Bestand äußerst kritisch. Die innere Oberflächentemperatur erreicht in der oberen Wandecke mal gerade 8 bis 10°C. Hiermit werden die Anforderungen der [DIN 4108-2:2003] weit verfehlt (Tab. 2).
Ein Schimmelrisiko kann nur verhindert werden, wenn die reale Raumluftfeuchte um 10 bis 15%-Punkte unter dem Normansatz (50% r.F.) bleibt. Dies mag in windigen Gegenden und bei undichten, alten Fenstern der Hauptgrund dafür sein, dass nicht alle derartigen Gebäude innenseitig am Wandkopf verschimmelt sind. Bei einer Sanierung mit Fensteraustausch ohne weitere Dämmmaßnahmen würde dieser Anschlusspunkt allerdings außerordentlich problematisch werden.

Es kann nur besser werden

Wie Abb. 4 zeigt, treten „verbogene“ Isothermen, die stets starke Wärmebrückenwirkungen anzeigen, auch beim (unvollständig) gedämmten Anschluss noch stark zutage. Aber die warme Packung um den Mauerwerkskopf erhöht die Innenoberflächentemperatur im kritischen Bereich um rund 6 (!) °C. Die Innendämmung vor der Pfette, die bei Öffnung der Fußbodenkonstruktion möglich wird, trägt hierzu ebenso bei wie die Hohlraumdämmung im Mauerwerk.
In der Fläche bleibt der Wärmeschutz der kerngedämmten alten Außenwand gegenüber dem neuen Dachquerschnitt deutlich zurück. Bei der angenommenen Hohlraumdicke von 75 mm können je nach eingesetztem Dämmstoff U-Werte von 0,35 bis 0,46 W/m2K erreicht werden. Dies genügt nicht, um die Anforderungen für die Wandsanierung (ebenfalls U_{max} = 0,24 W/m²K) zu erfüllen. Hier greift eine

Tab. 2: Oberflächentemperaturen der verschiedenen Varianten bei den Klimabedingungen der DIN 4108-2.

Tabelle 2: Minimale Obeflächentemperaturen und Temperaturfaktoren am Anschluss Mauerwerk – Geschossdecke

	Hauptdetail		Nebendetail	
	$t_{0,min}$	f_{Rsi}	$t_{0,min}$	f_{Rsi}
	[°C]	[–]	[°C]	[–]
Bestand	8,0	0,52	9,6	0,5
Saniert	13,9	0,76	15,4	0,8

– durchaus sinnvolle – Ausnahmeregelung der EnEV. Nachträgliche Kerndämmungen müssen nur aus der Verfüllung der vorhandenen Hohlräume bestehen. Hiermit wird die Bestandssituation schon bis zu 75% verbessert. Zusätzliche Außen- oder Innendämmungen werden gegenwärtig noch nicht als wirtschaftlich erachtet. Dies kann sich jedoch in absehbarer Zeit ändern. Für diesen Fall ist es gut, sich bereits frühzeitig Gedanken darüber zu machen, wie ein späterer Anschluss an die Dachdämmung erfolgen kann. Soll eine schützenswerte Ziegelfassade erhalten bleiben, ist ein weiter gehender Wärmeschutz nur über eine spätere Innendämmung möglich. Der vollständig durchgedämmte Deckenhohlraum ist dann die beste Voraussetzung für eine wärmebrückefreie und feuchtesichere Lösung.

Die Brücke über den Luftstrom

Die Bestandsausführung für die alte Holzbalkendecke ist ein Klassiker für frei durchströmbare Hohlräume in Holzbauteilen. Selbst wenn Stellbretter die Deckengefache gegenüber der Dachtraufe abschließen, sind allein durch Maßtoleranzen im Mauerwerk und Trocknungsschwund die Deckenhohlräume gegenüber der Windanströmung weitgehend offen. Dies hat im Bestand nicht sonderlich gestört, weil der größte Teil des (beschei denen) Wärmeschutzes meist in der raumseitigen Bekleidung der Decke angesiedelt war.

Wenn nun im Zuge des Dachausbaus diese Decke zu einem warmen Innenbauteil werden soll, dann muss die Durchströmungsmöglichkeit unbedingt beseitigt werden, d.h. es geht mal wieder um den „Königskindereffekt“: Die Luftdichtheitsebene des Dachs (innere Dampfbremse) und der luftdichte Innenputz der Wand können nur zueinander gelangen, wenn die Decke im Randbereich geöffnet wird. Dies ist im Übrigen auch deshalb empfehlenswert, um vor dem Ausbau zu prüfen, ob die Balkenköpfe noch in einwandfreiem Zustand sind und statische Gegebenheiten zu untersuchen.

Ein Vorschlag zur Brückenbaupraxis

Es ist eine Sträflingsarbeit, im engen Traufzwickel lose herabhängende Folienbahnen um Balkenköpfe herum einzuschneiden und anzukleben. Spätestens beim Anschluss an den alten Putzträger der Decke versagen alle herkömmlichen Klebetechniken. Wir schlagen stattdessen eine solide Holzbaulösung vor. Abb. 5 zeigt einen sägezahnförmig (entsprechend der Balkenlage) grob vorgeschnittenen OSB-Streifen, der als innerer Abschluss des Abseitenbereiches montiert wird. Diese Platte ist eine solide Grundlage, um die Folien aus der Schräge einfach linienförmig anzukleben. Die verbleibenden Fugen an den Balkendurchdringungen können mit Eckklebebändern vergleichsweise einfach und vor allem sicher (weil auf festem Untergrund montiert) abgedichtet werden. Für den Anschluss an die Rückseite des Putzträgers haben sich mineralische Dichtmethoden bewährt (Gips- oder Zementschlämme oder auch Lehmmörtel, vgl. *Heft 2/2007, S. 18 und 5/2005, S. 34*). Hilfreich ist hier der Einsatz von einputzbaren Klebebändern, vgl. *condetti in Heft 1/2015*. Auf eine Besonderheit bei der Luftdichtheitsschicht im Dachaufbau des Nebendetails (S. 79) sollte hingewiesen werden. Um eine besonders wirtschaftliche Einblasdämmung in einem Arbeitsgang zu ermöglichen, wurde im Nebendetail die Folie innenseitig der Traglattung, unmittelbar unter der Gipsbauplatte angeordnet. Dies ist angesichts des fragilen Feuchtehaushalts der außenseitig dampfdichten Konstruktion (vgl. Seite 77) nur machbar, wenn auf Installationen im Bereich der Dachschräge verzichtet wird.

Traufe sanierter Altbau

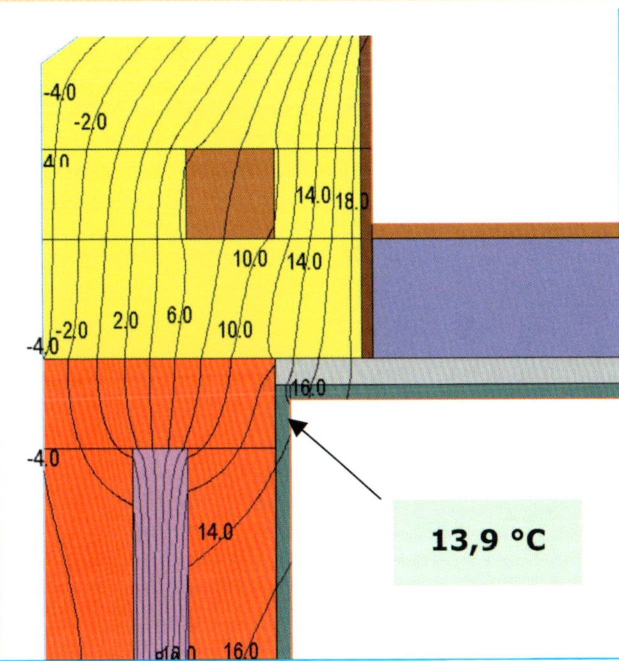

Abb. 4: Wärmebrückenanalyse für das Hauptdetail: Isothermen und minimale Oberflächentemperatur bei Normklima

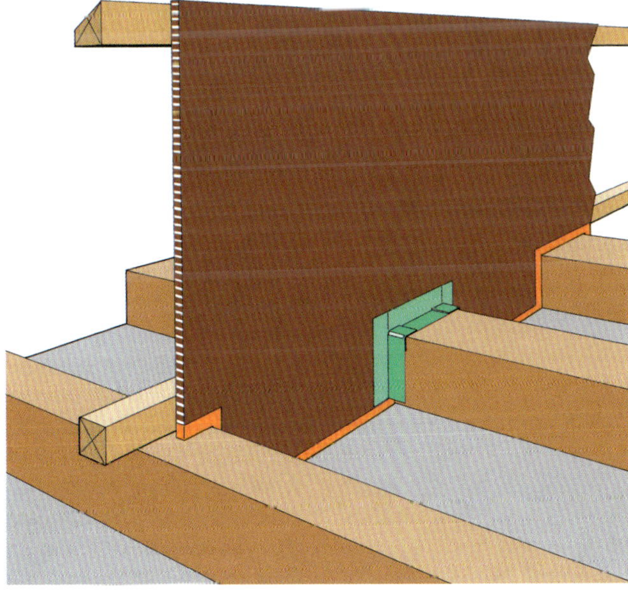

Abb. 5: Die „Abseit-Platte“: Entsprechend den Abmessungen der Deckenbalken (grob) zugeschnittene OSB-Platte sorgt für eine solide Grundlage der Luft- und Dampfdichtung – auch im Deckengefach. Hinterlegung der Kanten mit Dämmfilz verhindert Körperschall Weiterleitung.

Brandneu – Dachgeschossausbau und seine Besonderheiten

Brände in Dachgeschossen verlaufen meist deutlich verheerender als in den unteren Geschossen. Von brandschutztechnischer Bedeutung ist insbesondere das Nebendetail, da es sich hier um ein Mehrfamilienhaus mit drei Vollgeschossen handelt. Nachfolgend sind einige Besonderheiten aufgeführt, die beim Dachgeschossausbau beachtet werden müssen.

Wenn es im Dach brennt

Die Gefahren für Leib und Leben sind bei Bränden in Dachgeschossen besonders hoch:

- Fluchtwege, aber auch Angriffs- und Rettungswege der Feuerwehr sind an oberster Stelle des Gebäudes entsprechend lang.
- Hitze und Rauch strömen auch bei Bränden in den unteren Geschossen nach oben
- die Rettungswegsituation ist wegen der Dachschrägen häufig schwieriger
- Dächer sind regendicht und lassen damit eine Brandbekämpfung von außen scheitern
- zwischen Dachhaut und innerer Gipswerkstoffbeplankung (z.B. auch Abseiten) entstehen nur schwer zu bekämpfende Hohlraumbrände
- bei den in Eigenleistung ausgebauten Dachgeschossen wird ein zweiter Rettungsweg häufig nicht berücksichtigt

Diese erhöhten Risiken sollten bei allen Überlegungen zum Dachgeschossausbau im Hinterkopf gegenwärtig sein.

Gebäudeklassen

Durch den Ausbau eines Dachgeschosses kann sich die bauaufsichtlich klassifizierte Gebäudeeinstufung ändern. Anstelle von Abstellräumen entstehen „Aufenthaltsräume“, die nicht nur kurzzeitig zum Verweilen von Personen einladen. So kann es geschehen, dass nach dem Ausbau die Höhe des obersten Geschossfußbodens mit Aufenthaltsräumen mehr als 7,0 m über der Geländeoberfläche liegt. Das Gebäude wird dann in die Gebäudeklasse 4 eingestuft. Statt einer feuerhemmenden Bauweise ist dann, abhängig von der jeweiligen Landesbauordnung, eine hochfeuerhemmende, ggf. sogar feuerbeständige Ausführung der tragenden Bauteile erforderlich. Dabei ist zu beachten, dass hochfeuerhemmend nicht einfach nur F60-B, sondern vielmehr F60-BA bedeutet. Die tragenden und aussteifenden Teile dürfen aus brennbaren Baustoffen bestehen, müssen aber allseitig eine brandschutztechnisch wirksame Bekleidung aus nichtbrennbaren Baustoffen (Brandschutzbekleidung) und Dämmstoffe aus nichtbrennbaren Baustoffen haben (MBO § 26). Die Anforderungen an eine brandschutztechnisch wirksame Bekleidung sind in der Muster-Richtlinie über brandschutztechnische Anforderungen an hochfeuerhemmende Bauteile in Holzbauweise (M-HFHHolzR) im Abschnitt 3.2 definiert:

Die brandschutztechnisch wirksame Bekleidung muss als $K_2 60$ entsprechend DIN EN 13501-2 klassifiziert sein (Kapselkriterium). Hierfür sind beispielsweise 2 x 15 mm Dicke Gipskartonfeuerschutzplatten notwendig, die mit Fugenversatz bzw. Stufenfalz zu verlegen sind. Durch diese aufwändige Beplankung wird praktisch eine Feuerwiderstandsdauer von ca. F120 erreicht (vgl. Heft 5/2006, S. 23 ff.).

Die brandschutztechnischen Anforderungen in der Gebäudeklasse 4 an das oberste Geschoss sind in der Regel gegenüber den unteren Geschossen reduziert; es genügt eine feuerhemmende Bauweise der tragenden Bauteile. Bei der Ausbildung des Dachtragwerkes genügt das Aufbringen einer „harten Bedachung“ gemäß DIN 4102-4, Abschnitt 8.7. In der Fassade werden in GK 4 schwerentflammbare Baustoffe (B1) statt normalentflammbarer Baustoffe (B2) gefordert.

Trenn- und Abseitwände im Dachgeschoss

Die Trennwände müssen verhindern, dass Brand und Rauch in angrenzende Wohnungen bzw. Nutzungseinheiten eindringen kann. In den Gebäudeklassen 2 und 3 müssen Trennwände entsprechend der MBO als raumabschließende Bauteile zumindest feuerhemmend (F30-B), in der Gebäudeklasse 4 mind. hochfeuerhemmend (F60-BA) ausgebildet werden. Die Trennwände sind im Dachraum bis unter die Dachhaut zu führen, da die Gefahr besteht, dass sie im Brandfall vom Feuer überlaufen werden. Werden die Trennwände in Dachräumen nur bis zur Rohdecke geführt (z. B. Decke zum Spitzbodenbereich), muss diese Decke als raumabschließendes Bauteil einschließlich der sie tragenden und aussteifenden Bauteile feuerhemmend ausgeführt werden.

Gelangt ein Brand hinter den Bereich der Abseitenwand, kann er sich dort ungehindert und kaum kontrollierbar auch auf benachbarte Wohnungen bzw. Nutzungseinheiten ausbreiten. Die Volldämmung bis zur OSB plus Gipsbekleidung hilft zuverlässig gegen unkontrollierte Brandausbreitung in Abseiten. Bei erhöhten Anforderungen kann auch eine doppellagige Kapselung in den Deckenhohlraum geführt werden.

Dachtragwerk

Obwohl an das Dachtragwerk, unabhängig von der Gebäudeklasse keine brandschutztechnischen Anforderungen bestehen (Ausnahme: Dächer von traufseitig aneinander gebauten Gebäuden: F30-B), ist bei einem Dachraum mit mehreren Nutzungseinheiten die Option einer feuerhemmenden Konstruktion zu untersuchen. Auch hier können sich ansonsten über die Ebene der Dachkonstruktion Brände in benachbarte Nutzungseinheiten ausbreiten. Entsprechend Tabelle 66, Zeile 7 der DIN 4102-4 ist beispielsweise raumseitig eine 15 mm Dicke Gipskarton-Feuerschutzplatte (GKF), Unterkonstruktionsabstand max. 400 mm, mind. 80 mm Mineralfaserdämmung im Gefachbereich, Rohdichte ≥ 30 kg/m³ für eine F30-B-Klassifizierung ausreichend.

Decke zum Dachgeschoss

Die Decke zum Dachgeschoss ist in der gleichen Feuerwiderstandsdauer wie die übrigen Decken bzw. tragenden Bauteile, entsprechend der Gebäudeklasse auszuführen. In der Gebäudeklasse GK 3 also zumindest feuerhemmend, in GK 4 zumindest hochfeuerhemmend. Im Rahmen einer umfassenden brandschutztechnischen Beurteilung (Brandschutzkonzept) ist ggf. eine Reduk-

tion auf F60-B oder sogar F30-B möglich. DIN 4102-4 enthält F30-klassifizierte Deckenaufbauten mit einer unterseitigen Beplankung aus Holzwolle-Leichtbauplatten und Putz. Dabei dürfen Einschubböden mit mind. 60 mm dickem Lehmschlag nach [Kordina/Meyer-Ottens 1995] sogar anstelle einer notwendigen Dämmschicht verwendet werden. Die Norm enthält aber keine entsprechend F60 klassifizierten Aufbauten; auch Prüfzeugnisse sind den Verfassern nicht bekannt.
Das vorliegende Haupt- sowie Nebendetail erfüllen die Anforderungen der DIN 4102-4, Tabelle 57 und sind damit als F30-B klassifiziert.

Zweiter Rettungsweg

Auch im Dachgeschoss müssen jederzeit unabhängig voneinander zwei Rettungswege vorhanden sein. Während der erste Rettungsweg über eine notwendige Treppe führt, besteht in den unteren Geschossen der zweite Rettungsweg in der Regel aus einem anleiterbaren Fenster je Nutzungseinheit. Fenster, in Dachschrägen oder Dachaufbauten haben besondere Anforderungen an die Gestaltung des zweiten Rettungswegs (siehe S. 100f.).
Ein zweiter Rettungsweg über Rettungsgeräte der Feuerwehr bei Gebäuden mit einer Höhe des obersten Geschossfußbodens mit Aufenthaltsräumen von mehr als 7,0 m über Geländeoberkante ist nur dann zulässig, wenn die Feuerwehr über die erforderlichen Rettungsgeräte wie Hubrettungsfahrzeuge verfügt.

Traufe

Dachausbau, Massivwand 3 Vollgeschosse vertikal

NEBEN DETAIL

Bei dampfdichtem Dach feuchtevariable Dampfbremse

Einblasdämmung füllt Abseite und Untersparrendämmung in einem Arbeitsgang

Bei mehreren Wohnungen im DG: Bekleidungen feuerhemmend ausbilden

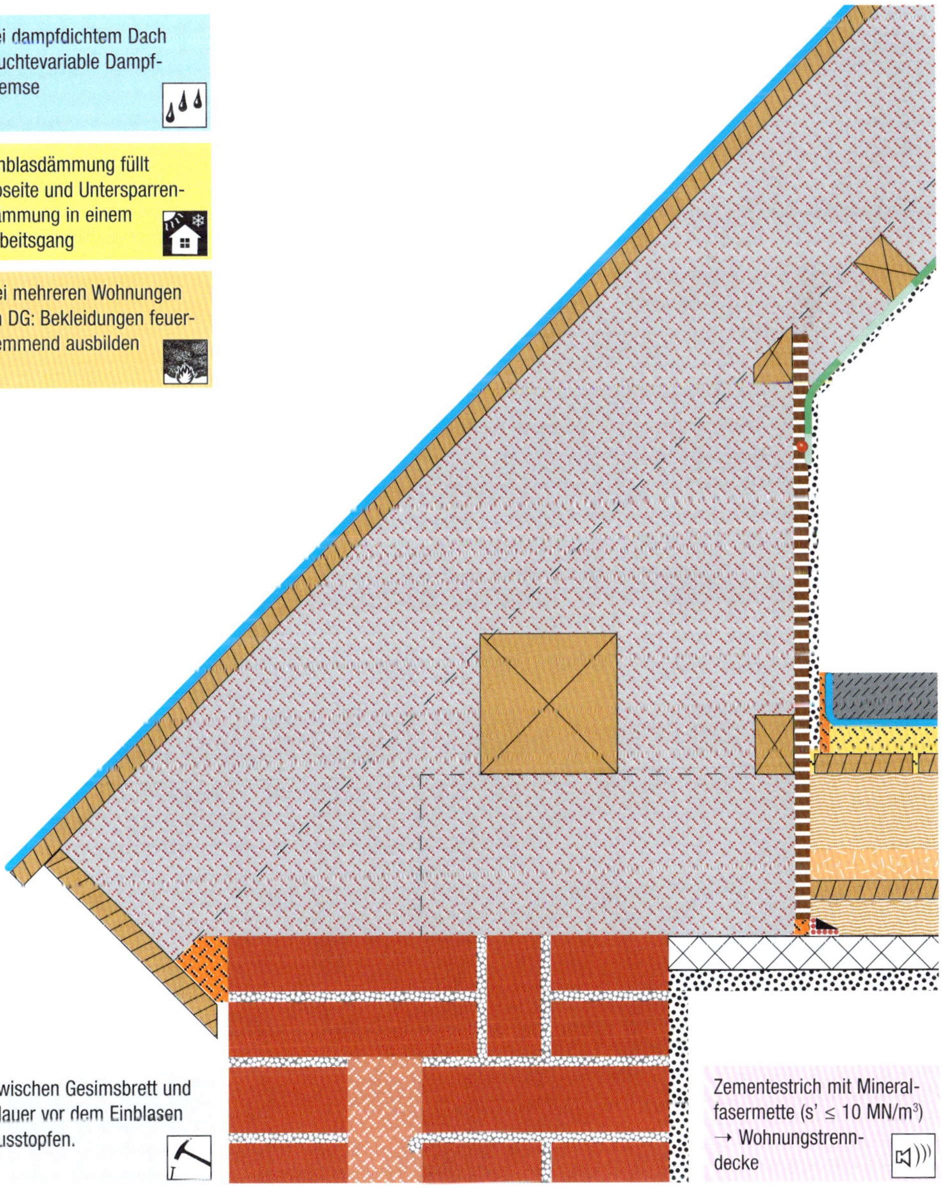

Zwischen Gesimsbrett und Mauer vor dem Einblasen ausstopfen.

Zementestrich mit Mineralfasermette (s' ≤ 10 MN/m³) → Wohnungstrenndecke

Schallschutz beim Dachausbau

Die Herstellung eines ausreichenden Schallschutzes bei der Sanierung alter Holzbalkendecken hat viele Facetten:

- Den bauaufsichtlichen Aspekt
- Den privatrechtlichen Aspekt
- Die Konstruktion und die Ausführung

Das Hauptproblem ist aber vor allem, dass sich Schallschutz nicht präzise berechnen, sondern bestenfalls rechnerisch abschätzen lässt. Eine große Unbekannte ist der Wert der alten Holzbalkendecke.

Werte der vorhandenen Decke

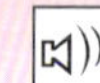

Die sicherste Methode, um die vorhandenen Schalldämmwerte der alten Holzbalkendecke festzustellen, ist eine Messung. Dies ist allerdings mit nicht unerheblichen Kosten verbunden.

Diverse Untersuchungen zu alten Holzbalkendecken zeigen sehr große Schwankungsbreiten. Trittschallpegel von $L'_{n,w}$ 59 bis 67 dB und Bauschalldämm-Maße R'_w zwischen 45 und 50 dB, vgl. *Gösele 1993, Teichert 2003* und *Rabold u.a.* in *Heft 3/2012, S. 19 ff.*

Diese Spannweite beruht vorwiegend darauf, ob ein Einschub bzw. Fehlboden vorhanden ist und welches Material sich hierauf befindet – zum Beispiel leichte Schlacke (ungünstig) oder schwere Lehmpackungen (günstiger). Auch Art und Gewicht der Unterdecke, meist verputzte Rohrmatten oder HWL-Platten, spielen eine gewisse Rolle, ebenso der Balkenabstand und Art und Ausführung der Unterlattung.

- Wir wollen bei den weiteren Betrachtungen von einer akustischen mittleren Qualität der alten Holzbalkendecke ausgehen und nehmen an: $L'_{n,w} = 63$ dB und $R'_w = 48$ dB.

Der bauaufsichtliche Aspekt

Trennt die Decke nur Räume im eigenen Wohnbereich, bestehen beim Schallschutz keine öffentlich-rechtlichen Anforderungen. Aber Vorsicht: Privatrechtlich, sofern keine klaren schriftlichen Vereinbarungen getroffen werden, sehr wohl! Ist nichts Konkretes vereinbart, wird ein Schallschutz mittlerer Art und Güte geschuldet und welcher das ist, entscheidet dann kein Techniker sondern ein Richter.

Meist werden dann die *Empfehlungen des Beiblattes 2 der DIN 4109* für normalen Schallschutz beigezogen, der für den eigenen Wohnbereich $L'_{n,w} \leq 56$ dB beträgt. Wird mit „Komfort" und „Luxus" geworben, auch deutlich darunter!

Für Wohnungstrenndecken in Mehrfamilienwohnhäusern ist die bauaufsichtliche Anforderung an den Trittschallschutz: $L'_{n,w} \leq 53$ dB. Bei Zweifamilienwohnhäusern darf bei der Berechnung ein akustisch wirksamer Belag in Ansatz gebracht werden (DIN 4109, Beiblatt 1, Tabelle 18). Aber Achtung: Die Verbesserungsmaße für Beläge werden üblicherweise für die Anwendung auf Massivdecken angegeben. Bei Holzdecken sind diese für die gleichen Produkte wesentlich geringer.

Das Bauschalldämm-Maß (Luftschall) muss bei MFH mindestens R'_w 54 dB erreichen. Wenn die Holzdecke von Massivwänden durchstoßen wird, so ist dies schalltechnisch äußerst ungünstig, da diese i.d.R. zwischen den Geschossen durchgemauert werden. Nach Angaben in *[Holtz 1999]* liegen die maximal erreichbaren Werte nur bei R'_w 50 bis 55 dB. Bei Fachwerkwänden und Holztrennwänden kann man davon ausgehen, dass der Luftschallschutz stimmt, wenn ein ausreichender Trittschallschutz geplant und fachgerecht ausgeführt wurde.

Auf den Trittschallschutz wirken sich Massivwände hingegen eher günstig in Sachen Flankenübertragung aus: *„Wegen der großen Masse der flankierenden Wände ist die Schalleinleitung von der leichten Holzbalkendecke in die Wand relativ gering." [Holtz 1999]*

Das Einfamilienwohnhaus

Um späteren Klagen vorzubeugen, sollten die Empfehlungen der DIN 4109, Beiblatt 2, 1989, eingehalten werden, was nicht sonderlich aufwändig erscheint, da zum angenommen, mittleren Trittschall-Bestandswert nur 7 dB fehlen.

Im reinen Holzbau nimmt der Einfluss der Nebenwege mit jeder Verbesserung des Trittschallschutzes zu. Um dies zu berücksichtigen, wurde ein Korrektur-Summand eingeführt, der beim in Frage kommenden Verbesserungsbereich für das EFH um 1-2 dB steigt. Ob dies in gleichem Maße für die Flankenübertragung bei Massivwänden und alten Holzdecken zutrifft, muss beim gegenwärtigen Stand der Forschung offen bleiben. Sicherheitshalber sollte jedoch eine entsprechende Reserve eingeplant werden.

Als Verbesserung wird somit für das EFH also mindestens 7 + 1 = 8 dB angestrebt werden. Dieser Wert kann mit einem schwimmenden Trockenunterboden erreicht werden. Dessen Wirkung hängt von der Gehschicht (Holzwerkstoff- oder Gipswerkstoffplatte) und von der dynamischen Steifigkeit und Materialart der Trittschall-Dämmplatte ab.

Für das Hauptdetail haben wir ein kombiniertes System aus Zelluloseplatten und Holzfaser-Verlegestreifen gewählt (Abb. 6). Laut Gutachten des LSW Stefanskirchen kann hiermit ein Verbesserungsmaß (VM) von bis zu 11 dB erreicht werden (mit 18 mm OSB-Unterboden) [LSW 2000]. Mit 2*12,5 mm Gipsplatten lassen sich weitere 2 dB herausholen. Dies ergibt genügend Reserven, um auch alte Rohdecken ohne Einschub geeignet zu ertüchtigen.

Abb. 6: Trockenestrichsystem mit entkoppelten Verlegeleisten und Zellulose-Dämmplatten. Eine angepasste Lösung für die EFH-Sanierung (Hauptdetail)
Foto: Fa. Homatherm, Berga

Bei Trockenestrichelementen aus Gipswerkstoffplatten dürfen die Trittschallschutzmatten nicht zu weich sein, damit die einzelnen Elemente im Falzbereich im Zuge der Nutzung nicht brechen. Um dies zu vermeiden, ist eine versetzte Verlegung großformatiger Platten mit Vor-Ort-Verklebung der Kontaktflächen sinnvoll.

Das Mehrfamilienwohnhaus

Hier greift nun das Baurecht und somit darf $L'_{n,w}$ 53 dB nicht überschritten werden. Um bei schlechten Altbaurohdecken diesen Zielwert zu erreichen, muss das VM 14 dB (+ ca. 2 – 3 dB wegen der stärkeren Nebenwegseinflüsse), also mindestens 16 dB betragen. Das ist mit Trockenunterböden, egal welcher Art, kaum erreichbar. Es verbleiben dann zwei Varianten:

- Eine zusätzliche Beschwerung, zum Beispiel mit einer gebundenen Splittschüttung, vgl. *condetti & Co., Bd. 2*

Mit einer Splittschüttung (z.B. 25 bis 30 mm, ca. 40 kg/m²) wird bereits ein VM von 10 dB erreicht, zusammen mit einem guten Trockenestrich rund 20 dB.

- Oder ein Zementestrich, vorzugsweise auf Mineralfasermatten.

Der schwimmende Zementestrich auf einer 30 mm dicken Mineralfaser-Trittschallschutzmatte mit einer dynamischen Steifigkeit von s'<10 MN/m³ bringt ein VM von 19 dB. Die fertige, fehlerfrei ausgeführte Decke des Nebendetails (MFH) kann damit auch das Niveau des erhöhten Schallschutzes gem. DIN 4109 ($L'_{n,w} \leq 46$ dB) erreichen, wenn die alte Decke einen Pegel von ca. 63 dB aufweist.

Falls die Tragfähigkeit der Decke für die Ausbaunutzung nicht genügt, kann darüber nachgedacht werden, ob eine neue Balkenlage eingezogen wird – unabhängig und schalltechnisch völlig entkoppelt von der alten, die dann nur noch die untere Deckenbekleidung des letzten Vollgeschosses trägt.

Worauf zu achten ist

Jede Kette ist nur so stark wie ihr schwächstes Glied. Für den Schallschutz heißt das: „Nebenwege vermeiden!"

- Keine durchgehenden Fugen! Wo Luft geht, geht auch Schall (Anschlüsse, Rohrschächte, Schornstein etc.). In unseren Sanierungsdetails sorgt die luftdichte Abklebung der „Abseit-Platte" (Abb. 5) auch für Luftschallschutz im Randbereich.
- Dieses Abschottungsprinzip kann auch an Deckendurchdringungen von Installationen, Schornsteinen etc. erfolgreich angewendet werden.
- Keine Körperschallbrücken zwischen Estrich und Rohdecke zum Beispiel durch Mörtelbrücken im Randbereich. Mögliche Schallbrücken über die Abstellung des Traufdreiecks werden durch Hinterlegung der Anschlüsse mit Dämmstreifen vermieden.

Konstruktion und Montage

Das Bauen im Bestand und der Arbeitsbereich in der Abseite verlangen einen überproportional hohen Anteil an händischer Arbeit. Damit man vor lauter Nahsicht den Überblick behält, sollen die Montagefolgen eine Hilfestellung bieten.

Bevor montiert wird

Vorbereitend sind die Dielen der Holzbalkenlage im Dachgeschoss im Randbereich aufzunehmen. Je nach Dachneigung ist die Anzahl der zu entfernenden Dielen vor Ort festzulegen. Die freigelegten Holzbalken können auf eventuelle Feuchteschäden und statische Probleme untersucht und dann aufgemessen werden, um die als vertikale Abseite einzubauenden OSB/3-Platten sägezahnartig auszuschneiden. Rund um die Holzbalken sowie zur unterseitig der Balkenlage angebrachten HWL-Platte ist ein Abstand von mindestens 10 mm vorzusehen.

Vorbereitung des Sparrenfußpunkts von innen

Auf den Balken wird ein Rahmenholz ca. 40/60 mm als untere Anschlagleiste und Befestigungsholz aufgeschraubt (MF 1-1). Um beim späteren Einblasen der Zelluloseflocken keine unbeabsichtigten Hohlräume zu erzeugen, sollte darauf geachtet werden, dass der horizontale Abstand zwischen der Fußpfette und dem aufgeschraubten Rahmenholz ausreichend groß ist (mindestens 60 mm). Als obere Anschlagleiste wird ein in Dachneigung abgeschrägtes Rahmenholz an der Sparrenunterseite mit Schrauben befestigt (MF 1-2).

Obere und untere Anschlagleiste bestimmen als horizontale und vertikale Fluchtlinien die Ebenheit der Abseitenwand, die mit den vorbereiteten OSB/3-Platten nun schrittweise hergestellt wird (MF 1-4). Ähnlich dem Randdämmstreifen bei schwimmenden Estrichen kann ein Randdämmstreifen im Bereich der geplanten Fuge vor dem Einbau der OSB-Platten angeordnet werden (Schallschutz) (MF 1-3). Die Kehlbereiche zwischen den (entstaubten) Balkenoberflächen und den OSB-Platten sind sorgfältig mit Klebeband zu schließen (vorher primern). Im Bereich der

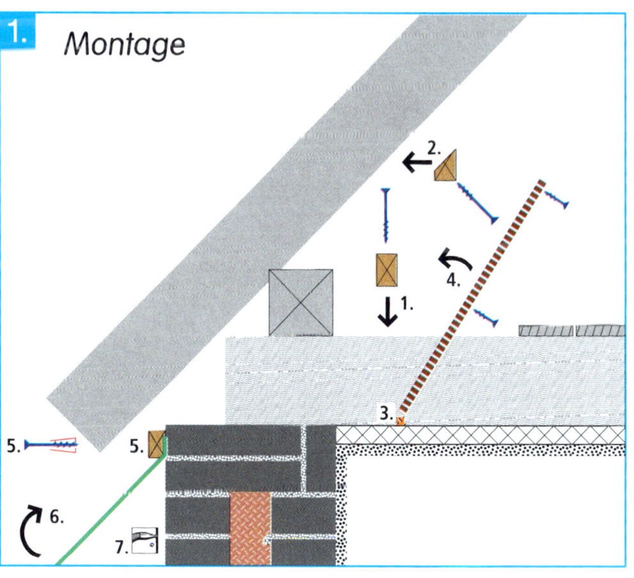

HWL-Platte ist die Fuge zur OSB-Platte mit einer Gips- oder Fliesenspachtelmasse als mineralischem „Kleber“ zu verschließen (MF 2-3). Einputzbare Klebebänder sind optimal für den Übergang von der OSB- zur HWL-Platte.

Vorbereitung des Sparrenfußpunkts von außen

Unabhängig von den Ausbauarbeiten im Dachgeschoss können die Montagearbeiten auf der Außenseite erfolgen. Günstigerweise sollten diese sogar vorlaufend erfolgen, so dass die Eigenlasten aus der Dacheindeckung bereits aufgebracht sind.

Damit beim Einblasen des Dämmstoffs keine Flocken ungewollt ins Freie gelangen können, werden die Fußpunkte der Sparren entlang der Traufe mit einer diffusionsoffenen Folie eingepackt. Diese kann vorab an die Latte angetackert werden, die zu späteren Befestigung des horizontalen Gesimsbretts an die äußere Mauerschale angedübelt wird (MF 1-5). Dann wird die Folie auf die Sparrenoberseite umgeschlagen und dort angeklammert (MF 1-6).

Für die Montage eines Kastengesims werden zwei traufparallel verlaufende Latten (Querschnitt mindestens 30/50 mm) mit je zwei schräg angesetzten Schrauben pro Sparrenkopf befestigt (MF 2-6). Die Holzfaserdämmplatten als Aufsparrendämmung können nun verlegt werden (MF 2-7).

Die Dämmung des Hohlraums zwischen den beiden Mauerwerksschalen erfolgt von der Außenseite. Je nach Größe der Mörtelfugen und Art des Dämmstoffs kann das Einblasen ggfs. durch Bohrung in einer T-Fuge erfolgen; ansonsten sind einzelne Mauersteine zu entfernen und nach dem Einblasvorgang wieder zu vermauern (MF 1-7).

Der Ausbau im Dachgeschoss

Während die OSB-Platten auf der Unterseite der Sparren verlegt und an diesen angeschraubt werden (MF 2-1), können nachfolgend die aufgenommenen Dielen wieder auf den Holzbalken befestigt werden (MF 2-4). Die Fugen der OSB-Platten, insbesondere im Knickpunt Dachfläche/Abseite sind mit Klebeband zu überkleben (MF 2-2). Sind die OSB-Platten vollfächig angebracht und auch die Randbereiche zu Trenn- und Giebelwänden luftdicht abgeklebt, können der Traufzwickel und die Gefache sukzessive mit Zellulosefaserdämmstoff im Einblasverfahren ausgedämmt werden (MF 2-5).

Endspurt

Nachdem die Löcher in den OSB-Platten nach dem Dämmen verschlossen sind (z.B. mit großen Klebeband-„flicken“) werden die Gipswerkstoffplatten aufgebracht (MF 3-1, 3-2) und verspachtelt (Papier-Fugendeckstreifen in den Ecken nicht vergessen!). Dann wird der umlaufende Randdämmstreifen und die Trittschalldämmung verlegt (MF 3-3) bevor der Trockenestrich aus mindestens zwei Lagen Gipswerkstoffplatten (s. Schallschutz) verlegt werden kann. Einige Hersteller von Holz- und Zellulosefaserdämmstoffen bieten zur schalltechnischen Entkopplung der Ablastung der TE-Elemente spezielle Verlegestreifen an, die in die Trittschalldämmebene integriert werden (Abb. 6). ■

Literaturhinweise

[Gösele 1993] K. Gösele: Schallschutz bei Holzbalkendecken. Informationsdienst Holz der EGH, 1993

[HBH94] Kordina, K., Meyer-Ottens, C.: Holzbrandschutz Handbuch. 2. Auflage, Verlag Ernst & Sohn, Berlin 1995.

[Holtz 1999] Fritz Holtz u.a.: Schalldämmende Holzbalken- und Brettstapeldecken. Informationsdienst Holz, Holzbau Handbuch R3/T3/F3, 1999.

[IZF 1968] Institut für Ziegelforschung: Schlagregenprüfung zu einem zweischaligen Mauerwerk mit Hyperlite KD, Prüfungsbericht MPa S 292/68 , Essen 1968

[Kordina/Meyer-Ottens 1995] Kordina, K., Meyer-Ottens, C.: Holzbrandschutz Handbuch. 2. Auflage, Verlag Ernst & Sohn, Berlin 1995.

[Künzel, H. 2002] Helmut Künzel: Zweischaliges Mauerwerk mit Kerndämmung. In: Das Mauerwerk, Heft 2/2002, Berlin (Verlag Ernst & Sohn)

[Künzel, H.M. 1998] Hartwig M. Künzel: Außen dampfdicht, vollgedämmt? In: bauen mit holz 8/98.

[Künzel, H.M. 1999] Künzel, H.M.: Dampfdiffusionsberechnung nach Glaser – Quo vadis?, IBP Mitteilungen 355, Fraunhofer Institut für Bauphysik, Stuttgart/Holzkirchen, 1999

[LSW 2000] Labor für Schall- und Wärmemesstechnik: Gutachten 00 11 17.G60, Stefanskirchen b. Rosenheim, Dez. 2000.

[Teichert 2003] H.J. Teichert: Schallschutzaspekte bei Holzbalkendecken im Altbau. 4. Leipziger Bauschadenstag, MFPA Leipzig 2003

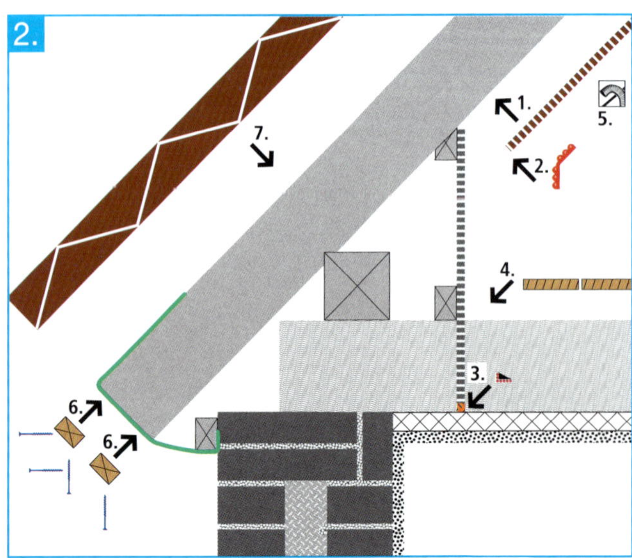

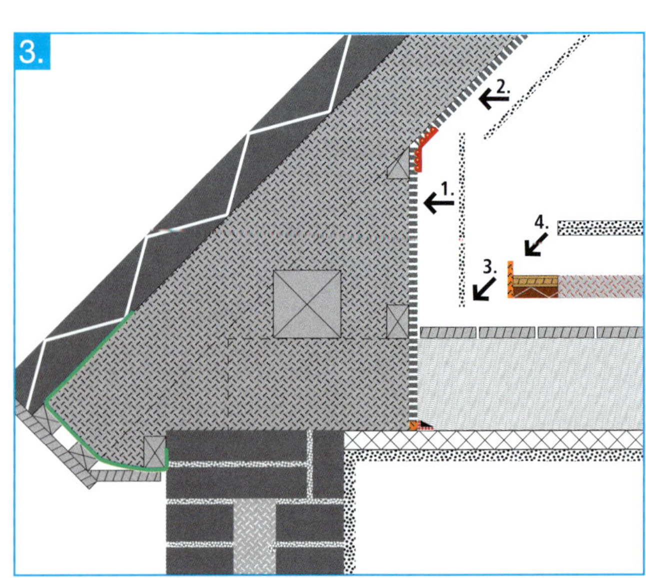

Die Diffusionsbilanz

Auf die Reserven kommt es an!

Tauwasserberechnungen nach dem „Glaserverfahren" sind Standard, um Holzbauteile vor unzuträglicher Feuchte aus der Wasserdampfdiffusion zu schützen. Seit ihrer Normung als DIN 4108-3/5:1981 hat sich diese statische Bilanzierungsmethode im Grundsatz bewährt. Vereinfachte Regeln der Ausgabe 2001 bedurften allerdings der Revision.
Die Baufachwelt weiß heute, dass Tauwasserrisiken vor allem durch Dampfkonvektion entstehen. Dies kann durch Verbesserung der Luftdichtheit nicht gänzlich verhindert werden. Bleibt die Frage: Wie viel Trocknungsreserve ist erforderlich, um die Befeuchtung durch Luftströmung zu beseitigen und wie kann dies im Nachweis zur Diffusionsbilanz berücksichtigt werden?

Robert Borsch-Laaks

Komplizierter Name – einfacher Sachverhalt

„Wasserdampfdiffusionsäquivalente Luftschichtdicke" (kurz: s_d-Wert), mit diesem Bandwurmbegriff bezeichnet die Bauphysik eine Eigenschaft, die eigentlich ganz einfach zu verstehen ist: Alle Materialien haben die Fähigkeit, die Gasausbreitung (= Diffusion) zu bremsen. Bei gasförmigem H_2O heißt diese Materialeigenschaft: Wasserdampf**diffusionswiderstands**zahl (μ-Wert). Alle Diffusionswiderstände von Baustoffen in der europäischen Normung sind relative Größen (deshalb „… zahl"), die auf den μ-Wert der Luft bezogen sind ($\mu_{Luft} = 1$). Wie stark Baustoffschichten den Dampftransport bremsen, hängt zudem linear von deren Materialdicke ab (Abb. 1). Der Diffusionssperrwert von Baustoff*schichten* wird deshalb am anschaulichsten durch den s_d-Wert beschrieben (s. Infokasten).
Diffusion wird angetrieben von unterschiedlicher Dampfkonzentration (Dampfdruck) z. B. zwischen Innen- und Außenraum. Tauwasser kann aus der (an sich unschädlichen) Dampfwanderung nur entstehen, wenn zwei Dinge zusammenkommen:

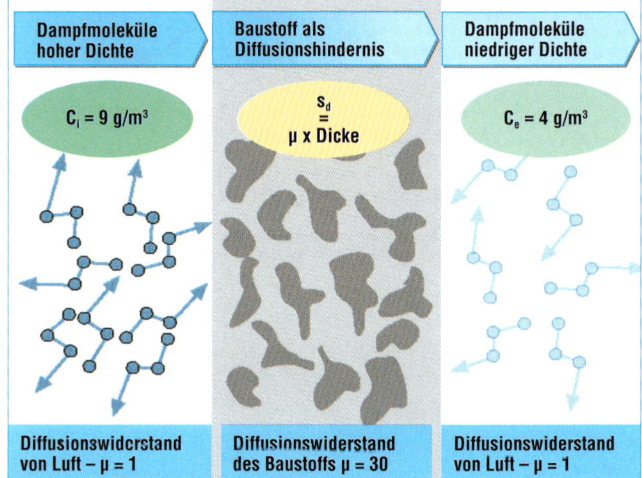

Abb. 1: Was treibt den Dampf – was hindert ihn? $c_{i/e}$ … Wasserdampfkonzentration innen/außen bei 20° C, 50 % r. F. bzw. 0° C, 80 % r. F.

- Die Dampfzufuhr ist so stark, dass die Luftfeuchte in den Porenhohlräumen der betroffenen Baustoffschicht höher wird als der dort physikalisch mögliche Dampfgehalt.
- Da der Dampfgehalt bei Sättigung mit der Temperatur abnimmt, finden wir in Holzbaukonstruktionen winterliches Tauwasser in aller Regel auf der kalten Seite der Gefachdämmungen.

Das Sperrwert-Verhältnis

Ob es überhaupt zur Tauwasserbildung kommt (oder sie in zulässigen Grenzen bleibt) hängt davon ab, wie groß der Diffusionsstrom vom geheizten Raum bis an die fragliche Schicht ist – im Vergleich zum Diffusionstransport, der von hier nach außen erfolgen kann. Wenn Klima (nach DIN 4108) und Konstruktionstyp (bekleidetes Holzbaugefach) gegeben sind, kommt es nur auf die richtige **Abstimmung der s_d-Werte innen- und außenseitig der (potentiellen) Tauwasserebene** an. Hierzu enthält die Norm seit 2001 eine Tabelle, die eine Befreiung vom rechnerischen Nachweis erlaubt, wenn die Sperrwerte im rechten Verhältnis zueinander stehen (s. Tab. 1). Dieser einfache Bewertungsansatz hat allerdings in der Neufassung von 2018 eine Überarbeitung erfahren.

Was ist ein s_d-Wert?

Beim Begriff „s_d-Wert" steht s … für Strecke und d … für Diffusion. Die einfache Formel $s_d = \mu \cdot$ Schichtdicke stellt mathematisch klar, dass dieser „Diffusionssperrwert" als „Luftschichtdicke" zu verstehen ist. Immer noch zu abstrakt?
Wie viele andere Gase entzieht sich der Wasserdampf weitgehend der menschlichen Wahrnehmung. Man sieht und riecht ihn nicht. Nehmen wir zur Veranschaulichung der Diffusion ein anderes Gas:
Stellen Sie sich vor, Sie haben Kohl gegessen und jetzt Blähungen. Es entfährt Ihnen einer von diesen lange Unterdrückten, die da leise schleichen … Damit wird lokal die Konzentration eines (riechbaren) Gases erhöht. Geschieht Ihnen dies in Gesellschaft, besteht die Gefahr, dass der Gesprächspartner neben Ihnen die Nase rümpft, denn ihn trennt gerade mal ein halber Meter (Luftschichtdicke) von der Gasquelle. Entfernt er sich daraufhin auf 2 bis 3 Meter (Luftlinie) von Ihnen, dann befindet sich eine ausreichende Diffusionsbremse zwischen den Orten mit unterschiedlichem Gas(teil)druck (s_d = 2 – 3 m).

Verzichtbar: Sonderregel für nasses Holz

Die erste Zeile in Tab. 1 beschreibt eine extrem diffusionsoffene Konstruktion, die der Diskussion um den baulichen Holzschutz der 90er Jahre entstammt. Um zu gewährleisten, dass „halbtrocken" eingebautes Holz möglichst schnell auf unschädliche Feuchtegehalte abtrocknet, ging man an die Grenzen des diffusionstechnisch Möglichen.

Das Risiko dieser Regelung: Schon durch geringe Abweichungen werden die zulässigen Tauwassermengen überschritten. Beispiel: $s_{d,e}$= 0,2 m, $s_{d,i}$ = 0,8 m => $m_{W,T}$ = 550 g/m². Es bestehen nur geringe Sicherheiten für die Streubreite der Materialkennwerte und Alterungsprozesse, vgl. [9].

Da heute in allseitig geschlossenen Holzbaukonstruktionen nur noch trockenes Holz verbaut werden darf, besteht keine Notwendigkeit mehr, die Bautrocknung über kritische Diffusionsregeln erzielen zu wollen.

Die Grundregel: Außen diffusionsoffen

Als bewährte Grundregel für das „diffusionsoffene Bauen" kann die Randbedingung **$s_{d,e}$ ≤ 0,3 m** in Zeile 2 von Tab. 1 gelten. Diese gilt nicht nur für Dächer sondern auch für Wände in Holzbauweise mit der Hauptdämmung zwischen Sparren bzw. Ständern. Wichtig ist aber auch der Mindestwert des inneren Diffusionssperrwerts. Mit **$s_{d,i}$ ≥ 2,0 m** ist sichergestellt, dass nach Normberechnung **die Tauwassermenge nicht größer als 370 g/m²** werden kann, ganz gleich wie dicht und kalt die äußere Bekleidung ist.

Tab. 1: Nachweisfreie unbelüftete Dächer nach [DIN 4108-3]

außen $s_{d,e}$ [m]	innen $s_{d,i}$ [m]	Bewertung nach aktuellem Stand der Technik im Holzbau
≤ 0,1	≥ 1,0	verzichtbar
≤ 0,3	≥ 2,0	wichtig
0,3< $s_{d,e}$ ≤ 2,0	≥ 6 x $s_{d,e}$	sinnvolle Änderung

Trocknungsreserve für die Dampfkonvektion

Auch dann, wenn die Luftdichtung fachmännisch ausgeführt wurde, ist ein zusätzlicher Feuchteeintrag, auf Grund von Luftkonvektion in die gedämmten Gefache der Holzbauteile zu erwarten: „nobody is perfect", Das Fraunhoferinstitut für Bauphysik (IBP) hatte bereits 1999 empfohlen, für die Glaserberechnung nach [DIN 4108-3] eine Trocknungsreserve bei der Diffusionsbilanz in der Höhe von 250 g/m² vorzusehen. Damit sollte auch für Tauwasser aus der Dampfkonvektion ein ausreichendes Verdunstungspotential zur Verfügung stehen. Der Autor und andere Holzbauphysiker haben lange für diesen Ansatz gefochten, bis er zunächst in die Novellierung der Holzschutznorm [DIN 68800-2:2012] und dann auch in die [DIN 4108-3:2018] explizit aufgenommen wurde.

Was bedeutet dies für die vereinfachten Regeln, die Zulässigkeiten von Holzbauteilen über s_d-Grenzwerte festlegen? Abb. 2 (blaue Kurve für einen inneren s_d-Wert von 2 m) zeigt die „Trocknungsreserve" (Verdunstungspotential minus *Diffusions*tauwasser) in Abhängigkeit vom äußeren s_d Wert bei Dächern. Bei bis zu $s_{d,e}$ = 1,0 m liegt die Trocknungsreserve bei mehr als dem Doppelten der obigen Empfehlung. Wenn allerdings $s_{d,e}$ > 1,8 m ist, wird die 250 g/m² Reserve unterschritten.

Obergrenze für die äußere Dampfdichtheit

Nach verkürztem, aber landläufigem Diffusionsverständnis muss auf höhere Diffusionsdichtheit auf der Außenseite mit vielfach höherer innerer Dampfdichtheit reagiert werden. In der 3. Zeile von Tab. 1 heißt die normgemäße Formel dafür: *„innen sechsmal dichter als außen"* Diese Regel minimiert zwar das winterliche Tauwasser, aber gleichzeitig gehen auch die Trocknungsreserven gegen Null. Die grüne Kurve in Abb. 2 zeigt, dass ab $s_{d,e}$ > 2,5 m die Sicherheitsmarke von 250 g/m² unterschritten wird, wenn innen eine Dampfbremse nach der Formel mit $s_{d,i}$ = 6 x 2,5 = 15 m angebracht wird.

- Die Neufassung der Normtabelle begrenzt die Anwendung der Nachweisbefreiung nun auf $s_{d,e}$ ≤ **2,0 m**

Fazit

Außenseitig diffusionsoffene Holzbauteile bieten größtmögliche Trocknungsreserven für „außerplanmäßige Befeuchtungen".

Bei mäßiger Diffusionsoffenheit auf der Außenseite (> 2,0 m) gilt die Formel „innen sechsmal dichter als außen" nicht mehr, da dann die erforderliche Trocknungsreserve nicht mehr garantiert ist. Solche Konstruktionen bedürfen feuchtevariabler Dampfbremsen. Deren besonderes Trocknungspotential kann durch das Glaserverfahren nicht berechnet werden. Deshalb wurde in die Norm seit 2018 nun die detaillierte Analyse durch hygrothermische Simulation als geeignetes Nachweisverfahren aufgenommen.

Bilanz der Diffusion aus Tau- und Verdunstungsperiode

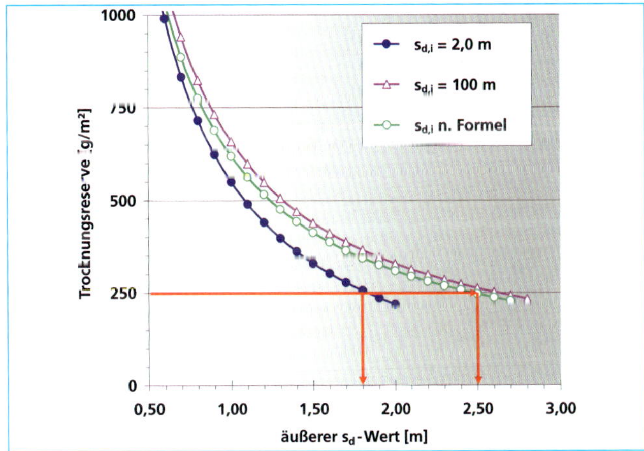

Abb. 2: Die Trocknungsreserve in Abhängigkeit vom äußeren s_d-Wert für verschiedene innere Diffusionssperrwerte.

Artikel-Ticker: Tauwasserschutz in der HOLZBAU – *die neue quadriga*:
Diffusionsoffen Bauen. condetti & Co. Bd. 1 +++ **Jenseits von Glaser.** condetti & Co. Bd. 2 +++ **Risiko Dampfkonvektion.** Wann gibt es wirklich Schäden? condetti & Co. Bd. 3 +++ **Außen Blech – innen voll gedämmt?** Zum Verhalten von unbelüfteten Blechdächern. 4-2008 +++ **Holzbaudächer mit GK0:** Was ist diffusionsoffen genug? 5-2008 +++ **Trocknungsreserven schaffen.** 1-2010 +++ **Wasserdampf sperren, bremsen, managen.** Welche Folie für welchen Zweck? 2-2013 +++ **Feuchtetechnische Bemessung von Holzkonstruktionen nach WTA.** 6-2013 +++ **Dachsanierung von außen mit diffusionsoffener Luftdichtung und Überdämmung.** 1-2014. +++ **Außen dampfdichte Steildächer.** Ein Planungsleitfaden. 2-2016 +++ **Was darf/soll/ muss man rechnen – und wie?** 6-2016 + 3-2017 +++ **Vereinfachte Berechnung von umschlauften Sparren.** 3-2017 +++ **Dachausbau bei vorhandener Schalung mit Bitumenpappe.** 4-2017 +++ **Können falsche Dächer richtig funktionieren?** 6-2018 +++ DIN 4108-3: **Klimabedingter Feuchteschutz neu formuliert.** 3-2019 + 1-2020.

Die Dampfkonvektion

Ein Risiko – aber nicht überall

Im ersten Feuchteschutz-BASIC haben wir die Wasserdampfdiffusion behandelt. Dass auch Wasserdampf, der per Luftströmung in Gefachhohlräume eindringt, auskondensieren kann, hat sich mittlerweile herumgesprochen. Nach jahrelanger Nichtbeachtung dieses Phänomens schießt seine Bewertung heute manchmal über das Ziel hinaus. Deshalb möchten wir kurz und knapp zusammenfassend erläutern, wie groß die Befeuchtungsgefahren wirklich sind, welche Strömungspfade besonders riskant sind und welche Konsequenzen sich für das erforderliche Rücktrocknungspotential ergeben.

Robert Borsch-Laaks

Diffusion – berechenbar wenig

Die grundlegende Laboruntersuchung, die einen Vergleich zwischen dem Befeuchtungspotential aus Diffusion und Konvektion erlaubt, führte das Fraunhofer-Institut für Bauphysik, Stuttgart, bereits in den späten 80er Jahre an einem Dach mit 140 mm Mineralfaserdämmung und einer inneren Dampfbremse durch.

Der Diffusionsvorgang, der sich bei den Klimata der DIN 4108-3 ergibt, lässt sich einfach und zuverlässig berechnen. Je nach s_d-Wert entspricht der Dampftransport pro Tag einer Wassermenge, die in ein Schnapsglas oder einen Fingerhut passt. Bei Einsatz von Dampfsperren kann man die durchtretenden Dampfmoleküle fast einzeln zählen (Tabelle in Abb. 1 oben).

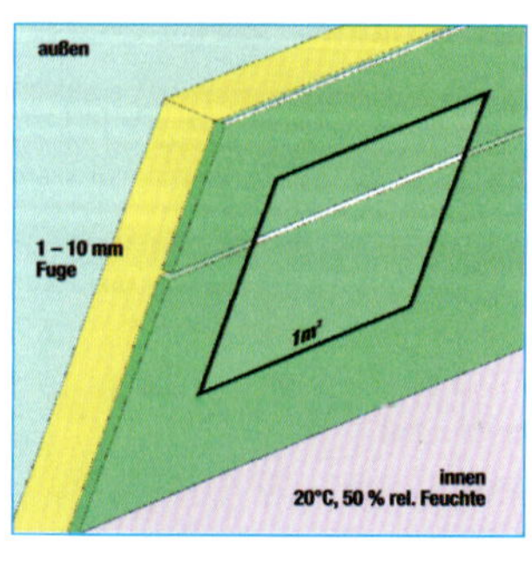

	Diffusionssperrwert (s_d)		
-10°C, 80% relative Feuchte	s_d = 100 m	s_d = 20 m	s_d = 2 m
Täglicher **Diffusions**strom [g/m²]	**0,15**	**0,7**	**7**
	Fugenbreite		
Druckfifferenz 5 Pascal	1 mm	3 mm	10 mm
Täglicher **Konvektions**strom [g/lfm Fuge]	**200**	**400**	**600**

Konvektion – unberechenbar viel

In der genannten Untersuchung wurde der Luftdurchgang durch eine Fuge in der Dampfbremse messtechnisch ermittelt. Die Größe des konvektiven Dampftransports hängt von der Fugenbreite und von der Differenz des Luftdrucks auf beiden Seiten der Konstruktion ab. Als Bezugsgröße für Luftdichtheitsmessungen kennen wir einen Differenzdruckwert von 50 Pascal. Dies entspricht dem Staudruck bei einer Windstärke von 4 – 5 auf der Beaufortskala (gutes Segelwetter).

Windiges Wetter ist allerdings für die Tauwasserbildung eher unkritisch, da es hierzulande mit eher milder westlicher Strömung einhergeht. Deshalb haben wir die Messergebnisse aus der Stuttgarter Untersuchung auf eine Druckdifferenz von nur 5 Pascal hin ausgewertet. Dies ist typischerweise der Effekt, den die Thermik im beheizten Haus bei Frostwetter erzeugt. Die untere Tabelle in Abb. 1 zeigt, dass schon bei einem Laufmeter Fuge der Dampfdurchgang um mehrere Zehnerpotenzen höher werden kann als durch die Diffusion durch 1 m².

Jedes Loch ein Feuchteschaden?

Dampfkonvektion durch Fugen besitzt also ein wesentlich größeres Befeuchtungspotential als die Diffusion durch geschlossene Baustoffschichten. Doch nicht jede Luftströmung erzeugt das gleiche Risiko. Wenn Luft über Fugen, z. B. ringsum Balkenköpfe, auf direktem Weg nach außen strömt (Abb. 2), kommt es zwar zu großen Energieverlusten aber kaum zur Unterschreitung des Taupunktes. Die Flanken des stark durchströmten Kanals werden durch die mitgeführte Energie tendenziell erwärmt.

Außerdem: Nur Luft, die im Winter von innen nach außen strömt, kann unterwegs unter ihre Taupunkttemperatur abkühlen. Konvektion am Sockelpunkt, die in Folge der Thermik von außen nach innen gerichtet ist, ist ebenfalls feuchtetechnisch unkritisch. Die Luft erwärmt sich auf dem Weg nach innen. Der thermische Auftrieb ist der größte konvektive Feuchtefeind von Holzbaukonstruktionen – und hier besonders in den Dächern. Im oberen Teil der Gebäudehülle herrscht bei Winterklima stets Überdruck.

Abb. 1: Täglicher Dampftransport durch Diffusion (pro m²) und durch Konvektion (pro lfm Fuge)
Quelle: [Wagner 1989] und Berechnung nach DIN 4108-3

Besonders kritisch: Strömungspfade auf der kalten Seite

Wir haben uns in dieser Zeitschrift mehrfach mit konvektionsbedingten Feuchteschäden beschäftigt (*s. Artikelticker*). Abb. 3 rechts zeigt schematisch, welcher Strömungsweg das größte Risiko bildet: Lange Wege entlang der kalten Außenseite des Konstruktionsquerschnitts sind am ehesten in der Lage, die vorbei streichende Luft unter die Taupunkttemperatur abzukühlen.

Die praktischen Folgen sind im Fallbeispiel von Abb. 4 zu erkennen (genaueres siehe *condetti & Co. Bd. 3*). Partielle Befeuchtung und Schimmelansatz an der MDF-Unterdeckplatte wurde in einem geöffneten Sparrenfeld gefunden, das einige Meter entfernt von der Quelle lag (resultierend aus einem undichten Innenwandanschluss). Luft

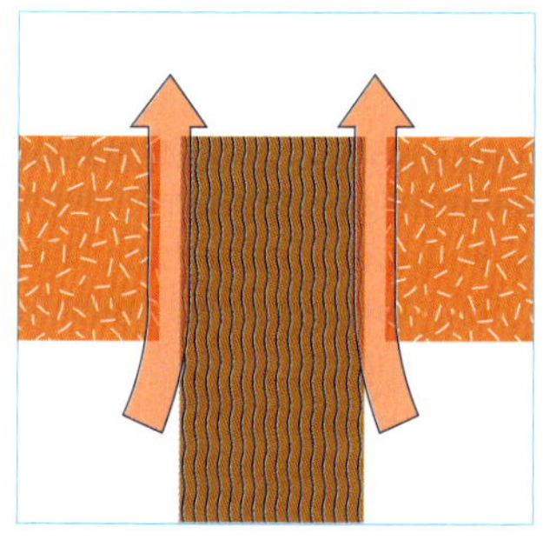

Abb. 2: Direkt durchströmte Fugen zwischen Ausfachung und Deckenbalken (energetische Schwachstelle).

ist ein wendiges Medium und kann sich leicht verteilen und die zur Verfügung stehenden Strömungspfade benutzen. Vor diesem Hintergrund ist einerseits die Ursachenbekämpfung (= geprüfte Dichtheit auf der Innenseite) aber auch die Beseitigung von Transportwegen erforderlich (= „echte" Volldämmung der Gefache und Hohlraumfreiheit vor allem auf der kalten Seite der Dämmschicht).

Nobody is perfect

Die beste Versicherung gegen spätere Feuchteschäden durch Konvektion ist eine Blower-Door-Prüfung zum richtigen Zeitpunkt – dann wenn die Luftdichtheitsebene noch zugänglich und ggf. nachzubessern ist. Bei diffusionstechnisch kritischen Konstruktionen, die außenseitig dampfdicht sind (z.B. Flachdächer mit Abdichtung), sollte diese Prüfung zum Standard gehören. Für die verbleibenden Restleckagen brauchen Holzbaukonstruktionen ein ausreichendes Rücktrocknungspotential. Hierfür hatte Künzel schon 1999 vorgeschlagen, einen Verdunstungsüberschuss von 250 g/m² aus der Differenz von Tau- und Verdunstungsperiode gemäß Glaserberechnung nach [DIN 4108-3] vorzusehen. Diese Empfehlung ist seit 2018 in diese Norm „eindiffundiert". Die praktischen Konsequenzen hieraus sind allerdings vielfach noch nicht richtig verstanden. Abb. 5 zeigt am Beispiel eines Flachdaches mit äußerer Abdichtung, dass der immer noch weit verbreitete Reflex (wenn außen dicht – dann innen noch dichter) für diesen Fall nicht mehr den Stand der bauphysikalischen Erkenntnisse trifft. Deshalb wurde die Nachweisbefreiung bei Einsatz einer Dampfsperre ($s_d \geq 100$ m) bereits 2014 für Holzbauteile aus der Norm gestrichen.

Der innere Dampfbremswert sollte auf s_d = 4 bis 5 m nach oben begrenzt werden, um noch ein ausreichendes Rücktrocknungspotential für die Dampfkonvektion aus Restleckagen zu gewährleisten.

Dieser vereinfachte Glaser-Nachweis funktioniert jedoch nur bei unverschatteten Flachdächern, für die es aber in der [DIN 4108-3] seit 2014 keinen geeigneten Klimadatensatz mehr gibt.

Hier helfen nur noch genauere hygrothermische Simulationen weiter, da sie eine quantitative Abschätzung der Tauwasserbildung aus Dampfkonvektion in Abhängigkeit von Standort, thermischer Auftriebshöhe und Dichtheit der Gebäudehülle erlauben.

Literaturquelle

[Wagner 1989] Helmut Wagner: Luftdichtigkeit und Feuchteschutz beim Steildach mit Dämmung zwischen den Sparren. In: DBZ und wksb jeweils 12/1989.

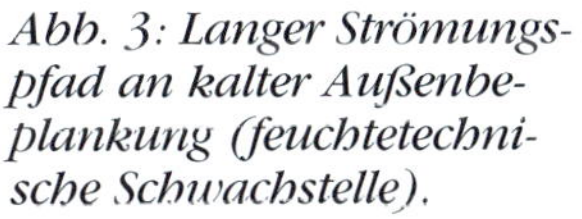

Abb. 3: Langer Strömungspfad an kalter Außenbeplankung (feuchtetechnische Schwachstelle).

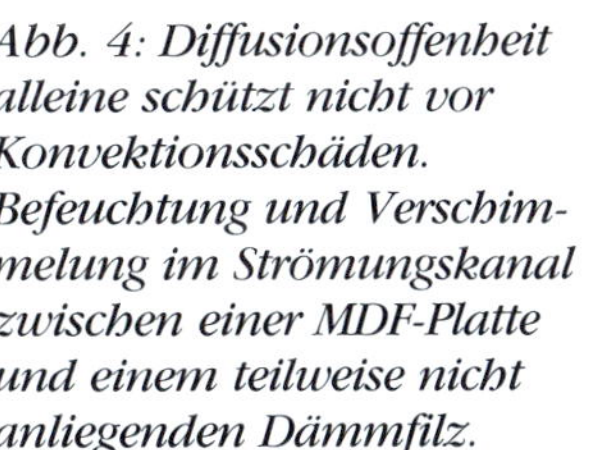

Abb. 4: Diffusionsoffenheit alleine schützt nicht vor Konvektionsschäden. Befeuchtung und Verschimmelung im Strömungskanal zwischen einer MDF-Platte und einem teilweise nicht anliegenden Dämmfilz.

Abb. 5: Die Trocknungsreserve in Abhängigkeit vom inneren s_d-Wert bei einem Flachdach in Holzbauweise. Klima gem. [DIN 4108-3:2001]

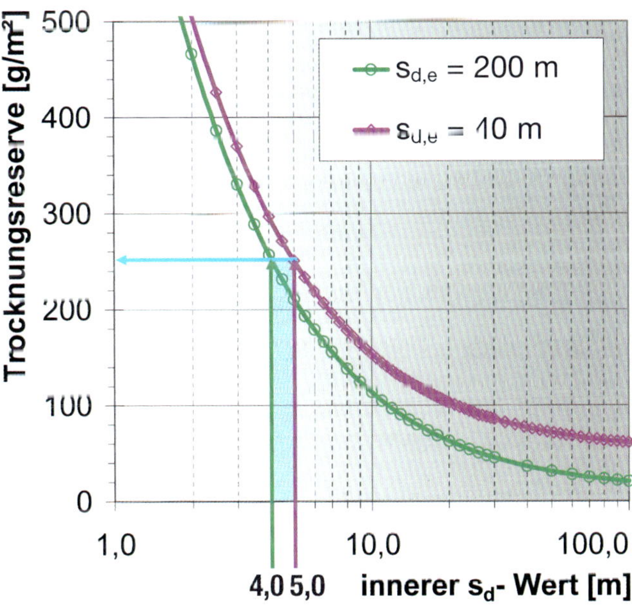

Artikelticker Dampfkonvektion: +++ **Schimmelbildung in Dachkonstruktionen** und **Dampf-Konvektion im Steildach:** condetti & Co. Bd. 1 +++ **Risiko Dampfkonvektion:** Wann gibt es wirklich Schäden? condetti & Co. Bd. 3 +++ **Wärmetechnische Dachsanierung von außen:** Luftdichtung mit Unterspannbahn. 2-2007 +++ Berg- und Tal-Verlegung der Dampfbremse und Luftdichtung bei Dachsanierung von außen. 1-2008 +++ **Tauwasserschäden durch Luftströmung:** Auf die richtige Verklebung kommt es an. 3-2009 +++ **Ein Dachschaden durch Lüftungstechnik:** Überdruck tut selten gut! 6-2009 +++ **Dachsanierung von außen mit diffusionsoffener Luftdichtung und Überdämmung.** 1-2014.

Belüftung von Holzbaudächern

Möglichkeiten und Grenzen beim Tauwasserschutz

Vollgedämmte Holzbauquerschnitte, außenseitig diffusionsoffen abgedeckt sind heute allgemein anerkannte Regel der Technik. Die früher übliche Belüftung zwischen der Dämmschicht und der Unterspannung bzw. Unterdeckung ist zwar immer noch in der Feuchteschutznorm [DIN 4108-3] geregelt, aber differenzierte Bestimmungen zu deren Dimensionierung sind seit 2001 nicht mehr enthalten.

Wenn sich ein außen diffusionsoffener Aufbau nicht realisieren lässt, kommen viele Planer ins Grübeln. Vielleicht wäre hier doch eine Belüftung die bessere Lösung?

Autor: Robert Borsch-Laaks

Wie viel Feuchteabfuhr ist möglich?

Bei nicht belüfteten Dächern kann man nach dem Glaserverfahren, wie es in der [DIN 4108-3] genormt ist, auch die Befreiungsregelungen für außenseitig diffussionsoffene, voll gedämmte Holzbauquerschnitte (vgl. *condetti® Basics 1-2009*) in ihrem Wasserdampftransport quantifizieren.

Wie Tabelle 1 zeigt, bewirkt der innere Mindest-s_d-Wert (2 m) eine Begrenzung des Diffusionsstroms bis zur Unterspannbahn auf gut 400 g/m². Zur gleichen Zeit können – je nach s_d-Wert der Unterspannbahn – große Mengen von dieser Ebene weg nach außen weitergeleitet werden. Bei der Obergrenze ($s_{d,e}$ = 0,3 m) beträgt die rechnerische Tauwassermenge dann 213 g/m². Sinkt der äußere s_d-Wert unter 0,15 m, ist die Konstruktion tauwasserfrei, weil mehr von außen weg diffundieren kann, als gleichzeitig von innen ankommt.

Dem inneren Diffusionsstrom der Tauperiode steht im „Normsommer“ ein inneres Trocknungspotential gegenüber, das ¾ der Belastung ausgleicht. Für den kleinen Rest von ca. 100 g/m² besteht ein äußeres Verdunstungspotential, das 20 bis 60 mal größer ist. Derartige Konstruktionen weisen also eine hohe Fehlertoleranz durch große Verdunstungsreserven auf.

Tabelle 1: Diffusionsbilanz nach DIN 4108-3:2001 für nachweisfreie Konstruktionen bei $s_{d,i}$ = 2,0 m

Diffusions-sperrwert	Tauperiode			Verdunstungsperiode		
außen	von innen	nach außen	Differenz	nach innen	nach außen	Summe
s_{de}	$m_{WT\ i\text{->}sw}$	$m_{WT\ sw\text{->}a}$	$\Delta\ m_{WT}$	$m_{WV\ i}$	$m_{WV,a}$	$m_{WV\ ges}$
[m]	[g/m²]	[g/m²]	[g/m²]	[g/m²]	[g/m²]	[g/m²]
0,10	429	-648	-219	303	6064	6368
0,15	429	-432	-3	303	4043	4346
0,20	429	-324	105	303	3032	3335
0,25	429	-259	170	303	2426	2729
0,30	429	-216	213	303	2021	2325

Was kann die Belüftung leisten?

Nach vergleichbar beruhigenden Angaben sucht man bei belüfteten Dächern in der Norm vergebens. Um eine Ahnung davon zu bekommen, welches Trocknungspotential belüftete Dächer besitzen, muss man zurückblättern in die 1981er Fassung der Norm. Wie Abb. 1 zeigt, war damals der Nachweis der feuchtetechnischen Funktionssicherheit für belüftete Dächer an deren Neigung, die Sparrenlänge und den inneren s_d-Wert gekoppelt.

Die angegebenen Belüftungsquerschnitte haben bis heute Bestand. Sie gehen zurück auf Laboruntersuchungen, die in den 70er Jahren von Prof. Liersch an der TU Berlin durchgeführt wurden. Ziel war es dabei, *„eine Feuchtigkeitsbelastung infolge Tauwasserbildung mit all ihren Folgen zu verhindern“* [Liersch 1993]. Aus den Angaben des zulässigen inneren s_d-Wertes lässt sich zurückverfolgen, um welche Tauwassermengen es dabei geht.

Für den ungünstigsten Fall (flach geneigtes Dach bzw. Steildach mit großer Sparrenlänge) findet in der Tauperiode aufgrund der Forderung ($s_{d,i}$ ≥ 10 m) ein Dampftransport von maximal 84 g/m² bis zur Kaltseite der Dämmung statt. Bei den besser belüftbaren Steildächern mit Sparrenlänge unter 10 m ist rechnerisch eine Tauwasserabfuhr bis zu 420 g/m² möglich ($s_{d,i}$ = 2 m). Ob und wieweit der Belüftungsstrom im Normsommer weitere Trocknungspotentiale aufweist, ist hieraus nicht nachvollziehbar.

Der Vater der Belüftungsregeln ist diesbezüglich sehr vorsichtig. Reserven für die Abtrocknung konvektiver Tauwasserbildung waren vor 1981 kein Thema der Forschung, geschweige denn der Normung. In Kenntnis der Untersuchungen aus den späten 80er Jahren (vgl. *condetti® Basics 1-2010*) schließt Liersch 15 Jahre später explizit aus, dass die normgemäße Belüftung konvektive Tauwasserbildung in nennenswertem Umfang verhindern könnte (vgl. Infokasten).

Die neuen Belüftungsregeln und ihre Einschränkungen

Die Neufassung der Norm und die Fachregeln des [ZVDH 2004], regeln den Diffusionshaushalt nicht mehr über innere s_d-Werte, sondern über Variationen im Belüftungsquerschnitt. Bei DN ≥ 5° reicht bis zu einer Sparrenlänge von 10 m eine Höhe des freien Lüftungsquerschnittes von 20 mm und ein innerer s_d-Wert von 2 m (analog zur vorherigen Bestimmung bei α ≥ 10°). Darüber hinaus wächst die erforderliche Spalthöhe um 2 mm je Meter Sparrenlänge.

Die Ausführungsempfehlungen in den Fachregeln des ZVDH fordern einen 20%-igen Aufschlag auf die Querschnittshöhe, um *„eine Einschränkung durch Sparren o. ä. von max. 15 %“ zu berücksichtigen* <...>. *„Durch Lüftungsgitter wird der Luftspalt zusätzlich eingeengt und ist dementsprechend zu er-*

höhen" (s. dort Tab. AII. 1.1). Überdies wird darauf verwiesen, dass die Belüftung vielfältig eingeschränkt und behindert werden kann. Explizit werden in Abschnitt 4.1 genannt:

- Aufbauten, Dachflächenfenster, Lichtkuppeln
- stark strukturierte Dachflächen
- häufig unterbrochene Belüftungsebenen,
- ungünstige Dachformen z. B. mit Kehlen (und Graten, d. Verf.)

Lüftungsregeln für flach geneigte Dächer

In der Neufassung der DIN 4108 Teil 3 (Abschn. 4.3.3.3. a) und den Fachregeln des ZVDH (Abschnitt 7.2) wurde die Grenze zur „flachen Neigung" von 10° auf 5° abgesenkt und die Sparrenlänge auf 10 m begrenzt. Nachweisfrei sind nun nur solche Konstruktionen, die eine Lüftungshöhe von 5 cm (netto) aufweisen und deren innerer s_d-Wert mehr als 100 m beträgt. Anscheinend haben die Verfasser der Regeln keine besonders hohe Erwartung an das Entfeuchtungspotential solcher Belüftungen, denn der Diffusionstransport in die Luftschicht beträgt bei diesem inneren Sperrwert gerade mal 8 g/m².

Mit dem gleichen inneren Dampfsperrwert könnte man ohne weiteren Nachweis auch ein unbelüftetes Dach mit Abdichtung bauen – nach der gleichen Norm (Abschn. 4.3.3.2. b). Leser dieser Zeitschrift wissen, dass dies allerdings heute nicht mehr Stand der Technik für Holzbaukonstruktionen mit Dämmung zwischen den Sparren ist (s. u.a. *condetti® Basics 1-2010*).

Glauben oder wissen?

Die Klempnerfachregeln fordern für Flachdächer wesentlich höhere Lüftungsquerschnitte (150 mm bei α ≤ 3°) und lassen immerhin Sparrenlängen bis zu 15 m zu. Ob dies für eine ausreichende Verdunstungsreserve genügt, darf bezweifelt werden. Nachweisbar und nachrechenbar ist dies jedenfalls nicht.

Die Gründe hierfür liegen auf der Hand. Flach geneigten Dächern fehlt weitgehend der wichtigste und sicherste Antriebsmotor der Belüftung: der Höhenunterschied für den thermische Auftrieb. Allenfalls könnte man diesen durch „Lüfterhutzen" am Hochpunkt verbessern. Für deren Dimensionierung geben die Regelwerke jedoch keine expliziten Anhaltspunkte. Abgesehen hiervon sind solche Aufsätze gestalterisch für Wohnhausdächer wohl kaum erwünscht.

Bleibt der Wind als möglicher Lüftungsantrieb. Doch auch diesbezüglich hält sich das ZVDH-Merkblatt (zu Recht) sehr bedeckt: *„Dies ist in der Regel nicht der Fall, wenn sich die Dachfläche in enger Bebauung befindet, oder bei Dachneigungen unter 5°"* (Abschnitt 4.1).

Fazit

Unterm Strich bleibt bei näherer Betrachtung nicht viel übrig vom feuchtetechnischen Segen, der vielfach von Belüftungen erwartet wird. Wer Sicherheit vor jeglicher Form von Tauwasser planen will, kann dies bei unbelüfteten Dächern und Wänden mit der hygrothermischen Simulation nach DIN EN 15026.

Neuere Forschungsergebnisse können dabei helfen, etwas mehr Licht in das Dunkel Hohlräume bringen, die mit Außenluft durchlüftet werden. Die Gefahren durch Belüftungen bei fehlerhaften Konstruktionen, sollten aber auch nicht übersehen werden, s. Artikelticker.

Literatur

[Liersch 1993] Klaus W. Liersch: Die Belüftung schuppenförmiger Bekleidungen – Einfluss auf die Dauerhaftigkeit. In: Aachener Bausachverständigentage 1993. Bauverlag, Wiesbaden und Berlin 1993

[ZVDH 2018] Zentralverband des Deutschen Dachdeckerhandwerks (Hrsg.): Merkblatt Wärmeschutz bei Dach und Wand, Rudolf Müller Verlag, Köln 2004

Abb. 1: Nicht mehr gültig, aber aufschlussreich zum Verständnis. Die Belüftungsregeln der DIN 4108-3, Ausgabe 1981.

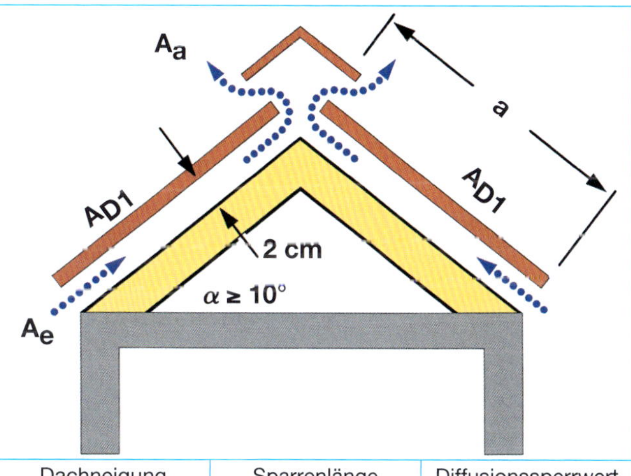

Dachneigung	Sparrenlänge	Diffusionssperrwert
α	a	s_d
≥ 10°	≤ 10 m	≥ 2 m
	≤ 15 m	≥ 5 m
	> 15 m	≥ 10 m
< 10°	unabhängig von a	≥ 10 m
A_a = 0,5 ‰ * A_{D1} je Seite		A_e = 2 ‰ * A_{D1} ≥ 200 cm²/m

Infokasten:

Ein Zitat vom „Erfinder" der Belüftungsregeln

„An dieser Stelle muss darauf hingewiesen werden, dass der Belüftungsraum nicht in der Lage ist – auch bei gut funktionierender Belüftung – den durch Fehlstellen oder Fugen in den Dämmschichten konvektiv transportierten Wasserdampf wegzuführen. Ein Vergleich mit dem durch Diffusion transportierten Wasserdampf macht deutlich, dass auch bei relativ dichten Anschlussfugen ein mehr als 10facher Wasserdampfdurchgang erfolgt .... Diese Wasserdampfmenge kann der Belüftungsstrom in aller Regel nicht abführen, so dass auf ausreichende Fugendichtung ... zu achten ist."
[Liersch 1993]

Artikel-Ticker: Belüftung von Dächern in der *HOLZBAU – die neue quadriga:*
+++ **Belüftet oder lieber doch nicht?** Tauwasserschutz bei Holzbauflachdächern 5-2004 +++ **Flaches Dach – was tun?** 1-2011 +++ **Trotz oder wegen? Feuchteschäden in belüfteten Dächern.** 1-2011 +++ **Belüftung und Dachdeckung.** Wie viel Konterlatte ist nötig? 6-2013 +++ **Luftwege – hinterrücks.** Feuchteschäden bei belüfteten Flachdächern mit Attika. 1-2019. +++ **Belüftung von Dachkonstruktionen.** 6-2019 + 1-2020. +++ **Hinterlüftung von Flachdächern:** Wieviel strömt denn da? 2-2020.

Tauwasserschäden durch Luftströmung

Auf die richtige Verklebung kommt es an

Feuchteschäden durch Dampfkonvektion haben ganz andere Erscheinungsweisen als Tauwasserbildung durch Dampfdiffusion. Diffusion, d.h. Wasserdampfwanderung durch luftdichte Flächen, tritt stets großflächig verteilt auf. Diffusionsbilanzen lassen sich planen und ggfs. nachrechnen. Wenn Luftströmung beim Wasserdampftransport im Spiel ist, ist zur Analyse der meist lokalen Feuchteschäden eine genaue bauphysikalische Einzeldiagnose gefragt.

Autoren:
Robert Borsch-Laaks,
Sachverständiger für
Bauphysik, Aachen

Axel Eisenblätter,
ö. b. u. v. Bausachverständiger,
Siegburg

Die Antriebskraft

Die Strömungsrichtung wird im Winter durch die Temperaturdifferenz zwischen innen und außen bestimmt. Warmluft steigt nach oben. Deshalb ist es kein Zufall, dass die hier untersuchten Schadensfälle allesamt im Dachbereich liegen. Zu den unterschiedlichen feuchtetechnischen Risiken in Abhängigkeit von den Strömungsmustern hatten wir in condetti & Co Bd. 3, S. 137 ff Grundsätzliches klargestellt. Die Quintessenz:

> Tauwasserbildung tritt bei Luftströmung stets dann auf, wenn die Taupunkttemperatur der einströmenden Warmluft „unterwegs" unterschritten wird. Dagegen hilft kein noch so hoher Sperrwert der Dampfbremse.
>
> Bei langen Strömungskanälen auf der kalten Seite der Dämmung und eher geringen Strömungsgeschwindigkeiten, besteht das größte Befeuchtungsrisiko.
>
> Siehe auch das condetti BASICS, S. 86f.

Immer die gleichen Fehler

Alle untersuchten Fallbeispiele hatten eine innenseitige Folie als Dampfbremsschicht, die gleichzeitig die Funktion der Luftdichtung übernehmen sollte. Fehler traten sowohl durch „Vergessen" von Anschlussdichtungen als auch durch späteres Lösen von Klebeverbindungen auf. Es sind also Anmerkungen zum richtigen Umgang insbesondere mit Klebebändern und Klebemassen erforderlich.

Oft kamen große Einzelleckagen hinzu, wie sie typischerweise bei Installationsdurchdringungen zu finden sind.

Abb. 1:
Es war einmal eine Luftdichtheitsbahn … bis der Installateur kam.
So ausgeführte Durchdringungen erzeugen nicht nur Wärmeverluste sondern bergen vor allem ein großes Feuchterisiko.

Ob gleichartige Fehler von unterschiedlichen Konstruktionen auf verschiedene Art und Weise „bestraft" werden oder auch nicht, ist zu untersuchen.

Schützt die Diffusionsoffenheit?

Fallbeispiel 1 zeigt starke Befeuchtung und Schimmelbildung an einer diffusionsoffenen Unterdeckplatte aus Holzweichfaser. Ursache war ein Ausführungsfehler beim Folienanschluss an eine Massivwand. Aber auch planerisch ist die Anordnung der Installationen zu bemängeln. In der [DIN 4108-7:2011] heißt es dazu:

„Durchdringungen müssen bei der Planung mit so viel Abstand untereinander und zu Bauteilen angeordnet werden, dass ausreichend Platz für die handwerkliche Herstellung des Luftdichtungsanschlusses bleibt. Bei Manschetten oder Formteilen müssen deren Maße berücksichtigt werden."

Die Industrie bietet heute vielfältige Produkte an, um z. B. mit Gummimanschetten o. ä. Dunstrohrdurchdringungen und andere Installationsleitungen sicher anschließen zu können. Man muss sie nur verwenden! (s. Abb. 2, weitere Beispiele in *Heft 2-2010, S. 50 ff.)*

Dies ist oft ein Problem der Bauorganisation. Eigentlich gehören diese Formteile in den Werkstattwagen der Installateure und deren Anwendung in die Ausbildung genau dieser Handwerker. Wenn sie wissen, wie es hinterher aussehen kann und muss, dann

Abb. 2:
Eines von vielen Produkten zur einfachen und sicheren Abdichtungen für Installationsdurchdringungen.
Foto: Fa. proclima, Schwetzingen

Fallbeispiel 1:

Diffusionsoffene, sorptionsfähige und kapillaraktive Holzfaserpaltte als Unterdeckung ... und trotzdem ein gravierender Feuchtschaden.

a) Die Erscheinung: braune „Rotznasen" an der Traufe.

b) Der Schaden: nasse und verschimmelte Platten.

c) Die Ursache (I): Installationsrohr in der Ecke.

d) Die Ursache (II): Fehlstelle in der Folienverklebung und weitere Installationen.

werden unbedarfte, die Arbeit des vorherigen Gewerks zerstörende Eingriffe nachlassen.

Allerdings ist in der Planung auch zu beachten, dass rings um die Rohre genügend Arbeitsraum zur Verfügung steht - zur Montage der Manschetten und zum Verarbeiten der Klebebänder. Die ggf. nötige Wiederherstellung der Luftdichtheitsebene gehört in die Ausschreibung der Leistungen des Installationsgewerks! Dann sind Verantwortlichkeiten klar. Sinnvoll ist auch die Angabe der hierfür jeweils geeigneten Produkte.

Die bauphysikalische Erkenntnis: Der Schadensfall zeigt deutlich, dass auch die Diffusionsoffenheit von Unterdeckungen bzw. Unterspannungen nicht vor schädlicher Feuchteakkumulation schützt, wenn die Luftdichtung grob fehlerhaft ausgeführt wird.

Wann reißen Klebeverbindungen auf?

Bevor wir die anderen Schadensfälle behandeln sind ein paar Anmerkungen erforderlich, um die Grenzen der Haltbarkeit von Klebeverbindungen aufzuzeigen.

Deren Dauerhaftigkeit ist wesentlich davon abhängig, ob hierauf Zugkräfte wirken. In der Praxis wird oft weit unterschätzt, dass die Schälkraft (= Zug- oder Scherkraft, die eine Verklebung abreißen lässt), sehr klein sein kann, wenn nur genügend Zeit für ihre Einwirkung zur Verfügung steht.

Abbildung 3 zeigt die Ergebnisse aus Laborversuchen der Uni Kassel. Dem Versuch, ein Klebeband vom Untergrund schnell mal abzureißen, widersetzen sich die Kleber in hohem Maß (= hohe Schälkraft, rechter Teile der Kurve). Aber je mehr Zeit dem Schälvorgang gelassen wird, desto geringer wird die Kraft, die erforderlich ist, um die Verbindung zu lösen (linker Teil der Grafik). Also alles nur eine Frage der Zeit, bis der ganze Klebeaufwand sich in Wohlgefallen auflöst?

In der Praxis entsteht dieser Schäleffekt vor allem dann, wenn luftdichtende Bahnen an ihren Rändern oder Überlappungen unter Spannung stehen. Mal dauert es ein paar Wochen mal ein paar Monate bis die Verbindung aufreißt. Dazu können schon geringe Zugkräfte ausreichen, wie sie z.B. durch die Auflast der Gefachdämmungen entstehen (Abb. 4 a).

Besonders heimtückisch sind Falten an den Anschlüssen. Die meist sehr steifen Bahnen habe dort Rückstellkräfte, die jede Art Klebemittel irgendwann versagen lassen (s. Abb. 4 b bis d). Das geschieht meist erst, wenn schon die innere Bekleidung montiert ist und die Verursacher längst bei der übernächsten Baustelle sind.

Dass Falten entstehen, lässt sich in der Praxis kaum vermeiden. Aber der Mut zum überlegten „chirurgischen Eingriff" mit dem Cuttermesser kann das Problem entschärfen:

Einen Entspannungsschnitt an der Falte gezielt gesetzt, dann ggf. die „Wundränder" geklammert und schließlich mit einem „Pflaster" aus einseitigen Klebeband in Schnittrichtung das Ganze getaped.

Dass dies vermutlich noch viel zu selten geschieht, ist auch ein bau„pädagogisches" Problem. Wer zerschneidet schon gerne, was er gerade mühsam fertig gestellt hat?

Mut zur „Bauchirurgie"! Zufriedene Patienten danken es Ihnen.

Abb. 3:
Die Schälkraft bei einem einseitigen Klebeband auf einer PE-Folie in Abhängigkeit von der Schälgeschwindigkeit
Quelle: [Gross / Maas 2004]

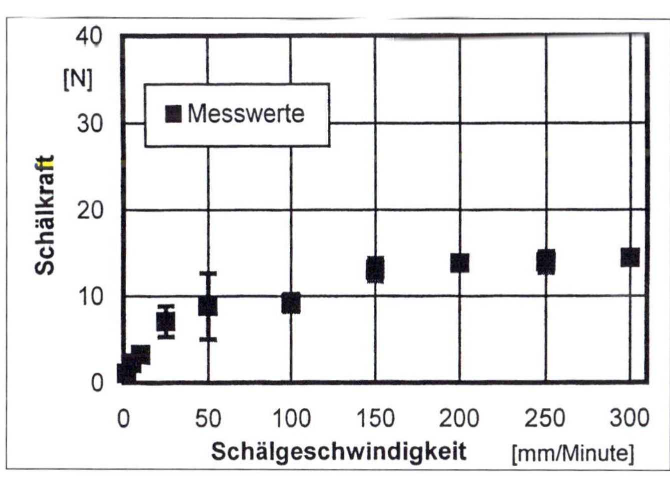

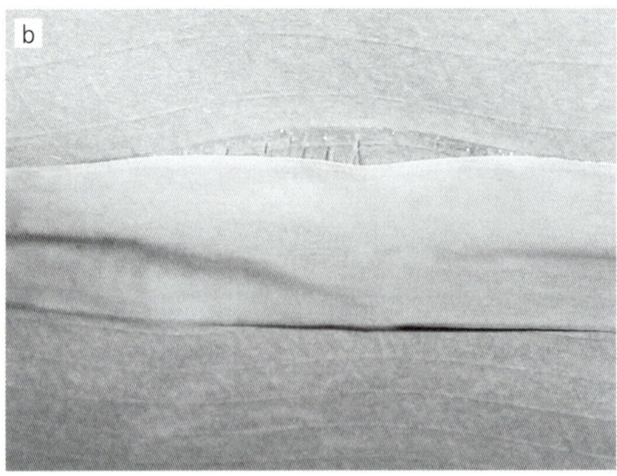

Abb. 4:
Was alles schief gehen kann

a) Am Anfang hat die Querverklebung dem Einblasdruck standgehalten (hoher „Tack") aber nach 8 Monaten ist sie unter Auflast der Dämmung aufgerissen.
(Foto: Volker Steinbauer)

b) Klebebänder auf Papierträger sind nicht elastisch. Schon Wellen der Bahnen können die Kohäsion des Klebers überfordern.
(Foto: Wilfried Walther, Springe)

c) Die Kraft von Falten zerreißt auch Klebemassen.

d) Alles falsch! Falscher Untergrund, ungeeignete Klebemasse (keine Haftung an der Folie), willenlose und unwissende Ausführung.

Am Anfang ist Druck nötig

Damit die einseitigen oder doppelseitigen Bänder mit ihren vergleichsweise dünnen Kleberschichten wirklich kleben bleiben, ist noch etwas anders zu beachten. Die Chemie der Acrylatkleber der heute am Bau verwendeten Produkte hat noch eine besondere Tücke.

Zum einen soll er einen hohen „Tack" haben, d.h. eine gute Anfangshaftung. Um diese zu erreichen, reicht es mit der Hand über die Klebestelle zu streichen. Um den Klebstoffanteil, der für die Langzeithaftung zuständig ist, wirksam werden zu lassen muss das Band fest angerieben wird.

Nimmt man dafür die verbreiteten Polyamid Spachtel entsteht an dessen Kantenfläche der notwendige hohe Druck (= Kraft/Fläche), der den Langzeitklebeeffekt aktiviert. Druck braucht Gegendruck. Deshalb erfolgt ein optimales, d. h. vollständiges „Benetzen" der Baustoffoberfläche mit Kleber nur, wenn es einen festen Untergrund zum Anreiben gibt.

Dies spricht gegen alle „fliegenden Stöße", wie sie mit vielen laufenden Metern bei der Querverlegung von Dampfbremsbahnen entstehen. Zur Entlastung der dort entstehenden Spannungen ist eine (evt. zusätzliche) Stützlattung unter der Überlappung dringend zu empfehlen.

Fügungen auf Sparren oder Ständern haben den idealen Untergrund zum Anreiben und auch für die erforderlichen Eingriffe an Falten. Wer sicher konstruieren will, vermeidet Querstöße oder verwendet an den Bahnenüberlappungen Anpressleisten. Damit sind Sondermaßnahmen bei Spannungen und Faltenwurf kein Thema mehr.

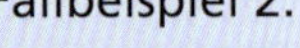

Fallbeispiel 2:

Belüftetes Pultdach mit partieller Schimmelbildung an der Firstschalung.

a) Die Erscheinung: Nebelgenerator zeigt Luftströmungen, die von innen kommen.

b) Die Ursache (I): Mit Spannung verlegte Folie hat sich von der zu dünn aufgetragenen Klebemasse gelöst.

c) Die Ursache (II): Große Undichtheiten beim Eintritt verschiedener Rohre und Leitungen in den Installationsschacht

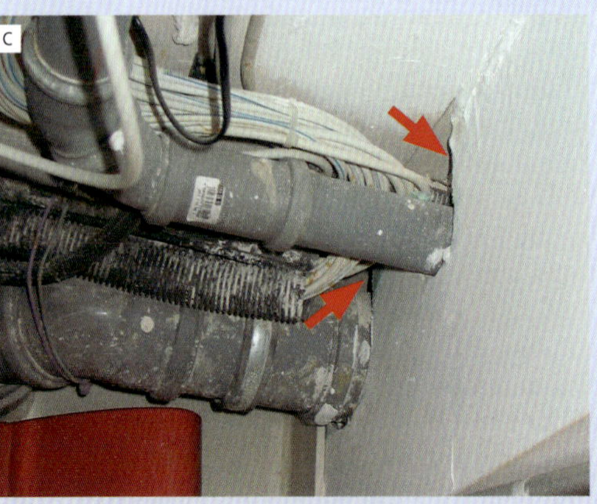

Die richtige Verarbeitung von Klebemassen…

Alle Hersteller von Dampfbremsfolien, die zur Luftdichtung eingesetzt werden sollen, bieten heute Klebemassen an, mit denen auch auf rauen Untergründen (Putzoberflächen, Beton o. ä.) ein dauerhaftes Ankleben der Bahnen ohne Anpresslatte ermöglicht werden soll. Die Dauerhaftigkeit dieser Klebeverbindung ist von folgenden Faktoren abhängig:

- Haftfähigkeit des Klebers auf der jeweils ausgewählten Bahn (am Besten durch „Systemtreue" gewährleistet).
- Ausreichende Dicke der Kleberaupe (Herstellerempfehlung: ca. 5 bis 8 mm).
- Geeigneter Untergrund (kein rohes Mauerwerk sondern trockene Putzoberflächen. Verschmutzte oder sandige Oberflächen bedürfen eines Primers).
- Spannungsfreie Verlegung der Bahn z. B. durch Entlastungsschlaufen oder mechanische Sicherung.

... auch ein bau-„pädagogisches"Problem

Das besondere Problem dieser Klebemassen ist kein technisches, sondern ein „pädagogisches". Die Funktionsfähigkeit dieses Systems hängt entscheidend davon ab, dass die Kleberaupe beim Andrücken der Folie nicht zusammengequetscht wird. Am besten funktioniert diese Technik, wenn kurz vor Feierabend die Klebemasseaufträge für die Luftdichtungsarbeiten des kommenden Tages ausgeführt werden.

Dann ist am nächsten Morgen die Klebemasse soweit verfestigt, dass ein Zusammenpressen nicht mehr möglich aber die Klebefähigkeit noch voll wirksam ist. Die Frage ist also, wie bringt man dies seinen Verarbeitern vor Ort bei? Jeder Uninformierte versucht intuitiv das, was bei den hier dokumentierten Schadensfällen häufigste Fehlerursache war:

- Die Folie wurde in die frische Klebemasse fest eingedrückt.

Rettung durch Belüftung?

Im 2. Fallbeispiel wurde im Bereich der Traufschalung Verschimmelung festgestellt. Hier waren gravierende Fehler bei der Luftdichtung des Installationsschachtes und abgerissene Verklebungen zwischen Bahn und Innenputz festzustellen. Im betroffenen Sparrenfeld wurde mit der BlowerDoor eine starke Strömung festgestellt. Dennoch wies dieser Bereich die geringste Feuchte- und Schimmelansammlung im Innern der Konstruktion auf. Die Schäden waren in den daneben liegenden Gefachen am größten.

Durch Querströmungen (Foliendurchhang und Falten der Bahnen) entstanden genau jene besonders heimtückischen langsamen, sich dabei abkühlenden und dann kondensierenden Luftströmungen in die Nachbargefache. Ursache, die es zu beseitigen gilt, bleiben natürlich die lokalen, aber großen Fehler auf der Innenseite.

Die bauphysikalische Erkenntnis: Dieses macht „nebenbei" klar, dass man auch durch eine korrekt ausgeführte Belüftung der Dämmebene nicht automatisch vor Konvektionsschäden gefeit ist. Im Gegenteil: Der thermische Auftrieb findet große Hohlräume vor, in denen er die Luft ungehindert in Bewegung versetzen kann. Lokale Schäden können sich so breit verteilen.

Konvektion ist unberechenbar

Wenn Tauwasser in den Aufenthaltsbereich abtropft (siehe Fall 3), so ist dies ein untrügliches Zeichen dafür, dass auch Luftundichtheiten vorliegen müssen. Wo Wasser fließt, kann auch Dampf eintreten. Insofern ist in solchen Fällen die Suche nach einer Fehlerquelle meist einfach. Komplizierte Strömungsmuster treten vor allem dann auf, wenn große Einzelleckagen festzustellen sind. Je nach Konstruktionstypus können die Folgeprobleme sich an ganz anderer Stelle bemerkbar machen.

Die bauphysikalische Erkenntnis: Auch dieser Fall hat einen speziellen Lerneffekt: Auch wenn innen eher niedrige Feuchtequellen vorhanden sind, reicht bei Luftströmung deren Dampfgehalt allemal zur Tauwasserbildung.

Ein gutes Ergebnis bei der quantitativen Bestimmung der Gesamtluftdichtheit (n_{50}-Wert) schützt nicht automatisch vor Feuchteproblemen durch größere Einzelleckagen (vgl. auch *condetti & co. Bd. 3*). Deshalb kann das Fazit aus der Untersuchung von konvektionsbedingten Feuchteschäden immer nur heißen:

- Die Luftdichtheitsebene muss nicht nur entsprechend den Fachregeln und den Herstellerangaben korrekt ausgeführt werden.
- Es bedarf auch der problembewussten Planung der Anschlussdetails, um den Handwerkern die Chance zur fachgerechten Ausführung zu geben.
- Und Letztere brauchen, wenn gute Arbeit aufgrund der vorgefundenen Bausituation praktisch nicht möglich ist, wie immer, den Mut Bedenken anzumelden. ■

Literaturquelle

[Gross/ Maas 2004] Gross, Rolf und Maas, Anton: Untersuchungen zur Haltbarkeit von Klebeverbindungen für Luftdichtheitsschichten. 9. BlowerDoor- Symposium, Energie- und Umweltzentrum, Springe 2004.

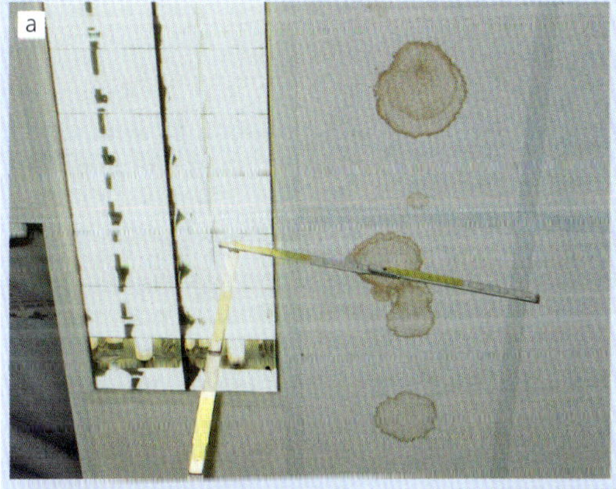

Fallbeispiel 3:

Geringe innere Feuchtelast (Aufenthaltsraum in Feuerwehrhaus) und doch Tauwasser.

a) Die Erscheinung: Abtropfflecken an abgehängter Akustikdecke

b) Zwei Grundfehler: Anschluss der Folie an unverputztes Mauerwerk. Durchhängende Folien, Verklebung z.T. abgelöst, weil nicht mechanisch gesichert.

c) Foliendurchhang führt zwangsläufig zu vielen Falten. Dort Ablösung der Folie von der Klebermasse. Man beachte die braunliche Ablaufspur des Kondensats.

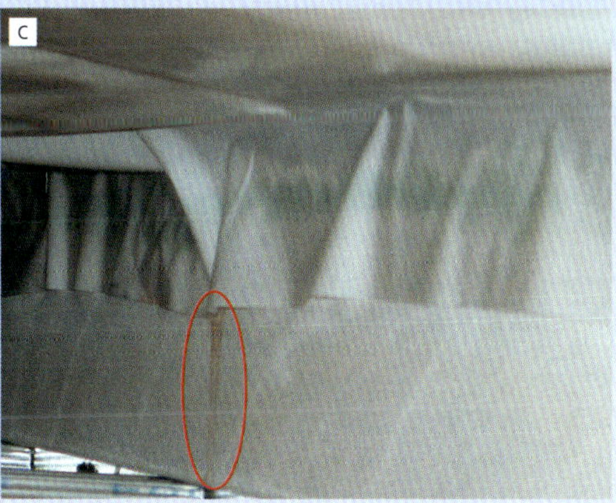

Stoßlüftung oder Dauerlüftung?

Der richtige Umgang mit dem Fenster zur Raumentfeuchtung

Wer eine Wohnung oder ein Haus hat, will darin leben – muss sich aber auch kümmern, will er ein angenehmes und gesundes Raumklima haben. Beim Heizen ist das allgemein anerkannt – und technisch dank der Zentralheizung für die Bewohner keine besondere Herausforderung mehr.

Aber wie geht das mit dem Lüften? Gegenüber der technischen Lösung (mechanische Lüftungsanlage) haben die meisten Bauherrn und Planer immer noch Vorbehalte, in Altbauten fehlt solcherlei fast völlig. Das richtige Lüften, mit dem was bleibt – dem Fenster –, überfordert die Wohnungsnutzer jedoch vielfach. Angepasst an Außenklima, Feuchteproduktion und Baustandard täglich die richtigen Entscheidungen zu treffen, ist vor allem bei der Abfuhr von Wohnfeuchte nach wie vor ein Problem, s. Schimmelschäden.

In seinem Buch „Wohnungslüftung und Raumklima" [1] hat der Senior der Bauphysik, Helmut Künzel, den Stand der Erkenntnisse von Wissenschaft und Praxis als Herausgeber zusammengeführt und seine eigene These untermauert, dass wir bei der Fensterlüftung völlig auf dem falschen Dampfer sind. Hundertausende Verbraucher-Broschüren propagieren die Stoßlüftung, die nach den Gesetzen der Physik und der Lebenspraxis für die Feuchteabfuhr denkbar ungeeignet ist. Wie es anders geht (gehen muss) erläutert er in diesem Artikel.

Robert Borsch-Laaks, der Lektor

Wie lüftet man richtig, um Wohnfeuchte effizient abzuführen? Fenster ganz auf und kurz oder nur einen Spalt weit und dafür länger? Fragen, die von der Bauphysik neu beantwortet werden müssen.

Autor:
Dr.- Ing. Helmut Künzel,
ehem. Leiter der Freilandversuchsstelle Holzkirchen des Fraunhofer Instituts für Bauphysik

Das Problem

In „Ratgeberecken" von Zeitschriften und Zeitungen ist oft zu lesen, dass das Lüften von Wohnräumen durch Stoßlüften erfolgen soll, d.h. durch kurzes Öffnen eines oder mehrerer Fenster. Während des Lüftungsvorgangs sollen die Heizkörper abgeschaltet werden. Dieser Rat geht wohl von der Meinung aus, dass bei kurzem Luftaustausch am wenigsten Heizenergie verloren geht. Auch in Fachveröffentlichungen wurde in den letzten Jahren die Stoßlüftung hervorgehoben, sofern man nicht gleich den ventilatorgestützten Lüftungsanlagen den Vorzug geben will ([2] bis [5]).

Für das Lüften zur Abführung von Wohnfeuchte gibt es bei uns keine Tradition; wohl deshalb, weil früher dafür im Allgemeinen die „Selbstlüftung" durch vorhandene Undichtheiten ausreichend war. „Verbrauchte" Luft wurde durch „spontanen" Luftaustausch erneuert, was wir heute mit Stoßlüftung bezeichnen angetrieben von Winddruck und thermischem Auftrieb. Diese eher zufällige, wetterbedingte Lüftung hat meist auch zur Abfuhr der Feuchteproduktion in Räumen ausgereicht, weil vor allem die undichten Fenster eher zu einem übermäßigen Luftaustausch führten.

Heute, in einer Zeit, in der weitgehend die alten Fenster ersetzt sind und generell die Verbesserung der Luftdichtheit der Gebäudehülle erhöhte Aufmerksamkeit geschenkt wird, ist das „richtige Lüften" aber komplex geworden: Es muss nämlich nicht nur die durch das Wohnen verursachte Feuchteproduktion berücksichtigt werden, sondern auch die „Schadensempfindlichkeit" des Gebäudezustands sowie die Wasserdampf-Sorption der Inneneinrichtung und der Raumoberflächen.

Lüften zum Luftaustausch: Stoßlüftung

Zum Austausch von „verbrauchter" Raumluft gegen „frische" Außenluft ist das sog. Stoßlüften die richtige Maßnahme, d.h. völliges Öffnen der Fenster zum Ermöglichen eines Luftdurchzugs. In wenigen Minuten ist dann in der Regel die Luft erneuert, Gerüche sind abgeführt und der CO_2-Gehalt ist wieder auf Normalniveau.

Hierbei wird gleichzeitig der in der Raumluft enthaltene Feuchtegehalt durch den der Außenluft ersetzt wird. Die Größe der Entfeuchtungswirkung der Stoßlüftung wird allerdings meist überschätzt.

Wie Tabelle 1 zeigt, werden durch den einmaligen Luftaustausch im Idealfall (vollständige Durchströmung) je nach Winterklima 1.300 bis 1.700 Gramm Wasserdampf aus einer 90 m² Wohnung „weggelüftet". Wohnt hierin ein 4-Personenhaushalt, so beträgt dessen tägliche Feuchteproduktion 8.000 bis 15.000 Gramm. Folgen die Bewohner

Tabelle 1: Feuchteabfuhr durch eine Stoßlüftung

	Klima	Feuchtegehalt der Luft [g/m³] innen	außen	Differenz	Raumvolumen [m³]	Feuchte-Abfuhr [g]
(1)	Extremer Wintertag	9,5	2,1	7,4	225	1.668
(2)	Mittlerer Wintertag	11,2	5,5	5,7	225	1.293
Randbedingungen: 90 m² Wohnfläche, Start der Lüftung bei 55% (1) bzw. 65% (2) rel. F. und 20°C im Raum						
Außenklima: (1) -5°C, 80%, (2) +5°C, 85%.						

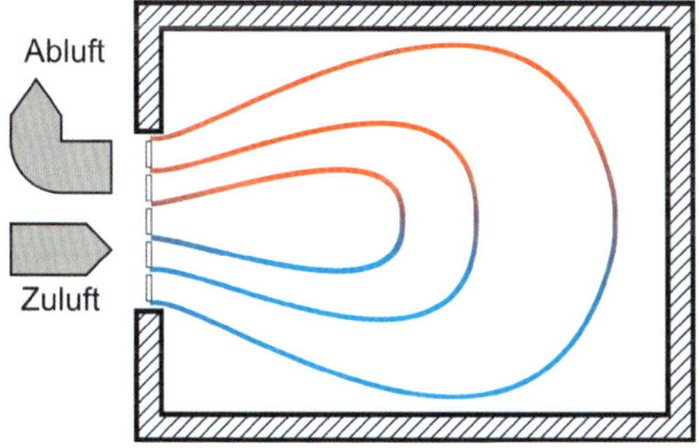

Abb. 1:
Schema der Raumluftströmung bei Spaltlüftung.
Die im oberen Spaltbereich des Fensters auf Grund der Thermik ausströmende Warmluft hat einen Zustrom von Kaltluft im unteren Spaltbereich zur Folge. Diese erwärmt sich im weiteren Strömungsverlauf und wird dadurch aufnahmefähig für Feuchtigkeit.
Der hier idealisiert angegebene Strömungsverlauf kann natürlich in der Praxis durch Windeinwirkung und Möblierung beeinflusst werden, kann aber den schleichenden Luftaustausch verdeutlichen (die Spaltöffnung ist hier durch Unterbrechungen des Fensters symbolisiert).

der gängigen Empfehlung von ein paar Stoßlüftungen pro Tag, kann hierdurch die notwendige Abfuhr der Wohnfeuchte nur zu einem Bruchteil gewährleistet werden. Je nach Klima und zulässiger innerer Feuchte müsste die Stoßlüftung alle 2 bis 4 Stunden wiederholt werden – auch nachts.

Und außerdem: Wenn nach einmaligem Auswechseln der Raumluft der Lüftungsvorgang fortgesetzt wird, bewirkt dies keineswegs eine weitere Entfeuchtung der Raumluft, sondern nur Heizenergieverluste und zwar umso mehr, je länger die Stoßlüftung (die dann diesen Namen gar nicht mehr verdient) andauert und je intensiver der Luftaustausch ist.

Lüften zur Raumentfeuchtung: Das Prinzip

Bekanntlich ist der absolute Feuchtegehalt der Luft von deren Temperatur abhängig; kalte Luft hat einen geringeren Wassergehalt als warme. Zur Feuchteabfuhr muss daher die hereingelüftete Außenluft erwärmt werden, damit sie relativ trockener und aufnahmefähig für die Raumfeuchte wird nach dem Prinzip:

Außenluft rein → Aufwärmen → Raumluft raus.

Das Erwärmen der hereinströmenden Außenluft erfolgt am Besten dadurch, dass das Fenster nur einen Spalt geöffnet wird, deshalb im Folgenden als „Spaltlüftung“ bezeichnet. Im oberen Fensterbereich kann die warme Raumluft auf Grund der Thermik entweichen und im unteren Bereich die kalte Außenluft einströmen, wie in Abb. 1 schematisch dargestellt. Der Spalt soll nur so groß sein, dass die Raumlufttemperatur nicht stark absinkt, also die kalte Zuluft ausreichend erwärmt wird.

Dadurch entsteht gewissermaßen ein „schleichender“ Luftaustausch. Die einströmende Kaltluft vermischt sich mit der Raumluft, wird durch die Raumoberflächen und die Raumheizung erwärmt und kann dadurch Feuchtigkeit aufnehmen. Hierzu ist es notwendig, dass die Fenster bei Dreh- oder Kippstellung arretiert werden können, was bisher im Allgemeinen leider nicht der Fall ist.

Trocknen ist ein endothermer Vorgang, d.h. ein Vorgang, bei dem Wärme zugeführt werden muss. Das gilt sowohl für das Wäschetrocknen, für das Haarfönen und eben auch für das Lüften zur Feuchteabfuhr. Das Abschalten der Heizung während des Lüftens – wie vielfach gefordert – ist daher falsch.

Wie bedient man die Spaltlüftung?

Ein Problem gibt es bei der Spaltlüftung: Man darf auch hierbei nicht vergessen, den oder die Fensterspalte wieder rechtzeitig zu schließen. Bei Stoßlüftung merkt man dies, weil es dann zu kalt wird. Bei Spaltlüftung sollte man sich durch ein optisches oder akustisches Signal eine „Eselsbrücke“ bauen (besondere Markierung am Fenster oder Klingelton wie bei Eieruhren). Da auch die Spaltlüftung zeitlich begrenzt sein soll, muss ein Bewohner anwesend sein.

Während der Zeit der Abwesenheit (Berufstätigkeit) kann man eine spezielle „Fensterlüftung“ betätigen. Hierfür gibt es verschiedene Möglichkeiten; ein Beispiel ist in Abb. 2 dargestellt. Eine solche zusätzliche Lüftungsmöglichkeit ist gewissermaßen der Ersatz für die früher vorhandenen Undichtheiten, jedoch mit dem Unterschied, dass der Luftaustausch regulierbar ist und somit an die Klimaverhältnisse (insbesondere die Windverhältnisse) angepasst werden kann.

Auch automatische Schließvorrichtungen für Fenster sind auf dem Markt (Beispiel in Abb. 3). In das Fenster integrierte Lüfter (Fensterlüfter oder Dosierlüfter) und „normale Kippfenster“, deren Beschläge es erlauben, stufenlos die Kippweite zu arretieren, sollten in Zukunft viel mehr vorgesehen werden.

Auf den Wärmschutz kommt es an

Hinsichtlich des Gebäudezustands ist in erster Linie die Wärmedämmung der Außenwände eine wichtige Beurteilungsgröße. Deren Mindest-

Abb. 2:
Beispiel für einen regulierbaren und dosierbaren Fensterlüfter am unteren Fensterrand (Dosierlüfter). Um den Effekt der Thermik gem. Abb. 1 zu nutzen, sollte er eher seitlich angebracht werden.
(Foto: Siegenia-Aubi KG, Wilsdorf)

Abb. 3:
Kippfenster mit automatischer Schließvorrichtung. Durch Ziehen an der Kordel wird die Feder des Schließmotors gespannt. Die Öffnungszeiten können auf 5 bis 60 Minuten eingestellt werden.
(Bild: Michael Wolf, TK-Plan).

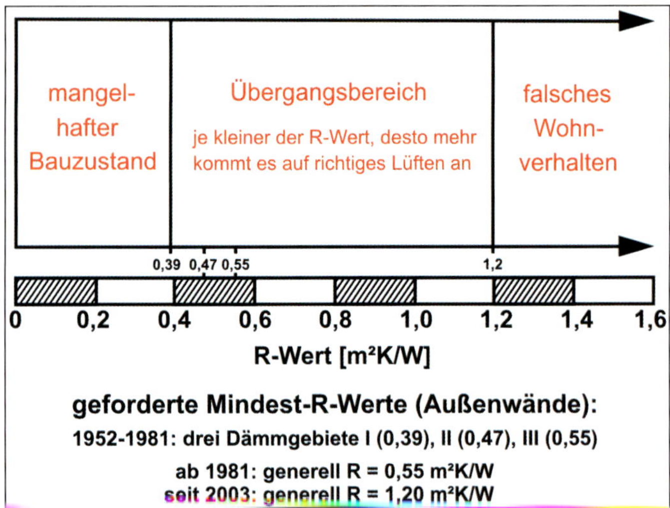

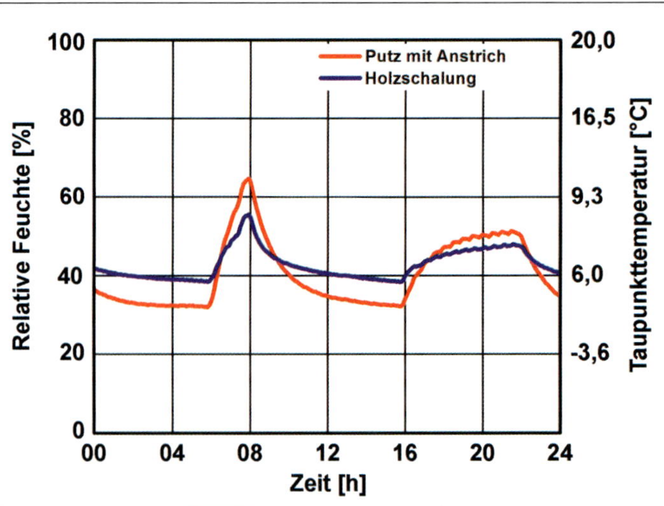

Abb. 4:
Schemadarstellung zur Anfälligkeit für Feuchteschäden in Wohnungen und deren Ursachen in Abhängigkeit von der Wärmedämmung (R-Wert) der Außenwände.
Von 1952 bis 1981 waren die Mindestwerte gestaffelt nach drei Wärmedämmgebieten (I, II und III). Die „krummen" Zahlen entstanden durch die Umrechnung von Kalorien in Watt. Ab 1981 galt R = 0,55 und seit 2003 gilt R = 1,20 m²*K/W. Von eindeutig mangelhaftem Bauzustand nimmt mit zunehmender Wärmedämmung die Schadensempfindlichkeit ab, bis schließlich eindeutig falsches Wohnverhalten die Ursache von Feuchteschäden ist.

Abb. 5:
Verläufe der relativen Luftfeuchte in den beiden Versuchsräumen an einem Tag bei gleicher (zweimaliger) Feuchteproduktion und einem ständigen Luftwechsel von 0,5 h-1 nach [7]. Infolge der stärkeren Pufferwirkung der Holzschalung sind Zunahme und Abnahme der relativen Luftfeuchte im Tagesverlauf kleiner als im Fall des Innenputzes.

dämmwert ist gemäß DIN 4108-2 im Jahr 2003 wesentlich erhöht worden (von R = 0,55 m^2*K/W auf R = 1,2 m^2*K/W, entspricht einer äquivalenten Dämmdicke von ca. 2 bzw. 5 cm bezogen auf λ_D = 0,04 W/m*K). Hiernach gibt es baurechtlich zwei Gruppen von Bauten, die unterschiedlich zu bewerten sind.

Wenn der jeweils gültige R-Wert der Außenwände unterschritten wird, dann ist in Schadensfällen der Bauzustand zu bemängeln. Schäden bei dem heute gültigen R-Wert sind auf falsches Wohnverhalten zurückzuführen, wenn auch die zweite bauliche Anforderung der Norm eingehalten wird (Temperaturfaktor $f_{R,si} \geq 0{,}7$ im Bereich von Wärmebrücken), *vgl. condetti BASICS 1-2012 und den Beitrag von Robert Borsch-Laaks und Daniel Kehl, Heft 4- 2010, S. 21 ff.*

Dazwischen liegt ein großer Bereich, in dem „angepasstes Lüften" erforderlich ist, um Schäden zu vermeiden. In Abb. 4 ist dies schematisch dargestellt. Diese Gesichtspunkte werden bisher bei den meisten Lüftungsanweisungen überhaupt nicht berücksichtigt, wenn pauschal zwei, drei oder mehr Stoßlüftungen vorgeschlagen oder gefordert werden.

Sorption macht Lüftung träge

Da bei Feuchteeintrag in Wohnungen nicht nur die Raumluft Feuchte aufnimmt, sondern auch sorptionsfähige Stoffe (Putz, Tapeten, Textilien), beeinflussen letztere den Zeitverlauf der Raumluftfeuchte: Der Anstieg der Raumluftfeuchte wird gebremst und die Abnahme der Luftfeuchte beim anschließenden Lüften wird verzögert. Man spricht in diesem Zusammenhang von „Feuchtepufferung" durch sorptionsfähige Stoffe [6].

Wie sich das auswirken kann, geht aus einem Versuch im Fraunhofer-Institut für Bauphysik Holzkirchen hervor. Verglichen wurden die Verläufe der Raumluftfeuchte in zwei Versuchsräumen, von denen bei einem die Wände und die Decke verputzt und beim anderen mit einer Holzschalung versehen waren [7]. Das Ergebnis in Abb. 5 lässt die Auswirkung der stärkeren Wasserdampfsorption des (unbehandelten) Fichtenholzes im Vergleich zu dem Innenputz erkennen. Bei Feuchteproduktion steigt die Luftfeuchte im Fall der Holzschalung weniger an (niedrigere Taupunkttemperatur), sinkt aber langsamer ab als im verputzten Raum.

Der Tagesmittelwert der relativen Feuchte beträgt im Raum mit Putz 39,0 % und im Raum mit Holzschalung 41,5 %. Zum Ausgleich müsste im holzverschalten Raum etwas länger gelüftet werden.

Der Vorteil der Sorption ist somit auch mit einem Nachteil verbunden, was sich besonders in Schlafräumen auswirken kann wegen der Sorptionsfähigkeit der Betten. Da mit einer Stoßlüftung nur der Dampfgehalt der Luft ausgetauscht wird, ist diese Lüftungsstrategie hier besonders fehl am Platze. Die Stoßlüftung müsste mehrfach wiederholt werden (mit zwischenzeitlichem Aufheizen), um die nachströmende Feuchte aus den Betten abführen zu können.

Lüftungstipps für verschiedene Raumtypen

Wie gelüftet werden soll, um die durch Wohnprozesse entstehende Feuchtigkeit abzuführen, wurde dargelegt und erläutert und auch, dass bei der Intensität und Dauer des Lüftens der Gebäudezustand berücksichtigt werden muss. Hilfreich sind dabei noch folgende Hinweise im Hinblick auf die Art der Feuchtebelastung in verschiedenen Räumen:

- In Küchen sollte die durch das Kochen eingebrachte Feuchtigkeit am Besten unmittelbar beim Entstehen durch einen Dunstabzug abgeführt werden.
- In Baderäumen kann das Abwischen der Fliesen nach dem Duschen die Lüftungsdauer verkürzen, denn abgewischtes Wasser, das im Waschbecken „entsorgt" wird, muss schon nicht mehr hinausgelüftet werden.
- In Schlafräumen wird meist unterschätzt, welche Feuchtemengen infolge Feuchteabgabe über die Haut und durch die Atemluft entstehen, zwar pro Zeiteinheit wenig, aber länger andauernd. Die Feuchtigkeit, die sich in den sorptionsfähigen Betten anreichert, seien diese aus Wolle oder aus Federn, benötigt auch einige Zeit zur Desorption und Wiederabgabe durch Lüften.

Schlafräume weisen daher nach umfangreichen statistischen Erhebungen mit 39%

Abb. 6:
Digitales Thermohygrometer mit Außenfühler: Hilfreich für die Kontrolle des Raumklimas, aber interpretationsbedürftig.
Zeitpunkt der Aufnahme: Ein Sommermorgen. Alles im „grünen Bereich". Die gleichen Werte im Winter? Ein eindeutlicher Hinweis auf Lüftungsbedarf, s. Abb. 7.
Foto: R. Borsch-Laaks

aller untersuchten Fälle (insgesamt 280) den höchsten Anteil von Schimmelpilzschäden auf vor Küchen, Wohnräumen und Bädern [8].

Bei welcher relativen Feuchte lüften?

Wie lange eine Spaltlüftung bzw. eine ergänzende dosierte Lüftung – je nach Raumart – vorgenommen werden soll, liegt mehr oder weniger im Ermessen bzw. in der Erfahrung der Bewohner. Zur Unterstützung ist ein Hygrometer hilfreich, das die relative Raumluftfeuchte anzeigt (Abb. 6).

Allerdings kann dazu kein konstanter, einzuhaltender Richtwert angegeben werden, da die jeweils zu beachtende kritische Raumluftfeuchte (zur Vermeidung von Tauwasser und Schimmelbildung) von der Außenlufttemperatur abhängt. Das Diagramm in Abb. 7 kann als Anhalt für diesen Einfluss herangezogen werden, in dem auch die Qualität der Wärmedämmung berücksichtigt ist. Der Einfluss unterschiedlicher Sorption ist gegenüber der Wärmedämmung bzw. der Tauwasserbildung von geringerem Einfluss, aber trotzdem nicht zu vernachlässigen.

Man kann auch mit Hilfe eines Hygrometers einfach den Verlauf der Raumluftfeuchte verfolgen und so lange lüften, bis der Zustand vor der durch den Wohnprozess bedingten Feuchtezufuhr etwa wieder erreicht ist, wobei vorausgesetzt wird, dass sich zwischenzeitlich die Außenverhältnisse nicht wesentlich geändert haben. Jedenfalls ist ein Hygrometer zur Beobachtung und Beurteilung des Raumklimas hilfreich, so wie früher Barometer zur Wetterbeurteilung üblich waren.

Abb. 7:
Kritische Obergrenzen für die Raumluftfeuchte bei gut und schlecht gedämmten Gebäuden (U = 0,5 W/m^2.K bzw. U = 1,4 W/m^2.K) bei 20°C Raumlufttemperatur in Abhängigkeit von der Außenlufttemperatur zur Vorbeugung von Schimmelpilzbildung im Bereich von geometrischen Wärmebrücken nach [9].

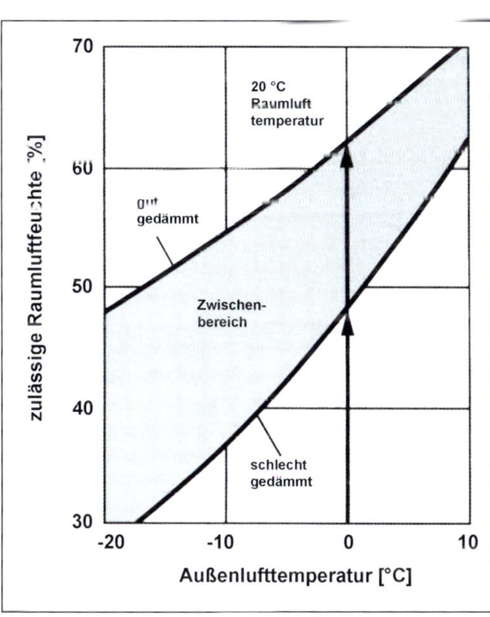

Zusammenfassung und Folgerungen

Im Gegensatz zu früher muss in Wohnungen nach heutiger baulicher Ausführung gezielt und angemessen gelüftet werden, um Feuchteschäden zu vermeiden. Dabei ist zwischen **„Lüften zur Lufterneuerung"** und **„Lüften zur Raumentfeuchtung"** zu unterscheiden. Nur zur Lufterneuerung ist die Stoßlüftung geeignet. Zur Feuchteabfuhr ist Spaltlüftung die richtige Maßnahme. Die frühere „Zufallslüftung" oder „Selbstlüftung" infolge unkontrollierbarer Undichtheiten in der Wohnung, muss durch einen gezielten und den Verhältnissen angepassten Luftaustausch ersetzt werden.

Sowohl bei der Selbstlüftung als auch bei der Spaltlüftung handelt es sich um einen „schleichenden" Luftaustausch, bei dem die Möglichkeit besteht, dass die eingebrachte Außenluft durch Vermischen mit der Raumluft und Kontakt mit der Inneneinrichtung erwärmt wird. Diese Erwärmung ist notwendig, damit die relative Feuchte der „Mischluft" insgesamt abnimmt und Feuchtigkeit aus dem Raum aufgenommen und abgeführt werden kann.

Mit der **Lüftungsstrategie „Spaltlüftung"** nähert man sich methodisch der ventilatorgestützten Lüftung ohne Wärmerückgewinnung. In beiden Fällen bewirkt der langsame Luftaustausch die erforderliche Erwärmung der Außenluft.

Der Unterschied ist, dass bei der automatisierten Lüftung außer dem einmaligen apparativen Aufwand für die Lüftungsanlage ein stetiger Energieaufwand für deren Betrieb anfällt sowie eine Wartung der Anlage erforderlich ist (insbesondere der Filter), *vgl. Artikel von Norbert Stärz S. 142*. Bei der Fensterlüftung hingegen kommt es hauptsächlich auf die richtige Handhabung der erforderlichen Lüftungsmaßnahmen durch die Bewohner an. Als „apparativer" Aufwand kommen in diesem Fall eine Arretierung bei verschiedenen Öffnungsbreiten der Fenster für eine differenziertere Spaltöffnung in Frage und ggf. pro Raum mindestens an einem Fenster eine dosierbare Belüftungsmöglichkeit sowie Messgeräte für die Außenlufttemperatur und die relative Raumluftfeuchte. Bei richtiger Handhabung sind Fensterlüftung und ventilatorgestützte Lüftung im Effekt als adäquat zu bewerten. ■

Literaturhinweise

[1] Künzel, H. (Hrsg.): Wohnungslüftung und Raumklima, 2. Auflage. Fraunhofer IRB-Verlag 2009.

[2] Moriske, H. J.: Schimmel, Fogging und weitere Innenraumprobleme. Fraunhofer IRB-Verlag 2007.

[3] DIN-Fachbericht 4108-8: Wärmeschutz und Energieeinsparung von Gebäuden – Teil 8: Vermeidung von Schimmelwachstum in Wohngebäuden. September 2010.

[4] Spitzner, M., H.: Der neue DIN-Fachbericht 4108-8, Vermeidung von Schimmelwachstum in Wohngebäuden. Bauphysik 32 (2010), H.6, S. 414 – 423.

[5] Heinz, E.: Wohnungslüftung – frei und ventilatorgestützt (2. Auflage, Herausgeber DIN). Beuth Verlag 2011.

[6] Künzel, H.: Instationärer Wärme- und Feuchteaustausch an Gebäudeinnenoberflächen. In [1].

[7] Künzel, H.M. et al.: Feuchtepufferwirkung von Innenraumbekleidungen aus Holz oder Holzwerkstoffen. In: Bauforschung für die Praxis, Band 75, IRB-Verlag 2006.

[8] Oswald, R. et al.: Schimmelbefall bei hochwärmegedämmten Neu- und Altbauten. Bauforschung in der Praxis, Band 84, IRB-Verlag 2008.

[9] Künzel, H.M.: Kritische Grenzen für die Raumluftfeuchte in Wohngebäuden. In: [1]

Baustoff- und Feuerwiderstandsklassen

Woher kommen die Anforderungen – wie werden sie umgesetzt?

Tragende und aussteifende Bauteile müssen standsicher und gebrauchstauglich sein, damit das Bauwerk nicht einstürzt bzw. durch unzumutbare Verformungen und Schwingungen seine Nutzungsfähigkeit verliert. Aber auch im Brandfall müssen die sich im Gebäude befindenden Personen vor einem frühzeitigen Gebäudeeinsturz sowie einer Gefährdung durch eindringenden Rauch geschützt werden. Für welche Zeitspanne aber muss diese Schutzfunktion gewährleistet werden und wo ist dies festgelegt? Und welche Baustoffe sind zur Ausbildung einer Wand bzw. Decke zu verwenden, damit die Bauteilanforderungen eingehalten werden?

Holger Schopbach

Vorschriften und Richtlinien

In der Bundesrepublik Deutschland sind die Anforderungen an den vorbeugenden baulichen Brandschutz in den Landesbauordnungen (LBO's) geregelt. Die Musterbauordnung (MBO) hat lediglich den Charakter einer unter den für die Bauordnungen zuständigen Ländern gemeinsam erarbeiteten Empfehlung.

Die wesentlichen Ziele der bauordnungsrechtlichen Regelungen bezüglich des Brandschutzes lauten (in gewichteter Reihenfolge):

- Entstehung und Ausbreitung von Feuer und Rauch verhindern
- Rettung von Menschen und Tieren ermöglichen
- Löschangriff zulassen

Die Umsetzung dieser prinzipiellen Schutzziele wird in denjenigen Abschnitten der Landesbauordnungen näher beschrieben, die sich mit Bauteilen, Rettungswegen und der technischen Gebäudeausrüstung beschäftigen.

Für den Großteil der durchzuführenden Bauvorhaben beschreibt die jeweilige Landesbauordnung mit ihren Anforderungen an Baustoffe, Bauteile, Brandabschnitte und Rettungswege praktisch ein Standardbrandschutzkonzept mit aufeinander abgestimmten Komponenten. Durch unterschiedliche Anforderungsstufen werden verschiedene Nutzungsarten und Gebäudehöhen berücksichtigt (siehe Abb. 1). Beträgt die Höhe des obersten Geschossfußbodens mit Aufenthaltsräumen max. 7,0 m über der Geländeoberfläche, kann eine Personenrettung noch über Steckleitern der Feuerwehr realisiert werden. Die Konstruktion muss in diesem Fall maximal feuerhemmend ausgebildet werden, d. h. zumindest 30 Minuten lang einer Brandbeanspruchung widerstehen, damit erfolgreich Rettungsmaßnahmen durchgeführt werden können. Aufenthaltsräume, die höher liegen, können nur noch durch Hubrettungswagen der Feuerwehr erreicht werden; die Anforderungen an die Widerstandszeit der Konstruktion sind damit höher.

Baustoffklassen

Baustoffe werden gemäß DIN 4102-1 entsprechend ihrem Brandverhalten in verschiedene Baustoffklassen eingeteilt. Ohne Brandprüfung darf für die in DIN 4102-4 genannten Baustoffe die dort angegebene Baustoffklasse zugrunde gelegt werden. Holz und Holzwerkstoffe gehören beispielsweise der Baustoffklasse B2 – normalentflammbar – an. Die definierten Baustoffklassen beziehen sich ausschließlich auf die Eigen-

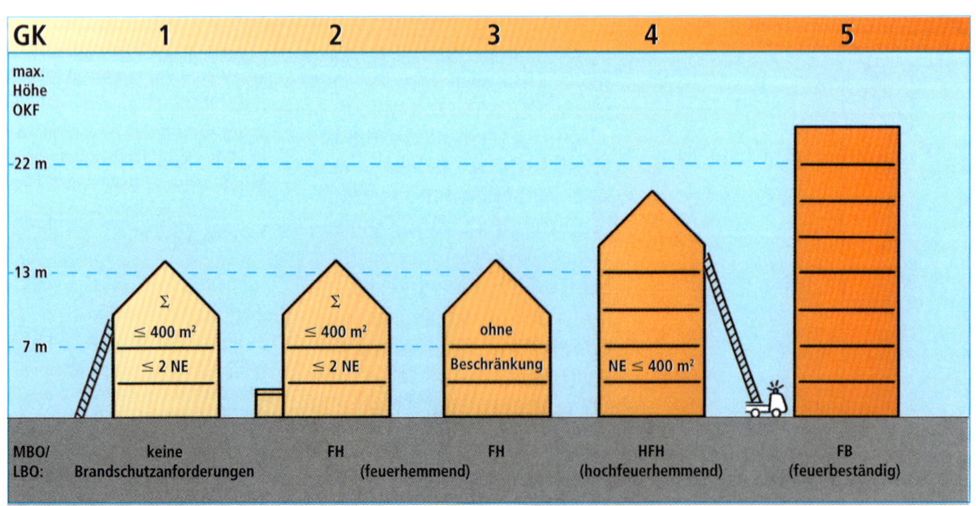

Abb. 1: Gebäudeklassen und Brandschutzanforderungen nach MBO

schaft des einzelnen Materials bezüglich seiner Brennbarkeit oder Nichtbrennbarkeit. Aus der Baustoffklasse lässt sich nicht direkt auf die Feuerwiderstandsdauer der Bauteile schließen, für die das Material verwendet wird!

Das Brandverhalten von Bauprodukten auf europäischer Ebene wurde mit DIN EN 13 501-1 „Klassifizierung von Bauprodukten und Bauarten zu ihrem Brandverhalten“ harmonisiert. Das europäische Klassifizierungssystem bietet viel mehr Klassen mit zusätzlichen Kriterien als bislang in Deutschland vorhanden. Das europäische Klassifizierungssystem regelt zusätzlich zum Brandverhalten die Brandnebenerscheinungen. Jeweils drei Klassen mit Angaben zur Rauchentwicklung (smoke release rate: s1, s2, s3) und zur brennenden Abtropfbarkeit (droplets: d0, d1, d2) sind festgelegt. Dabei gilt für Deutschland, dass die Klasse s1 bei besonderen Anforderungen an die Rauchentwicklung einzuhalten ist und die Klasse d0, wenn der Baustoff im Brandfall nicht brennend abfallen/abtropfen darf. Die verschiedenen Klassifizierungen sind in Tabelle 1 gegenübergestellt.

Foto: S. Pednault

Feuerwiderstandsklassen

Das Brandverhalten von Bauteilen wird durch die Feuerwiderstandsdauer gekennzeichnet. Sie ist allgemein die Mindestdauer in Minuten, während der ein Bauteil bei Prüfung gemäß geltender Prüfnormen die dort definierten Anforderungen erfüllt. DIN 4102 „Brandverhalten von Baustoffen und Bauteilen“ ist weiterhin die grundlegende Norm für die Beurteilung und Anwendung der im Bauwesen verwendeten Materialien und Bauteile hinsichtlich ihres Brandverhaltens. Für die bauausführende Praxis ist der Teil 4, der klassifizierte Baustoffe und Bauteile enthält, von besonderer Bedeutung. Die Bezeichnung der Feuerwiderstandsdauer erfolgt durch einen die Bauteilart repräsentierenden Buchstaben (F für tragende Bauteile, T für Türen etc.), die Angabe der Feuerwiderstandsdauer und der zu verwendenden Baustoffklassen (z. B. F30-B, F90-A).

Auch bezüglich der Feuerwiderstandsdauer sind europäische Normen bereits eingeführt und anwendbar, z. B. DIN EN 13501-2 „Klassifizierung von Bauprodukten und Bauarten zu ihrem Brandverhalten“. Gemäß vorgenannter Norm werden die Funktionen Tragfähigkeit (R), Raumabschluss (E) und Wärmedämmung (I) separat unterschieden, während in der nationalen DIN 4102-4 stets alle drei Funktionen gemeinsam erfüllt werden müssen. Ein tragendes Bauteil ohne raumabschließende Wirkung wird zukünftig als R-30, mit raumabschließender Wirkung als REI-30 bezeichnet werden.

Tabellen mit klassifizierten Bauteilen wie in DIN 4102-4 wird es allerdings in europäischen Regeln nicht mehr geben. Das bisherige deutsche Klassifizierungssystem, basierend auf DIN 4102, und das europäische Klassifizierungssystem werden für eine Übergangszeit gleichwertig und alternativ anwendbar sein.

Die Leistungsfähigkeit eines Bauteils bezüglich dieser Anforderungen ist vom Zusammenwirken der Tragkonstruktion, der Beplankungen und der Dämmstoffe abhängig. Bestehen bauaufsichtliche Anforderungen, müssen diese durch die Konstruktion erfüllt werden. Die Konstruktionen werden durch nationale Normen (DIN 4102-4), europäische Normen (DIN EN 1995-1-2) oder allgemeine bauaufsichtliche Prüfzeugnisse (abP.) beschrieben und geregelt. Die Anforderungen können weitgehend auch mit brennbaren Baustoffen erreicht werden. Ist eine bestimmte Konstruktion nicht in den Tabellen der DIN 4102-4 aufgeführt bzw. bestehen Abweichungen zu den dort verwendeten Baustoffschichtungen, ist die brandschutztechnische Funktion durch ein abP. nachzuweisen; zahlreiche geprüfte Holzkonstruktionen weisen einen Feuerwiderstand von 90 Minuten (klassifiziert REI 90) auf.

Tabelle 1: Baustoffklassen

Bauaufsichtliche Benennung	Beispiele	Klasse nach DIN 4102	Klassen nach DIN EN 13501-1
Nicht brennbar	Beton	A1	A1
	Gipskartonplatte	A2	A2 s1, d0*
Schwer entflammbar	Holzwolle-Leichtbauplatte	B1	A2-s, ■ d♦, außer* B-s ■, d♦ C-s ■, d♦
Normal entflammbar	Holz	B2	D-s ■, d E und E-d2
Leicht entflammbar	Stroh	B3	F
Rauchentwicklung ■ 1, 2, 3 (aufsteigend)		brennende Abtropfbarkeit ♦ 0, 1 oder 2	

Artikel-Ticker: Brand- und Rauchschutz in der *HOLZBAU – die neue quadriga*:
[1] condetti-BASICS: Baustoff- und Feuerwiderstandsklassen. 2-2009 +++ [2] condetti-BASICS: Die Muster-Holzbaurichtlinie. 2-2010 +++ [3] condetti-BASICS: Die Brandwand. 2-2011 +++ [4] condetti-BASICS: Flucht- und Rettungswege. 2-2012 +++ [5] condetti-BASICS: Fenster und Türen. 2-2013 +++ [6] condetti-BASICS: Heißbemessung im Holzbau. 2-2014 +++ [7] condetti-BASICS: Fassaden. 2-2015 +++ [8]condetti-BASICS: Abstände von Abgasanlagen. 2-2016 +++ [9] condetti-BASICS: Brandschutz beim Dachgeschossausbau. 2-2017 +++ [10] condetti-BASICS: Anlagentechnik beim abwehrenden Brandschutz. 2-2018 +++

überarbeitet aus: HOLZBAU 2/2012

Flucht- und Rettungswege

Für Nutzungseinheiten mit mindestens einem Aufenthaltsraum (z. B. Wohnungen, Praxen, Büros) müssen in jedem Geschoss mindestens zwei voneinander unabhängig benutzbare Flucht- und Rettungswege ins Freie vorhanden sein. Diese Wege dienen als Fluchtweg für die Gebäudeinsassen, als Rettungsweg für die Rettungskräfte sowie als Angriffsweg für die Feuerwehr.

Holger Schopbach

Nutzungseinheiten

Als Nutzungseinheit ist in bauaufsichtlichem Sinne eine gewisse Anzahl von Aufenthaltsräumen zu verstehen (im Sonderfall ein einziger Raum), die von einer Person bzw. einem gemeinschaftlichen Personenkreis genutzt werden. Es ist dabei ohne Bedeutung, ob es sich um Wohnungen, Büros, Praxen etc. handelt. Alle Nutzungseinheiten sind durch einen eigenen abschließbaren Zugang vom Freien, vom Treppenraum oder vom gemeinsam genutzten Flur abgetrennt. Für jede Nutzungseinheit wird ein eigenes Rettungswegsystem, bestehend aus erstem und zweitem Rettungsweg, verlangt.

Aufenthaltsräume

Das Vorhandensein von Aufenthaltsräumen ist aus brandschutztechnischer Sicht von elementarer Bedeutung, da jeder Aufenthaltsraum im Brandfall über zwei unabhängige Rettungswege verfügen muss. Dabei versteht man unter Aufenthaltsräumen Räume, die zum nicht nur vorübergehenden Aufenthalt von Menschen bestimmt sind.
Zu den Aufenthaltsräumen zählen insbesondere Wohn- und Schlafräume, Wohndielen, Wohn- und Kochküchen sowie Arbeitsräume und Werkstätten. Keine Aufenthaltsräume sind dagegen Nebenräume, wie Speisekammern und andere Vorrats- und Abstellräume, Trockenräume sowie Räume, die zur Lagerung von Waren und zur Aufbewahrung von Gegenständen bestimmt sind.

Gebäudeklassifizierung

Die bauaufsichtlichen Anforderungen hängen unmittelbar mit der Gebäudeklassifizierung zusammen. Durch unterschiedliche Anforderungsstufen (GK1 – GK5) werden verschiedene Nutzungsarten und Gebäudehöhen berücksichtigt. Beträgt die Höhe des obersten Geschossfußbodens mit Aufenthaltsräumen max. 7,0 m über der Geländeoberfläche, kann eine Personenrettung bei Wohngebäuden noch über Steckleitern der Feuerwehr realisiert werden. In der Gebäudeklasse 1 bestehen keine Anforderungen an den Feuerwiderstand, in den Gebäudeklassen 2 und 3 muss die Konstruktion zumindest feuerhemmend ausgebildet werden, damit erfolgreich Rettungsmaßnahmen durchgeführt werden können. Aufenthaltsräume, die höher liegen, können nur noch durch Hubrettungsfahrzeuge der Feuerwehr erreicht werden; die Anforderungen an die Feuerwiderstandszeit der Konstruktion sind damit höher.

Flucht- und Rettungswege

Flucht- und Rettungswege (nachfolgend vereinfacht Rettungswege genannt) müssen die flüchtenden Personen, aber auch Rettungskräfte und Feuerwehr, vor Flammen, Wärmestrahlung und Rauch schützen. Daher bestehen Anforderungen an das Brandverhalten und die Feuerwiderstandsdauer der flankierenden Decken, Wände und Türen.
Damit sie rauchfrei bleiben, darf Rauch nach Möglichkeit nicht eindringen (Anforderungen an die Dichtigkeit von Türen) bzw. muss schnellstmöglich durch einen Rauchabzug abgeleitet werden; durch Fenster oder maschinell.
Rettungswege dürfen keine Brandlasten enthalten (keine brennbaren Baustoffe, Bekleidungen oder Installationen), müssen stets benutzbar und sicher begehbar sowie belichtet (ggf. Sicherheitsbeleuchtung) und die Fluchtrichtung ggf. gekennzeichnet sein.

Erster Rettungsweg

Für Nutzungseinheiten, die nicht zu ebener Erde liegen, muss der erste Rettungsweg über eine notwendige Treppe führen. Er besteht zunächst aus dem Gang innerhalb der Nutzungseinheit zur Tür. Diese Tür liegt entweder an einem notwendigen Flur oder direkt am notwendigen Treppenraum. Ein ggf. vorhandener notwendiger Flur dient als horizontaler Rettungsweg, als vertikaler Rettungsweg dient der notwendige Treppenraum.
Im wesentlichen wird der erste Rettungsweg dadurch gesichert, dass die raumabschließenden Bauteile entlang dieses Weges mit einer bau-

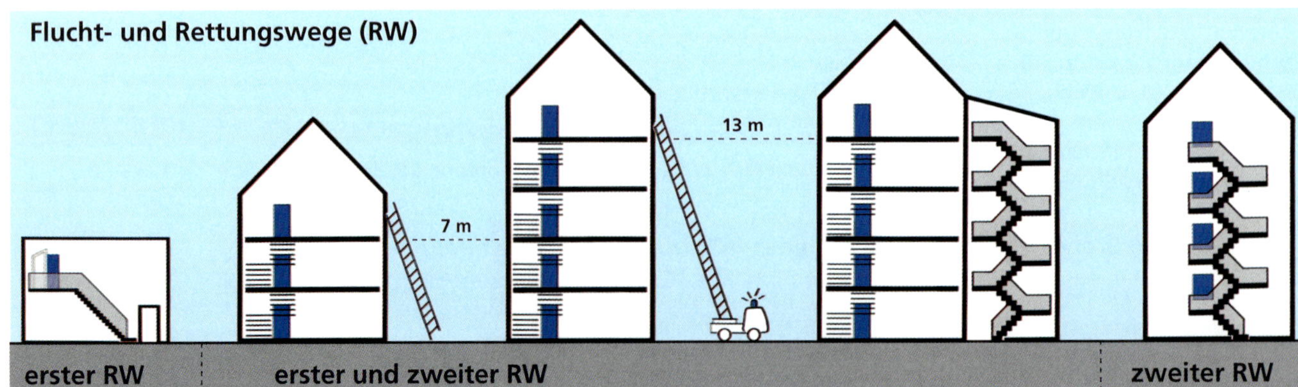

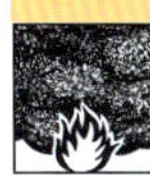

rechtlich festgelegten Feuerwiderstandsdauer ausgeführt werden. Außerdem bestehen je nach Gebäudehöhe, -typ und Landesbauordnung (bzw. zugehörigen Verordnungen und Vorschriften) Anforderungen an die Öffnungsverschlüsse (z. B. Dichtigkeit von Türen) und die Brennbarkeit sowohl der raumabschließenden Bauteile als auch der Verkleidungen, Unterdecken, Bodenbeläge, Dämmstoffe und Leitungen.

Treppen und Treppenräume

Jedes nicht zu ebener Erde liegende Geschoss und der benutzbare Dachraum eines Gebäudes müssen über mindestens eine Treppe zugänglich sein (notwendige Treppe). Einschiebbare Treppen und Rolltreppen sind als notwendige Treppen unzulässig.
Die notwendige Treppe muss in einem eigenen, durchgehenden Treppenraum liegen und ist in einem Zuge zu allen angeschlossenen Geschossen zu führen; sie müssen mit den Treppen zum Dachraum unmittelbar verbunden sein. Eine Ausnahme hiervon bilden Treppen in Gebäuden der Gebäudeklassen 1 bis 3.
Die tragenden Teile notwendiger Treppen müssen ab GK 3 aus nichtbrennbaren Baustoffen bestehen. In der GK 3 darf alternativ eine feuerhemmende Konstruktion ausgeführt werden.
Notwendige Treppen ohne eigenen Treppenraum sind nur in Ausnahmefällen zulässig (z. B. in der GK 1 und GK 2).
Jeder notwendige Treppenraum muss beleuchtet sein, belüftet und entraucht werden können. Auf möglichst kurzem Weg muss ein unmittelbarer Ausgang ins Freie bzw. eine sichere Verbindung zu einer öffentlichen Verkehrsfläche bestehen; ein isolierter Innenhof ist verständlicherweise nicht zulässig. Er muss zu belüften sein und dafür unmittelbar ins Freie führende Fenster mit einem freien Querschnitt von mindestens 0,50 m² haben, die geöffnet werden können. Für innen liegende Treppenräume gelten erhöhte Anforderungen.

Zweiter Rettungsweg

Der zweite Rettungsweg kann eine weitere notwendige Treppe (für Wohngebäude eher die Ausnahme) oder eine mit Rettungsgeräten der Feuerwehr erreichbare Stelle der Nutzungseinheit sein. Ein zweiter Rettungsweg ist nur dann nicht erforderlich, wenn die Rettung über einen sicher erreichbaren Treppenraum möglich ist, in den Feuer und Rauch nicht eindringen können (Sicherheitstreppenraum).
Gebäude, deren zweiter Rettungsweg über Rettungsgeräte der Feuerwehr führt und bei denen die Oberkante der Brüstung von zum Anleitern bestimmten Fenstern oder Stellen (z. B. Balkone) mehr als 8 m über der Geländeoberfläche liegt, dürfen nur errichtet werden, wenn die Feuerwehr über die erforderlichen Rettungsgeräte wie Hubrettungsfahrzeuge verfügt. Die Bereitstellung der Rettungsmöglichkeit muss abgewartet werden. Entsprechend dem Feuerwehrgesetz muss die Gemeinde eine Hilfsfrist von 10 Minuten sicherstellen können.
Balkone oder Laubengänge als Bestandteil des zweiten Rettungsweges müssen im Brandfall sicher begehbar sein und brandschutztechnische Anforderungen erfüllen.
Bei Sonderbauten (z. B. für Schulen) wird in der Regel ein zweiter ortsfester Rettungsweg gefordert.

Fenster und Dachflächenfenster

Für als Rettungsweg dienende Fenster müssen gemäß § 37 (5) der MBO Mindestabmessungen im Lichten von 0,9 m x 1,20 m eingehalten werden; diese dürfen nicht höher als 1,20 m über der Fußbodenoberkante angeordnet sein. Kann diese maximale Brüstungshöhe nicht eingehalten werden, sind entsprechende Ausstiegshilfen (z.B. in Form einer Leiter) vorzusehen.
Bei Dachflächenfenstern in Dachschrägen oder Dachaufbauten darf die Unterkante oder ein davor liegender Austritt, horizontal gemessen, nicht mehr als 1 m von der Traufkante entfernt sein. Ansonsten ist diese Öffnung von unten durch die Feuerwehr nicht einsehbar und anleiterbar.
Liegt die Unterkante der Öffnung mehr als 1 m von der Traufkante entfernt, muss durch auf der Dachfläche angeordnete Trittstufen sichergestellt werden, dass die Traufe sicher erreicht werden kann. An der Traufe muss eine Standfläche für die zu rettenden Personen sowie eine Anleitermöglichkeit für die Feuerwehr vorhanden sein. Dieser Rettungsweg muss bei jeder Witterung benutzbar sein. Daher müssen neben den Trittstufen sowie der Standfläche Geländer als Absturzsicherung angeordnet werden. Zur Umsetzung einer solchen Konstruktion auf dem Dach ist ggf. die untere Denkmalschutzbehörde anzuhören.

Rettungsweglänge und -breite

Von jeder Stelle eines Aufenthaltsraumes sowie eines Kellergeschosses in Wohngebäuden muss mindestens ein Ausgang in einen notwendigen Treppenraum oder direkt ins Freie in höchstens 35 m Entfernung erreichbar sein. Hierbei wird allerdings nicht die Luftlinie, sondern die Lauflinie (in der Regel unter Vernachlässigung der Möblierung) zugrunde gelegt. Bei einer ungünstigen Möblierung kann daher der Rettungsweg länger ausfallen.
Bei Sonderbauten können abweichende Rettungsweglängen gelten.
Notwendige Flure von mehr als 30 m Länge müssen durch nichtabschließbare, rauchdichte und selbstschließende Türen in Rauchabschnitte unterteilt werden.
Die nutzbare Breite der Rettungswege muss für den größten zu erwartenden Verkehr dimensioniert werden; bei Wohngebäuden in der Regel 1,0 m. Bei Sonderbauten können abweichende Mindestbreiten gelten (z. B. 1,0 m je 150 darauf angewiesenen Personen).

Artikel-Ticker: Brand- und Rauchschutz in der *HOLZBAU – die neue quadriga:*
[1] condetti-BASICS: Baustoff- und Feuerwiderstandsklassen. 2-2009 +++ [2] condetti-BASICS: Die Muster-Holzbaurichtlinie. 2-2010 +++ [3] condetti-BASICS: Die Brandwand. 2-2011 +++ [4] condetti-BASICS: Flucht- und Rettungswege. 2-2012 +++ [5] condetti-BASICS: Fenster und Türen. 2-2013 +++ [6] condetti-BASICS: Heißbemessung im Holzbau. 2-2014 +++ [7] condetti-BASICS: Fassaden. 2-2015 +++ [8]condetti-BASICS: Abstände von Abgasanlagen. 2-2016 +++ [9] condetti-BASICS: Brandschutz beim Dachgeschossausbau. 2-2017 +++ [10] condetti-BASICS: Anlagentechnik beim abwehrenden Brandschutz. 2-2018 +++

Die Muster-Holzbaurichtlinie 2004

Genau gesagt: Muster-Richtlinie über brandschutztechnische Anforderungen an hochfeuerhemmende Bauteile in Holzbauweise – M-HFHHolzR (Fassung Juli 2004)

Holger Schopbach

Die Musterbauordnung hat im Jahr 2002 ein neues Klassifizierungssystem für Gebäude eingeführt, dem die Landesbauordnungen weitgehend nach und nach gefolgt sind. Es wird nicht mehr lediglich unterschieden in Gebäude geringer und mittlerer Höhe, sondern in fünf verschiedene Gebäudeklassen (siehe auch Basics *Baustoff- und Feuerwiderstandsklassen*). Während Gebäude mittlerer Höhe nach der alten Klassifizierung (Höhe des obersten Geschossfußbodens mit Aufenthaltsräumen mehr als 7 m) feuerbeständig und aus nichtbrennbaren Baustoffen (F90-A) hergestellt werden mussten, fordert die aktuelle Klassifizierung in der Gebäudeklasse 4 (siehe Tab. 1) eine hochfeuerhemmende Bauweise (F60-BA). Damit sind Holzrahmenbauten in dieser Bauweise in GK 4 zulässig.

Was bedeutet aber nun hochfeuerhemmend, welche Baustoffe müssen verwendet werden und was ist sonst noch zu beachten?

Brandschutzfunktion und Kapselklasse

Für hochfeuerhemmende Bauteile entsprechend § 26 MBO dürfen auch brennbare Baustoffe für tragende und aussteifende Bauteile verwendet werden, wenn diese allseitig eine brandschutztechnisch wirksame Bekleidung aus nichtbrennbaren Baustoffen (Brandschutzbekleidung) und Dämmstoffe aus nichtbrennbaren Baustoffen haben.

Eine solche Bekleidung, definiert in DIN EN 13501-2 „Klassifizierung von Bauprodukten und Bauarten zu ihrem Brandverhalten“, muss das dahinter liegende Material vor Entzündung, Verkohlung und anderen Schäden für eine bauaufsichtlich definierte Zeit (hier 60 Minuten) schützen. Sie muss eine Erhöhung der Temperatur der Holzkonstruktion auf mehr als 270°C während der relevanten Beanspruchungsdauer verhindern; damit kann eine Selbstentzündung des Holzes ausgeschlossen und das zugrunde liegende Schutzziel erreicht werden.

Die brandschutztechnische Wirksamkeit dieser Bekleidung wird durch das Kürzel K_2 zusammen mit der Zeitangabe, z. B. $K_2 30$, ausgedrückt (so genanntes Kapselkriterium). Die relevante Beanspruchungsdauer ergibt sich aus der bauaufsichtlichen Anforderung: für Gebäudeklasse 4 sechzig Minuten (F60) und damit eine geforderte Brandschutzfunktion bzw. Kapselklasse $K_2 60$. Ein entsprechend der Brandschutzfunktion gekapseltes Bauteil erreicht eine weitaus höhere Feuerwiderstandsdauer: So hat ein $K_2 60$ gekapseltes Bauteil häufig eine Feuerwiderstandsdauer von 120 Minuten (F120).

Da ein Bauwerk stets aus verschiedenen Bauteilen zusammengesetzt ist, muss auch bei den Bauteilanschlüssen untereinander gewährleistet bleiben, dass die geforderte Brandschutzfunktion erreicht wird. Auch durch Öffnungen, wie Türen oder Fenster, sowie den zum Betrieb eines Gebäudes notwendigen Installationen darf die geforderte Brandschutzfunktion nicht unterschritten werden. Die dazu notwendigen Anforderungen sind in der „Muster-Holzbaurichtlinie“ definiert.

Die M-HFHHolzR

Die neuen, holzbaufreundlichen Bestimmungen der MBO erforderten grundlegende Forschungen zum Brandverhalten von Holzrahmenkonstruktionen. Die Forschungsergebnisse wurden in einer Richtlinie zusammengefasst, die umgangssprachlich als Muster-Holzbaurichtlinie bezeichnet wird. Die M-HFHHolzR ist in zahlreichen Bundesländern als Technische Baubestimmung eingeführt und damit öffentliches Baurecht geworden.

In Verbindung mit der Muster-Holzbaurichtlinie ist es möglich, bis zu fünfgeschossige Gebäude in Holzrahmenbauweise zu errichten. Die Anforderungen an die Bekleidung sind noch konservativ, aufwändig und relativ teuer. Neuere Untersuchungen haben das Ziel, zu einer Überarbeitung der M-HFHHolz-R sowie ggf. einer Reduzierung der geforderten Kapselklasse (z. B. $K_2 45$) zu führen.

Nachfolgend sind einige wesentlichen Anforderungen der Muster-Holzbaurichtlinie 2004 dargestellt, im konkreten Fall ist selbstverständlich stets die komplette Richtlinie zu beachten (download unter www.is-argebau.de).

Geltungsbereich und Allgemeines

Die Richtlinie gilt für Gebäude aus Holz oder Holzwerkstoffen, die hochfeuerhemmend sein müssen. Sie gilt für Holztafel-, Holzrahmen- und Fachwerkbauweisen, allerdings nicht für Holz-Massivbauweisen wie Brettstapel- und Blockbauweise, ausgenommen Brettstapeldecken.

Die Richtlinie stellt brandschutztechnische Anforderungen insbesondere an die Baustoffe, die Brandschutzbekleidung, die konstruktive Ausbildung der Wand- und Deckenbauteile (einschließlich ihrer Anschlüsse) sowie an Öffnungen (z. B. Türen und Fenster) sowie die Installationsführungen.

Durch diese Anforderungen sollen

- ein Brennen der tragenden und aussteifenden Holzkonstruktionen,
- die Einleitung von Feuer und Rauch in die Wand- und Deckenbauteile über Fugen, Installationen oder Einbauten sowie eine Brandausbreitung innerhalb dieser Bauteile und

Tab. 1: Definition der Gebäudeklassen (GK) nach MBO

GK 1 a	freistehende Gebäude bis zu 7 m Höhe mit nicht mehr als zwei Nutzungseinheiten von insgesamt nicht mehr als 400 m²
b	freistehende landwirtschaftlich genutzte Gebäude
GK 2	Gebäude bis zu 7 m Höhe mit nicht mehr als zwei Nutzungseinheiten von insgesamt nicht mehr als 400 m²
GK 3	sonstige Gebäude bis zu 7 m Höhe
GK 4	Gebäude bis zu 13 m Höhe und Nutzungseinheiten mit jeweils nicht mehr als 400 m² in einem Geschoss
GK 5	sonstige Gebäude bis zu 22 m Höhe

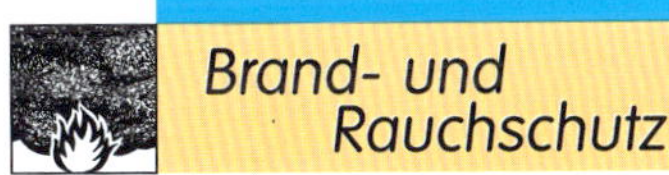

- die Übertragung von Feuer und Rauch über Anschlussfugen von raumabschließenden Bauteilen in angrenzende Nutzungseinheiten oder Räume verhindert werden.

Bauteilanforderungen

Die verwendeten Holzbauteile müssen mind. der Sortierklasse S10 der DIN 4074 entsprechen. Dämmstoffe müssen aus nichtbrennbaren Baustoffen mit einem Schmelzpunkt > 1000°C gemäß DIN 4102-17 bestehen. Die Fugen müssen dicht gestoßen sein, bei zweilagiger Verlegung sind die Stöße zu versetzen. Die als K_260 klassifizierte Brandschutzbekleidung muss allseitig und durchgängig aus nichtbrennbaren Baustoffen bestehen.

Anschlüsse

In der Fläche und im Anschlussbereich sind die Brandschutzbekleidungen der Bauteile mit Fugenversatz, Stufenfalz oder Nut- und Federverbindungen so auszubilden, dass keine durchgängigen Fugen entstehen (siehe Abb. 1). Die Bauteile (Wände, Decken etc.) sind im Anschlussbereich in Abständen von höchstens 500 mm mit Schrauben (Mindestdurchmesser in der Regel 12 mm) zu verbinden. Fugen sind mit nichtbrennbaren Baustoffen zu verschließen (z.B. Verspachtelung oder Deckleisten).

Bauteilöffnungen

Werden in hochfeuerhemmenden Bauteilen Öffnungen für Einbauten wie Fenster oder Türen hergestellt, ist die Brandschutzbekleidung auch in den Öffnungsleibungen mit Fugenversatz, Stufenfalz oder Nut- und Federverbindungen auszuführen (siehe Abb. 1).

Installationen

Installationen (elektr. Leitungen und Lüftungsanlagen) dürfen nicht in hochfeuerhemmenden Bauteilen geführt werden. Sie sind vor Wänden bzw. unterhalb von Decken oder in Schächten und Kanälen zu führen (siehe Abb. 2).

Einzelne elektrische Leitungen oder nichtbrennbare Hüllrohre mit bis zu drei Leitungen dürfen innerhalb derselben Nutzungseinheit in Wänden und Decken geführt werden. Durchführungen durch die Brandschutzbekleidung sind mit nichtbrennbaren Baustoffen zu verspachteln. Auch dürfen einzelne Hohlwanddosen zum Einbau von Steckdosen, Schaltern und Verteilern eingebaut werden, wenn der Abstand zum nächsten Holzständer bzw. zur nächsten Holzrippe mindestens 150 mm beträgt. Gegenüberliegende Hohlwanddosen müssen gefachversetzt angeordnet werden.

Ausblick

Der aktuelle Entwurf der Richtlinie vom Mai 2019 berücksichtigt nun auch Massivholzbauweisen; diese dürfen sogar bis zur GK5 eingesetzt werden.

Abb. 1: Bauteilöffnung mit Brandschutzbekleidung [M-HFHHolzR]

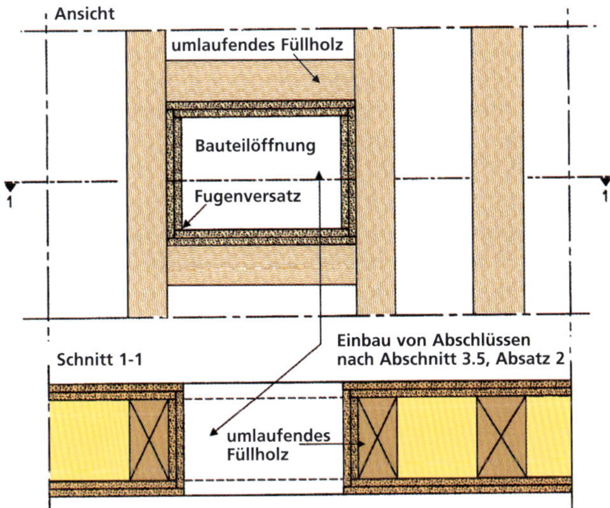

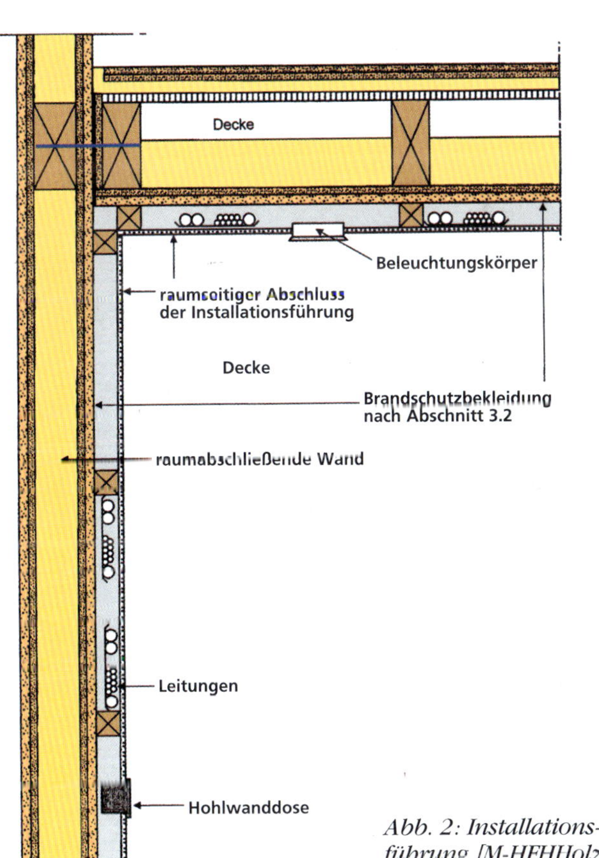

Abb. 2: Installationsführung [M-HFHHolzR]

Tab. 2: Durch Prüfung nachgewiesene Wandkonstruktionen (Prüfzeugnis beachten)

Klasse	Brandschutzbekleidung
K_230	2 × 12,5 mm Feuerschutzplatten (GKF)
	2 × 10 mm Fermacell Gipsfaserplatte
	1 × 18 mm Fermacell Gipsfaserplatte
K_245	2 × 12,5 mm Fermacell Gipsfaserplatte
K_260	20 mm Knauf Fireboard + 15 mm Fermacell Gipsfaserplatte
	2 × 18 mm Feuerschutzplatten (GKF)
	2 × 18 mm Fermacell Gipsfaserplatte

Artikel-Ticker: Brand- und Rauchschutz in der *HOLZBAU – die neue quadriga:*

[1] condetti-BASICS: Baustoff- und Feuerwiderstandsklassen. 2-2009 +++ [2] condetti-BASICS: Die Muster-Holzbaurichtlinie. 2-2010 +++ [3] condetti-BASICS: Die Brandwand. 2-2011 +++ [4] condetti-BASICS: Flucht- und Rettungswege. 2-2012 +++ [5] condetti-BASICS: Fenster und Türen. 2-2013 +++ [6] condetti-BASICS: Heißbemessung im Holzbau. 2-2014 +++ [7] condetti-BASICS: Fassaden. 2-2015 +++ [8] condetti-BASICS: Abstände von Abgasanlagen. 2-2016 +++ [9] condetti-BASICS: Brandschutz beim Dachgeschossausbau. 2-2017 +++ [10] condetti-BASICS: Anlagentechnik beim abwehrenden Brandschutz. 2-2018 +++

Brandabschottung im Holzbau

Neue Forschungsergebnisse für die Planung nutzbar gemacht

Abschottungen von Durchdringungen in brandabschnittsbildenden Bauteilen kommt generell eine hohe sicherheitstechnische Bedeutung zu. Die beste Brandwand versagt, wenn Anschlüsse bzw. Durchdringungen nicht die Anforderungen an den Feuerwiderstand des Bauteiles erfüllen. Nicht zuletzt durch die Zunahme des mehrgeschossigen Holzbaus spielt die Thematik auch im Holzbau eine Rolle. Die Prüfungen zur Klassifizierung der Abschottungssysteme erfolgt allerdings in nichtbrennbaren Normkonstruktionen.
Hier bestand Forschungs- und Entwicklungsbedarf. Innovative Unternehmen beauftragten die Holzforschung Austria, den Einbau klassifizierter Systeme in Holzbaukonstruktionen hinsichtlich Befestigung und Abbrand im Randanschluss zu prüfen. Die Ergebnisse und baupraktischen Lösungen für Durchdringungen von wasser- und luftführenden Leitungen sowie von Elektroleitungen in Holzelementen sowie zugehörige Anschlussdetails für Schächte wurden in einer Planungsbroschüre zusammengefasst.

Autor:
Martin Teibinger,
vormals Holzforschung Austria, Wien

Die Betrachtung des Feuerwiderstandes der eingesetzten Bauteile ist der erste notwendige Schritt. Eine hinreichende Brandschutzplanung muss allerdings auch für die Anschlüsse bzw. Durchdringungen den Feuerwiderstand nachweisen. Die Anforderungen sind dieselben wie an die Bauteile selbst. Konstruktive Lösungen zur Detailausbildung wurden im Rahmen mehrerer Forschungsprojekte international und auch bauweisenspezifisch national erarbeitet und nicht zuletzt in der *quadriga* publiziert (vgl. *Hefte 02/2004, 03/2010 und 04/2011)*. Zum baupraktischen Einbau von geprüften und klassifizierten Brandabschottungssystemen in Holzkonstruktionen lagen allerdings kaum Lösungen vor. Zusätzlich waren sowohl die Kommunikation als auch zum Teil das Verständnis zwischen den Abschottungsfirmen und den Holzbauunternehmen ausbaufähig.

Übersicht über Abschottungssysteme

Ein Überblick über Abschottungssysteme in Bezug auf die Verwendbarkeit wird in Abbildung 1 dargestellt. Werden mehrere Leitungen bzw. Rohre in einem Schacht geführt, so werden häufig zur geschossweisen Abtrennung Weich- oder Hartschotts in Kombination mit beispielsweise Brandrohrmanschetten oder Streckenisolierungen eingesetzt. Die maximal zulässige Belegungsdichte – Fläche der Durchdringungen zur Fläche des Schotts – ist einzuhalten. Eine durchschnittliche Belegungsdichte liegt bei ca. 60 %. Details sind den Klassifizierungsberichten und den technischen Informationen der Anbieter zu entnehmen.

Schächte in Holzkonstruktionen

Zur vertikalen Verteilung der Installationen über die einzelnen Nutzungseinheiten bzw. Brandabschnitte werden Schächte verwendet. Hinsichtlich der Lage der Abschottungsmaßnahmen der Durchdringungen wird in Schachttyp A und Schachttyp B unterschieden. Während bei Schachttyp A die Anforderungen an den Feuerwiderstand an die Schachtwände und deren Durchdringungen gestellt werden, erfolgt beim Schachttyp B eine geschossweise Abschottung. An die Schachtwände werden in diesem Fall keine Anforderungen an den Brandschutz gestellt (Abb. 2).

Erster Grundsatz für die Schachtausbildung in Holzbau: Sämtliche brennbare Oberflächen müssen nichtbrennbar bekleidet werden. Ein Negativbeispiel zeigt Abb. 3. Nebenbei bemerkt, aber wichtig für sorgenfreie Schächte: Rohre und Leitungen sind generell schallentkoppelt zu befestigen.

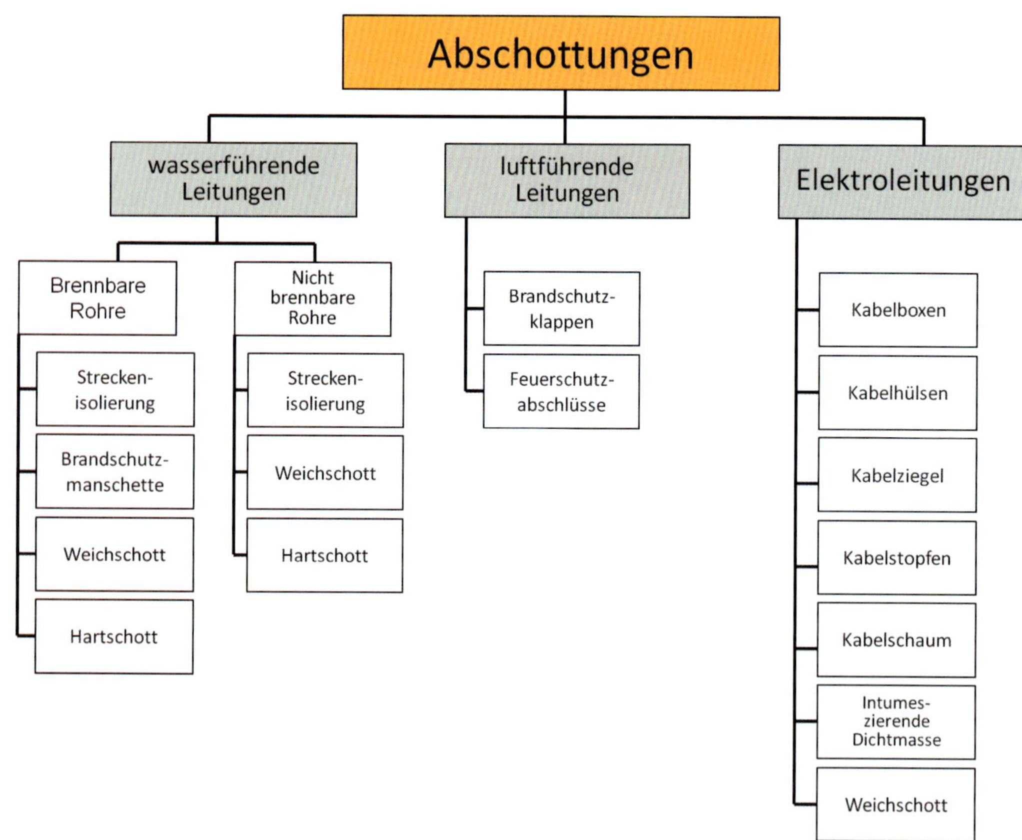

Abb. 1:
Übersicht der Abschottungssysteme für wasser- und luftführende Rohre und Elektroleitungen

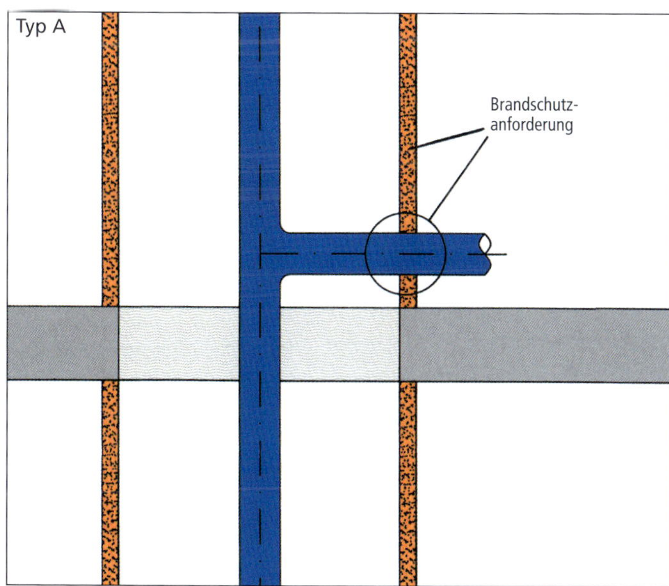

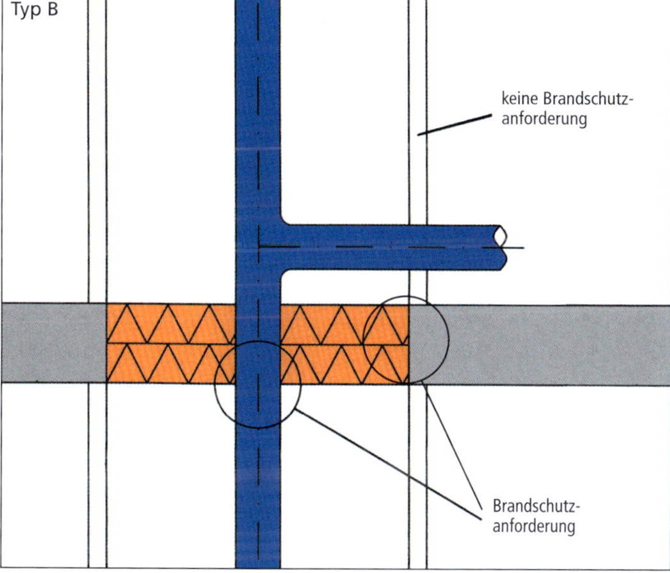

Abb. 2:
Prinzipzeichnungen der Schachttypen:
Typ A mit Anforderungen an die Schachtwand
Typ B mit geschossweiser Abschottung

Abb. 3:
Aufgrund einer nachträglichen Veränderung des Schachtes auf der Baustelle wurde schachtinnenseitig keine nichtbrennbare Bekleidung am Unterzug angebracht

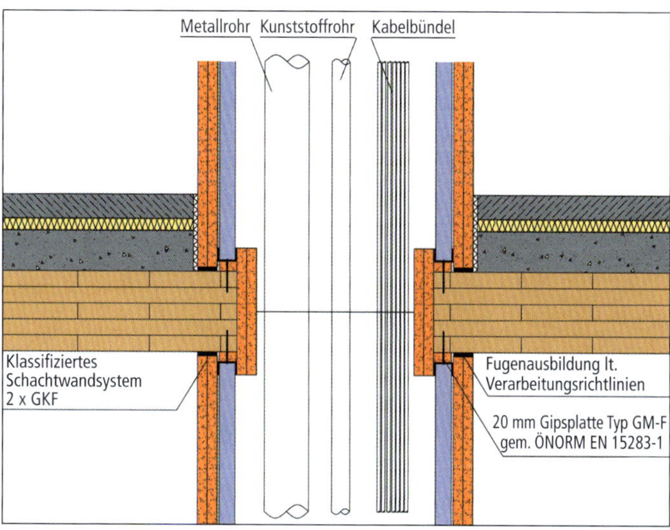

Abb. 4:
Ausbildung einer Durchdringung eines Schachttyps A bei einer verleimten Holzmassivdecke (Symbolbild)

Schachttyp A

Als Schachtwände sind klassifizierte Systeme einzusetzen. Wird der Schacht an einer Holzwand errichtet, so ist auch diese schachtinnenseitig nichtbrennbar zu bekleiden und muss den Feuerwiderstand der Schachtwand von beiden Seiten erfüllen.

Die Leibung der Holzdeckenöffnung ist bei Schachttyp A mit nichtbrennbaren Plattenwerkstoffen zu bekleiden, wobei mindestens 2 x 12,5 mm GKF-Platten zu verwenden sind.

Es ist sicherzustellen, dass die Gipsplatten vollflächig am Holz aufliegen. Andernfalls sind die Holzoberfläche und die Fuge zwischen Gips und Holz mit einem intumeszierenden[1] Produkt zu beschichten. Sollten die Ecken der Öffnung produktionsbedingt nicht scharfkantig ausgeführt sein, so sind die Kanten der Gipsplatten anzupassen und die Fuge ebenfalls zu beschichten.

Im Anschlussbereich der geprüften und klassifizierten Schachtwand an die Holzelemente ist ein 50 mm breiter und 25 mm dicker Streifen einer Gipsplatte Typ GM-F gemäß [ÖNORM EN 15283-1: 2009-10] schachtinnenseitig an der Holzdecke zu befestigen. Abb. 4 zeigt dies am Beispiel einer Brettsperrholzdecke.

Alle Durchführungen durch die Schachtwand in die Wohnräume sind brandschutztechnisch mit demselben Feuerwiderstand wie die Schachtwand abzuschotten. Hierzu sind geprüfte und klassifizierte Systeme zu verwenden.

Die Anforderungen gelten sowohl von außen nach innen als auch von innen nach außen, da es z.B. im Falle von Revisionsarbeiten zu einem Brand im Schacht kommen könnte.

Bei Ausführung einer Holzbalken- bzw. Tramdecke kann das Detail sinngemäß übernommen werden, indem seitlich der Auswechselung für den Schacht eine entsprechende nichtbrennbare Beplankung ausgeführt wird.

Schachttyp B

Bei Schachttyp B erfolgt eine geschossweise horizontale Abschottung im Bereich der Deckendurchdringungen. Hierzu können Weich- und Hartschotts verwendet werden. An der Deckenunterseite ist ein mindestens 50 mm breiter und 25 mm dicker Streifen einer Gipsplatte Typ GM-F gemäß [ÖNORM EN 15283-1] schachtinnenseitig

[1] Intumeszierende Materialien oder Dämmschichtbildner sind expandierfähige Materialien (Blähgraphite), die sich unter Hitzeeinwirkung bei Temperaturen zwischen 150 °C und 170 °C ausdehnen und eine isolierende Schutzschicht bilden. Dämmschichtbildner können auch als Brandschutzanstriche verwendet werden.

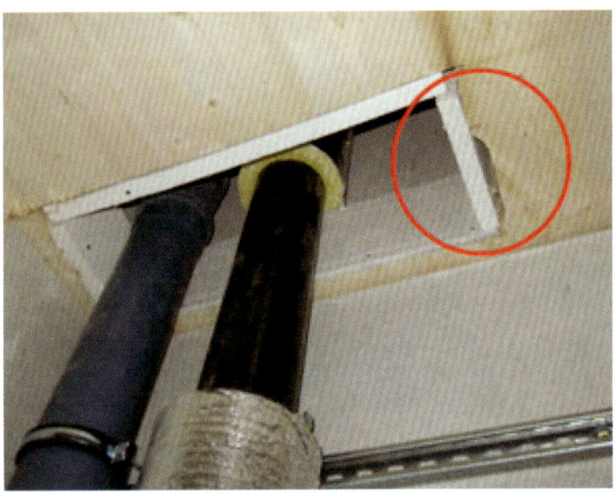

Abb. 5:
Kein vollflächiger Einbau der Leibungsbekleidung; Fugen sind mit intumeszierdenden Produkten abzudichten

an der Holzdecke zu befestigen, siehe Abb. 6.

Aus schallschutztechnischen Gründen wird die Ausführung A mit einer klassifizierten Schachtwand und gegebenenfalls mit einer Ausdämmung des Schachtes mit Mineralwolle präferiert.

Die baupraktischen Empfehlungen, die für Planer und Ausführende auf Basis der durchgeführten Untersuchungen erarbeitet wurden, sind im Infokasten 1 zusammengestellt.

Wasserführender Rohre, Sanitär- und Heizungsleitungen

Hinsichtlich der Abschottung von Rohrsystemen ist zwischen brennbaren und nicht brennbaren Rohren zu unterscheiden. Bei brennbaren Rohren können Brandschutzmanschetten zur Abschottung verwendet werden. Diese bestehen aus einem Stahlmantel, welcher mit intumeszierendem Material ausgefüllt ist.

Infokasten 1:

Schachtausführung:

- Die Schachtgrößen sind frühzeitig zu planen.
- Die Schächte sind innenseitig nichtbrennbar zu bekleiden, siehe Abb. 3 (Negativbeispiel).
- Schachtbegrenzende Wände müssen von beiden Seiten denselben Feuerwiderstand einhalten, welcher von der Schachtwand gefordert ist.
- Leitungen und Rohre sind schalltechnisch zu entkoppeln,
- Im Anschlussbereich zwischen Holzdecke und Schachtbekleidung sind 50 mm breite und 20 mm dicke Streifen aus Gipsplatten Typ GM-F (z.B. Fireboard) zu befestigen, siehe Abb. 4 bzw. Abb. 6.

- **Schachttyp A:**
Der Deckenausschnitt ist nichtbrennbar mit mindestens 2 x 12,5 mm GKF zu bekleiden. Die Leibungsverkleidungen sind vollflächig anzubringen, siehe Abb. 5 (Negativbeispiel).

- **Schachttyp B:**
Es sind im Deckenbereich Weich- oder Hartschotts (klassifizierte Systeme) einzubauen. Bei Weichschotts ist keine Leibungsverkleidung erforderlich. Die Belegungsdichten der Klassifizierungsberichte sind einzuhalten.

Einbau eines Weichschotts:
- Die Leibung sind mit intumeszierenden oder ablativen Beschichtungen nach Herstellerangaben zu versehen.
- Es wird empfohlen eine Gipsbekleidung in der Leibung einzusetzen, welche vollflächig anzubringen ist.
- Es sind klassifizierte Systeme zu verwenden.

- **Weichschott:**
EI60 mindestens 1 x 60 mm; EI90 mindestens 2 x 50 mm
Die Herstellerangaben bzw. Nachweise sind zu berücksichtigen.
- Oberflächen, Fugen zwischen den Platten und Anschlüsse sind mit intumeszierenden oder ablativen Systemen zu beschichten.
- Die maximal zulässigen Belegungsdichten der Klassifizierungsberichte sind einzuhalten.
- Durchdringungen sind abzuschotten, wobei bei brennbaren Rohren Brandrohrmanschetten und bei nicht brennbaren Rohren Streckenisolierung verwendet werden.

Abb. 6:
Ausbildung einer horizontalen Abschottung im Bereich einer verleimten Massivholzdecke (Symbolbild)

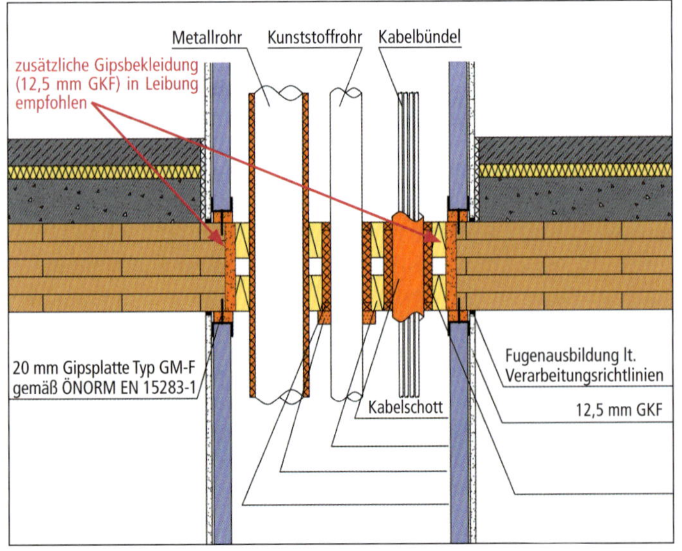

Im Brandfall schäumt bei ca. 170°C bis 180°C das intumeszierende Material auf, drückt das brennbare Rohr ab und verschließt somit die Öffnung.

Bei Vorsatzschalen (≤ 50 mm) ist die Brandrohrmanschette auf der Vorsatzschale zu montieren und in die Rohwand zu befestigen. Bei dickeren Vorsatzschalungen sind Speziallösungen der Produzenten entsprechend deren Prüfungen erforderlich. Bei Deckendurchbrüchen reicht die Montage einer Brandrohrmanschette an der Unterseite der Decke.

Bei horizontalen Durchdringungen z.B. bei Trennwänden sind auf beiden Seiten Brandrohrmanschetten einzusetzen. Die Brandschutzmanschetten sind direkt im Bauteil zu befestigen, wobei die Länge des Befestigungsmittels auch im Brandfall mindestens 10 mm im unverbrannten Holz sein muss.

Bei einem direkten Einbau in Holzelemente ist der Ringspalt zwischen Holz und Rohr mit Mineralwolle (Schmelzpunkt ≥ 1000°C und Rohdichte ≥ 40 kg/m³) abzudichten,

Abb. 7:
a) Ringspalt mit Steinwolle ausdämmen und verdichten
b) intumeszierende Brandschutzmasse

wobei die Mineralfaserdämmung auf ca. 100 kg/m³ zu verdichten ist.

Der äußere Abschluss ist auf ca. 15 mm Tiefe in der Konstruktion mit einer intumeszierenden Brandschutzmasse zu füllen. Beim Einbau von Brandrohrmanschetten in Weichschotts dürfen diese nicht im Schott befestigt werden. Die Befestigung hat entweder im tragenden Trennbauteil zu erfolgen oder es sind Gewindestangen durch das Schott zu führen.

Bei nichtbrennbaren Rohren sind im Bereich der Durchdringungen Streckenisolierungen, bestehend aus aluminiumkaschierter Mineralwolle einzusetzen.

Abb. 8:
Befestigung der Brandschutzmanschette

Infokasten 2:

Abschottung wasserführender Rohre, Sanitär- und Heizungsleitungen:

- Brennbare Rohre, welche durch brandabschnittsbildende Bauteile geführt werden, sind mit Brandrohrmanschetten abzuschotten. Bei Wänden ist an jeder Seite eine Brandrohrmanschette erforderlich. Bei Decken reicht eine Brandrohrmanschette an der Unterseite aus.
- Werden aufgesetzte Brandrohrmanschette in Massivholzelemente direkt eingebaut, so ist ein Ringspalt von ca. 10 mm mit Steinwolle auszustopfen, siehe Abb. 7 a. Die Steinwolle ist zu verdichten und die Fuge mit einer intumeszierenden Brandschutzmasse 15 mm tief zu füllen, siehe Abb. 7 b. Die Brandrohrmanschette ist direkt im Massivholzelement zu befestigen, wobei die Befestigungsmittellänge den maximalen Abbrand um mindestens 10 mm übersteigen muss, siehe Abb. 8.
- Bei einem Einbau in einem Weichschott sind zur Befestigung durchgehende Gewindestangen zu verwenden.
- Bei Vorsatzschalen (≤ 50 mm) ist die Brandrohrmanschette auf der Vorsatzschale zu montieren und in die Rohwand zu befestigen. Bei dickeren Vorsatzschalungen sind Speziallösungen der Produzenten entsprechend deren Prüfungen erforderlich.
- Mehrfachbelegungen oder Sonderanwendungen von Brandrohrmanschetten mit brennbaren und nicht brennbaren Rohren sind in Abhängigkeit der Produkte und deren Nachweisen möglich.
- Nicht brennbare Rohre bzw. Leitungen, welche brandabschnittsbildende Bauteile durchdringen sind mit Streckenisolierungen abzuschotten. Hierzu wird Aluminium kaschierte Steinwolledämmung (Schmelzpunkt ≥ 1000 °C) verwendet.
- Bei Kupferleitungen sind die Streckenisolierungen immer beidseitig mindestens 1 m anzubringen. Bei allen anderen nichtbrennbaren Leitungen bis zu einem Durchmesser < 114 mm sind die Streckenisolierungen beidseitig 0,5 m und bei Durchmesser ≥ 114 mm beidseitig 1 m anzubringen.

Fazit

Durch die Untersuchungen und die Erarbeitung von baupraktischen und geprüften Detaillösungen für Abschottungssysteme im Holzbau konnte gemeinsam mit den Projektpartnern für Planer und Ausführende eine wertvolle Hilfestellung geschaffen werden, welche auch Planungssicherheit und Vertrauen im Hinblick auf die Brandsicherheit des Holzbaus schafft. Die entwickelten Detaillösungen ersetzen in Deutschland nicht die Notwendigkeit von bauaufsichtlichen Zulassungen. ■

Quellenhinweis

Die im Beitrag dargestellten Ergebnisse wurden im Rahmen einer Auftragsforschung der Firmen Air Fire Tech Brandschutzsysteme GmbH, bip GmbH, Binderholz Bausysteme GmbH, Hilti Austria Ges.m.b.H., Saint-Gobain Rigips Austria GesmbH, Stora Enso Wood Products GmbH, Walraven GmbH und Würth HandelsgesmbH erarbeitet. Die Untersuchungen wurden an der Prüf-, Überwachungs- und Zertifizierungsstelle der Stadt Wien (MA 39) und dem Institut für Brandschutztechnik und Sicherheitsforschung (IBS) durchgeführt.

Infokasten 3

Bestelladresse:
HOLZFORSCHUNG AUSTRIA
A-1030 Vienna
Franz Grill-Straße 7
Tel. +43 1 798 26 23 -0
(Fax DW -50)
hfa@holzforschung.at
www.holzforschung.at
Preis: 29,50 Euro

Der Trittschallschutz

Grundlagen

Das Gebiet des baulichen Schallschutzes besteht aus zwei Disziplinen. Die eine Disziplin ist der Luftschall, die andere der Körperschall. Körperschallprobleme dominieren allgemein in der Rangliste der Beanstandungen, speziell im Holzbau.

E. U. Köhnke

Martin Teibinger

Während beim Luftschall die Schallpegeldifferenz zwischen zwei Räumen, also dem Senderaum und dem Empfangsraum gemessen wird und der größere Wert somit der bessere ist, wird beim Körperschall der Geräusch- oder Lärmpegel gemessen, welcher bei mechanischer Anregung eines Bauteiles im Empfangsraum ankommt. Also ist beim Körperschall stets der kleinere Wert der bessere.

Es gibt im Bauwesen unterschiedliche Körperschallprobleme. Das Bedeutendste ist der Trittschall.

Das trennende Bauteil, die Geschossdecke, wird mechanisch zum Beispiel durch Gehen, Stühlerücken etc. auf der Oberseite angeregt. Dabei soll der gemessene Lärmpegel in dem darunter liegenden Raum so gering wie möglich sein.

Allerdings kann durch die mechanische Anregung nicht nur im darunter liegenden Raum ein Lärmpegel erzeugt werden, sondern im gewissen Umfange auch in daneben liegende Räume übertragen werden. Diese Pegel sind in der Regel, vor allem im Holzbau, aber geringer als im Raum direkt darunter.

Körperschallanregungen sind aber nicht nur bei Decken zu beachten, sie müssen auch bei Treppen berücksichtigt werden.

Auch im Installationsbereich gibt es Körperschallanregungen, auf welche aber noch separat einzugehen ist.

Vorgaben zu Körperschallanregungen an Wänden gibt es verständlicherweise nicht. Dennoch kann es auch hier zu Problemen kommen, wenn zum Beispiel eine Dunstabzugshaube mit einer Unwucht direkt an einer Wohnungstrennwand befestigt wird.

Wie wird gemessen

Das Problem der Messung von Gehgeräuschen liegt darin, dass es wohl keinen Menschen gibt, dessen „Gehverhalten“ sich normen lässt. Zur Beurteilung des Trittschallschutzes muss aber die Decke vergleichbar, also genormt, angeregt werden. Das geschieht mit einem so genannten Normhammerwerk, in der Praxis auch „Trampler“ genannt.

Mehrere Eisenzylinder werden dabei von einer Nockenwelle angehoben und fallen dann wieder auf die Decke. Der dadurch verursachte Lärmpegel, in der Regel im darunter liegenden Raum, wird im Frequenzbereich von 100 bis 3150 Hertz gemessen und nach DIN EN ISO 140 anhand einer Bezugskurve ausgewertet. Das Ergebnis wird mit L_{nw} als Labormaß oder L'_{nw} für Messungen mit Schallnebenwegen bzw. Flankenübertragungen am Bau, jeweils als Einzahlwert, angegeben.

Wichtig ist bei Trittschallmessungen, dass Luftschalleinflüsse eliminiert bzw. ausgeschlossen werden, was manchmal bei Messungen an Baustellen missachtet wird.

Was ist einzuhalten

Im eigenen Wohnbereich werden bauaufsichtlich keine Anforderungen gestellt. Leider ist das kein Freibrief. Ist vertraglich, natürlich nach vorheriger Aufklärung des Auftraggebers, kein Wert vereinbart, gilt eine „übliche Qualität“. Da diese nirgendwo genau definiert ist, liefert man sich dann den Ansichten des Gutachers und/oder des Richters aus. Man könnte es also auch als russisches Roulette bezeichnen.

Abb. 1: Normhammerwerk, auch Trampler genannt.

An dieser Stelle wird auch darauf hingewiesen, dass die aktuelle DIN 4109-1:2018 noch nicht in allen Bundesländern baurechtlich eingeführt wurde. Dies ist für den Holzbau insofern wichtig, weil für Trenndecken in Holzbauweise nach DIN 4109-33:2016 ein $L'_{n,w} \leq 53$ dB anstelle der grundsätzlichen Anforderung $L'_{n,w} \leq 50$ dB eingehalten werden kann. Beachtet werden sollte aber auch der privatrechtliche Aspekt. Empfehlungen für einen verbesserten Trittschallschutz im Holzbau können den beiden Schallschutzklassen Basis + und Komfort der Informationsdienst Holz Broschüre „Schallschutz im Holzbau“ entnommen werden.

In Österreich werden die Trittschallanforderungen mit dem Volumenabhängigen Kennwert $L'_{nT,w}$ festgelegt. Für Trenndecken wird gemäß OIB-Richtlinie 5 ein $L'_{nT,w} \leq 48$ dB gefordert. Zusätzlich können bessere Kennwerte auch für den tiefen Frequenzbereich entsprechend ÖNORM B 8115-5 vertraglich vereinbart werden.

Die „Höreindrücke“ beim Trittschall lassen sich für den Laien wie folgt definieren:

- L'_{nw} 63 dB – normales Gehen ist noch deutlich zu hören.
- L'_{nw} 53 dB – normales Gehen ist gerade noch hörbar.
- L'_{nw} 43 dB – Gehgeräusche sind praktisch nicht mehr hörbar.

Die Wege des Trittschalls

Trittschall kann auf zwei Arten gedämpft werden, durch Masse und durch Entkoppelung. Im Holzbau steht uns üblicherweise nur eine geringe Masse zur Verfügung, so dass der Schallschutz vorrangig durch Entkoppelung erreicht wird.

Dabei sollte man allerdings beachten, dass durch Entkoppelungen insbesondere die hohen Frequenzen gut gedämmt werden, die tiefen Frequenzen weniger. Bedauerlicherweise ist es so, dass gerade die störenden Gehgeräusche und das Stühlerücken vorrangig im sehr tieffrequenten Bereich liegen. Sollen im Holzbau die tiefen Frequenzen gut gedämmt werden, empfiehlt sich eine Beschwerung der Rohdecke.

Die erste wichtige Entkoppelung des Deckenaufbaus geschieht durch die weich federnde Trittschalldämmplatte unter dem Estrich. Allerdings sind nicht alle Trittschallmatten gleichgut geeignet. Entscheidend ist neben der Materialart die dynamische Steifigkeit s´; je geringer desto besser. Aber auch die Materialart ist entscheidend. Bei gleicher dynamischer Steifigkeit ist Mineralwolle deutlich besser als PS-Schaum und auch als a/s Weichfaserplatten, je nach gesamtem Aufbau etwa 3 bis 4 dB.

Die nächste Einflussgröße ist die Weiterleitung durch die Rohdecke, einmal als Luftschall durch das Gefach und dann direkt über die Balken zur Unterdecke.

Deshalb ist es wichtig, die Balkenabstände möglichst groß zu wählen. Häufig wird, wenn die Tragfähigkeit der „Standardbalken“ nicht ausreicht, der Abstand verringert, statt zwei Balken direkt aneinander zu legen und damit einen größeren Abstand einzuhalten. Das führt dann zu deutlichen Einbußen beim Trittschallschutz.

Eine weitere Entkoppelung kann durch die Unterdecke, sofern vorhanden, erreicht werden. Mit einer federnden Abhängung der unteren Gips-Werkstoffplatte gegenüber einer Anbringung an Traglatten kann der Trittschallschutz um bis zu 10 dB verbessert werden.

Weitere Verbesserungen, insbesondere im tieffrequenten Bereich, können dann noch durch biegeweiche Beschwerungen auf der Rohdecke erreicht werden. So wird zum Beispiel bei einer offenen Holzbalkendecke mit der gebundenen Splittschüttung System K 101 bzw. K 102 bei nur 80 kg Masse ein Verbesserungsmaß von 20 dB erreicht. (Infos unter www.eu-Koehnke.de)

Kann man den Trittschallschutz berechnen?

Jein, man kann ihn allerdings rechnerisch abschätzen. Ein entsprechendes Verfahren für den Holzbau ist im Holzbauhandbuch des Informationsdienst Holz, Reihe 3, Teil 3, Folge 1 (1. Ausgabe 2019), beschrieben. Hier sind Beispiele typischer Rohdecken des Holzbaus beschrieben sowie die Verbesserungsmaße diverser zusätzlicher Maßnahmen.

Entscheidend für einen guten Trittschallschutz ist aber immer eine gute Planung bzw. Optimierung der Bauteilschichtung und eine fachgerechte mangelfreie Ausführung.

Über Ausführungsfehler und deren Auswirkungen haben wir in *dnq 2/2000* bereits berichtet.

Bedenken Sie, Fehler beim Brandschutz fallen fast nie auf (meist erst im Katastrophenfall), beim Wärmeschutz nur bedingt, beim Schallschutz allerdings sofort – nicht nur dem Bauherrn sondern auch seinem Besucher, der ja eventuell auch mit einem Holzhaus liebäugelt.

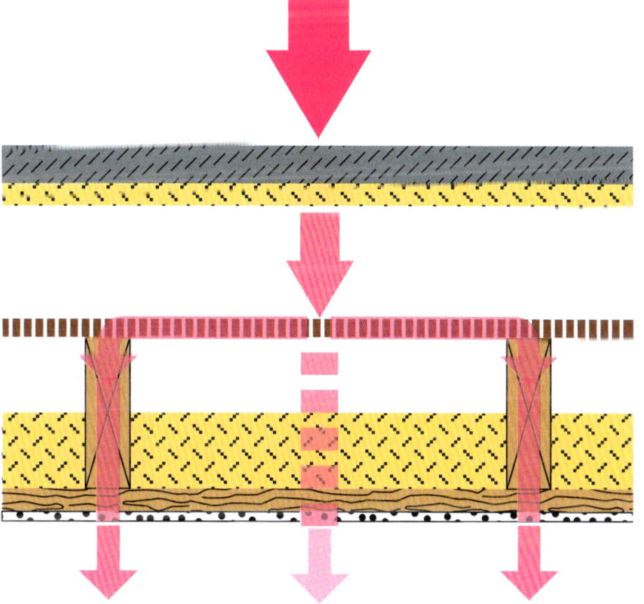

Abb. 2: Die Wege des Trittschalls

Artikel-Ticker: Schallschutz in der ***HOLZBAU – die neue quadriga:***
Schallschutz bei Holzbalkendecken: Anforderungen und Nachweise in 1-2000 sowie Typische Einbaufehler in 2-2000 +++ **Schallnebenwege im Holzbau:** So heimlich dran vorbei. 4-2002 +++ **Neue Schallschutzverfahren für Holzdecken:** Beschwerung mit Splittschüttung. 2-2001 und condetti&Co. 2

Der geschuldete Schallschutz

Ein häufiger Streit entbrennt rund um den Schallschutz fast regelmäßig, wenn es darum geht, welches Schallschutzniveau geschuldet ist. Es wird dann um die Dezibel gestritten.
Die Frage ist nicht einfach zu beantworten. Es soll dennoch versucht werden, etwas Licht in das Dunkel zu bringen.

E. U. Köhnke

Martin Teibinger

Allgemeines

Der Schallschutz stellt generell ein wichtiges Qualitätsmerkmal im Bauwesen dar. Schall wird definiert durch seine Wellenlänge bzw. Frequenz in Hz nach dem Deutschen Physiker Heinrich Hertz.
Bauakustisch wichtig, entsprechend den gültigen Regelwerken ist der Bereich zwischen 100 Hz (3,40 m Wellenlänge) und 3.150 Hz (0,11 m Wellenlänge), also im Spektrum unserer Sprache.
Bei speziellen Anforderungen wird hinter der normgemäßen dB-Angabe noch ein sogenannter C-Wert (Korrekturwert) angegeben. Dieser Wert sagt aus, um welches Maß der nach Norm ermittelte Wert bei bestimmten von der Norm abweichenden Frequenzanforderungen zu korrigieren ist, zum Beispiel C_{tr} bei Berücksichtigung des Frequenzspektrum des Verkehrslärms.
Außerdem wird Schall definiert durch seinen Schalldruck bzw. Schallpegel, welcher in Mikrobar gemessen wird und logarithmisch in handhabbare Zahlen umgewandelt wird, welche dem menschlichen Hörempfinden nahe kommen sollen.
Die Einheit dB (Dezibel), benannt nach Graham Bell, dem Erfinder des Telefons.
Durch die logarithmische Umwandlung bedingt, ist es einleuchtend, dass im Schallschutz einzelne dB-Werte nicht einfach addiert oder subtrahiert werden können, es sei denn, es handelt sich um für die spezielle Situation bzw. für das jeweilige spezielle Verfahren ermittelte Korrekturwerte, in der Regel Verbesserungsmaße.

Zwei Wege

Es gibt grundsätzlich zwei Arten der Schallübertragung und zwar

- Die Luftschalldämmung

Dabei geht es um Luftschall, also Musik oder Sprache, welche von einem Raum über das trennende Bauteil zum anderen Raum übertragen wird. Die Luftschalldämmung wird mit Rw gekennzeichnet und stellt das sogenannte bewertete Schalldämm-Maß in dB dar, **ohne** die Schallübertragung der flankierenden Bauteile.
Werden die Schallnebenwege bzw. die Schallübertragung über die flankierende Bauteile mitberücksichtigt, wird der Wert mit R'_w gekennzeichnet. Auf diesen Wert, das sogenannte Bauschalldämm-Maß kommt es letztendlich an. Der am Bau gemessene Wert R'_w ist bei der Beurteilung entscheidend, nicht der im Labor gemessene Wert R_w.
Eine gute Konstruktion mit einem guten Laborschalldämm-Maß kann durch ungünstige Nebenwege bzw. Flankenübertragung zum Teil ganz erheblich unterschritten werden (beim Luftschall) bzw. überschritten werden beim Trittschall- bzw. Körperschall.
Jede Kette ist eben nur so stark wie ihr schwächstes Glied.

- Die Trittschalldämmung

Während bei der Luftschalldämmung die Differenz des Schallpegels zwischen Sende- und Empfangsraum gemessen wird, der Wert also möglichst groß sein soll, wird beim Trittschall der Schallpegel im Empfangsraum gemessen, welcher Aufgrund einer mechanischen Anregung des Bauteils, in der Regel der Decke, im darunter liegenden Empfangsraum entsteht. Logischerweise ist dieser Wert dann um so besser je geringer bzw. kleiner er ausfällt.
Die Anregung auf der Deckenoberseite erfolgt dabei mit einem sogenannten Normhammerwerk, damit die Anregung also immer die gleiche ist, um die Messwerte vergleichbar zu machen.
Der gemessene Normtrittschallpegel wird mit L_{nw} gekennzeichnet, wenn er, wie beim Luftschall, im Labor ohne Nebenwege bzw. Flanken gemessen wird.

„Beschreibung der Höreindrücke“	
Luftschall: **Höreindruck im gestörten Raum**	R'_w
	dB
Normale Sprache, gut verständlich	37
Normale Sprache, gerade noch verständlich	42
Laute Sprache, kaum verständlich, Melodien erkennbar	47
Sprache nicht mehr hörbar, normal lautes Radio schwach zu hören	52
Lautes Radio, noch hörbar	57
Auch lautes Radio, nicht mehr hörbar	62
Trittschallschutz – Gehgeräusche	L'_{nw}
	dB
Normales Gehen ist noch deutlich zu hören.	63
Normales Gehen ist gerade noch hörbar.	53
Gehgeräusche sind praktisch nicht mehr hörbar.	43

Entscheidend ist aber auch hier, wie beim Luftschall, der erreichte Wert am fertig gestellten Objekt incl. der dort vorhandenen Einflüsse der Nebenwege und Flanken, welcher wie beim Luftschall, mit einem Apostroph versehen ist, also $L'_{n,w}$, bzw. $L'_{nT,w}$ für Österreich.

Was ist geschuldet?

Zu dieser Frage gibt es zwei generelle Bereiche und zwar den baurechtlichen und den privatrechtlichen Bereich.

Der baurechtliche Bereich

Er legt fest, welcher Schallschutz baurechtlich **mindestens** eingehalten werden muss zum Schutz von fremden Wohn- und Arbeitsbereichen.

Der private Wohnbereich bzw. das Einfamilienhaus interessiert den Gesetzgeber dabei eben nicht.

Diese mindestens einzuhaltenden Werte sind in der bauaufsichtlich eingeführten DIN 4109, Schallschutz im Hochbau, Anforderungen und Nachweise, geregelt. 2011 war noch die Ausgabe 11.1989 gültig, welche viele Jahre nicht mehr den Stand der Technik darstellte. Dieser wird mittlerweile in der im Januar 2018 erschienenen Fassung abgebildet. Neben diesen Mindestanforderungen werden in der 2019 neu aufgelegten Infodienst Holz Broschüre „Schallschutz im Holzbau" mit den beiden Schallschutzklassen Basis+ und Komfort Empfehlungen für einen erhöhten Schallschutz im Holzbau angeführt.

In Österreich sind die Mindestanforderungen in der OIB-Richtlinie 5 aufgelistet. Zusätzlich können bessere Kennwerte entsprechend ÖNORM B 8115-5 vertraglich vereinbart werden.

Der privatrechtliche Bereich

Während die baurechtlichen Anforderungen nur die Schallübertragung aus fremden Wohn- und Arbeitsbereichen berücksichtigen und deshalb auch baurechtlich keine Anforderung für den eigenen Wohn- und Arbeitsbereich beinhalten, sieht das privatrechtlich ganz anders aus.

Hier wird der Schallschutz am „Stand der Technik" oder auch einer „üblichen Qualität" festgemacht, sofern der Vertrag keine unmissverständliche Vereinbarung beinhaltet.

Was im Streitfall als Stand der Technik oder übliche Qualität angesehen wird, entscheidet dann ein Gericht unter Hinzuziehung eines Sachverständigen.

Die Rechtssprechung folgt dann in der Regel dem Grundsatz, dass der geschuldete Schallschutz durch „die Auslegung des Vertrages" zu ermitteln ist. So formulierte der Bundesgerichtshof 2007 in einem Urteil, Zitat:

> *„Das Gericht muss unter Berücksichtigung der gesamten Vertragsumstände das geschuldete Maß ermitteln."*

Es fällt dann natürlich schwer, bei einer durch eine Werbeagentur gestalteten Baubeschreibung mit der Zusicherung aller höchster Qualität den lediglich eingehaltenen Mindestschallschutz im baurechtlichen Sinne zu vertreten.

Rechtssicherheit gibt es mit so einer Aussage also logischerweise weder für den Planer noch für den ausführenden Handwerker nicht, wenn klare und unmissverständliche Formulierungen zum Schallschutz im Vertrag fehlen.

Orientierungswerte werden dann evtl. dem Beiblatt 2 zur (alten DIN 4109) entnommen oder auch der VDI-Richtlinie 4100 oder weitgehend die Ansicht des jeweiligen Sachverständigen aufgegriffen.

Dieses zitierte BGH-Urteil enthält aber auch noch eine weitere wesentliche Aussage und zwar, Zitat:

> *„Bei gleichwertigen, nach den anerkannten Regeln der Technik möglichen Bauweisen darf der Besteller angesichts der hohen Bedeutung des Schallschutzes im modernen Haus- und Wohnungsbau erwarten, dass der Unternehmer jedenfalls dann diejenige Bauweise wählt, die den besseren Schallschutz erbringt, wenn sie ohne nennenswerten Mehraufwand möglich ist."*

Was also geschuldet ist, steht entweder unmissverständlich im Vertrag oder wird mit ungewissem Ausgang im Streitfalle vor Gericht entschieden.

Wege der Trittschallübertragung

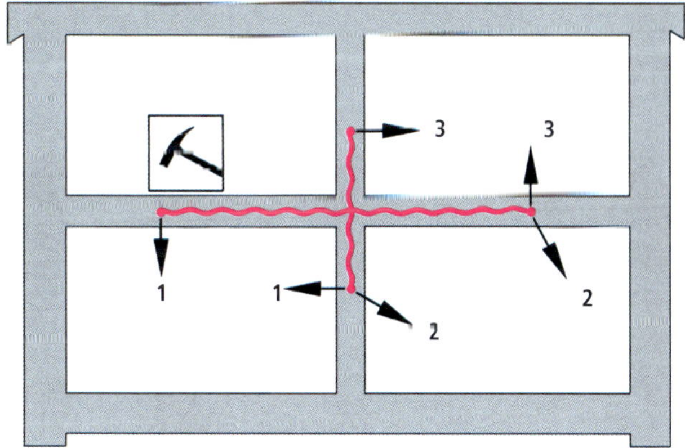

Artikel-Ticker: Schallschutz in der *HOLZBAU – die neue quadriga:*
Schallschutz bei Holz-Beton-Verbunddecken im Altbau (6/2006) +++ **Schallnebenwege bei ausgebauten Dachgeschossen** (1/2007) +++ **Silence ist golden** (2/2008) +++ **Auch an den Nachbarn denken** (2/2009) +++ **Der Trittschallschutz** (5/2009) +++ **Das Laute kommt von oben** (2/2011)

Abschätzung des Trittschallschutzes

Häufig besteht die Ansicht, dass man den Schallschutz genauso wie den Wärmeschutz genau berechnen könne. Leider ist das nicht der Fall, wenngleich die Forschung und die Rechenmethoden permanent besser werden, allerdings auch komplizierter.
Würde man den Wärmeschutz, also den berechneten U-Wert oder die berechnete Oberflächentemperatur eines Bauteils in der Praxis messen, käme es, wie auch beim Schallschutz, zu Abweichungen.

E. U. Köhnke

Martin Teibinger

Der Trittschallschutz bei Holzbalkendecken kann im Vorfeld im Zuge der Planung lediglich rechnerisch abgeschätzt werden. Eine Grundlage für diese Vorgehensweise bieten Labormessungen, also Messungen in einem Prüfstand, welche so konzipiert sind, dass die am Bau regelmäßig und vielfältig vorhandenen Nebenwegs-übertragungen bzw. Nebenwege des Schalls nicht vorliegen.
Der so im Labor gemessene Normtrittschallpegel wird mit $L_{n,w}$ gekennzeichnet, der am ausgeführten Objekt gemessene Wert mit $L'_{n,w}$. Dieses Apostroph kennzeichnet die Berücksichtigung der Nebenwegseinflüsse bzw. die Schallübertragung über die flankierenden Bauteile.
Der am Objekt gemessene Wert setzt sich somit zusammen aus der direkten Trittschallübertragung $L_{n,D,d}$, welcher dem im Labor gemessenen Wert entspricht und der Flankenübertragung $L_{n,D,f}$, welche die vielfältigen objektspezifischen Nebenwegseinflüsse über die flankierenden Bauteile berücksichtigt.

Baustellenmessungen sind nicht vergleichbar.

Während die nach der Norm DIN EN Iso 140 – 01 gemessene Werte bis auf geringe Messungenauigkeiten generell vergleichbar sind, sind Baustellenmessungen wegen der unterschiedlichen objektspezifischen Randbedingungen nicht übertragbar bzw. vergleichbar.
Bestenfalls wenn die Baukörper vollständig identisch sind und vor allem die Handwerker mit gleicher Qualität und Sorgfalt gearbeitet haben. Das dürfte in der Praxis allerdings kaum vorkommen.

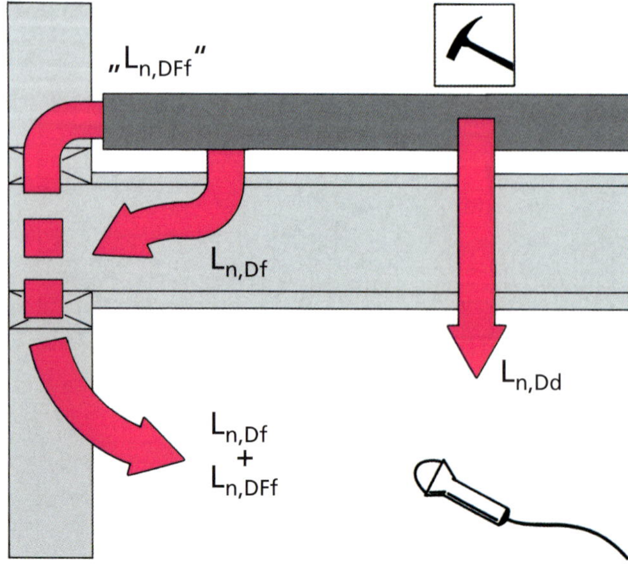

Schematische Darstellung der direkten und der indirekten Schallübertragung

Zwar gibt es ein europaweit harmonisiertes Berechnungsverfahren für die Trittschalldämmung von Decken incl. Flankenübertragung, DIN EN 12354 – 02. Dies wurde aber maßgeblich für den Beton- und Mauerwerksbau entwickelt und ist für den Holzbau kaum verwendbar. Ganz besonders, weil im Holzbau eine deutlich größere Vielzahl an Konstruktionsvarianten vorkommt und deren einzelne Auswirkungen im Detail nur sehr unvollständig bekannt sind.

Die Vielfalt im Holzbau

Die Vielfalt der am Markt befindlichen Rohdecken und die Vielfalt der Fußbodenkonstruktion führen zu nahezu unüberschaubaren Kombinationsmöglichkeiten und somit Randbedingungen für ein stets sicher verwendbares Rechenverfahren.
Da zusätzlich auch noch die Bauart der flankierenden Wände und die Auflagerung einen Einfluss haben, resultiert daraus ein kaum praktikables, verlässliches Vorgehen.
An dieser Stelle muss auch der Sinn einer Verfeinerung des Rechenverfahrens hinterfragt werden. Denn ein Faktor, wenn nicht gar der wesentlichste, sind die Handwerker.
Einen ganz erheblichen Einfluss haben die vielen kleinen Schlampereien bei der Ausführung. Hierüber haben wir bereits mehrfach in der *HOLZBAU – die neue quadriga* berichtet (2/2000 – Typische Einbaufehler und 4/2002 – So heimlich dran vorbei)
Aus praktischer Sicht überwiegen mit großem Abstand die Einflüsse durch die Ausführungsqualität wie die Praxis immer wieder belegt. Schallbrücken im Fußboden sowie Installationsschächte und Schornsteine stehen hier ganz vorne auf der Agenda.
Es scheint eher angebracht auf die diversen Ausführungs- und auch Konstruktionsfehler zu achten und die Handwerker für den Schallschutz zu sensibilisieren als mit großem Forschungsaufwand die Rechenverfahren zu verfeinern, die der Praktiker dann ohnehin nicht mehr beherrscht.

Ein praktisches Verfahren

In der Informationsdienst Holz Broschüre „Schalldämmende Holzbalken- und Brettstapeldecken“ aus dem Jahr 1999 wurde ein einfaches und handhabbares Verfahren zur Abschätzung des Schallschutzes von

Rohdeckenart	$L_{n,w}$
Offene Sichtholzdecken	85 – 87 dB
Geschlossene Holzbalkendecke	74 – 75 dB
Dito mit federnder Abhängung	64 – 65 dB
Massivholzdecken	76 – 80 dB
Verbesserungsmaße div. Fußböden	$\Delta L_{n,w,H}$
Zementestrich auf PS / HWF	14 – 16 dB
Zementestrich auf Mifa – TSM	19 – 20 dB
Trockenestrich	6 – 10 dB
Verbesserungsmaße div. Beschwerungen	Δ_{LnwH}
Betonplatten/Pflastersteine 80 kg/m²	ca. 10 dB
Gebundene Schüttung 80 kg/m²	ca. 16 dB

Ca. Werte verschiedener Rohdecken und Verbesserungsmaße div. Fußböden und Beschwerungen

Deckenbauteilen publiziert. Während der Massivbau stets einfache plattenartige Rohdecken aufweist, bei welchem fast nur das Gewicht eine Rolle spielt und das Verbesserungsmaß des Fußbodens, sieht das im Holzbau anders aus. Allein die Rohdeckenvielfalt ist hier sehr groß.

- Die klassische Holzbalkendecke, die sich durch Balkenhöhen, Balkenabstände, Dicke der Beplankungen und der Art der unteren Befestigung der Platten sowie dem eingebrachten Dämmstoff erheblich unterscheiden.
- Die offenen Holzbalkendecken mit Sichtbalken, welche sich durch die Art der oberen Beplankung unterscheiden.
- Die plattenförmigen Massivholzdecken, welche durch ihr Material bzgl. Gewicht und Steifigkeit unterscheiden.
- Eine Vielzahl neuartiger Sonderdeckenkonstruktionen, die sich neuerdings im Markt befinden.

L_{nw}	K
35 dB	ca. 8 dB
40 dB	ca. 7 dB
45 dB	ca. 6,5 dB
50 dB	ca. 4,5 dB

Korrektursummand K in Abhängigkeit von $L_{n,w}$.

Um ein praktisches Prognoseverfahren für den Holzbau zu erreichen, wurde bereits vor vielen Jahren von Prof. K. Gösele ein einfaches „Berechnungsverfahren" entwickelt, welches an das Nachweisverfahren für den Betonbau angelegt war. Zu dem Wert der jeweiligen Rohdecke wurde die Verbesserung durch den Fußbodenaufbau hinzugefügt.

Allerdings mussten für den Holzbau hierzu die Verbesserungsmaße der Fußböden neu ermittelt werden, da die Verbesserungsmaße aus dem Betonbau nicht auf den Holzbau übertragbar waren bzw. sind.

Durch Prof. F. Holtz wurde dieses Verfahren dann 2004 optimiert. Insbesondere wurden für die Rohdecke nun nicht mehr nur Fußbodenaufbauten bewertet, sondern auch noch die weiteren Verbesserungsmaße für „Zusatznahmen" inform von unterschiedlichen Beschwerungen.

Die rechnerische Abschätzung

Die Wiedergabe des kompletten Verfahrens aus dem genannten Forschungsvorhaben würde den Rahmen dieses Artikels sprengen. Dennoch sind die nachfolgenden Zusammenstellungen der Rohdecken, der Fußböden und der Beschwerungen geeignet eine recht grobe Abschätzung von den üblichen Standardkonstruktionen vorzunehmen.

Die Vorgehensweise ist für die Berechnung des Normtrittschallpegels $L_{n,w}$ recht simpel. Von dem Normtrittschallpegel der Rohdecke wird das Verbesserungsmaß des jeweiligen Fußbodens und evtl. das Verbesserungsmaß der Beschwerung in Abzug gebracht.

Der sich dann daraus ergebene Wert entspricht in etwa dem Labormaß ohne Flankenübertragung $L_{n,w}$.

Die Vorgehensweise soll an einem Beispiel kurz erläutert werden.

- Als Rohdecke ist eine klassische Holzbalkendecke mit unterseitig Gipskarton an Lattung vorhanden mit einem L_{nweq} = 75 dB.
- Als Beschwerung sind 80 kg gebundene Splittschüttung (System K 101/ K 102) vorhanden mit einem Verbesserungsmaß von ΔL_{nw} = 16 dB.
- Als Fußboden wird ein Zementestrich gewählt auf einer Mineralfaser-Trittschallschutzmatte mit s' ca. 7MN/m³, somit ΔL_{nwH} = 20 dB.

$L_{n w}$ = 75 dB – 16 dB – 20 dB = 39 dB.

Je besser der Schallschutz der jeweiligen Decke ist, desto größer ist der Einfluss über die Flanken und somit der hinzuzufügende Korrektursummand K für die Flankenübertragung.

Für die Flankenübertragung ist nur noch der Korrektursummand K hinzuzuaddieren. Dieser ist abhängig von der akustischen Qualität des Deckenaufbaus.

Bei einem L_{nw} von 39 dB beträgt K = 7 dB.

Der am Objekt zu erwartende Normtrittschallpegel beträgt somit L'_{nw} = 39 dB + 7 dB = 46 dB. Ein detailliertes Prognoseverfahren kann der 2019 erschienenen Infodienst Holz Broschüre „Schallschutz im Holzbau" entnommen werden. ■

Abhängigkeit der Flankenübertragung vom Norm-Trittschallpegel $L_{n,w}$ der Decke [Infodienst Holz 2019]

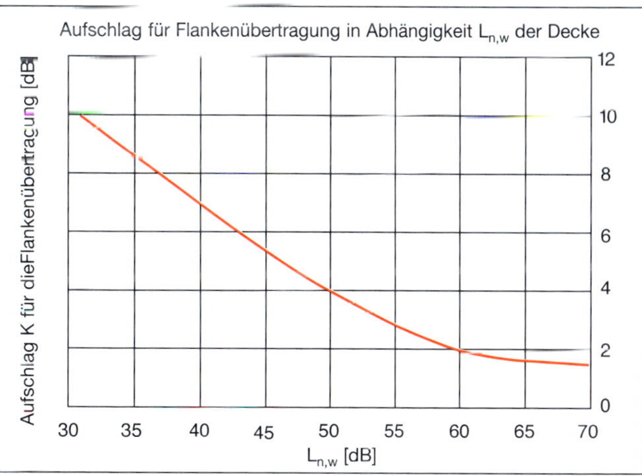

Artikel-Ticker: Schallschutz in *HOLZBAU – die neue quadriga:*
+++ **Typische Einbaufehler** 2-2012 +++ **So heimlich dran vorbei** 4-2002

Die Gebäudetrennwand bei Doppel- und Reihenhäusern

Schalltechnische Planung von Trennwand und Dachanschluss

Die schalltechnische Planung von Doppel- und Reihenhäusern verlangt eine besondere Sorgfalt, da der Bauherr einerseits ein Haus mit einer Grundrissgestaltung eines freistehenden Einfamilienhauses bewohnt, andererseits durch die Gebäudetrennwand in unmittelbarer Nähe an seinen Nachbarn grenzt. Die einschlägigen Normen berücksichtigen dies durch höhere Anforderungen an die Gebäudetrennwand gegenüber der Schalldämmung von Wohnungstrennwänden.
Der vorliegende Beitrag soll Planungshilfen für die Optimierung der Ausführung von Haustrennwänden in Holzbauweise und des flankierenden Daches über der Trennwand geben. Hierbei wird auch der Einfluss der niederfrequenten Schallübertragung berücksichtigt, der von den Anforderungen der Normen nicht oder nur teilweise erfasst wird.

Autoren:
Andreas Rabold,
Joachim Hessinger, ift Rosenheim
Redaktionelle Bearbeitung:
Robert Borsch-Laaks

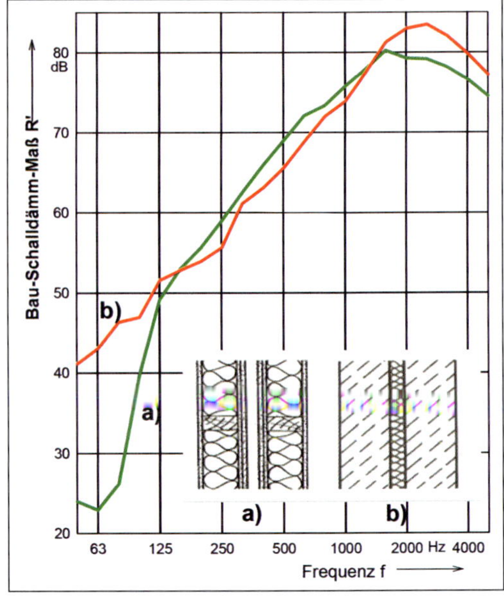

Abb. 1:
Vergleich der Schalldämmung von Gebäude-Trennwänden.
a) in Holzbauweise Mittelwert aus 13 Baumessungen
b) in Mauerwerksbauweise Mittelwert aus 5 Baumessungen.

Trennwände

Gebäudetrennwände in Holzbauweise werden in Deutschland üblicherweise als zweischalige Konstruktion aus mehrfach beplankten Holzständerwänden aufgebaut. Die aus Gründen des Brandschutzes notwendige beidseitige Beplankung ist schalltechnisch ungünstig, da es in der Trennfuge zu Resonanzen kommen kann.

Dennoch ermöglicht diese Konstruktion auf den ersten Blick sehr gute Schalldämmwerte, da sie mit einer zweischaligen Massivwand (mit m' ca. 350 kg/m² je Schale) bei mittleren bis hohen Frequenzen durchaus mithalten kann (R'_w ca. 68 dB).

Im niederfrequenten Bereich (50 – 100 Hz), der vom bewerteten Schalldämmmaß (R'_w) nicht erfasst wird, kommt es bei diesen Holzbaukonstruktionen jedoch zu einem Einbruch der Luftschalldämmung in einzelnen Frequenzbändern um bis zu 20 dB (s. Abbildung 1). Die Bewohner von Doppel- und Reihenhäusern können diese Schallübertragung teilweise als Poltern oder Dröhnen wahrnehmen.

Der Aufbau einer typischen Gebäudetrennwand in Holzständerbauweise ist in Abbildung 1, Skizze a) dargestellt. Die Beplankungen des Holzständerwerks (i.d.R. 60/120 bis 160 mm) bestehen aus Gipskarton-, Gipsfaser- und / oder Holzwerkstoffplatten. Das Ständerraster orientiert sich an den Plattenabmessungen (i.d.R. 625 mm). Die Breite der Trennfuge beträgt typischerweise 30 – 50 mm.

Abbildung 1 vergleicht die Mittelwerte der frequenzabhängigen Schalldämm-Maße von typischen Gebäudetrennwänden in Holzständerbauweise und Mauerwerksbauweise.

Analyse der Schalldämmung

Umfangreiche Untersuchungen im Labor für Schall- und Wärmemesstechnik, dem heutigen Labor Bauakustik des ift Rosenheim, führten zu einer Veröffentlichung des INFORMATIONSDIENST HOLZ, die 2004 den Stand der Technik darstellte (Holzbau Handbuch R3/T3/F4). Hierbei zeigte sich, dass das Schwingungsverhalten von zwei Effekten geprägt wird (siehe Abbildung 2).

- Die **Eigenschwingung der Beplankung** sowie die **Doppelwandresonanz** des zweischaligen Bauteils.

Die ersten Eigenfrequenzen ($f_{1,1}$, $f_{1,2}$) der Beplankungen lagen bei ca. 60 Hz. Höhere Eigenfrequenzen und -moden konnten bis ca. 400 Hz messtechnisch beobachtet werden. Die typischen Doppelwandresonanzen von zweischaligen Haustrennwänden ($f_{r,1}$, $f_{r,2}$) liegen im Bereich von 60 Hz bis 80 Hz. Mithin können beide Effekte zu den kritischen Schallübertragungen im niederfrequenten Bereich beitragen.

Optimierung

Es wurden folgende Verbesserungsansätze getestet:

- Verschieben der Doppelwandresonanz zu niedrigeren Frequenzen.

Hierdurch wird einerseits der Resonanzeinbruch aus dem kritischen Frequenzbereich (50 - 100 Hz) herausgeschoben, andererseits wird der steile Anstieg der Schalldämmkurve oberhalb der Resonanzfrequenz f_r besser ausgenutzt.

Konstruktiv kann dies durch eine Vergrößerung der Trennfugenbreite auf 150 bis 170 mm gelöst werden. Eine zusätzliche Bedämpfung der Resonanzschwingung kann durch die Anordnung von Faserdämmstoff in der Trennfuge erreicht werden. Um die Gesamtdicke der Trennwand nicht zu erhöhen, müsste die Ständertiefe der Holzstiele reduziert werden. Dies erlaubt der zweite schalltechnisch sinnvolle Ansatz:

- Unterdrücken der Eigenschwingungen der Beplankungen durch ein „Verstimmen" der Eigenfrequenzen.

Infokasten 1:

Eigenschwingungen
bezeichnen die einem Bauteil eigenen Schwingungsformen (auch Eigenmoden), mit denen es bei bestimmten Frequenzen (den sogenannten Eigenfrequenzen $f_{n,n}$) schwingt.

Doppelwandresonanzen
(auch Masse-Feder-Masse-Resonanzen) bezeichnen die resonante Schwingung zweier Massen (Massen der Wandbeplankungen), die durch eine Feder (Luftschicht zwischen den Wandbeplankungen) miteinander verbunden sind.

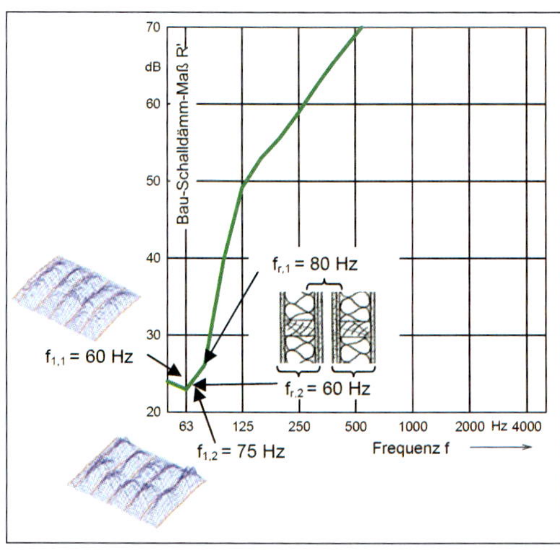

Abb. 2:
Abgleich der Schalldämmkurve von Gebäude-Trennwänden in Holzbauweise (aus Abbildung 1) mit den Doppelwandresonanzen ($f_{r,1}$, $f_{r,2}$) und den ersten Beplankungs- Eigenfrequenzen und -moden ($f_{1,1}$, $f_{1,2}$)

Die Eigenschwingungen der Beplankung können im zu optimierenden Frequenzbereich (50 – 100 Hz) durch ein Verschieben ihrer Eigenfrequenzen unterdrückt werden. Wird die Beplankung steifer, treten die ersten Beplankungs-Eigenschwingungen bei höheren Frequenzen auf. Konstruktiv kann dieses „Verstimmen" durch eine Reduzierung des Ständerrasters auf 313 mm bewerkstelligt werden. Die erste Eigenschwingung wird dadurch auf ca. 230 Hz verschoben – also in einen Frequenzbereich, in dem die Holzbauwände eine fast 10 dB bessere Schalldämmung aufweisen. Dadurch tritt bei tiefen Frequenzen keine kritische Verschlechterung der Schalldämmung durch die Eigenschwingung der Beplankung mehr auf. Praktisch kann dies dadurch (kostenneutral!) bewerkstelligt werden, dass für die Trennwände z.B. 80/80 mm Stiele wie bei Innenwänden eingesetzt werden.

Abb. 3:
Prüfung des Maßnahmenkatalogs zur Verbesserung der niederfrequenten Schalldämmung von Gebäudetrennwänden in Holzständerbauweise:
a) Istzustand mit Ständerraster 625 mm
b) wie a) jedoch größere Trennfuge (170 mm)
c) wie b) jedoch Ständerraster 313 mm
d) Mauerwerksbauweise (R'), wie Abb. 1b

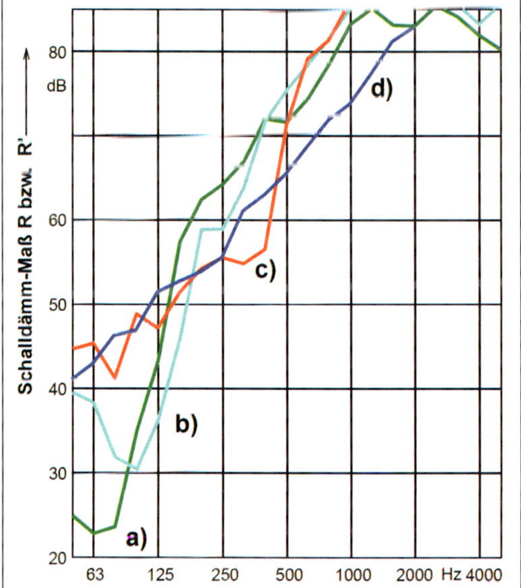

Die beiden Maßnahmen wurden einzeln an Gebäude-Trennwänden in Holzständerbauweise geprüft und die Ergebnisse in Abbildung 3 dargestellt. Die Ergebnisse zeigen, dass alleine durch die Vergrößerung der Trennfugenbreite noch keine ausreichende Verbesserung der niederfrequenten Schalldämmung erfolgt. Die zusätzliche Reduzierung des Ständerrasters auf 313 mm verschiebt jedoch die Eigenfrequenzen der Beplankungen zu höheren Frequenzen was sich in einer verbesserten niederfrequenten Schalldämmung äußert.

Tabelle 1: Ergebnisse der Schalldämmprüfungen an den verschiedenen Wandkonstruktionen

Wandtyp	Rw, R'w in dB	C, C_{tr} in dB	$C_{50-5000}$, $C_{tr,50-5000}$ in dB
Standard- Holzständerwand (R'_w)	69	-3; -11	-13; -27
Optimierte Holzständerwand (R_w)	67	-2; -7	-1; -9
Typische Mauerwerkswand (R'_w)	68	-1; -6	-1; -9

Praktische Umsetzung

Die oben beschriebenen Maßnahmen wurden an verschiedenen Gebäude-Trennwänden mit Beplankungen aus Gipskarton- oder Gipsfaserplatte unter Berücksichtigung der Aspekte von Statik und Brandschutz eingesetzt und die Schalldämmung im Labor und am Bau geprüft. Auch in den Einzahlangaben spiegelt sich die verbesserte Schalldämmung im niederfrequenten Bereich wieder, siehe Tabelle 1. Die Anpassungswerte für das erweiterte Frequenzspektum (C_{tr}-Werte nach DIN EN ISO 717-1) können zum Schalldämmmaß der DIN 4109 (R_w / R'_w) einfach addiert werden und geben einen realistischen Eindruck davon, wie gut die Dämmung auch dann noch ist, wenn Junior seine Subwoofer aufdreht. Mit der verbesserten Gebäudetrennwand in Holz können auch unter Berücksichtigung des tieffrequenten Bereichs gleichwertige Schalldämm-Maße wie mit einer durchschnittlichen Wand in Mauerwerks- und Betonbauweise erzielt werden.

Die dargestellten Verbesserungsmaßnahmen können sinngemäß auch auf Haustrennwände in Massivholzbauweise übertragen werden. Die Beplankungseigenschwingungen spielen bei diesen Konstruktionen keine Rolle, da die Beplankungen vollflächig auf den Elementen aufliegen. Eine sehr gute Schalldämmung im niederfrequenten Bereich lässt sich bei diesen Elementen bereits mit einer Trennfugenbreite von 100 mm erreichen (siehe Abbildung 4)

Flankenschalldämmung von Steildächern

Für die Beurteilung der Flankenschalldämmung sind in der Bauakustik verschiedene Schallübertragungswege zu berücksichtigen (vgl. Infokasten 2):

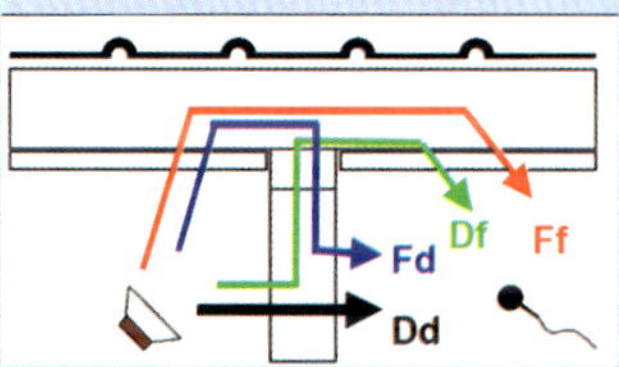

Infokasten 2

Nebenwege am Dachanschluss

Dd – Direkte Schallübertragung durch das Trennbauteil, bewertetes Schalldämm-Maß R_w

Ff – Schalleinleitung in das Flankenbauteil, Abstrahlung durch das flankierende Bauteil, bewertete Norm-Flankenpegeldifferenz $D_{n,f,w}$ (Labor) bzw. Flankendämm-Maß $R_{Ff,w}$ (Bausituation)

Df – Direkte Schalleinleitung in das Trennbauteil, Abstrahlung durch das flankierende Bauteil, Flankendämm-Maß $R_{Df,w}$ (Bausituation)

Fd – Schalleinleitung in das Flankenbauteil, Abstrahlung durch das Trennbauteil, Flankendämm-Maß $R_{Fd,w}$ (Bausituation)

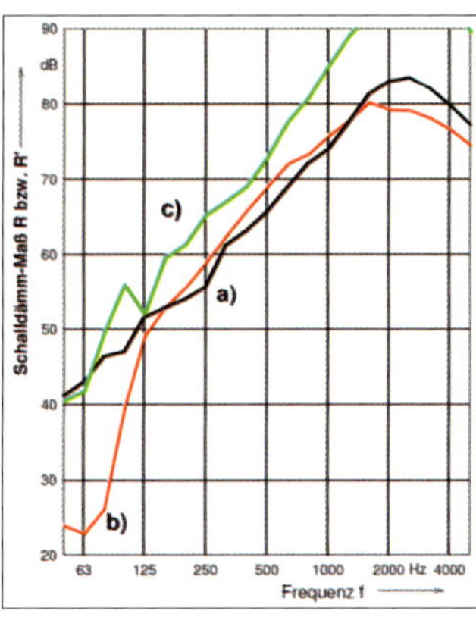

Abb. 4:
Optimierte Gebäudetrennwand in Massivholzweise:
a) Mauerwerksbauweise (s. Abb. 1b)
b) Holzständerbauweise (s. Abb. 1a)
c) Haustrennwand im Massivholzbauweise (Schalenabstand: 100 mm, mit 40 mm Hohlraumdämmung)

In der Praxis spielt oft der Anschluss von Trennwand zu Steildach eine entscheidende Rolle. Dabei werden die gemischten Wege (Df und Fd) im Rahmen der Überarbeitung der Beispielsammlung DIN 4109 zwar nicht bzw. nur pauschal berücksichtigt. Bei hochschalldämmenden Dach- und Wandkonstruktionen können diese Schallübertragungswege allerdings einen Einfluss auf die Schalldämmung der Trennwand nehmen.

Für die Höhe des Flankendämm-Maßes spielt neben dem konkreten Dachaufbau auch die Konstruktionsart (einschalig - zweischalig) und die Konstruktionsweise (Holzbau, Mauerwerks- und Betonbauweise) der Trennwand eine Rolle. Weiterhin ist die Ausbildung der Stoßstelle zwischen Dach und Wand von entscheidender Bedeutung für die Höhe des Flankendämm-Maßes.

Steildächer mit Zwischensparrendämmung

Die Flankenschalldämmung auf dem Schallübertragungsweg Ff wird durch die Norm-Flankenpegeldifferenz $D_{n,f}$ bzw. $D_{n,f,w}$ beschrieben. Beispiele für Laborprüfwerte von Steildächern mit Zwischensparrendämmung werden in Abbildung 5 dargestellt. Die Schall-Längsdämmung einer Steildachkonstruktion angebunden an eine zweischalige Trennwand ist deutlich höher als bei derselben Dachkonstruktion mit einer einschaligen Trennwand. Für beide Trennwandarten gilt, dass die Schall-Längsdämmung mit erhöhter Dämmstoffdicke zunimmt, wenn die Pfetten getrennt sind (Fall b und c).

Durchstoßen die Pfetten eine massive Trennwand (Fall a) wird deren Schallbrücke dominant, um so mehr wenn die Dämmdicke steigt.

Die Ergebnisse aus Abbildung 5 gelten für Dachaufbauten ohne Dachschalung. Vergleichsmessungen mit Steildächern mit Dachschalung haben ergeben, dass hier nur geringe Unterschiede im $D_{n,f,w}$ existieren.

Die Innenbekleidung der in Abbildung 5 beschriebenen Steildächer war als Gipskartonplatte ausgeführt. Wird anstelle dieser eine Schalung aus Profilbrettern eingesetzt, so ist nach [4] bei üblichen Dämmstoffstärken von 160 mm bis 240 mm mit einer Verschlechterung der Flankenschalldämmung um ca. 5 bis 7 dB zu rechnen. Ursache dieser Verschlechterungen ist der Fugenschall, der durch die mehr oder weniger stark ausgeprägten Stoßfugen zwischen den Profilbrettern hindurchgeht. Da wegen der starken Variationen keine verbindliche Aussagen zur Schall-Längsdämmung in diesem Fall gemacht werden können, empfiehlt es sich, hier eine Kombination aus Gipskartonplatten und Profilbrettern als Innenbekleidung zu verwenden. Die Profilschalung wird nur aus optischen Gründen montiert, die Flankenschalldämmung wird alleine durch die vollflächige Gipskartonbekleidung gewährleistet.

Steildächer mit Aufsparrendämmung

Der Laborwert der bewerteten Norm-Flankenpegeldifferenz $D_{n,f,w}$ von Steildächern mit Aufsparrendämmung aus Faserdämmstoff wird in Abbildung 6 dargestellt. Hier spielt der Anpressdruck der Dämmung auf die Dachscha-

Abb. 5:
Bewertete Norm-Flankenpegeldifferenz $D_{n,f,w}$ (Laborwert, Bezugsabsorptionsfläche 10 m² Bezugskantenlänge 4,5 m) von Steildächern mit Zwischensparrendämmung als Funktion der Dämmstoffdicke.
a) Anbindung an einschalige Trennwand in Mauerwerksbauweise mit durchlaufender Pfette
b) Wie a, mit getrennter Pfette
c) Zweischalige Trennwand mit getrennter Pfette

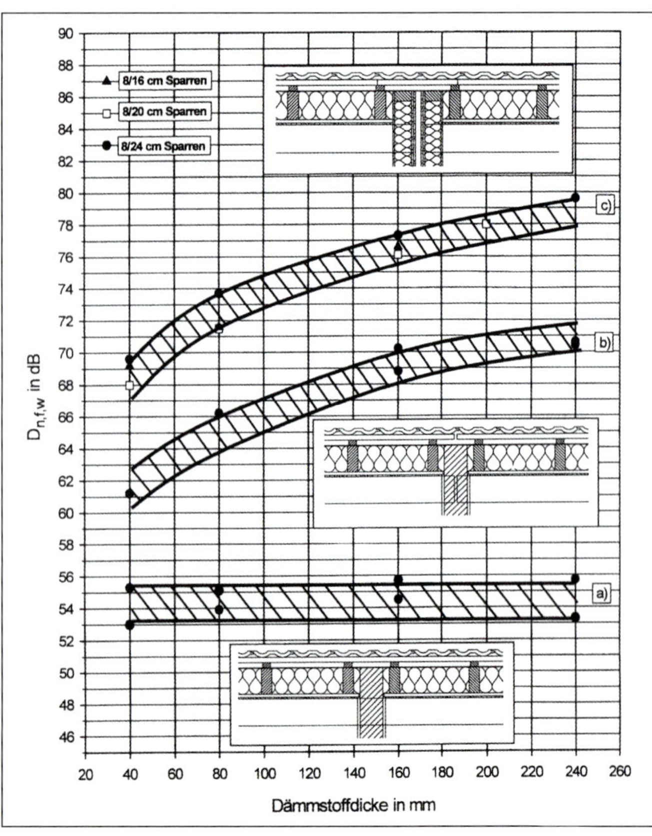

Abb. 6:
Bewertete Norm-Flankenpegeldifferenz $D_{n,f,w}$ von Steildächern mit Aufsparrendämmung aus Faserdämmstoff als Funktion der Dämmstoffdicke.
a) hoher Anpressdruck des Faserdämmstoffs durch Verschraubung mit Einfachgewindeschraube oder Montage mit Sparrennägeln
b) geringer Anpressdruck des Faserdämmstoffs durch Verschraubung mit Doppelgewindeschraube
c) Wie b, mit zusätzlicher Trennung der Vordachschalung

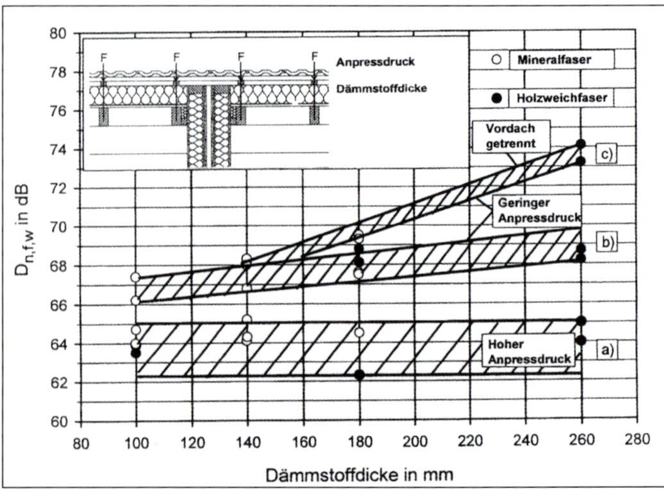

lung eine große Rolle. Ähnlich wie bei der flächigen Transmissionsschalldämmung dieser Bauteile kann die Flankenschalldämmung durch eine Reduzierung des Anpressdrucks deutlich verbessert werden. In der Praxis kann diese Reduzierung des Anpressdrucks durch den Einsatz von Doppelgewindeschrauben realisiert werden. Aber auch dann liegt die Aufdach- gegenüber der Zwischensparrendämmung bei einem signifikant niedrigeren Flankendämmmaß.

Um die Flankenschalldämmung zu verbessern, ist auf eine konsequente Trennung durchlaufender Konstruktionen zu achten. Neben den oben bereits beschriebenen Effekten bei durchlaufenden Pfettenkonstruktionen ist auch eine Trennung der Traglattung der Dacheindeckung, sowie eine Trennung der evt. vorhandenen Vordachschalung vorteilhaft. Die in Abbildung 6 dargestellten Messwerte gelten sowohl mit Trennwänden in Holzständerbauweise als auch in Mauerwerks- und Betonbauweise.

Eine deutliche Verbesserung der Flankendämmung von Steildächern mit Aufsparrendämmsystemen kann durch Auflagen von Mineralfasermatten in den Hohlräumen unterhalb der Dacheindeckung erfolgen (Abbildung 7). Ein angenehmer Nebeneffekt dessen, was aus brandschutztechnischer Sicht sowieso selbstverständlich sein sollte: Das Ausdämmen der Hohlräume in der Lattungsebene mit Steinwolle (raumbeständig, Schmelzpunkt > 1.000°C, $\rho \geq 30 kg/m^3$), um den Brandüberschlag ins Nachbargebäude zu verhindern.

Diese Verbesserungen sind umso wirksamer, je geringer die Flankenschalldämmung ohne diese Maßnahme ist.

Ein Fazit für die Praxis des Dachanschlusses

Eine mangelhafte Planung und Ausführung von Bauanschlüssen von Trennwänden an Steildächer führt immer wieder zu Beschwerden. Einige Hinweise zur ordnungsgemäßen Bauausführung sind angebracht.

Für eine ausreichende Schall-Längsdämmung sind zusätzlich folgende Einflussparameter zu berücksichtigen:

Trennwand: Die Trennwand ist unabhängig von der Bauweise bis unter die Dachlattung zu führen.

Anschlussfugen: Die Anschlussfugen zwischen Trennwand und Dachaufbau sind besonders sorgfältig luftdicht auszuführen. Ansonsten besteht insbesondere im Mauerwerksbau die Gefahr einer Schallübertragung durch Fugenschall.

Einfluss der Pfetten: Die Pfetten in den beiden Räumen sind vollständig zu trennen. Sie dürfen nicht über die Trennwand hinweg durchlaufen. Im Massivbau sind die verbleibenden Hohlräume in den Auflagerlöchern der Pfetten auszumörteln und abzudichten.

Ausführung der Traglattung: Die Traglattung der Dachsteine darf nicht über die Trennwand hinweg durchlaufend ausgeführt werden. Hier spielen auch ggf. brandschutztechnische Anforderungen eine Rolle. Im Bereich der Trennwand sollte diese Traglattung durch zwei Metallprofile ersetzt werden.

Dämmung der Hohlraums in der Lattungsebene: Bei hochschalldämmenden Dächern läuft der wesent-liche Schallübertragungsweg über den Hohlraum zwischen der Dacheindeckung und der Dämmung bzw. Trennwand. Mit einer auch brandschutztechnisch wirksamen Hohlraumdämmung bis zur Dacheindeckung ist eine nennenswerte Verbesserung möglich. Falls erforderlich können auch noch die Hohlräume in den jeweils ersten Sparrenfeldern mit Mineralfaser gefüllt werden. Alternativ werden auch speziell für diese Anforderungen ausgelegte Schallschutz-Schotts eingesetzt. ■

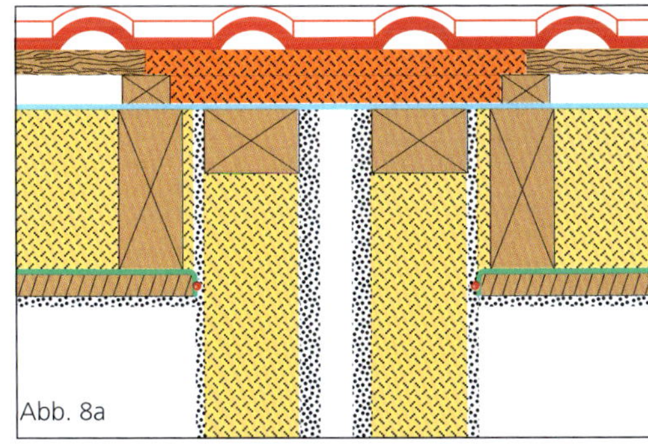

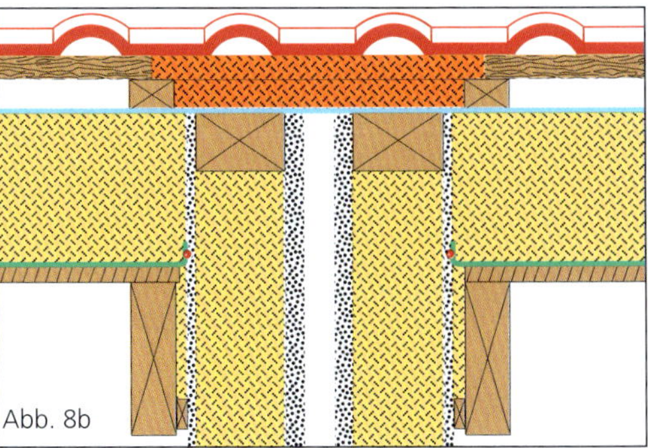

Abb. 8: Bauanschluss von Steildächern (Zwischensparrendämmung / Aufsparrendämmung) an Gebäudetrennwände, der erste Sparren wird jeweils mit 1 bis 5 cm Abstand von der Trennwand montiert. Der Hohlraum wird ausgedämmt.

Abb. 7: Verbesserung der Norm Flankenpegeldifferenz $D_{n,f,w}$ bei Aufdachdämmungen aus druckfesten Faserdämmplatten bzw. PUR-Dämmplatten durch Mineralfaserauflagen auf der Trennwand
a) 40mm Mineralfasermatten über der Trennwand (zwischen Grundlattung)
b) 80mm Mineralfaser (Hohlraum ausgefüllt)
c) Wie b, plus 40 mm im 1. Sparrenfeld (zwischen Grundlattung)
Die Werte gelten für Trennwände in Holzbauweise und im Mauerwerksbau.

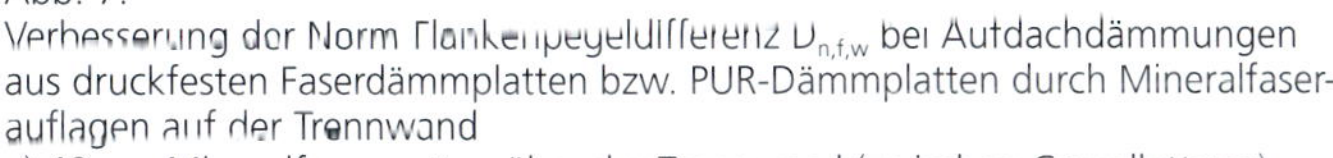

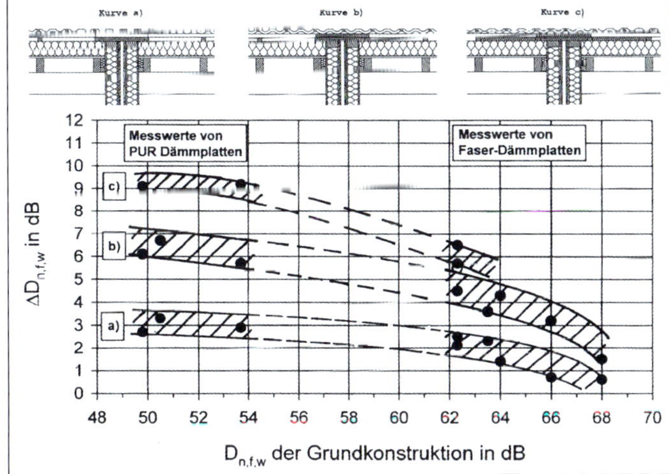

Literatur

[1] F. Holtz, A. Rabold, J. Hessinger, H.P. Buschbacher, „Schalltechnische Optimierung des Holzbaus durch Verbesserung der Wandkonstruktionen", AiF Forschungsbericht des LSW Labors für Schall- und Wärmemeßtechnik GmbH (2004)

[2] J. Hessinger, H.P. Buschbacher, A. Rabold, M. Leitgeb, R. Ramsteiner, F. Holtz, „Schwingungsverhalten von Holzständerwänden" Fortschritte der Akustik (2003), 152-153

[3] Scholl, W.; Bietz H..; „Integration des Holz- und Skelettbaus in die neue DIN 4109"; Abschlussbericht der PTB zum Forschungsvorhaben gefördert durch DIBt und PTB, 2004

[4] Lutz, P.; „Schalldämmung und Schallängsleitung von Steildächern", WKSB - Zeitschrift für Wärmeschutz, Kälteschutz, Schallschutz, Brandschutz 31, S. 16 1992

Das Maß des Wärmeschutzes

Der U-Wert und die Dämmdicke

Wenn es um den Wärmeschutz von Bauwerken geht, dann kommt man nicht umhin, den Wärmedurchgangskoeffizienten (U-Wert) der Wände, Dächer und sonstiger Bauteile nach DIN EN ISO 6946 zu berechnen. Heute geschieht dies mittels Software, aber für überschlägige Ermittlungen ist es manchmal gut, wenn man noch ein Handrechenverfahren kann. Außerdem verdeutlicht es schneller den Zusammenhang der einzelnen Faktoren.

Daniel Kehl

Im PC- Zeitalter wird der U-Wert gerne bis auf die dritte Stelle hinterm Komma berechnet. Ob dies immer sinnvoll ist, darf hinterfragt werden. Das wäre nämlich so, als ob man dem Zimmermann sagt, dass er bitte aus statischen Gründen einen 20,875 cm hohen Sparren einbauen muss. Er wird lachen und einen „22er" nehmen.

Mehrere Ziele vor Augen

In der Praxis benötigt man oftmals zügig eine Antwort auf folgende Fragen:

- Welche Dämmdicke benötige ich, um einen bestimmten U-Wert zu erhalten?
- Ich habe eine alte Dachkonstruktion und fülle das Gefach mit Dämmung. Auf welchen U-Wert komme ich dann?

Robert Borsch-Laaks hat sich dazu bereits vor langer Zeit Gedanken gemacht und aus der Wärmeleitfähigkeit eines Dämmstoffes von 0,040 W/(m·K) zwei Basis-Faustformeln abgeleitet (Abb. 1): Die äquivalente Dämmdicke (d_{eq} in cm) eines Bauteils erhält man, wenn man 4 geteilt durch den gewünschten U-Wert (U_{Ziel}) rechnet.

Anhand eines Dach-Beispiels, was die Vorgabe des Referenzgebäudes nach EnEV von $U_{m,\,Ziel} \leq 0{,}20$ W/(m²·K) erreichen soll, wollen wir dies anwenden. Nach der obigen Formel ergibt sich eine Dämmdicke von 4/0,20 = 20 cm. Aber Sparren oder Ständer sind materialbedingte Wärmebrücken und müssen durch zusätzliche Dämmung kompensiert werden. Außerdem wird ein Dämmstoff mit 0,035 W/(m·K) in Erwägung gezogen.

Holzanteil und Wärmeleitfähigkeit

Der Holzanteil einer Konstruktion kann je nach Achsabstand und Breite der Sparren/Ständer sehr unterschiedlich sein. Um den Holzanteil (f_H) zu ermitteln, muss man nur die Breite (b) durch den Achsabstand (a) teilen. Als Formel sieht das so aus: $f_H = b/a$. Der Holzanteil liegt i.d.R. zwischen 6 und 20 %. In unserem Beispiel des Daches haben wir einen 10 cm breiten Sparren bei 80 cm Achsabstand gewählt ($f_H = 10/80 = 12{,}5\%$).

Damit gehen wir in Abb. 2 und lesen die zusätzliche Dämmdicke ab: Um den Holzanteil von 12,5 % zu kompensieren, benötigt man rund 5 cm mehr Dämmung (durchgezogener brauner Pfeil). So steigt die Gesamtdämmdicke des Bauteils auf 25 cm.

Die gleiche Grafik kann man für die Veränderung der Wärmeleitfähigkeit verwenden. Interessanterweise haben beide Effekte (Änderung des Holzanteils um 5 % und des λ-Werts um 0,005 W/mK) den gleichen Einfluss auf die Änderung der Dämmdicke. In unserem Beispiel (0,040 auf 0,035 W/(m·K)) können wir also 2 cm abziehen (gestrichelter brauner Pfeil in Abb. 2). Damit sinkt die erforderliche Gesamtdämmdicke des Bauteils auf 23 cm. Runden können wir noch später.

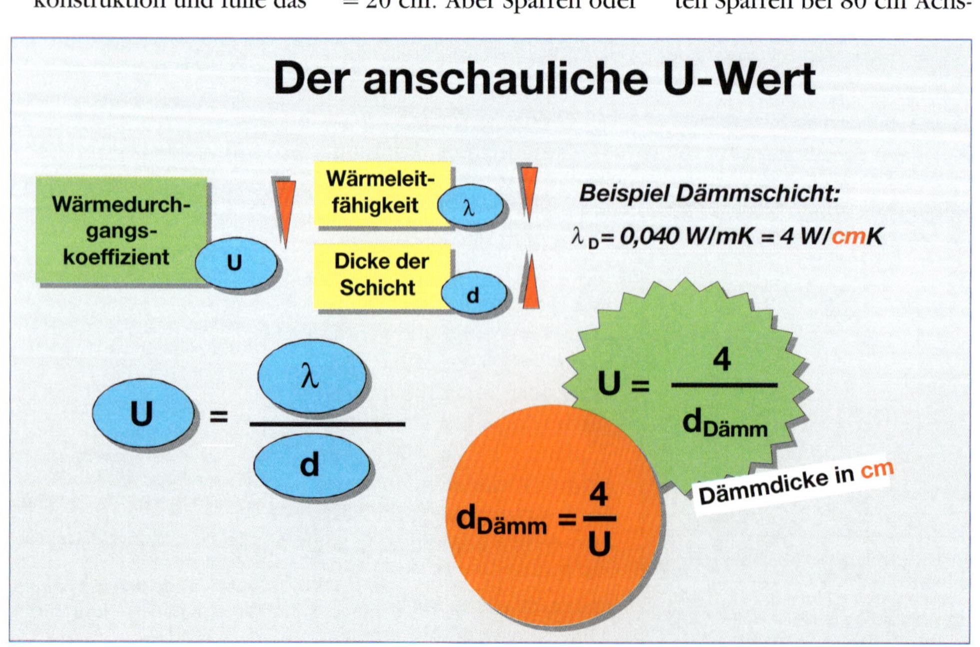

Abb. 1: Entwicklung einer Faustformel für den Zusammenhang von Dämmdicke und Wärmedurchgangskoeffizient.

Die 2 cm Daumenregeln

Ab jetzt benötigen Sie nur noch Ihren Daumen zur Kalkulation. Denn dieser ist ca. 2 cm dick und hilft Ihnen nun bei pauschalen Abschlägen weiter (siehe Tabelle).

Im „Kleinvieh" sind die Wärmeübergangswiderstände, Gipsbauplatten und evtl. auch eine Installationsebene ohne Dämmung oder eine Beplankung mit einer Holzwerkstoffplatte enthalten. Ist noch zusätzlich ein 40 mm dickes Unterdach aus Holzfaserdämmplatten vorgesehen, wird die Dämmstoffdicke um weitere 4 cm reduziert.
Es verbleibt nur ein Bedarf von 23 – 2 – 4 cm = 17 cm Gefach-Dämmung übrig. Rechnet man dieses Ergebnis genau nach DIN EN ISO 6946 nach, ergibt sich ein U-Wert von 0,20 W/(m²·K) und erfüllt damit die Anforderung. Letztendlich nimmt man natürlich einen 18 cm hohen Sparren und liegt auf der sicheren Seite. Ergebnis nach Norm: 0,19 W/(m²·K).

Umgekehrter Fall

Umgekehrt geht es genauso. Man nehme ein altes Dach: Sparren 10 auf 12 mit 67 cm Achsabstand (15 % Holzanteil) und innen eine Holzwolleleichtbauplatte inkl. Putz.

- Frage: Welchen U-Wert erhält man, wenn man ein Unterdach mit einer ca. 20 mm dicken Holzfaserdämmplatte vorsieht und das Gefach mit Zellulose ausbläst?

Jetzt muss man zunächst die „Daumen-Dicken" zusammenzählen.

Gefachhöhe:	+ 12 cm
Kleinviehzuschlag:	+ 2 cm
HWL-Platte:	+ 2 cm
HF-Dämmplatte:	+ 2 cm

Daraus ergibt sich eine Gesamtsumme von 18 cm und wenn man die Basis-Formel umstellt (s. Abb. 1), ergibt sich ein Gefach U-Wert von:
$U_{Gefach} = 4/d = 4/18 = 0{,}22\ W/m^2K$
Mit diesem Zwischenwert kann man die Verschlechterung durch den Holzanteil berücksichtigen. Abb. 2 hilft hier aber nicht weiter, da sich die Grafik auf den mittleren U-Wert bezieht. Aber auch hier gibt es eine einfache Faust-Formel, die für alle Dämmniveaus den **Zusammenhang von U_m und Holzanteil (f_H)** genügend genau und auf der sicheren Seite abschätzt:

- **Je 1 % Holzanteil verschlechtert sich der U-Wert um 2 %.**

Auf das Beispiel bezogen bedeutet dies:
$U_m = U_{Gefach} \cdot (1 + f_H \cdot 2)$
$= 0{,}22 \cdot (1 + 0{,}30) = 0{,}29\ W/m^2K$
Nach DIN EN ISO 6946 wird ein U-Wert von 0,28 W/m²K ermittelt. Fazit: Für eine Faustformel ist dies schon beängstigend genau.

Und jetzt rückwärts

Für den Zielwert aus dem Bauteilverfahren nach EnEV ($U_m \leq 0{,}20\ W/m^2K$) reicht das letzte Ergebnis nicht.

- Frage: Um wie viel muss folglich die Dämmung erhöht werden?

Die Lösung finden wir rückwärts:
$U_{Gefach} = U_m / (1 + f_H \cdot 2)$
$= 0{,}20/(1 + 0{,}30) = 0{,}154\ W/m^2K$

➔ erforderliche Gefachdämmdicke: $d_{eq,Gefach} = 4/0{,}154 \cong 0{,}26$ cm.
Im Vergleich zu den vorhandenen 18 cm heißt dies noch 8 cm aufdoppeln oder eine entsprechend dickere Holzfaserplatte einsetzen und schon haben wir das Ergebnis – zumindest rechnerisch.

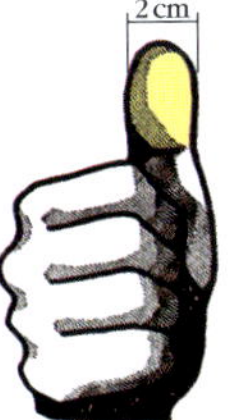

2 cm Daumen-Werte für die erforderliche Dämmdicke	
„Kleinviehabzug"	– 2 cm
Dämmung zweilagig ideal kein Holz in der zweiten Dämmebene	
z. B. Unterdachplatte (HFD) aus Holzfaser (WLF 045) je 20 mm	– 2 cm
z. B. Holzwolleleichtbauplatte (HWL) 50 mm inkl. Putz	– 2 cm
Dämmung zweilagig mit: ~10 % Holzanteil in der zweiten Dämmebene	
z. B. Installationsebene je 25 mm Dämmdicke	– 2 cm

Abb. 2: Ermittlung der zusätzlichen Dämmstoffdicke a) bei verschiedenen Holzanteilen in der Tragwerksebene, Bsp.: 12,5 % Holzanteil: zusätzlich ca. 5 cm b) bei geänderter Wärmeleitfähigkeit, Bsp.: Wechsel von 0,040 auf 0,035 W/(m·K): abzüglich 2 cm

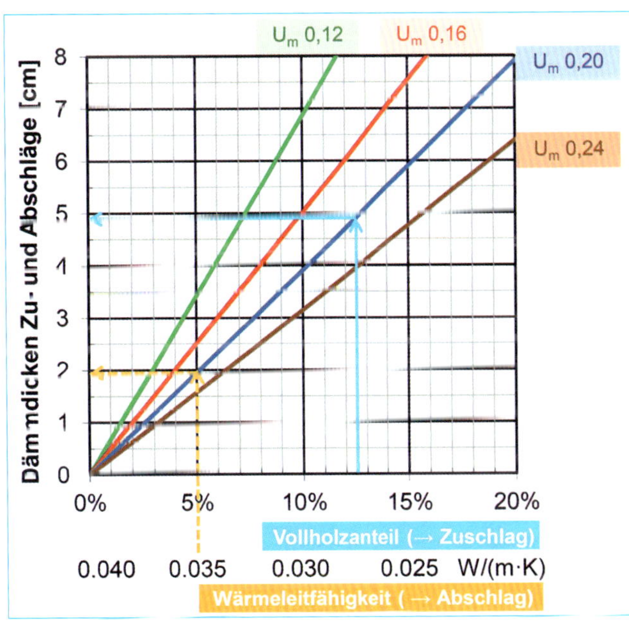

Artikel-Ticker: Wärmeschutz in der *HOLZBAU – die neue quadriga:*
Gut warm eingepackt: Niedrig-Energie Wärmeschutz für das Holzhaus, 6-1999 und condetti & Co. Bd. 1. +++ **Holzbauwände für das Passivhaus** 5-2001 +++ **Effizienz-Tuning beim Heizwärmebedarf** 3-2002 +++ **Die EnEV und die Altbausanierung** 1-2003 +++ **Dämmstoffe in der europäischen Normung** 5-2006 +++ **Besser dämmen im Bestand** 2-2010 +++ **Oberste Geschossdecken** 3-2011+++ **Dämmstoffhalter** 6-2011 +++ **Geschichte der Dämmung** 6-2012 +++ **Wärmeschutz & Architektur** 2-2013 +++ **Durchströmung von Dämmschichten** 6-2015 und 5-2016 +++ **Fehler bei der U-Wert-Berechnung?** 2-2016 und 6-2017 +++ **Graue Energie der Dämmstoffe** 6-2017 und 5-2018

Lüftungswärmeverluste

Undichtheiten, Nutzerverhalten und Wind

Die Lüftungswärmeverluste im Winter hängen von vielen Faktoren ab. Neben dem Nutzerverhalten ist natürlich die Luftdichtheit der Gebäudehülle entscheidend. Aber auch die Lage des Gebäudes im Gelände, die durchschnittlichen Windgeschwindigkeiten und die Anströmung des Windes können nicht unberücksichtigt bleiben. Wie diese einzelnen Einflüsse zusammenhängen, wird im Folgenden erläutert.

Daniel Kehl

Energiebilanzierung nach EnEV

Betrachtet man die Norm zur Heizperiodenbilanz [DIN V 4108-6:2003] scheint die Berechnung der Lüftungswärmeverluste einfach zu sein. Man nimmt eine der folgenden drei vordefinierten Luftwechselraten und setzt sie einfach in die Energiebilanz ein.

Für Gebäude ohne Lüftungsanlage:

- $n = 0{,}7\ h^{-1}$ für Gebäude ohne Luftdichtheitsprüfung.
- $n = 0{,}6\ h^{-1}$ für Gebäude mit Luftdichtheitsprüfung ($n_{50} \leq 3\ h^{-1}$).

Für Gebäude mit raumlufttechnischer Anlage:

- $n = n_A\ (1-\eta_V) + n_x$ für mit Luftdichtheitsprüfung ($n_{50} \leq 1{,}5\ h^{-1}$).
  Luftwechsel der Anlage: $n_A = 0{,}4\ h^{-1}$; η_V = Wärmerückgewinnungsgrad des Luftsystems;
  $n_x = 0{,}2\ h^{-1}$ für Zu- und Abluftanlagen; $n_x = 0{,}15\ h^{-1}$ für Abluftanlagen.

Daraus wird aber nicht ersichtlich, wie sich die Luftwechselrate aus Nutzerverhalten und Undichtheiten zusammensetzt und was eventuell sonst noch einen Einfluss hat. Ein Blick in die passende Europäische Norm [DIN EN 832: 2003] hilft da weiter. Dort werden im Anhang F das Niveau der Undichtheit, die Abschirmklassen und die Anzahl von windexponierten Fassaden erwähnt. Mit diesen Angaben kann man den Luftwechsel aus Tabellen (siehe Infokasten) ablesen. Gehen wir von einem aus heutiger Sicht undichten Einfamilienhaus mit einem n_{50}-Wert von $4\ h^{-1}$ und einer mittleren Abschirmung aus, ergibt sich ein Luftwechsel von $0{,}5\ h^{-1}$. Dieser liegt unter den genormten Energiebilanz-Vorgaben. Es zeigt sich also, dass die deutschen Normwerte sehr stark auf der sicheren Seite liegen.

Unter 0,5 Luftwechsel kommt man nicht?

In der Tabelle 1 fällt auf, dass keine geringeren Werte als $0{,}5\ h^{-1}$ für den Luftwechsel ausgewiesen werden, auch wenn man geringere n_{50}-Werte erreicht. Kann das sein? Dafür gibt es eine einfache Erklärung: Die DIN EN 832 geht davon aus, dass bei verbesserter Luftdichtheit zur Erreichung des hygienischen Mindestluftwechsels mehr durch den Nutzer gelüftet wird. Und dieser liegt laut Norm bei $0{,}5\ h^{-1}$. Weiterhin bleibt aber unklar, wie viel des Luftwechsels durch den Nutzer und wie viel durch Undichtheiten verursacht wird?

Infokasten:

Luftwechsel nach Euronorm

Die [DIN EN 832: 2003] liefert Daten zur Abschätzung der natürlichen Be- und Entlüftung von Wohnungen und Gebäuden. Dabei unterscheidet die Norm zwischen Mehrfamilien- und Einfamilienhäusern, dem Niveau der Luftdichtheit, Anzahl der windexponierten Fassaden und der Abschirmung. Folgende Tabelle gilt für Einfamilienhäuser.

Abschirmung	Niveau der Gebäudedichtheit (n_{50}) niedrig $> 10\ h^{-1}$	mittel 4 bis $10\ h^{-1}$	hoch $< 4\ h^{-1}$
keine	1,5	0,8	0,5
durchschnittliche	1,1	0,6	0,5
deutliche	0,7	0,5	0,5

Tabelle 1: Anzusetzende Luftwechsel für Einfamilienhäuser nach [DIN EN 832: 2003] je nach Abschirmung und Dichtheit.

Die Abschirmung wird dabei wie folgt definiert:

Keine Abschirmung: Gebäude in offenem Gelände oder Hochhäuser in städtischem Gebiet

Durchschnittliche Abschirmung: Gebäude im Gelände mit Bäumen oder in bebauten Gebieten, vorstädtische Bebauung

Deutliche Abschirmung: durchschnittlich hohe Gebäude in Stadtkernen, Gebäude in Wäldern

Ein Schweizer Diagramm schafft mehr Klarheit

Zur Beantwortung dieser Frage und zur Übersichtlichkeit der Gesamtzusammenhänge hilft uns ein Diagramm (Abb. 1) weiter, was die EMPA Dübendorf (CH) [Zürcher, Frank 2010] entwickelt hat und für diesen Beitrag vom Autor vereinfacht wurde. Was wir für das Ablesen des Diagramms benötigen, ist die mittlere Windgeschwindigkeit.

Die Windzonenkarte (Abb. 2) zeigt, dass bis auf die Küsten und einzelne höher gelegene Regionen, mittlere Windgeschwindigkeit mit max. 3,9 m/s vorherrschen. Eine genauer aufgelöste Karte des Deutschen Wetterdienstes, wie sie auch für die Dimensionierung der notwendigen Lüftung zur Feuchteabfuhr nach [DIN 1946-6:2009] verwendet werden kann, gibt es unter www.dwd.de.

Die Grafik der EMPA bietet drei Stufen der Fensterlüftung durch den Nutzer zur Auswahl. Nehmen wir unseren oberen Fall wieder auf (rote durchgezogene Pfeile) und setzen ein normales Lüftungsverhalten voraus, ergibt sich ein Luftwechsel

von 0,5 h-1. Dies stimmt gut mit der [DIN EN 832: 2003] überein. Nun kann man auch ablesen, wie viel durch den Nutzer und wie viel durch Undichtheiten verursacht wird. Die Undichtheiten liefern 0,3h^{-1}, der Nutzer bringt 0,2h^{-1} Luftwechsel. Aus der Grafik ist auch erkennbar, das der Kalkulationsansatz der EnEV implizit von einer „übermäßigen Fensterlüftung" oder einem sehr windigen Standort ausgeht.

Heute sind die Gebäude dichter. Sinkt der n_{50}-Wert bspw. auf 1,0h^{-1} (blaue ge strichelte Pfeile) sinkt der Anteil des Luftwechsels über Undichtheiten auf unter 0,1h^{-1}. Erachtet man einen mittleren Luftwechsel von 0,5h^{-1} als hygienisch notwendig, so müsste der Nutzer einem Maße zur Fensterlüftung greifen, das als „übermäßig" zu bezeichnen wäre. Ob das vermittelbar ist und ihm am Ende gelingt, ist eine andere Frage. Bei guter Planung und Ausführung sind Holzhäuser nicht nur gut luftdicht, sondern auch wärmebrückenfrei. Dies eröffnet Spielräume beim Lüftungsverhalten.

Fazit

Was zunächst einfach erscheint, wird bei genauer Betrachtung etwas komplexer. So ist es auch bei den Lüftungswärmeverlusten von Gebäuden. Umso schöner ist es, wenn man dann ein übersichtliches Diagramm zur Hand hat, was einem die Zusammenhänge näher bringt und alles nachvollziehbar macht. Es zeigt sich dabei, dass nur über eine kontrollierte, mechanische Lüftung die Einsparpotentiale einer verbesserten Gebäudedichtheit sicher zu nutzen sind, ohne in Konflikt mit der gewünschten Raumlufthygiene zu geraten.

Literatur

[DIN V 4108-6: 2003]
DIN V 4108-6 – Wärmeschutz und Energie-Einsparung in Gebäuden Teil 6: Berechnung des Jahresheizwärme- und des Jahresheizenergiebedarfs, Beuth-Verlag, Berlin 2003

[DIN EN 832: 2003] DIN EN 832 – Wärmetechnisches Verhalten von Gebäuden – Berechnung des Heizenergiebedarfs – Wohngebäude, Beuth-Verlag, Berlin 2003

[BINE 2007] Hrsg.: FIZ Karlsruhe GmbH – Büro Bonn, BINE Informationsdienst, Basis Energie 2 – Windenergie, Eigenverlag, Bonn 2007

[DIN 1946-6: 2009] DIN 1946-6 – Raumlufttechnik: Lüftung von Wohnungen, Beuth-Verlag, Berlin 2009

[Zürcher, Frank 2010] Zürcher, Ch.; Frank, Th.: Bauphysik – Bau und Energie, vdf Verlag, Zürich 2010

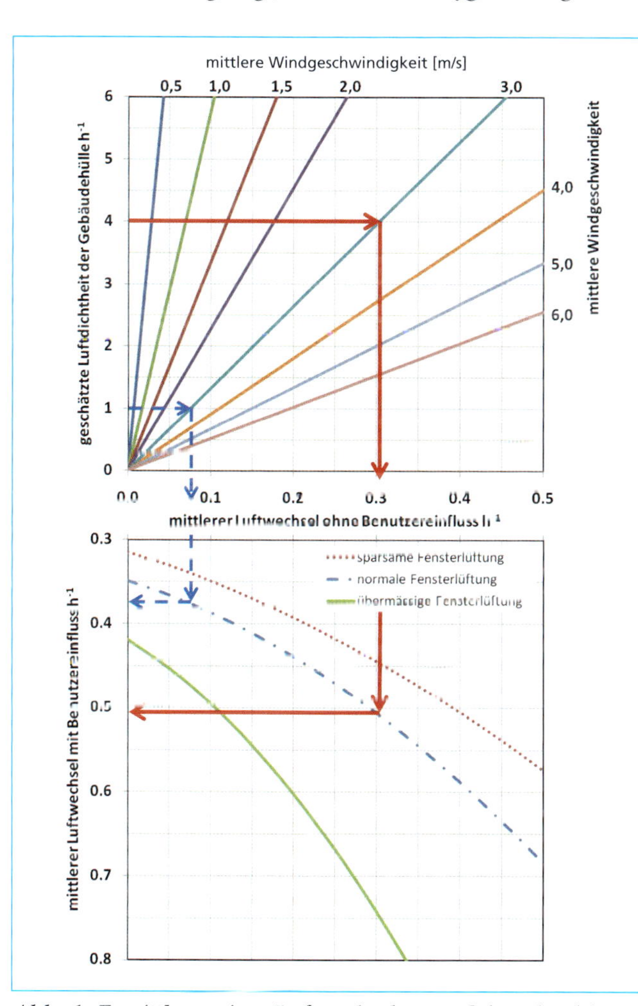

Abb. 1: Ermittlung eines Luftwechsels von Gebäuden bis 10 m Höhe und mehreren Wind exponierten Fassaden in Abhängigkeit von Luftdichtheit, Windgeschwindigkeit und Nutzerverhalten. Vereinfacht aus [Zürcher, Frank 2010]

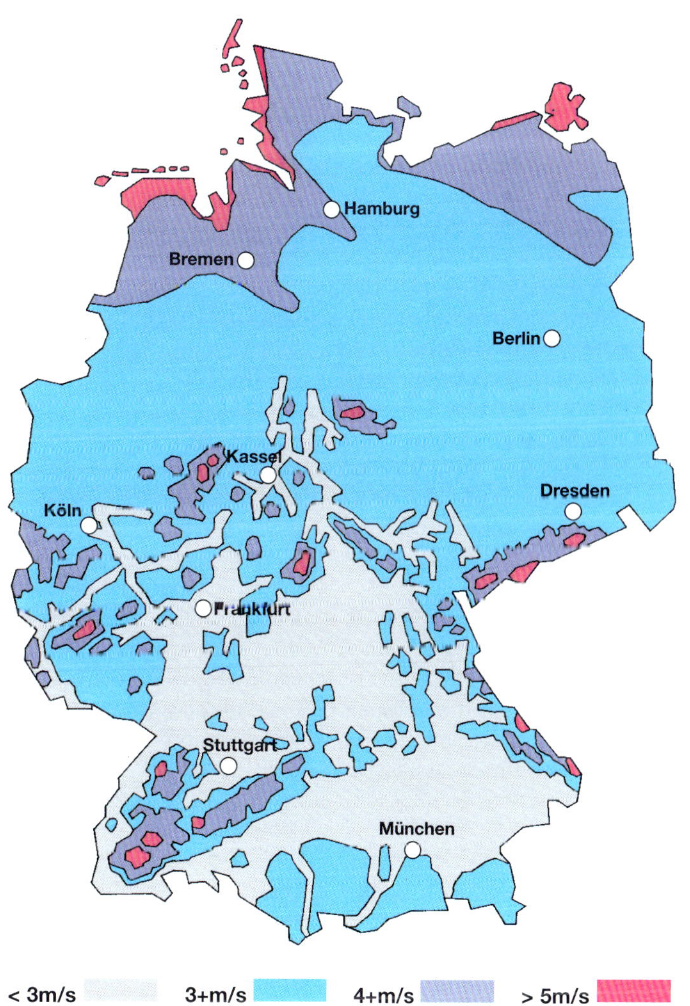

Abb. 2: Windzonenkarte von Deutschland [BINE 2007]

überarbeitet aus: HOLZBAU 6/2011

Wärmebrücken

Zusätzliche Energieverluste

Wärmebrücken erzeugen neben niedrigen Oberflächentemperaturen auch erhöhte Energieverluste. Seit über 10 Jahren muss der zusätzliche Energiebedarf durch Wärmebrücken in der Energiebilanz der Energieeinsparverordnung berücksichtigt werden.

Daniel Kehl

Energiebilanzierung nach EnEV

Nach § 7 der EnEV heißt es: „Der verbleibende Einfluss der Wärmebrücken bei der Ermittlung des Jahres-Primärenergiebedarfs ist nach Maßgabe des jeweils angewendeten Berechnungsverfahrens zu berücksichtigen." Die EnEV verweist je nach Verfahren auf die DIN V 4108-6: 2003 oder DIN 18599:2011. Die Wärmebrücken können im Neubau wie folgt berücksichtigt werden:

a) durch Erhöhung der U-Werte um **ΔU_{WB} = 0,10 W/(m²K)** für die gesamte wärmeübertragende Umfassungsfläche,

b) bei Anwendung von Planungsbeispielen nach DIN 4108 Bbl 2 Berücksichtigung durch Erhöhung der U-Werte um **ΔU_{WB} = 0,05 W/(m²K)** für die gesamte wärmeübertragende Umfassungsfläche und

c) durch **genauen Nachweis** der Wärmebrücken nach DIN EN ISO 10211

Der Passus mit innenliegender Wärmedämmung bei Gebäuden mit Massivdecke und einem Zuschlag von **ΔU_{WB} = 0,15 (W/m²K)** ist nur in der DIN 18599 enthalten.

Das Bonus-Malus-Prinzip

Der erste Fall a) ist sehr einfach. Man kümmert sich nicht um das Thema „Wärmebrücken", muss aber dann einen Zuschlag auf alle U-Werte in der Energiebilanz hinnehmen. Beispielsweise wird bei einer Außenwand mit einem U-Wert von 0,20 W/m²K durch den Zuschlag von 0,10 W/m²K dann 0,30 W/m²K. Immerhin eine Verschlechterung um 50 %! Würde man versuchen, dies durch Dämmung und die passenden Fenster zu kompensieren, müsste man theoretisch 20 cm mehr Dämmung aufbringen und Passivhausfenster mit sehr niedrigem U-Wert einbauen.

Die Gleichwertigkeit

Im zweiten Fall b) muss man das Beiblatt 2 der DIN 4108 zur Hilfe heranziehen. Fälschlicherweise wird das Beiblatt gerne als Wärmebrückenkatalog verstanden, was es nicht ist. Es soll den Standard der wichtigen Details definieren und die Grenzen festlegen. Hält man sich an die dargestellten Details, kann man mit dem halbierten Zuschlag von 0,05 W/m²K weiter rechnen. Auf das Beispiel mit U-Wert von 0,20 W/m²K bezogen, verschlechtert sich der U-Wert um 25 % auf 0,25 W/m²K. Dies ist mit ca. 7 cm mehr Dämmung der Gebäudehülle und Dreifachverglasung zu kompensieren.

Beim Nachweis kann man nach folgendem Prinzip vorgehen: Die Details, die nicht im Beiblatt abgebildet sind, Außenecken, Türschwellenanschlüsse etc. brauchen auch nicht verglichen/nachgewiesen werden. Dies hat im Wesentlichen zwei Gründe. Entweder ist die Länge der Wärmebrücke vernachlässigbar (z. B. Schwelle Hauseingangstür) oder die Wärmebrücke hat immer einen Wärmebrückenverlustkoeffizient gleich oder kleiner Null (z. B. Außenecke).

Das Problem des Beiblattes: Die Details, die man selber baut, sind besonders beim Holzbau im Beiblatt seltenst wiederzufinden. Ein einfacher Nachweis nur über den zeichnerischen Vergleich des Normdetails (incl. seiner Maßgrenzen) scheitert meist an der Vielfalt der Konstruktionsweisen im Holzbau.

Dann bleibt dem Nachweisführenden nichts anderes übrig, als die Wärmebrücken in Wärmebrückenkatalogen zu suchen bzw. sie selber zu berechnen und dann die Gleichwertigkeit mit dem ψ-Grenzwert des Beiblattes (Abbildung 1) herzustellen.

Im ungünstigsten Fall kommt man auf ca. 15 Details, bei denen man den Vergleich durchführen muss. Dieser sogenannte Gleichwertigkeitsnachweis führt

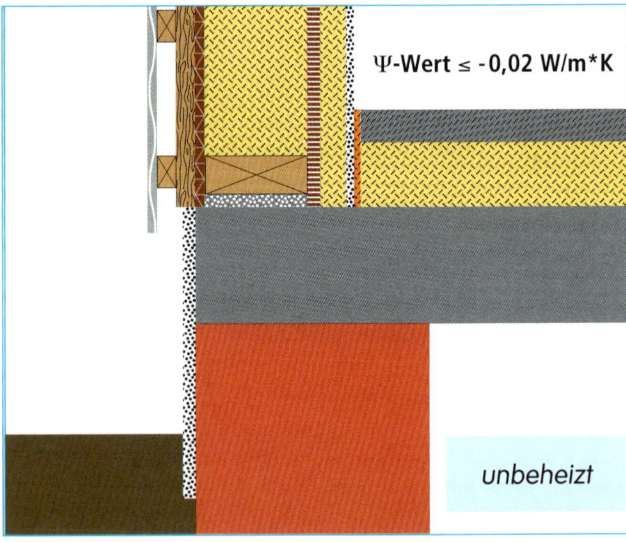

Abb. 1: Detail 40 aus dem Beiblatt 2 der DIN 4108: 2006-3. Wenn die eigene Konstruktion nicht mit der dargestellten übereinstimmt, muss die Gleichwertigkeit nachgewiesen werden. D. h. der angegebene Ψ-Wert muss eingehalten oder unterschritten werden. Die kann man mit einem Wärmebrückenprogramm berechnen.

am Ende nur dazu, dass man den Zuschlag von 0,05 W/m²K verwenden kann.

Ein Aufwand, der sich lohnt

Wenn man aber bereits angefangen hat, Wärmebrücken zu berechnen, um die Gleichwertigkeit nachzuweisen, sollte man den geringen Mehraufwand für einen detaillierten Nachweis – Fall (c) – nicht scheuen. Der detaillierte Nachweis erfordert dann auch konsequent alle Wärmebrücken zu berechnen, d.h. auch z.B. die Außen- und Innenecken und sonstige Anschlüsse, die im Beiblatt unter die „Bagatelle-Regel" fallen, aber am Haus vorhanden sind.

Das sind bei Häusern mit unbeheizten Kellern ca. 20 Details und bei Häusern mit beheizten Kellern um die 25 – 30 Details. Dieser Mehraufwand lohnt sich. Der Holzbau kommt bei konsequenter Betrachtung aller Wärmebrücken und guter Planung auf einen Zuschlag von max. ΔU_{WB} = 0,02 W/m²K. Dann wird, wieder bezogen auf unser Beispiel, aus dem U-Wert von 0,20 W/m²K nur noch 0,22 W/m²K. Hier reichen zur Kompensation nur knapp 2 cm mehr Dämmung und eine gute Zweifachverglasung.

Bilanziert man ein Gebäude und schafft es den Wärmebrückenzuschlag (ΔU_{WB}) von 0,05 W/m²K auf Null zu reduzieren, bringt dies im Primärenergiebedarf ca. 10 kWh/m²a. Die gleiche Reduktion würde man mit dem Einbau einer Solaranlage zur Warmwasserbereitung oder einer Lüftungsanlage mit 80% Wärmerückgewinnung erreichen. Daran kann man erkennen, dass die Reduzierung der Wärmebrückenverluste in der Energiebilanz sehr bedeutsam ist.

INFOKASTEN

Leitwert L_{2D} [W/(m·K)]: Der thermische Leitwert L_{2D} ist der längenbezogene Wärmestrom durch ein Detail. Der Leitwert L_{2D} ist das Resultat aus einer 2D-Wärmebrückenberechnung und enthält den gesamten Wärmestrom inkl. Wärmebrückenverlust. Die Einheit W/(m·K) bezieht sich auf die Länge des Anschlusses (l_{WB}).

Wärmebrückenkoeffizient
Ψ (Psi-Wert) [W/(m·K)]:
Der Wärmebrückenkoeffizient heißt in der Norm auch längenbezogener Wärmedurchgangskoeffizient. Er sagt aus, wie viel Watt pro laufenden Meter Anschlusslänge (l_{WB}) (z.B. 60 m Fensteranschlusslänge) und Temperaturunterschied im Vergleich zur normalen U-Wert und Außenmaßberechnung zu bilanzieren ist. Oder anders ausgedrückt: Der Ψ-Wert korrigiert den „Fehler", den man bei dem vereinfachten Ansatz von U-Wert·Außenmaße macht.
Da in der Energiebilanz mit Außenmaßen einer Konstruktion gerechnet wird, kann es, wie z.B. bei einer Außenecke, vorkommen, dass die einfache Berechnung mit U-Wert und Außenmaß zu viel Wärmeverlust im Vergleich zum 2-dimensionalen Wärmestrom (dem Leitwert L_{2D}) berechnet. Dann kann der Ψ-Wert auch negativ werden.

$$\Psi = L_{2D} - U_1 \cdot l_1 - U_2 \cdot l_2$$

Wärmebrückenzuschlag ΔU_{WB}: Der Wärmebrückenzuschlag ist ein Zuschlag auf den „normalen" U-Wert aller wärmeabgebenden Bauteile eines Gebäudes. Entweder wird er aus dem Bilanzierungsverfahren pauschal angenommen (0,10 W/m²K oder 0,05 W/m²K) oder er wird aus den Ψ-Werten aller Anschlüsse und den dazugehörigen Anschlusslängen für ein Haus individuell ermittelt und durch die wärmeabgebende Umfassungsfläche geteilt.

$$\Delta U_{WB} = \frac{\Sigma\Psi \cdot l_{WB}}{A}$$

Ψ = längenbezogener Wärmedurchgangskoeffizient [W/(m·K)]
l_{WB} = Länge des Anschlussdetails [m]
A = wärmeabgebende Umfassungsfläche des Gebäudes [m²]

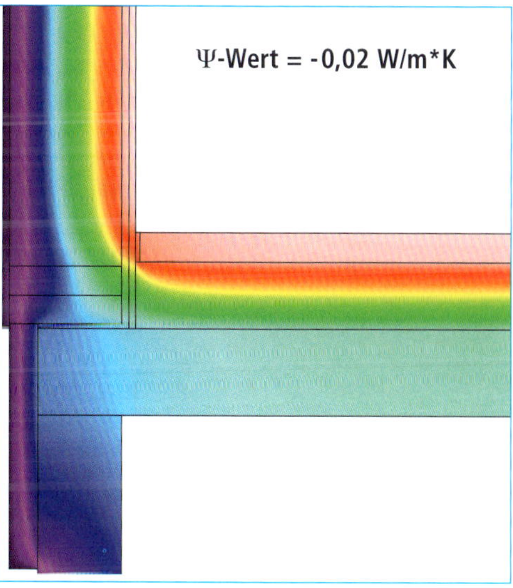

Abb. 2: links: Konstruktion weicht von den Vorgaben der Norm konstruktiv ab.

rechts: Berechnung des Wärmebrückenverlustkoeffizienten Ψ mit Hilfe des Wärmebrückenprogramms Therm. Die Gleichwertigkeit ist nachgewiesen und wenn die weiteren Details ebenfalls gleichwertig sind, darf der Zuschlag von 0,05 W/m²K nach EnEV verwendet werden. Mit dem Detail kann auch ein detaillierter Nachweis geführt werden.

Artikel-Ticker: Wärmebrücken in der *HOLZBAU – die neue quadriga:* Wärmebrücken in Holzrahmenbau condetti & Co., Bd. 1 +++ **Wärmebrückennachweis nach Beiblatt 2** 6-2004 und **mit Wärmebrückenkatalogen** 1-2005 +++ **Wärmebrücken im Bestand** 2-2007 und 6-2007 +++ **Wärmebrückennachweis gemäß EnEV 2009 und KfW** 2-2010 und 1-2013+++ **Über 60 Detailanalysen in den condetti-Beispielen.**

Wärmeschutz praktisch optimiert

Architektur und Wärmebrücken bestimmen den Aufwand

Holzbauweisen erfreuen sich, insbesondere wenn es um energieeffiziente Gebäude geht, wachsender Beliebtheit in allen drei deutschsprachigen Ländern. Der dämmtechnische Aufwand für Effizienz- und Passivhäuser wird schon im Entwurf und seiner Gebäudekubatur wesentlich vorbestimmt. Intelligente Planung kompakter Gebäude kann große wirtschaftliche Spielräume eröffnen.
Auch Holzbauteile haben Wärmebrücken, die vor allem durch die Tragwerkshölzer und die Anschlussdetails bestimmt sind. Hier besteht Optimierungsbedarf, wenn finanziell akzeptable Gesamtlösungen gefunden werden sollen.

Autor:
Robert Borsch-Laaks,
Sachverständiger für Bauphysik,
Aachen

Wie viel Dämmdicke für welchen Zweck ?

Im PC-Zeitalter wird der U-Wert gerne bis auf die dritte Stelle hinterm Komma berechnet. Für die wärmetechnische Vorbemessung eines Entwurfs oder einer Sanierung reicht eine Fastformel:

Das Verhältnis der Zahlenwerte von U-Wert und äquivalenter Dämmdicke (d_{eq} in cm) bei λ_D= 4 W/cmK:

$U = 4 / d_{eq}$ bzw. $d_{eq} = 4 / U$
(Zur Herleitung s. condetti BASICS S. 118 f.)

Unter Verwendung dieser Faustformel kann man die Größenordnungen der erforderlichen Dämmdicken je nach angestrebtem Energiestandard leicht erkennen (Abb. 1). Der Holzbau der 90er Jahre war mit Dämmdicken um 200 mm Vorreiter beim Bau von Niedrigenergiehäusern. In der Zwischenzeit wurde das Dämmniveau sukzessive angehoben, so dass heute der Wärmeschutz von „Drei-Liter-Häusern" (Heizwärmebedarf 30 kWh/m²a) zum guten Ton bei Holzhäusern gehört. Hierfür sind Dämmdicken von 260 mm im Mittel erforderlich. Passivhäuser (Heizwärmebedarf 15 kWh/m²a) erfordern noch mal einen Sprung auf Dämmdicken bis zu 400 mm.

Dass hier der Holzrahmenbau in überproportional starkem Maße am Markt vertreten ist, verwundert nicht, da er als einzige Bauweise die Dämmung (zumindest teilweise) Platz sparend in der Tragwerksebene unterbringen kann. Dennoch stellt die Passivbauweise auch die Holzbauer vor neue Herausforderungen, die mit den bekannten Techniken des Holzrahmenbaus nicht ohne weiteres erfüllbar sind.

Die Spannweiten der möglichen und nötigen Dämmstoffstärken in Abb. 1 haben mehrere Ursachen. Zum einen ist es die Größe der Gebäude und damit der Anteil der Wärme abgebenden Hüllfläche relativ zum beheizten Raumvolumen bzw. zur Nutzfläche, die die Höhe des Dämmniveaus bestimmt. Zum anderen hängt die Menge an zu verbauendem Dämmstoff auch von den sonstigen Qualitäten des Gebäudes ab (Fenster und ihre Orientierung, Lüftungs- und Heiztechnik). Die Konstrukteure können und müssen überdies den Einflussfaktor Wärmebrücken minimieren, der bei hohen Dämmstärken an Bedeutung gewinnt. Die Entwurfsplanung legt allerdings das grundlegende Niveau fest, auf dem alles andere aufbaut.

Dämmdicke und Kompaktheit

Die bekannteste und gebräuchlichste Kenngröße, um die Kompaktheit der Bauform zu beschreiben, ist das A/V-Verhältnis. Dieses gibt an, wie viel Wärme abgebende Hüllfläche (A) bei der geplanten Kubatur (V) des Gebäudes erforderlich ist.

Der Dämmaufwand, der für einen niedrigen Energiebedarf betrieben werden muss, ist bei einem MFH (A/V = 0,55 1/m) nur etwa halb so hoch wie bei einem kleinen EFH (A/V = 0,85 1/m), s. Abb. 2. Dabei beträgt die absolute Höhe des Mehrbedarfs an Dämmdicke für ein Drei-Liter-EFH 16 cm. Beim Passivhaus-Standard steigt der Dämmaufwand sogar um 23 cm. Die U-Wert-

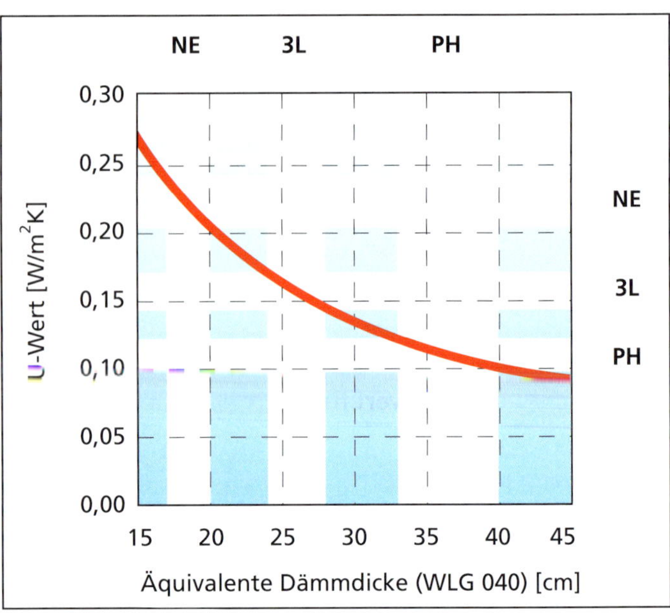

Abb. 1:
Erforderliche U-Werte und äquivalente Dämmdicken bei verschiedenen Energiestandards (Heizwärmebedarf, incl. Lüftung, bezogen auf die Nettowohnfläche).
NE NiedrigEnergieHaus: q_H= 55 kWh/m²a
3L DreiLiterHaus: q_H= 30 kWh/m²a
PH PassivHaus: q_H= 15 kWh/m²a

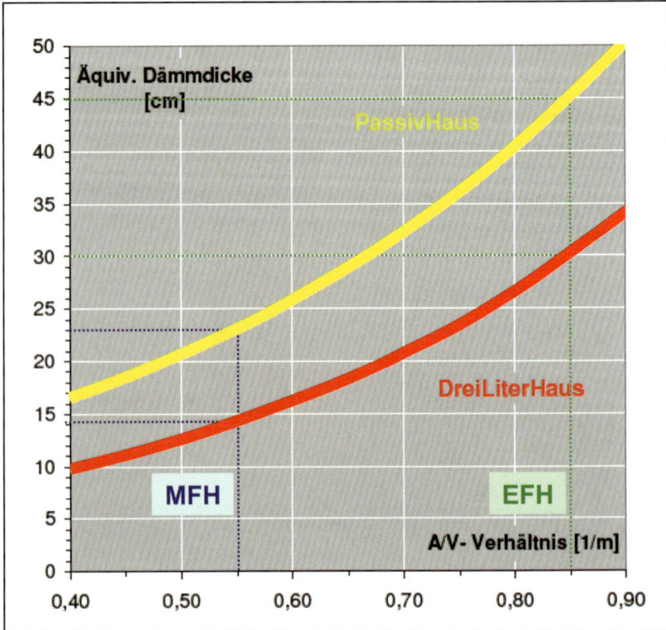

Abb. 2:
Erforderliche Dämmdicke der nicht transparenten Gebäudehülle in Abhängigkeit vom A/V-Verhältnis (Gebäude mit Vollgeschossen) für zwei verschiedene Baustandards.
Randbedingungen:
Anteil Fensterfläche 15% der Hüllfläche, $U_{W,eq}$ = 0,0/0,2 W/m²K (PH/3LH).
Lüftung: 85% WRG (3LH & PH)

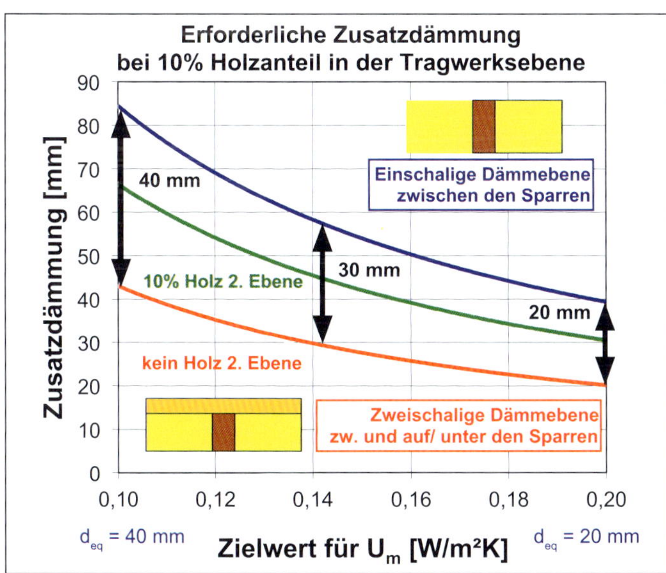

Abb. 3:
Erforderliche Mehrdämmung zur Kompensation der Wärmebrücken-Effekte von 10% Holzanteil im Haupttragwerk in Abhängigkeit vom Ziel-U-Wert.
Hinweis:
Zweischalige Bauweise – 2/3 der Dämmung in der Tragwerksebene, 1/3 innen oder außen davor.

Dämmdicke-Funktion ist halt eine Hyperbel (s. Abb. 1).

An einem Beispiel haben wir auf S. 138 f. die Spannweiten für die Entwurfsplanung deutlich gemacht.

Diesen Spielraum zu nutzen lohnt sich dreifach:

- Kompakte Gebäudehüllen können bis zu 30% bei der erforderlichen Dämmdicke einsparen,
- und dadurch können einige Quadratmeter Wohnfläche gewonnen werden.
- Umsichtige Verminderung von Vor- und Rücksprüngen in den Fassaden (und analog bei den Dachlandschaften) spart zusätzlich Kosten, weil die laufenden Meter Anschlüsse, die an jeder Kante mit allen Bauteilschichten herzustellen sind, stets Kosten treibend sind.

Die Regelwärmebrücke des Holzbaus

Die bisherigen Angaben zu den (äquivalenten) Dämmdicken dienten der ersten Grobeinschätzung. Dabei sind wir implizit davon ausgegangen, dass die Dämmebene absolut wärmebrückenfrei ausgeführt wird.

Nun sind die Standardwärmebrücken des Holzbaus, die Tragwerkshölzer, eher Wärme-„brückchen“ (λ_{Holz}= 0,13 W/mK, λ_{Beton}= 2,3 W/mK). Aber sie kommen recht häufig vor und sind daher nicht zu vernachlässigen.

Den flächenbezogenen Holzanteil (f_H) ermittelt man, in dem die Breite der Balken (b) durch den Achsabstand (a) geteilt wird. Im modernen Holzrahmenbau beträgt der Holzanteil im Regelquerschnitt meist weniger als 10% (60 mm breite Stiele oder Sparren bei einem Achsmaß von 625 mm oder mehr).

Zur Veranschaulichung des bautechnischen Aufwands, den der Wärmebrückeneffekt der Holzanteile erzeugt, dient folgender Vergleich: Wir berechnen die Erhöhung der Dämmdicke, die notwendig ist, um einen mittleren U-Wert (U_m) zu erhalten, der den Anforderungen der Abb. 1 entspricht.

Abb. 3 zeigt, dass gerade dann, wenn es darum geht, U-Werte anzustreben, die kleiner als der NEH-Standard sind, der Bedarf zur Kompensation der Wärmebrückeneffekte bei einschaligen Bauweisen drastisch ansteigt (besonders beim PH). D.h. zu der sowieso schon notwendigen äquivalenten Dämmdicke von 333 mm (für U= 0,12 W/m²K) kommen noch mal 70 mm zur Holzkompensation.

Wird die Dämmebene in zwei Schichten im Verhältnis 1:2 aufgeteilt und ist die überdämmende (dünnere) Lage wärmebrückenfrei (z.B. WDV-System oder Aufdachdämmung), so halbiert sich der Bedarf an Zusatzdämmung. Hat die zweite Ebene allerdings ebenfalls einen Holzanteil von 10%, z.B. durch die Lattungen einer Installationsebene, so ist der Spareffekt nur halb so groß. Bei sehr niedrigen U-Werten kann die erforderliche Kompensationsdämmung durch die Zweischaligkeit dann nur um 40 bis 45% gesenkt werden.

Zu bedenken ist auch, dass dann, wenn die Dicke der Überdämmung weniger als 1/3 der Gesamtdämmstärke ist, die Abminderung des Wärmebrückeneffektes geringer ist.

Wärmebrücken(koeffizienten) können negativ sein ...

Schon lange bevor die zweidimensionale Wärmebrückenberechnung zum Standardwerkzeug für fortgeschrittene wärmetechnische Planung wurde, war den Insidern aus der bauphysikalischen Forschung klar, dass mit wachsendem Wärmeschutz die Verluste an Störstellen immer bedeutsamer werden.

Seit den Frühzeiten der Heizwärmebilanzierung in den 80er Jahren gilt die Konvention, dass der Transmissionswärmeverlust unter Verwendung der Außenmaße des Gebäudes zu ermitteln ist. Dies hatte praktische Gründe, weil die Flächenerfassung wesentlich einfacher ist, als die raumweise, innenmaßbezogene Dimensionierung, die lange Zeit bei der Heizungsauslegung verwendet wurde.

Der andere, der bauphysikalisch motivierte Grund, war die Hoffnung, dass man auf diese Weise über den einfachen „Trick“ der Flächenvergrößerung die Wärmebrückeneffekte ingenieurmäßig auf der sicheren Seite liegend abschätzen kann. Es sollten hierüber nicht nur die Material bedingten, sondern auch die geometrischen Wärmebrücken erfasst werden, ohne hierfür aufwändige zweidimensionale Berechnungen durchführen zu müssen. Zu jener Zeit konnten solche 2D Finite Elemente Simulationen nur die Großrechner an Universitäten und Forschungsinstituten bewältigen.

Am Beispiel einer Außenecke soll dieses Verfahren erläutert werden: Berechnet man die Wärmeverluste einer Außenwandecke (physikalisch richtig) mit den angegebenen Innenmaßen (50 cm + 50 cm = 1 m), so ergibt sich ein Wärmestrom in [W/mK] (spezifischer Wärmeverlust pro laufendem Meter der längenmäßigen Ausdehnung des Anschlusses senkrecht zur Zeichenebene), der zahlenwertgleich dem eindimensionalen Gefach-U-Wert ist.

Durch den Außenmaßbezug kommt ein zusätzlicher, rechnerischer Wärmeverlust hinzu, der sich aus Wanddicke und deren U-Wert ergibt. Bezogen auf den betrachteten Wandausschnitt bedeutet dies eine rechnerische Erhöhung des Wärmedurchgangs um 40% bei der dargestellten Holzrahmenbauwand.

... und damit positiv für die Energiebilanz

Eine exakte zweidimensionale Berechnung ergibt allerdings, dass die tatsächlichen Wärmebrückeneffekte eigentlich nur eine Erhöhung gegenüber dem eindimensionalen Regelverlust von 0,06 W/mK erfordern würden – und dabei sind die materialbedingten WB-Effekte durch die Ständer und die Beplankung bereits enthalten.

Der außenmaßbezogene Wärmebrückenkoeffizient ergibt sich aus der Differenz zwischen realem Ψ-Wert und der längenbezogenen Außenmaßkorrektur. Diese fällt negativ aus, da die eindimensionale Abschätzung des Wärmebrücken„koeffizienten“ durch Außenmaßbezug den tatsächlichen Wärmebrücken-

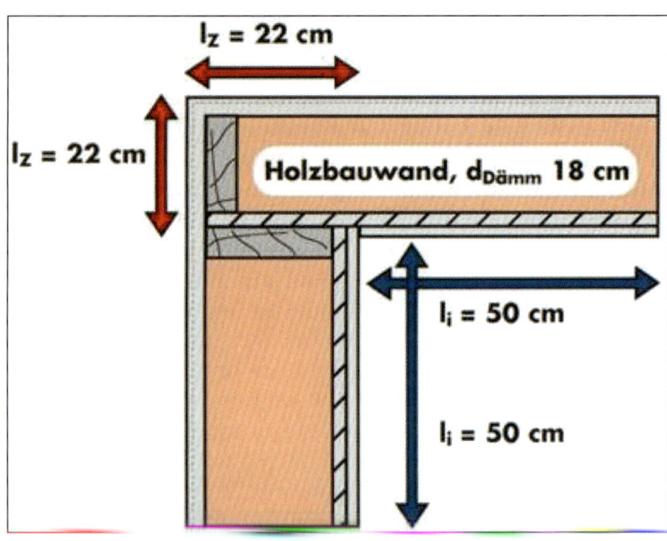

Wärmestrom pro laufendem Meter Kante			
eindimensional berechnet	Bezogen auf Innenmaß	U_{Wand} * 2 l_i	0,24 W/mK
	Zusätzl. bei Außenmaßbezug	U_{Wand} * 2 l_z	0,10 W/mK
zweidimensional berechnet	ψ-Wert bei Innenmaßbezug		0,06 W/mK
	ψ-Wert bei Außenmaßbezug		- 0,04 W/mK

Abb. 4:
Wärmebrückenabschätzung durch Außenmaßbezug und durch 2D-Berechnung im Vergleich.
Grafik: EA NRW

effekt überbewertet wird. Daraus ergibt sich quasi ein „Wärmebrückenbonus" für dieses Anschlussdetail, der bei genauer Berechnung hilfreich sein kann, um WB-Effekte anderer Anschlüssen zu kompensieren.

„Negative" Ψ-Werte können auch – bei richtiger Konstruktionsweise – an den anderen Außenkanten der Gebäudehülle (Ortgang, First, Traufe und Sockel) erwartet werden.

Wärmebrückenzuschläge: eine anschauliche Vereinfachung

Bleibt die Frage, ob es heute im Zeitalter von PCs, deren Rechenleistung und -geschwindigkeit die der universitären Rechenzentren von damals übersteigt, die zweidimensionale Wärmebrückenberechnung nicht zum Standard werden sollte. Schließlich gibt es mittlerweile genügend kostengünstige Software (siehe www.holzbauphysik.de).

Für Häuser, deren Funktionstüchtigkeit wesentlich von der Genauigkeit der wärmetechnischen Planung abhängt, also vor allem für Passivhäuser, mag diese Forderung berechtigt sein. Im „Normalfall" von energetisch fortschrittlichen Gebäuden erscheint den meisten Bauherrn und auch vielen Planern dieser Aufwand als unverhältnismäßig hoch. Und es steht die Frage im Raum, ob denn die fortbestehende Konvention der Außenmaß bezogenen Transmissionsberechnung nicht ausreichend ist.

In Deutschland gab es zu dieser Frage eine grundlegende Untersuchung von Prof. Hauser schon in den 90er Jahren [Hauser/Stiegel 1994]. Diese hatte das Ziel, einen pauschalen, eindimensionalen Wärmebrückenzuschlag (ΔU_{WB}-Wert) zu definieren, um aufwändige Einzelberechnungen zu vermeiden. Dieser wird ermittelt, in dem alle zweidimensionalen Wärmebrückenkoeffizienten (Ψ-Werte) der Anschlussdetails mit ihren zugehörigen Längen multipliziert werden. Diese so ermittelten 2D-Leitwerte (Einheit W/K) werden aufsummiert und dann durch die gesamte Hüllfläche des Gebäudes dividiert. Dieser Wärmebrückenzuschlag wird in der weiteren Heizwärmebilanzierung in der gleichen Weise behandelt, wie die Transmissionsverluste der Regelbauteile.

Wärmebrückenzuschläge: Praktische Bau„pädagogik"

In seiner Studie, in der exemplarisch drei Haustypen (EFH/RH/MFH) in 4 verschiedenen Bauweisen untersucht wurden, kommt Hauser zu dem Ergebnis, dass für Massivgebäude – auch dann, wenn außenmaßbezogen kalkuliert wird, ein Zuschlag von bis zu 0,23 W/m²K auf alle Bauteilflächen erforderlich wird, sofern die Anschlüsse schlecht ausgebildet sind (Tabelle 1). Bei guter Detailplanung kann dieser Zuschlag durchaus entfallen oder zumindest deutlich reduziert werden.

Für die damals üblichen – noch wenig optimierten – Holzfertigbauweisen ermittelte Hauser im ungünstigsten Fall den Bedarf nach einem ΔU_{WB}-Wert von 0,05 W/m²K – also einem Viertel dessen, was für schlechte Massivbaulösungen als notwenig erschien.

Diese revolutionäre Erkenntnis und die differenzierte Einstufung von Massiv- und Holzbauweisen wurden allerdings nicht wie geplant in die Wärmeschutzverordnung 1995 aufgenommen. Man muss kein Hellseher sein, um zu ahnen, welche Lobby diese bauphysikalisch berechtigte „Ungleichbehandlung" verhindert hat. Sieben Jahre später, mit der ersten Energieeinsparverordnung (EnEV 2002), kam der ΔU_{WB} -Zuschlag dann doch – allerdings für alle Bauweisen in gleichem Maße:

- ΔU_{WB} = 0,1 W/m²K für Konstruktionen ohne besonderen Nachweis,
- ΔU_{WB} = 0,5 W/m²K für Konstruktionsweisen, deren Details den Mindestanforderungen zur Wärmebrückenvermeidung entsprechen – niedergelegt im Beiblatt 2 zur DIN 4108.

Damit wurde die generelle Berücksichtigung von Wärmebrücken in der Energiebilanzierung im Rahmen des öffentlich-rechtlichen Nachweises in Deutschland Pflicht. Der halbierte Zuschlag kann im einfachsten über einen zeichnerischen Vergleich mit den Normdetails im Beiblatt 2 zur zentralen Wärmeschutznorm (DIN 4108) nachgewiesen werden, vgl. unsere Untersuchungen in den *Heften 6-2004, 2-2010 und 1-2013*. Wer meint besser zu konstruieren, dem steht die Möglichkeit eines detaillierten Nachweises durch Berechnung der zweidimensionalen Leitwerte und damit eines spezifischen ΔU_{WB}-Wertes offen.

Detaillierter Systemnachweis: Der Königsweg für den Holzbau

Bei guter Detailplanung für das verwendete Holzbausystem sind auch bei hohen Anforderungen an die Regel-U-Werte Wärmebrückenzuschläge nahe „Null" möglich (*vgl. condetti & Co Bd. 1 und Heft 1-2005 und [Hauser u. a. 2000]*).

Tabelle 1: Spannweite der notwendigen Wärmebrückenzuschläge nach [Hauser/Stiegel 1994] für verschiedene Bauweisen. Baustandard Mitte der 90er Jahre in Deutschland.

Bauweise	Wärmebrücken-Zuschlag	Vorschlag zur Einstufung
Massiv, monolitisch	0,03 bis 0,20 W/m²K	0,14 W/m²K
Massiv, WDV- System	0,02 bis 0,23 W/m²K	
Holztafelbau	-0,01 bis 0,05 W/m²K	0,03 W/m²K

Die „normalen“ Wärmebrücken der Holzanteile im Regelquerschnitt sind allerdings weiterhin (eindimensional) über die Berechnung von bauteilspezifischen mittlere U-Werten nach [DIN EN 1946:2006] zu bestimmen. Wenn die zusätzlichen Holzanteile, z. B. an den Fenster- und Deckenanschlüssen durch die 2D-Analyse erfasst werden, dann (und nur dann) ist bei der U_m-Berechnung der „normale“ rasterbezogene Holzanteil gem. Abb. 3 ausreichend.

Aus der genauen WB-Analyse kann für Holzbauer durchaus ein wirtschaftlicher Vorteil erwachsen. Denn wenn wir uns bei den Regel-U-Werten im flachen Bereich der U-Dämmdicken-Hyperbel befinden, tut jeglicher Zuschlag weh und erfordert erheblichen Aufwand zu seiner Kompensation an anderer Stelle, z. B. bei den Regeldammdicken.

Man kann die pauschalen „Zwangszuschläge“ für deutsche Wärmebrücken so auch als erzieherische Maßnahme zu besseren und kostengünstigeren Bauen begreifen.

Fehlerträchtig: der Sockelpunkt

Zum Abschluss möchten wir zeigen, dass auch im Holzbau große Schwankungen bei den Ψ-Werten möglich sind, die das Gesamtergebnis, also den Wärmebrücken**zuschlag** (ΔU_{WB}) entscheidend beeinflussen können. Der Sockelpunkt ist hierfür das Paradebeispiel.

Dabei spielt ein Grundprinzip der Wärmebrückenvermeidung eine entscheidende Rolle. Die Dämmebene sollte nicht durch gute Wärmeleiter (Betondecke, Kellermauerwerk) durchbrochen werden!

Wenn die Dämmung vollständig oberhalb der Kellerdecke oder Bodenplatte liegt, entsteht ein fast ungestörter Übergang dieser Dämmebene in diejenige der Wand. Dies führt wie an anderen Außenkanten zu negativen Ψ-Werten (Abb. 5, Variante 1). Die Schwelle wird bei den üblichen Dämmstärken für energieeffiziente Neubauten von der Dämmung unter dem Estrich komplett vom Innenraum abgekoppelt.

Eine Perimeterdämmung vor Kopf der Betonplatte ist wärmetechnisch überflüssig, da diese im kalten Bereich des Konstruktionsbereichs liegt. Die Ränder von kalten Bauteilschichten muss man nicht dämmen, weil hier keine nennenswerte Abströmung von Wärme erfolgen kann (sehr geringe Temperaturdifferenz).

Die große Versuchung: Dämmung unter der Bodenplatte

So einfach so gut. Nun bereiten die großen Aufbauhöhen auf den Rohdecken Schwierigkeiten im Umgang mit der immer häufiger gestellten Anforderung nach niveaugleichem Ausgang in die Umgebung. Von daher ist es nahe liegend, oberhalb der Rohdecke nur einen Estrich mit Trittschalldämmung und z. B. unterhalb der Kellerdecke den größten Teil der Dämmschichtdicke anzuordnen.

Dadurch gerät die Betonplatte allerdings auf ein viel höheres Temperaturniveau und die Wärmeabflüsse über die Kellerwände und den äußeren Sockelrand werden gravierend. Dagegen hilft auch eine Perimeterdämmung nur sehr begrenzt. Der Ψ_e-Wert wird deutlich positiv, was negativ für die Energiebilanz ist (Abb. 5, Variante 2).

Bei Passivbauweisen wird bei nicht unterkellerten Gebäuden vielfach über eine Verlagerung der Dämmschicht komplett unter die Bodenplatte nachgedacht, um innere Aufbauhöhe zu vermeiden. Zweidimensional berechnet ist das Ergebnis eher enttäuschend (s. Abb. 5 Variante 3).

Bei Wärmebrücken durch die aufgehenden Mauerwerkswände (am Sockel und auch bei allen Innenwänden) mag dies Konstruktionsweise eine Berechtigung haben. Für den Holzbau, der oberhalb der

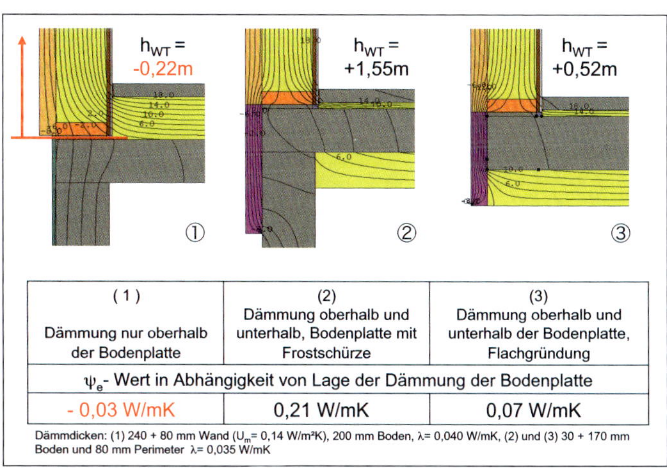

(1) Dämmung nur oberhalb der Bodenplatte	(2) Dämmung oberhalb und unterhalb, Bodenplatte mit Frostschürze	(3) Dämmung oberhalb und unterhalb der Bodenplatte, Flachgründung
ψ_e- Wert in Abhängigkeit von Lage der Dämmung der Bodenplatte		
- 0,03 W/mK	0,21 W/mK	0,07 W/mK

Dämmdicken: (1) 240 + 80 mm Wand (U_m= 0,14 W/m²K), 200 mm Boden, λ= 0,040 W/mK, (2) und (3) 30 + 170 mm Boden und 80 mm Perimeter λ= 0,035 W/mK

Abb. 5:
Ψe- Werte am Sockelpunkt in Abhängigkeit von der Lage der Dämmebene(n) der Kellerdecke oder Bodenplatte.
Hinweis: Die wämetechnische Gebäudehöhe (h_{WT}) veranschaulicht den Wärmebrückeneffekt durch den äquivalenten Wärmeverlust, der entstehen würde, wenn das Gebäude um die angegebene Höhe größer oder kleiner wäre.

Platte wärmebrückenfrei konstruieren kann, sind der Kostenaufwand und die Probleme des Baugrundes bei Flachgründungen verzichtbar. Die dargestellte Spannweite der Ψ-Werte beim Sockel kann bei einem EFH den ΔU_{WB}-Wert alleine schon um 0,02 bis 0,03 W/m²K verändern – also um die Hälfte des meist angesetzten WB-Zuschlags bei Gleichwertigkeit mit dem Beiblatt 2 der DIN 4108.

Fazit: Wärmebrückenzuschläge im Holzbau vermeidbar?

Verschiedene Untersuchungen des Autors und anderer Kollegen haben vielfach den Nachweis erbracht, dass Wärmebrückenzuschläge im Holzbau vermeidbar sind. Dazu bedarf es eines detaillierten Nachweises mit zweidimensionaler Wärmebrückenberechnung. Dieser Nachweis muss allerdings nicht für jedes einzelne Objekt geführt werden. Holzbauweisen sind Systembauweisen, deshalb wird man seine Details alleine schon aus wirtschaftlichen Gründen nicht für jedes Bauvorhaben neu erfinden. Folgende Strategie ist empfehlenswert:

Wer seine Grundvarianten in Zusammenarbeit mit einem qualifizierten Ingenieurbüro wärmetechnisch optimiert, kann System-Ψ-Werte festschreiben. Für das einzelne Objekt sind dann nur noch die Längen zu ermitteln und schon haben wir einen (meist sehr kleinen) system- und objektspezifischen Wärmebruckenzuschlag für die U-Werte der Gebäudehülle. Wie u.a. das Beispiel in *Heft 1-2013, S. 22* zeigt, ist bei einfachen Hausgeometrien im Holzrahmenbau durchaus ein Wärmebrücken„abschlag“ zu erreichen. Das bedeutet, dass die „historische“ Wärmebrückenabschätzung über das Außenmaß in diesem Fall wirklich auf der sicheren Seite liegt. ■

Literaturverweise

[Hauser/ Stiegel 1994]
Gerd Hauser, Horst Stiegel: Dokumentation der Wärmebrückenwirkung bei Häusern in Holztafelbauart gegenüber konventionell errichteten Gebäuden und Festlegung pauschaler Korrekturfaktoren, DGFH - Forschungsbericht IBH 24/93, 1994

[Hauser u.a. 2000] Gerd Hauser, Frank Otto, Michael Ringeler, Horst Stiegel, Anton Maas, Holzbau und die Energieeinsparverordnung, Informationsdienst Holz, Holzbau Handbuch Reihe 3 Teil 2 Folge 2, Hrg. DGfH und HAF, 2000

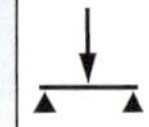

Zugkräfte in Holzrahmenbauwänden

Die Bemessung und Ausführung von Wandelementen in Tafelbauweise (Holzrahmenbau) ist in Fach- und Lehrbüchern häufig nur exemplarisch beschrieben. Den Belangen der Praxis mit mehr als einem Geschoss und (un)regelmäßig durch Fenster- und Türöffnungen unterbrochenen Wandtafeln wird selten Rechnung getragen. Hier soll auf die konstruktiven Aspekte bei Zugverankerungen von Wandtafeln eingegangen werden.

Gerhard Wagner

Helmut Zeitter

Allgemeines

Wandtafeln von Häusern in Holzrahmenbauweise werden durch Vertikal- und Horizontalkräfte in ihrer Ebene beansprucht. Die Beanspruchung rechtwinklig zur Wandebene (i.d.R. Wind) wird für die nachfolgenden Ausführungen ausgeblendet. Während die vertikale Lastabtragung durch die Holzständer erfolgt, wird die Bauteil- und damit Gebäudeaussteifung durch die auf den Rippen aufgebrachte tragende Beplankung (überwiegend aus Holzwerkstoffplatten) sichergestellt. Das Strebenmodell der „alten“ DIN 1052:1988 wurde in DIN EN 1995-1-1 durch ein Schubfeldmodell ersetzt.

Eine aussteifende Beplankung der Wandtafeln kann innen, außen oder beidseitig aufgebracht werden und hat bereits damit Einfluss auf die Anordnung der Verankerungen. In unserem Beispiel läuft die Beplankung über die Elementhöhe von Fuß- bis Kopfrippe durch. Sind waagerechte Beplankungsstöße unvermeidlich, müssen diese mit Holzrippen (als horizontale Schubhölzer) kraftschlüssig hinterlegt werden. Über die Wandhöhe darf maximal ein hinterlegter waagerechter Stoß je Tafelelement ausgeführt werden.

Zugkräfte

Werden horizontale Lasten am Kopfpunkt in die Wandtafeln eingeleitet, ergeben sich an den Enden der einzelnen aussteifenden Wandtafeln Zug- und Druckkräfte, die in die Gründungsbauteile einzuleiten sind. Für die Endverankerung der Wandtafel gibt es zahlreiche zugelassene Stahlblechformteile. Diese übertragen die Zugkraft aus der Randrippe in die darunter liegenden Bauteile bis zur Gründung (z.B. Bodenplatte aus Stahlbeton). Die Anker werden in Form eines schmalen Lochbleches auf den Holzständer hochgeführt und entsprechend der Zugkraft mit Kammnägeln an diesem befestigt. Zur Verbindung mit der Bodenplatte verwendet man Schwerlastanker (Spreiz- oder Klebeanker), die für den „gerissenen Beton“ zugelassen sein müssen. Dabei ist besonders auf die Randabstände zu achten.

Die Dimensionierung der Verankerung hängt entscheidend davon ab, ob eine lange, mehrere kurze oder sogar nur eine kurze Wand für die Aussteifung zur Verfügung stehen. Beim Übergang vom oberen in das untere Geschoss sind diese Zug- und Druckkräfte neben der reinen Horizontalkraft ebenfalls von der unteren Tafel aufzunehmen. Stehen die aussteifenden Wandtafeln nicht direkt übereinander, muss der Kräfteverlauf besonders sorgfältig nachverfolgt werden. Am Wandende ist es manchmal sinnvoller, dabei den vorletzten Ständer einer Wandtafel zum Verankern heranzuziehen, da der Bezug zum entsprechenden Ständer der darunterliegenden Wand wichtig ist.

Zugverankerung am Geschossstoß

Die Zugkräfte aus den Wandtafeln des Obergeschosses müssen an den Tafelelementen des Erdgeschosses verankert werden. Da die Holzrahmenbauelemente im EG kein ausreichendes Gegengewicht darstellen, müssen die Verankerungslasten durch die Wandtafel im EG hindurch bis zur Bodenplatte geleitet werden. Zu jedem zu verankernden Ständer der OG-Wand muss im EG ein in gleicher Achse stehender Ständer vorhanden sein (siehe rote Ellipsen). Nicht immer steht der jeweils letzte Ständer einer Tafel über

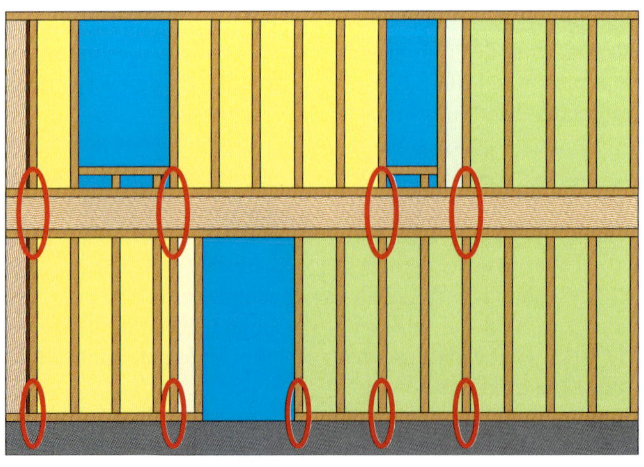

Abb. 1: Zweigeschossiger Holzrahmenbau mit versetzten Wandtafeln – Verankerungsstellen sind rot markiert

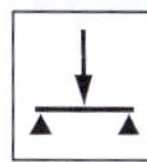

oder unter einem Ständer der korrespondierenden Wandtafel.

Die Ausführung der Zugverankerung über den Geschossstoß hinweg kann auf mehrere Arten erfolgen. Werden Wandelemente beidseitig geschlossen elementiert, ist eine Verankerung über den Geschossstoß am einfachsten auf der Außenseite auszuführen. Meist werden dazu Windrispenbänder und Kammnägel verwendet (Abb. 2). Bei nur einseitig beplankten Elementen ist die Verwendung konfektionierter Zuganker (zusammen mit einem Gewindestab) im Gefach möglich (Abb. 3). Diese Variante ist auch auf der Wandinnenseite möglich, bedarf jedoch meist einer Installationsebene. Bei eher hohen Zugkräften bieten sich Gewindestangen ebenfalls eher an als Windrispenbänder.

Zugverankerung an der Bodenplatte

Insbesondere bei zwei- und mehrgeschossigen Gebäuden können sich hohe zu verankernde Lasten im untersten Geschoss ergeben. Im günstigsten Fall wird ein Großteil der Zuglasten durch ständig wirkende Lasten aus den Wandbauteilen, den Geschossdecken oder von Stützbauteilen (als Auflager von Unterzügen) überdrückt. Das ist tragwerksplanerisch wünschenswert, aber nicht überall umsetzbar (Grundrisse, große Verglasungsbereiche etc.).

Sofern eine Installationsebene geplant ist, empfiehlt sich eine Verankerung auf der Innenseite der Wandtafel – unabhängig davon, ob diese beidseitig oder einseitig geschlossen ist. Die Anbringung eines WDVS und/oder von Perimeterdämmung im Sockelbereich ist dann ohne störende außenliegende Verankerungsteile möglich. Auch die zuverlässige Montage von Schwerlastankern ist bei dem relativ „großen" Randabstand zur Bodenplatte in einem betontechnisch geeigneten Bereich möglich. Außenliegende Verankerungen mit Flachstählen und Schwerlastankern sollten nur in Ausnahmefällen Anwendung finden, da die Anforderungen an die Maßtoleranzen des Stahlbetonbaus bei dieser Lösung schwer umsetzbar sind. Darüber hinaus sind diese Bauteile für die Anbringung außenliegender Dämmschichten eher störend.

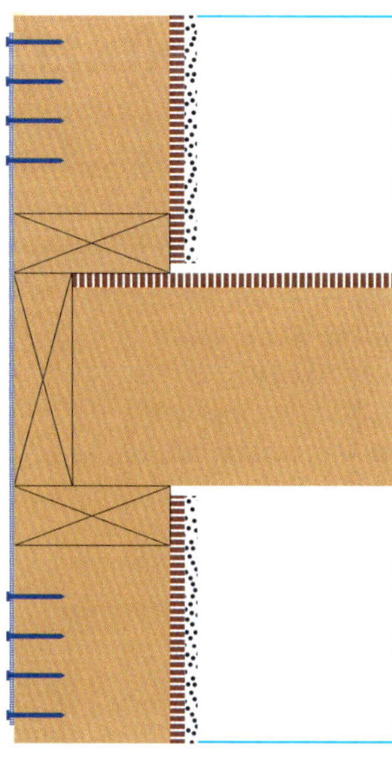

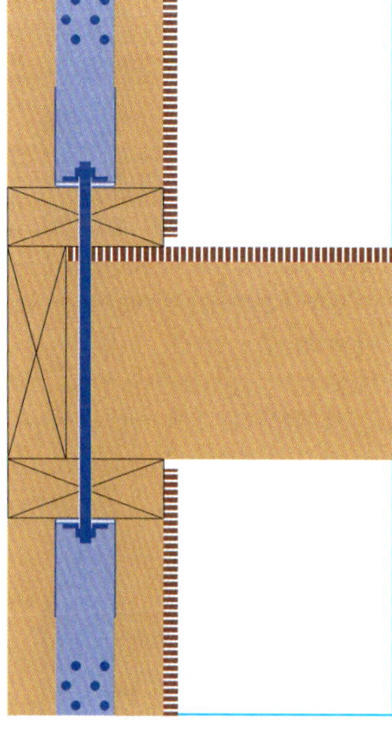

Abb. 2 links: Geschossstoß mit außenliegendem Windrispenband und Kammnägeln

Abb. 3 rechts: Geschossstoß mit Zugankern und Gewindestangen im Gefachbereich

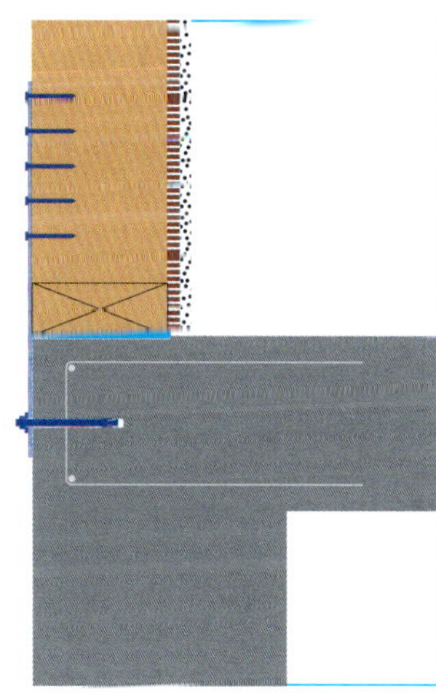

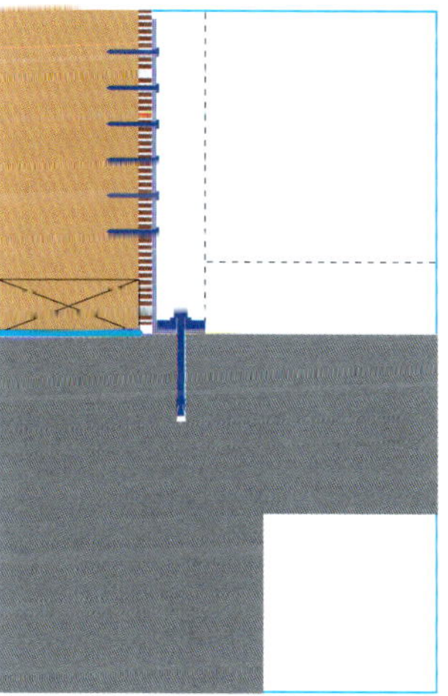

Abb. 4 links: Außenseitige Verankerung der Wand im EG an Boden-/Deckenplatte mit Flachstahl, Kammnägeln und Schwerlastanker

Abb. 5 rechts: Innenliegende Verankerung der Wand im EG an Boden-/Deckenplatte mit Zuganker, Kammnägeln und Schwerlastanker

Artikelticker: Tragwerksplanung in der *HOLZBAU – die neue quadriga:*

[1] **Wie man sich gründet, so steht man:** 6-1999 und condetti & Co. Bd. 1 +++ [2] **Rundum in Holz – Sockelpunkt mit Holzkellerdecke:** 4-2002 +++ [3] **Horizontalaussteifung nach der neuen DIN 1052 Wände:** 6-2005 +++ [4] **Horizontalaussteifung nach der neuen DIN 1052 – Dach- und Deckentafeln:** 1-2006 +++ [5] **Massiver Standpunkt – Sockeldetail mit Massivholzwänden:** 6-2007 +++ [6] **Wandscheiben nach EC5-1-1:** 1-2016

Deckenscheiben aus Holzbalkendecken

Die Bemessung und Ausführung von Deckenscheiben in Tafelbauweise (Deckentafel) ist in der Norm und der Fachliteratur meist exemplarisch dargestellt. Die Belange der Praxis mit häufig aus mehreren Tafelelementen zusammengesetzten Deckenscheiben und durch Treppenöffnungen unterbrochenen Bereichen erfordern Klarstellungen für die Nachweisführung. Hier soll auf konstruktive Aspekte bei der Ausführung von Deckentafeln nach DIN EN 1995-1-1 eingegangen werden.

Gerhard Wagner

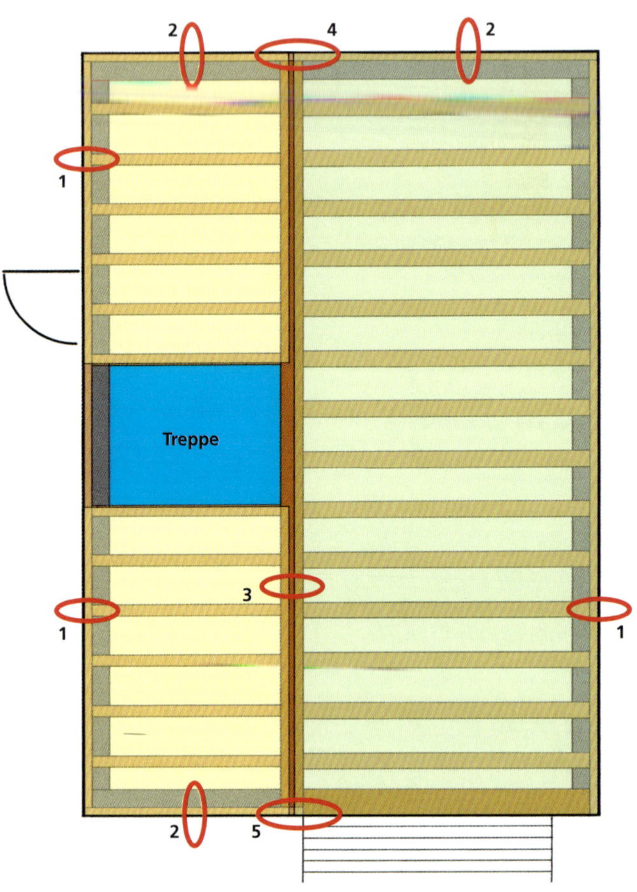

Allgemeines

Deckentafeln von Häusern in Holzrahmenbauweise werden sowohl senkrecht als auch in ihrer Ebene beansprucht. Die senkrecht wirkenden Beanspruchungen (i. d. R. Eigenlast und Verkehrslast) werden für die nachfolgenden Ausführungen ausgeblendet, ebenso massive Scheiben aus Brettschichtholz, Brettstapeln oder Brettsperrholz. Deckentafeln sind Teil der Gebäudeaussteifung und bestehen aus einem Verbund von Rippen und überwiegend einseitiger (tragender) Beplankung aus Holzwerkstoffplatten.

Als Verbund werden Nägel oder Klammern eingesetzt, die eher seltene Verklebung wird hier nicht behandelt.

Ein vereinfachtes Nachweisverfahren für Deckenscheiben ohne rechnerischen Nachweis, wie es in der alten DIN 1052 aufgeführt war, ist in DIN EN 1995-1-1 nicht mehr vorgesehen. Wie bei den Wandtafeln [1] gilt das „Schubfeldmodell". Konsequenterweise sind Deckentafeln nun rechnerisch nachzuweisen [2]. Zusätzlich sind bestimmte konstruktive Regeln zu beachten. Diese und weitere konstruktive Aspekte möchten wir beispielhaft an der Geschossdecke unseres zweigeschossigen Einfamilienwohnhauses aufzeigen.

Konstruktive Regeln

Die Holzbalken der Decke – üblicherweise aus KVH® mit oberseitiger Beplankung aus OSB-Platten – sind gegen Kippen und Knicken gesichert, wenn das Seitenverhältnis der Rechteckquerschnitte h/b nicht größer als 4 ist. Im Unterschied zu den Wandtafeln sind bei Deckentafeln freie Ränder der OSB-Platten (Beplankung) zulässig und in der Praxis auch üblich. Sie verlaufen stets rechtwinklig zu den Holzbalken (Innenrippen). Die Anordnung der OSB-Platten – quer oder parallel zu den Holzbalken – sowie die Versatzmaße der Platten untereinander sind in [4] anschaulich dargestellt.

Die Deckenscheibe in unserem Beispiel besteht aus drei Tafelelementen, die untereinander zu verbinden sind. Um den Schubfluss der angrenzenden Beplankungsränder von einem Tafelelement zum nächsten zu übertragen, sind umlaufende Randrippen konstruktiv eine gute Lösung. Hier erfolgt die Verbindung von Scheibe 2 und 3 mit Scheibe 1 auf dem gemeinsamen Unterzug und stellt die Variante mit den geringsten Verformungen dar (siehe Detail 3).

Die Verbindungsmittelabstände entlang der Ränder der OSB-Platten sind stets konstant (für den maßgebenden Schubfluss) über die gesamte Tafel auszuführen. In den anderen Bereichen (Innenrippen) gelten ebenfalls konstante, jedoch größere Verbindungsmittelabstände (Regeln für Verbindungsmittel siehe Infokasten).

Infokasten

Verbindungsmittelabstände

Für Nägel und Schrauben mit d<5 mm zur Verbindung von Holzwerkstoffplatten mit allseitig umlaufenden Rippen aus VH (KVH) oder BSH gelten diese Verbindungsmittelabstände:

- rechtwinklig zum Rand $a_{4,c} \geq 5 \cdot d$
- in Faserrichtung $a_1 \geq 5 \cdot d$
- vom Hirnholzende $a_{4,t} \geq 5 \cdot d$

Bei Klammern sind diese Verbindungsmittelabstände zu beachten:

- rechtwinklig zum Rand $a_{4,c} \geq 10 \cdot d$
- in Faserrichtung $a_1 \geq 15 \cdot d, \Theta \geq 30°$
- vom Hirnholzende $a_{4,t} \geq 20 \cdot d$

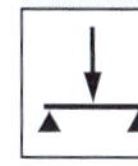

Bei mehreren Öffnungen in der aussteifenden Beplankung darf die Gesamtfläche der Aussparungen, bezogen auf eine 2,5 m² große Wandfläche nicht mehr als 300 cm² betragen. Die größte Öffnungsbreite der Aussparungen darf in Summe nicht mehr als 200 mm sein, auch bei einer einzelnen Aussparung

Lasteinleitung

Die Lasteinleitung in die Beplankung erfolgt über Randgurte und Verteilerrippen, umgangssprachlich: die Holzbalken. Wirkt die Last in Richtung der Holzbalken, so gelten die Randabstände für den unbeanspruchten Rand $a_{2,c}$, wie in Detail 1 dargestellt. Ist der Holzbalken gleichzeitig ein Randgurt und wirkt die Last auch rechtwinklig dazu, wird diese direkt in die Beplankung ohne eine Beteiligung von Verteilerrippen eingeleitet; dann gelten die Randabstände für den beanspruchten Rand $a_{2,t}$ (Detail 2). Somit sind im Bereich der Randgurte auf den Schmalseiten des Gebäudes größere Abstände für Nägel und Klammern als auf den Gebäudelängsseiten zu beachten.

Nur wenn alle Plattenränder schubsteif miteinander verbunden sind, es also keine freien Plattenränder gibt, gelten grundsätzlich die Verbindungsmittelabstände für den unbeanspruchten Rand. Unabhängig von der Einzelbetrachtung ist darauf zu achten, dass im Bereich von Geschossstößen neben der Deckenscheibe auch die obere und untere Wandscheibe zu verbinden ist. Hier kommt es ursächlich zu einer Vielzahl von Verbindungsmittel. Wie diese idealerweise konfliktfrei miteinander wirken können ist in [5] beschrieben.

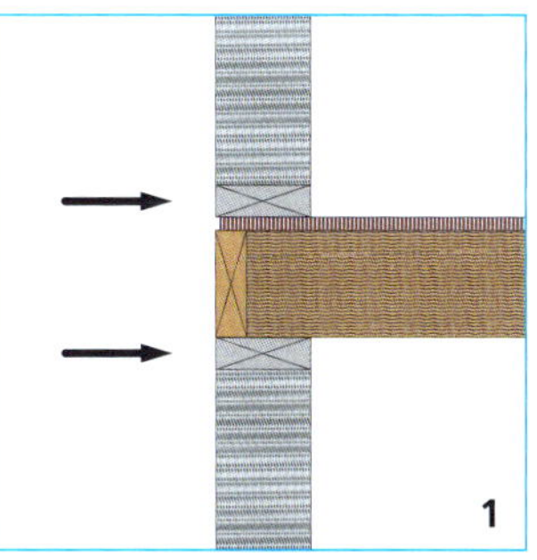

1

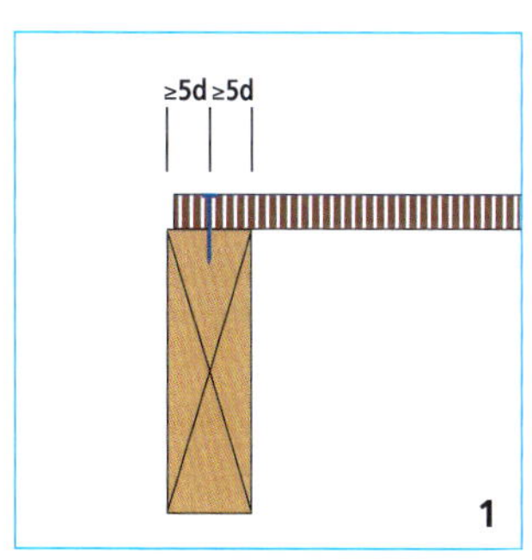

1

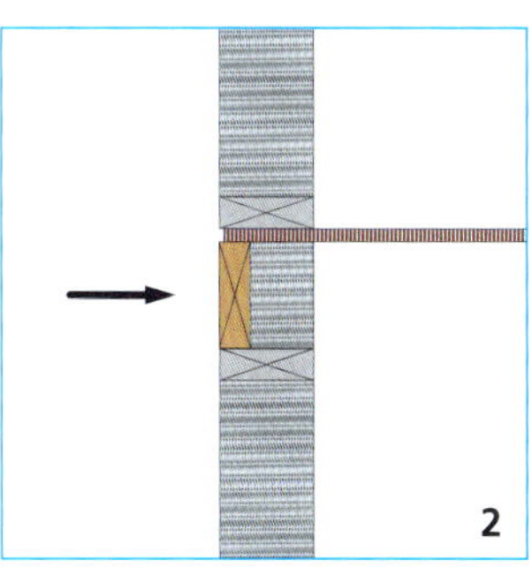

2

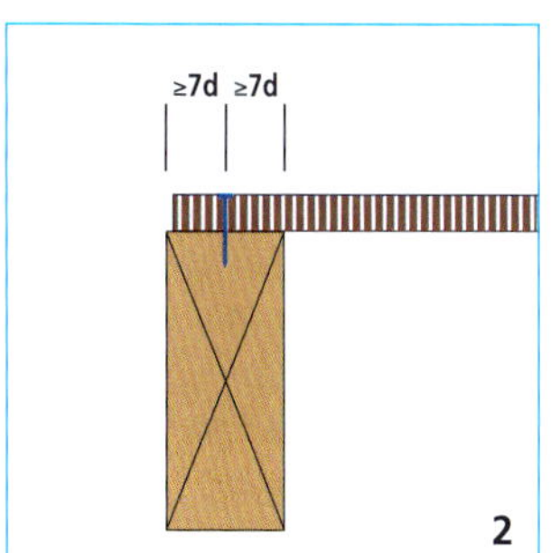

2

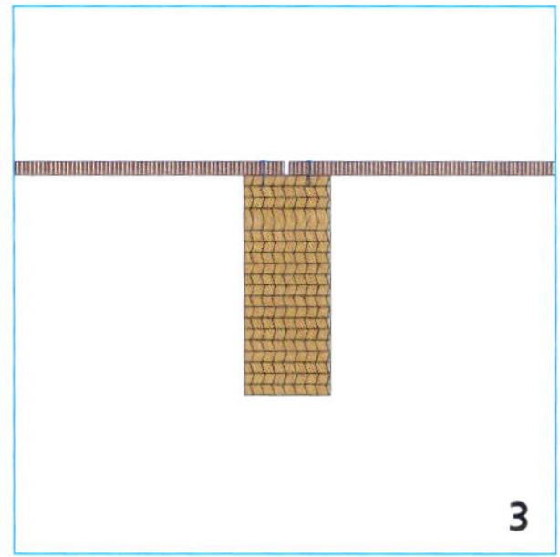

3

Stöße von Rippen

Randrippen (oder Randgurte/-hölzer) sollten möglichst ungestoßen ausgeführt werden, um dem Gebot möglichst geringer Verformungen nachzukommen. Sind Stöße unvermeidlich, sind sie auf die 1,5-fache Beanspruchung zu bemessen. Dies gilt sinngemäß auch für die Kopplung von Randgurten zweier Tafelelemente. In Abhängigkeit von der Elementierung kann z. B. der Randgurt beim Detail 4 ungestoßen verlaufen, bei Detail 5 ist ein Stoß wegen des Unterzugs, der genau so breit wie die Holzrahmenbauwand dick ist, unvermeidlich.

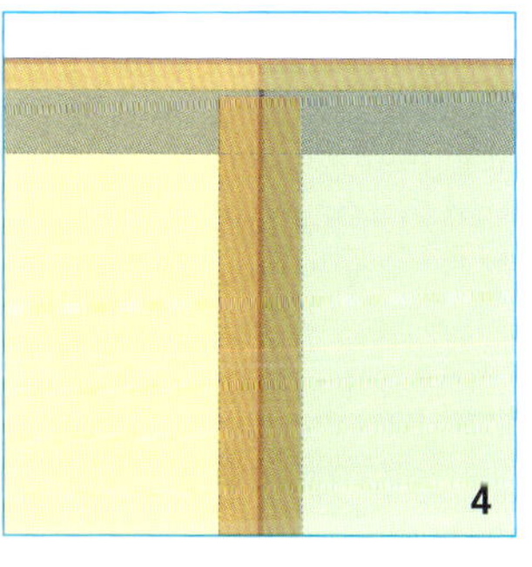

4

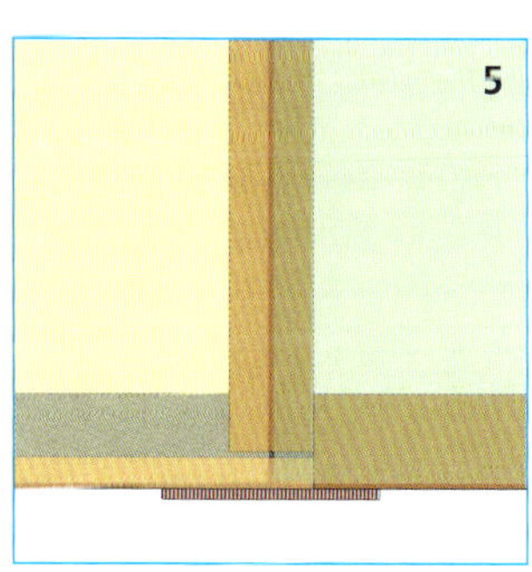

5

Literaturhinweis:

[4] holzbau handbuch; R2 T1 F10; Einführung in die Bemessung nach DIN 1052:2004, Bonn, 9/2004

[5] bauen mit holz; Fritzen, K.; 2/2008; Seite 42-46; Köln

Artikel-Ticker: Tragwerksplanung in *HOLZBAU – die neue quadriga* +++ [1] **Zugkräfte in Holzrahmenbauwänden:** 4-2010 +++ [2] **Horizontalaussteifung nach der neuen DIN 1052:** 1-2006 +++ [3] **Über Tragwerksplanung von sichtbaren Holzbalkendecken:** 4-2001 +++ [4] **Decken- und Dachscheiben nach EC5-1-1:** 3-2016

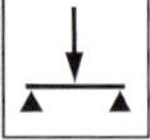

Dachkonstruktionen mit aussteifender Beplankung

Dachkonstruktionen müssen sowohl in Gebäudequerrichtung (Wind auf Traufe) als auch in Gebäudelängsrichtung (Wind auf Giebel) ausgesteift sein. Während bei Pfettendächern die Horizontallast infolge „Wind auf Traufe" von der Deckenscheibe aufgenommen wird, sind die Möglichkeiten der Aussteifung bei „Wind auf Giebel" vielfältiger. Bei eher einfachen Dachstühlen und -formen werden häufig aussteifende Holzwerkstoffplatten als Beplankung der Sparren ausgeführt.

Gerhard Wagner,

Helmut Zeitter

Aussteifungsvarianten

Zur Aufnahme der auf die Giebelfläche einwirkenden Windlasten kommen drei typische Systeme zur Ausführung. Alle verhindern ein Umkippen der Sparrensysteme:

- Windrispen (Windrispenbänder aus Stahl)
- Aussteifende Beplankungen / Holztafelelemente
- Aussteifende Wände in Längsrichtung

Die zuletzt genannte Variante hat den Vorteil, dass die über die Giebelfläche eingetragenen Windlasten von den in Firstrichtung vorhandenen, aussteifenden Wänden im Dachgeschoss aufgenommen werden können. Dazu sind die entsprechenden Pfetten kraftschlüssig mit den Rähmhölzern dieser Längswände zu verbinden. Windrispen oder aussteifende Beplankungen sind dann entbehrlich. Ähnlich verhält es sich bei Walmdächern, bei denen die Firstpfette durch die strebenartigen Gratsparren gehalten wird. Die dem Wind abgewandten Gratsparren werden auf Druck beansprucht und leiten die Horizontallasten an ihrem Fußpunkt in die Deckenscheibe bzw. den Drempel ein.

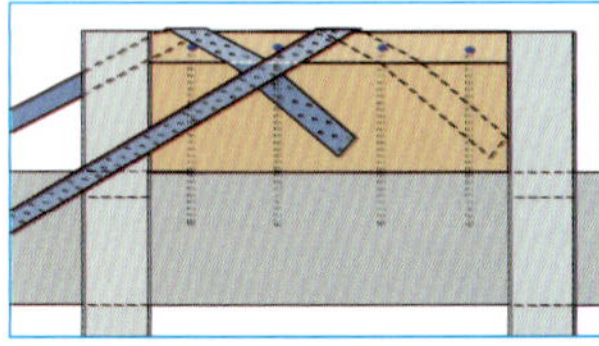

Abb. 1: Beispielhafte (End-) Verankerung der Windrispen am First mit Verblockung

Windrispenbänder

Windrispenbänder aus feuerverzinktem Lochblech waren über Jahrzehnte die am weitesten verbreitete Variante zur Aussteifung von Dachflächen. Nachteilige Aspekte dieser Art der Aussteifung in Verbindung mit bekanntgewordenen Schäden haben die schnelle und kostengünstige Montage in den Hintergrund gedrängt.

Windrispenbänder funktionieren ausschließlich auf Zug und sind daher je Dachfläche stets paarweise anzuordnen. Mit Dicken von meist 1,5 bis 3 mm stören sie den Dachaufbau nur geringfügig, können bei Vordeckungen etc. jedoch zu Beschädigungen führen. Bei der Montage sind sie stets stramm zu spannen und in der kalten Jahreszeit nur temperiert (aus dem beheizten Baustellenfahrzeug) einzubauen. Die aufwändige Verankerung an den jeweiligen Endpunkten sind ingenieurmäßig zu planen und vom Holzbaubetrieb umzusetzen (Abb. 1). Auf einen expliziten Nachweis sollte weder der Bauherr noch der Betrieb verzichten. Die Befestigung an allen Kreuzungspunkten mit den Sparren ist obligatorisch. Detaillierte Informationen siehe [4].

Da thermische Verformungen nicht auszuschließen sind, kann es in Verbindung mit dem unvermeidlichen Schlupf bei den Verbindungsmitteln zu einem Durchhang der Windrispenbänder kommen. Dabei besteht die Möglichkeit nicht unerheblicher Verschiebungen, bevor die Windlasten aufgenommen werden können. Eine Anordnung der Rispenbänder unter einer Aufdachdämmung (oder zusätzlichen Überdämmung der Sparren) kann die Verformung deutlich verringern.

Aussteifende Beplankungen

Flächige Schalungen aus sägerauen Brettern (auch gespundet) stellen lediglich eine Kippsicherung für die Sparren dar; zur Aussteifung der Dachfläche sind sie nicht geeignet! Soll die Aussteifung der Dachflächen durch Holzwerkstoffe gewährleistet werden, ist die Beplankung der Sparren mit geeigneten MDF-Platten auf den Sparren eine inzwischen weit verbreitete „zimmermannsmäßige" Lösung (Abb. 2). Dabei ist darauf zu achten, dass die aussteifende Beplankung grundsätzlich mit einer wasserabweisenden Folie gemäß DIN 68 800-2, Tabelle 3 vor Feuchte / Niederschlag zu schützen ist.

Anordnung und Lasteinleitung

Schwebende Stöße der MDF-Platten quer zu den Sparren sind zulässig, wenn diese um mindestens einen Sparrenabstand versetzt werden (vgl. [4], und Abb. 2). Die Lasteinleitung in die

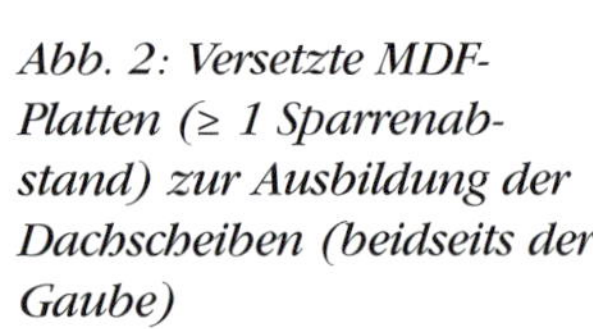

Abb. 2: Versetzte MDF-Platten (≥ 1 Sparrenabstand) zur Ausbildung der Dachscheiben (beidseits der Gaube)

Beplankung erfolgt unmittelbar über den Randsparren (Abb. 3) oder das Giebelwandrähm (Abb. 4). Ohne die Beteiligung von Verteilerrippen (Sparren) gelten die Randabstände für den beanspruchten Rand $a_{4,t}$ (7 x d). Die versetzt angeordneten Platten werden mit Nägeln oder Klammern kontinuierlich befestigt und bilden dann die Dachscheibe. Für den First- und Traufbereich sind zwischen allen Sparren Verblockungen anzuordnen und mit der First- bzw. Fußpfette kraftschlüssig zu verbinden (Abb. 5 und 6). Durchlaufende Gurthölzer sind dort aufgrund der Geometrie (Dachneigung) nur aufwändig herzustellen.

Nur wenn alle Plattenränder schubsteif miteinander verbunden sind, es also keine freien Plattenränder gibt, gelten grundsätzlich die Verbindungsmittelabstände für den unbeanspruchten Rand. Der Abstand vom Hirnholz muss mindestens 12 d betragen. Regeln für Verbindungsmittel siehe Infokasten.

Bei mehreren Öffnungen in der aussteifenden Beplankung darf die Gesamtfläche der Aussparungen, bezogen auf eine 2,5 m² große Wandfläche nicht mehr als 300 cm² betragen. Die größte Öffnungsbreite der Aussparungen darf in Summe nicht mehr als 200 mm sein, auch bei einer einzelnen Aussparung.

Materialeigenschaften

Die MDF-Platten für tragende Zwecke müssen für den Feuchtbereich (NKL 2) nach DIN EN 622-5 (Bezeichnung MDF-HLS) geeignet sein. Die aussteifende Wirkung und der temporäre Witterungsschutz sind in der Zulassung geregelt und dort nachzulesen. Die Tragfähigkeit des Verbindungsmittels errechnet sich u.a. aus der Lochleibungsfestigkeit von MDF-Platte und Holzbauteil (idR aus KVH).

Für Nagel- oder Klammerverbindungen von MDF-Platten mit Vollholz sind in der Bemessungsnorm DIN EN 1995-1-1 keine Formeln zur Ermittlung der Lochleibungsfestigkeit angegeben. Die meisten Hersteller haben dazu in ihren Zulassungen ebenfalls keine Angaben gemacht, so dass eine Bemessung daher formal zunächst nicht möglich ist.

Als (sehr) konservative Abschätzung kann für die Loch-leibungsfestigkeit der MDF-Platte die Druckfestigkeit von Vollholz (NH C24 / KVH) unter einem Winkel von 90° angesetzt werden. Der Wert $f_{c,90,k}$ für NH C24 beträgt 2,5 N/mm² und ist deutlich geringer als die in der Zulassung angegebenen Druckfestigkeiten $f_{c,90,k}$ bei Scheibenbeanspruchung der MDF-Platte.

Infokasten

Verbindungsmittel-abstände

Für Nägel und Schrauben mit d<5 mm zur Verbindung von Holzwerkstoffplatten mit allseitig umlaufenden Rippen aus VH (KVH) oder BSH gelten diese Verbindungsmittelabstände:

– rechtwinklig zum Rand
$a_{4,c} \geq 5 \cdot d$
– in Faserrichtung
$a_1 \geq 5 \cdot d$
– vom Hirnholzende
$a_{4,t} \geq 5 \cdot d$

Bei Klammern sind diese Verbindungsmittelabstände zu beachten:

– rechtwinklig zum Rand
$a_{4,c} \geq 10 \cdot d$
– in Faserrichtung
$a_1 \geq 15 \cdot d, \Theta \geq 30°$
– vom Hirnholzende
$a_{4,t} \geq 20 \cdot d$

Literaturhinweis:

[4] Technik im Holzbau, herausgegeben von Holzbau Deutschland – Bund Deutscher Zimmermeister, Berlin, Ausgabe August 2011

[5] bauen mit holz; Fritzen, K.; 2/2008; Seite 42-46; Köln

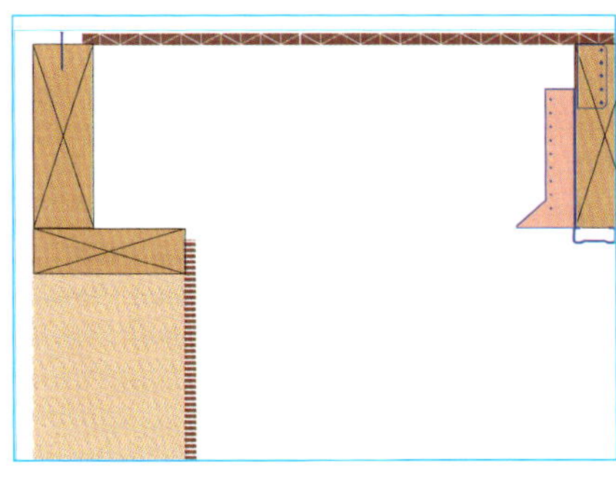

Abb. 3: Randsparren als Randgurt der Dachscheibe

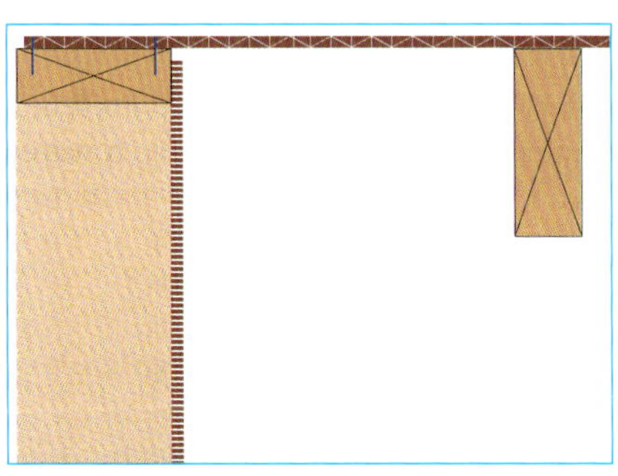

Abb. 4: Giebelwandrähm als Randgurt der Dachscheibe

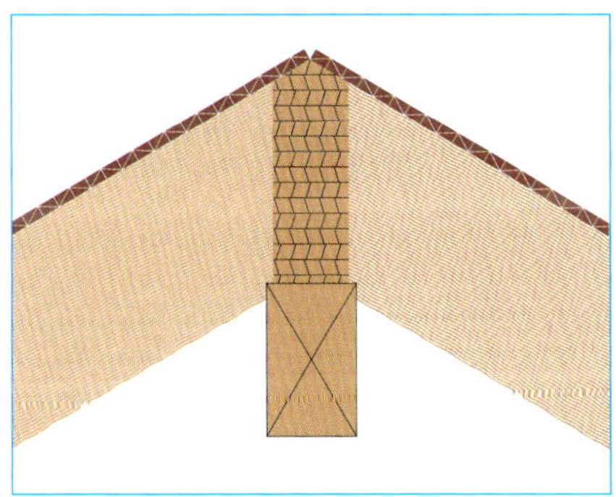

Abb. 5: Verblockung am First zur Herstellung des Scheibengurts

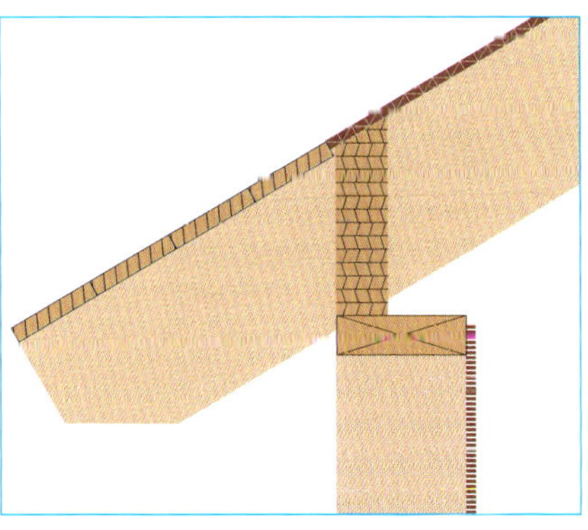

Abb. 6: Verblockung an der Traufe zur Herstellung des Scheibengurts

Artikel-Ticker: Dachkonstruktionen in *HOLZBAU – die neue quadriga:* [1] Zugkräfte in Holzrahmenbauwänden: 4-2010 +++ **[2] Deckenscheiben aus Holzbalkendecken:** 4-2011 +++ **[3] Dach- und Deckentafeln nach der neuen DIN 1052:** 1-2006 +++ **[4] Decken- und Dachscheiben nach EC5-1-1:** 3-2016

Die Last mit dem Sturz

Eine Wand leitet die Eigenlasten und ggf. Auflasten in vertikaler Richtung weiter; die horizontale Tragwirkung vernachlässigen wir an dieser Stelle. Im Bereich von Fenster- und Türöffnungen muss die Ableitung vertikaler Lasten ebenfalls gewährleistet werden. Dafür wird über der Öffnung ein horizontaler Träger, ein Sturz, angeordnet, der die Lasten im Öffnungsbereich der Wand aufnimmt und auf die benachbarten, ungestörten Bereiche der Wand weiterleitet. Im Holzrahmenbau ist der Sturz beidseitig auf (separaten) Wandstielen aufgelagert.
Sehr häufig wählt der Tragwerksplaner als Sturz einen Einzelquerschnitt, wegen des höheren E-Moduls häufig in Form eines Brettschichtholzträgers; vorhandene Rähmhölzer sowie der häufig vorhandene Kastenträger werden meist vernachlässigt. Es lohnt, sich etwas näher mit der Thematik zu beschäftigen.

Autor:
Dr.-Ing. Holger Schopbach,
Bundesbildungszentrum,
Kassel

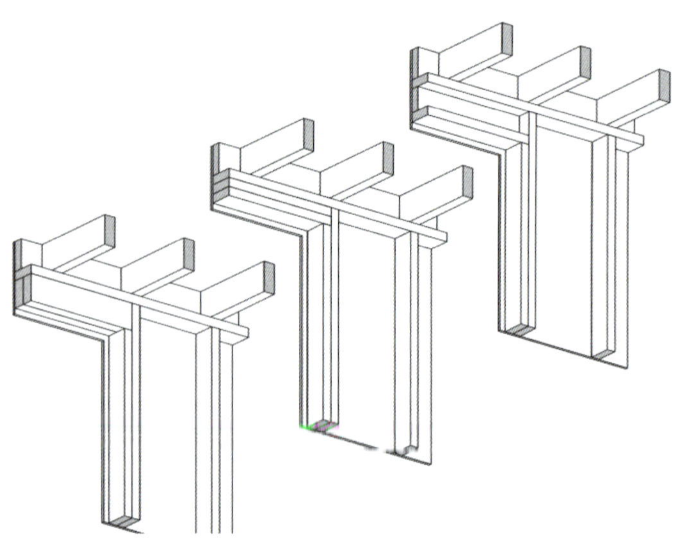

Abb. 1:
Fenstersturz als zusammengesetzter Querschnitt (hh117]

Standsicherheit und Gebrauchstauglichkeit

Bei einem Sturz handelt es sich um einen Biegeträger, in der Regel in Form eines Einfeldträgers. Im günstigsten Fall ist dieser Biegeträger lediglich durch Eigenlasten der unterbrochenen Wandscheibe beansprucht, im Normalfall sind aber zusätzlich veränderliche Lasten (z.B. Nutzlasten, Schneelasten) bei der Bemessung zu berücksichtigen.

In statischer Hinsicht muss ein Sturz zunächst die Standsicherheit gewährleisten. Dafür ist nachzuweisen, dass die durch äußere Einwirkungen auftretenden Biege- und Schubspannungen kleiner sind als die zugehörigen Festigkeiten des verwendeten Materials.

Die Festigkeiten sind abhängig von der Nutzungsklasse (NKL) sowie der Klasse der Lasteinwirkung (KLED): im Normalfall also NKL 1 und KLED = „mittel". Kommen noch Lasten aus dem Dach dazu, ergibt sich aufgrund der Schneelast die KLED = „kurz". Dabei ist zu überprüfen, ob diese Lastkombination wegen des besseren Modifikationsbeiwertes (k_{mod} = 0,9) tatsächlich Bemessungsrelevant ist oder ob nicht der Lastfall Eigengewicht (k_{mod} = 0,6) letztendlich zu ungünstigeren Bemessungswerten führt.

Die zu überprüfende Biegespannung ergibt sich aus dem Verhältnis vom relevanten Biegemoment M_d zum Widerstandsmoment W des gewählten Holzquerschnittes, die Schubspannung beim Rechteckquerschnitt aus dem Verhältnis der 1,5-fachen max. Querkraft V zur Querschnittsfläche A des Holzes.

Neben der Standsicherheit ist aber auch die Gebrauchstauglichkeit sicher zu stellen.

Dafür sind entsprechend des EC5-1-1 die Durchbiegungen zu beschränken und insgesamt drei Nachweise in der seltenen und quasi-ständigen Kombination zu führen. Die Durchbiegung eines Sturzes hängt neben Belastung, Spannweite und E-Modul maßgebend vom Flächenträgheitsmoment I ab.

Im Unterschied zur 1988er Fassung der Holzbaunorm DIN 1052 sind die Durchbiegungsbeschränkungen der aktuellen DIN EN 1995-1-1 lediglich Empfehlungen, die mit dem Bauherren zu vereinbaren sind. Sie sind darüber hinaus gegenüber der alten Normfassung günstiger. Der gängige Nachweis mit l/300 für Einwirkungen aus Eigen- **und** Verkehrslasten liegt auf der sicheren Seite.

Als Belastung kommen eine oder mehrere Einzellasten (z.B. durch Pfetten) oder aber eine Gleichstreckenlast in Frage. Dabei wird in der Regel auch bei einer Holzbalken- bzw. Sparrenlage vereinfacht eine Gleichstreckenlast statt mehrerer Einzellasten angesetzt. Dies resultiert daraus, dass im Rahmen der Baugenehmigungsplanung im Maßstab 1:100 die exakte Lage der einzelnen Deckenbalken auf einem Unterzug bzw. Sturz in der Regel nicht exakt festgelegt werden kann; exakte Achsabstände und die endgültige Balkeneinteilung sind noch nicht bekannt. Da die exakte Lage der Balken in dieser Phase der Planung nicht festliegt, müsste bei jedem Nachweis eines stützenden Bauteils die Lage der einzelnen Balken variiert werden, um zum einen das max. Moment und zum anderen die max. Querkraft zu erhalten. Da dieses Vorgehen jedoch sehr aufwändig ist, wird vereinfacht eine Gleichstreckenlast zur Bemessung zugrunde gelegt; eine im Holzrahmenbau gängige Vereinfachung.

Widerstands- und Flächenträgheitsmoment

Beim Biegespannungsnachweis spielt das Widerstandsmoment eine wesentliche Rolle, bei der Durchbiegung das Flächenträgheitsmoment. Das Widerstandsmoment ergibt sich aus dem Produkt von Breite und (Höhe)², dividiert durch 6, das Flächenträgheitsmoment aus dem Produkt von Breite und (Höhe)³, dividiert durch 12. In der starken Achse werden die Kennwerte mit dem Fußzeiger y (W_y, I_y), in der schwachen Achse mit z versehen (W_z, I_z):

$$W = \frac{b \cdot h^2}{6}$$

$$I = \frac{b \cdot h^3}{12}$$

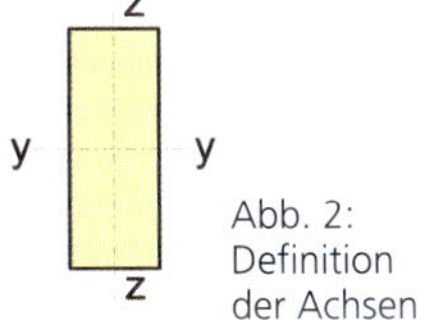

Abb. 2: Definition der Achsen

Während die Breite eines Trägers also lediglich linear in die vorgenannten Gleichungen eingeht (doppelte Breite = doppeltes Widerstands- bzw. Flächenträgheitsmoment), geht die Höhe beim Widerstandsmoment quadratisch (doppelte Höhe = 4-faches Widerstandsmoment), beim Flächenträgheitsmoment sogar in der dritten Potenz (8-faches Flächenträgheitsmoment) ein. Falls die äußeren Rahmenbedingungen es zulassen, ist eine Vergrößerung der Höhe einer Vergrößerung der Breite daher stets vorzuziehen. Tabelle 1 verdeutlicht den Sachverhalt nochmals.

Die Biegesteifigkeit

Die Biegesteifigkeit eines Biegeträgers ergibt sich aus dem Produkt von E-Modul und Flächenträgheitsmoment; E · I. Um die Steifigkeit zu erhöhen, kann daher beispielsweise auch ein anderes Material mit höherem E-Modul verwendet werden. Die mögliche Steigerung im Holzbau durch die Verwendung einer anderen Holzgüte ist in Tab. 2 dargestellt.

Soll kein höherwertiges Material verwendet werden bzw. die Verfügbarkeit ist nicht gegeben, lässt sich die Biegesteifigkeit nur über die Erhöhung des Flächenträgheitsmomentes steigern.

Flach- oder hochgestapelt

Werden die Querschnitte ohne mechanische Verbindung übereinander gelegt, addieren sich die statischen Kennwerte W und I. Obwohl der Biegewiderstand eines flach liegenden Querschnittes ziemlich gering ist, reicht es aber ggf. aus, lediglich einen, vielleicht auch zwei zusätzliche Hölzer anzuordnen, um die notwendige Biegesteifigkeit zu erreichen. Der besondere Vorteil liegt in der Ver-

Tab. 1: Vergleich der statischen Kennwerte bei Verdopplung der Breite sowie der Höhe am Beispiel eines Träger 6 cm x 12 cm

$A = b \cdot h$	72 cm^2	100 %	144 cm^2	200 %	144 cm^2	200 %
$W = \frac{b \cdot h^2}{6}$	144 cm^3	100 %	288 cm^2	200 %	576 cm^3	400 %
$I = \frac{b \cdot h^3}{12}$	864 cm^4	100 %	1728 cm^4	200 %	6912 cm^4	800 %

Tab. 2: E-Modul verschiedener Voll- und Brettschichthölzern

	Nadelholz		**Brettschichtholz**			
Festigkeitsklasse	**C24**	**C30**	**GL24 h**	**GL24 c**	**GL28 c**	**GL30 c**
E-Modul	11 000	12 000	11 500	11 000	12 500	13 000
Steigerung [%]	–	9,1	4,5	–	13,6	18,2

Tab. 3: Kennwerte und zulässige Schnittgrößen für Einfeldträger mit Gleichstreckenlast
Voraussetzung: NH C24, k_{mod} = 0,8 [HnE17]

	Breite/Höhe	A [cm^2]	W_y [cm^3]	I_y [cm^4]	zul. M_d [kNm]	zul. V_d [kN]
	14/6	84	84	252	1,24	6,89
	16/6	96	96	288	1,42	7,80
	18/6	108	108	324	1,60	8,86
	20/6	120	120	360	1,77	9,85
	14/6	168	168	504	2,48	13,78
	16/6	192	192	576	2,84	15,75
	18/6	216	216	648	3,19	17,72
	20/6	240	240	720	3,54	19,69
	14/6	252	252	756	3,72	20,68
	16/6	288	288	864	4,25	23,63
	18/6	324	324	972	4,79	26,58
	20/6	360	360	1080	5,32	29,54
	14/14	196	457	3201	6,75	16,08
	16/16	256	683	5461	10,08	21,01
	18/18	324	972	8748	14,36	26,58
	20/20	400	1333	13333	19,69	32,82
	14/6	252	476	2996	7,03	20,68
	16/6	288	608	4384	8,98	23,63
	18/6	324	756	6156	11,17	26,58
	20/6	360	920	8360	13,59	29,54
	14/6	336	560	3248	8,27	27,57
	16/6	384	704	4672	10,40	31,51
	18/6	432	864	6480	12,76	35,45
	20/6	480	1040	8720	15,36	39,38

wendung von nur wenigen Standardquerschnitten.

Um die Steifigkeit der Querschnitte möglichst effektiv auszunutzen empfiehlt es sich aber, diese nach Möglichkeit hochkant anzuordnen.

Nehmen wir als Beispiel einen Querschnitt mit den Abmessungen 160/160 mm. Dieser hat ein Widerstandsmoment von 683 cm^3 und ein Flächenträgheitsmoment von 5461 cm^4. Zwei Einzelquerschnitte 80/160 mm hochkant nebeneinander gestellt besitzen in Summe in der starken Achse identische Werte, die Einzelquerschnitte aber lose aufeinander gelegt haben in Summe lediglich ein W von 342cm^3 (die Hälfte) und ein I von 1366 cm^4 (ein Viertel).

Die statischen Kennwerte verschiedener Ausführungsvarianten für gängige Rippenabmessungen 6 cm · 16 cm sind examplarisch in Tabelle 3 zusammengestellt.

Für die Abtragung der Lasten darf auch eine gegebenenfalls vorhandene Randbohle der Decke als Biegeträger mit angesetzt werden. Für Deckenlasten aber nur, wenn die einzelnen Balken aufliegen bzw. kraftschlüssig, z. B. mit Balkenschuhen, an der Randbohle befestigt sind.

Durch mechanische Verbindungsmittel können Einzelquerschnitte so miteinander verbunden werden, dass auch Schubkräfte zwischen den Querschnitten übertragen werden. Dabei lässt sich die Biegesteifigkeit erheblich steigern. Die hier zu übertragenden Kräfte hängen von der Belastung und der Spannweite ab und sind sinnvollerweise entsprechend dem Schubkraftverlauf zu verteilen: bei einem Einfeldträger mit Gleichstreckenlast nimmt die Verbindungsmittelanzahl zur Trägermitte hin ab. Einfache Nagelverbindungen sind hierbei weniger empfehlenswert, da wegen der geringen Einzeltragfähigkeit eine sehr große Anzahl erforderlich wird. Was geschieht aber aus statischer Hinsicht, wenn die Einzelquerschnitte miteinander verbunden werden?

Die Steiner-Anteile

Setzt sich ein Querschnitt aus mehreren Einzelflächen zusammen, ist neben dem Flächenträgheitsmoment der Einzelquerschnitte der Abstand der einzelnen Flächen zum Schwerpunkt des Gesamtquerschnittes von besonderer Bedeutung; beim Flächenträgheitsmoment werden die sogenannten Steineranteile mit berücksichtigt. Aus den Steineranteilen resultiert beispielsweise die besondere Biegesteifigkeit von Doppel-T-Profilen.

Als Beispiel nehmen wir einen aus 60/160 mm Einzelquerschnitten zusammen gesetztes Doppel-T-Profil.

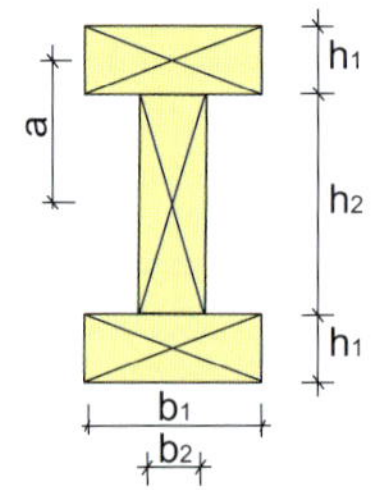

Abb. 3:
Zusammengesetztes Profil

Das Flächenträgheitsmoment der Einzelprofile liefert uns:

$$I_{y,\,Eigen} = 2 \cdot \frac{16 \cdot 6^3}{12} + \frac{6 \cdot 16^3}{12} = 2 \cdot 288 + 2048 = 2624\ cm^4$$

Die Steineranteile liefern uns für die beiden Gurte folgenden Anteil:

$$I_{y,\,Steiner} = 2 \cdot (a \cdot b) \cdot a^2 = 2 \cdot (6 \cdot 16) \cdot 11^2 = 23232\ cm^4$$

$$I_{y,\,gesamt} = 2624\ cm^4 + 23232\ cm^4 = 25856\ cm^4$$

Die Steiner-Anteile liefern im vorliegenden Beispiel nahezu den neunfachen Beitrag zum Gesamt-Flachenträgheitsmoment wie die Eigenanteile. Die Steiner-Anteile können allerdings nur dann vollständig aktiviert werden, wenn die Einzelquerschnitte schubsteif (starr) miteinander verbunden sind. Sind die Einzelquerschnitte durch mechanische Verbindungsmittel nachgiebig miteinander verbunden, können die Steineranteile auch nur anteilsmäßig aktiviert werden. Das nachfolgende Beispiel soll diesen Sachverhalt nochmals verdeutlichen.

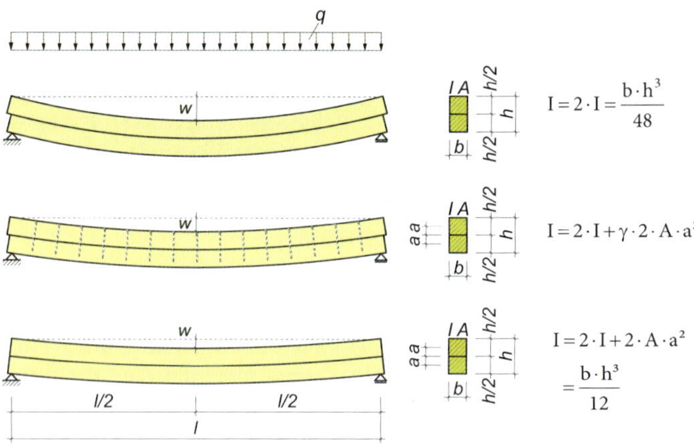

Abb.4:
Biegeträger als zusammengesetzter Querschnitt [HnE17]
a) kein Verbund,
b) nachgiebiger Verbund,
c) starrer Verbund

Bei der Variante a) liegen die Einzelquerschnitte lose aufeinander und verschieben sich bei Belastung gegeneinander. Diese Verschiebung ist in Trägermitte gleich Null und über den Auflagern am größten. Das Flächenträgheitsmoment ist die Summe der beiden Einzelflächenträgheitsmomente.

Bei der Variante c) sind die beiden Einzelquerschnitte starr miteinander verbunden und können sich daher bei Belastung nicht gegeneinander verschieben. Das Flächenträgheitsmoment ergibt sich aus den Flächenträgheitsmomenten der beiden Einzelquerschnitte sowie der zugehörigen Steineranteile und ist identisch mit dem eines Trägers mit der Gesamthöhe h.

Bei der Variante b) sind die beiden Einzelquerschnitte nachgiebig miteinander verbunden und können sich bei Belastung nur so weit gegeneinander verschieben, wie dies die Verbindungsmittel zulassen; je steifer oder je zahlreicher die Verbindungsmittel, umso geringer sind die Verschiebungen. Das Flächenträgheitsmoment ergibt sich aus den Flächenträgheitsmomenten der beiden Einzelquerschnitte sowie der zugehörigen Steineranteile. Diese Steineranteile dürfen aufgrund der Nachgiebigkeit der Verbindungsmittel aber nicht voll angesetzt werden, sondern müssen mit einem Abminderungswert γ reduziert werden. Dieser Wert ist u. a. abhängig vom Verschiebungsmodul der Verbindungsmittel sowie dem Verbindungsmittelabstand.

Sturz aus zusammengesetzten Querschnitten

Im Holzrahmenbau ergibt sich häufig im Sturzbereich folgende Situation: über dem Fenster ist flachliegend ein Rähm vorhanden, das gesamte Wandelement besitzt als oberen Abschluss ebenfalls ein Rähm. Diese beiden Rähme sind durch Holzwerkstoffplatten miteinander verbunden und ergeben damit einen Hohlkastenträger. Für solche „Biegeträger aus zusammen gesetzten Querschnitten" enthält DIN EN 1995-1-1 Bemessungsregeln. Hierbei hat sich an dem prinzipiellen Verfahren bzw. der Nachweisführung gegenüber den Vorgängervorschriften nichts geändert. Diese zusammengesetzten Querschnitte sind entweder starr (durch Verklebung) oder nachgiebig (durch mechanische Verbindungsmittel) miteinander verbunden. Bei nachgiebiger Verbindung ist die Biegesteifigkeit, wie zuvor erläutert, geringer, da die Steineranteile nur entsprechend der Steifigkeit der Verbindungsmittel angesetzt werden dürfen.

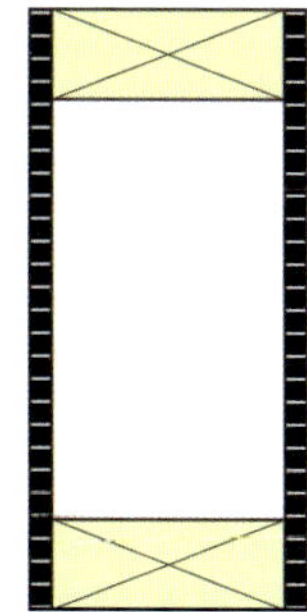

Abb. 5:
Hohlkastenträger aus Holz und Holzwerkstoffen

Die unterschiedlichen Biegesteifigkeiten/Elastizitätsmodule der Materialien Holz und Holzwerkstoff werden entsprechend der DIN EN 1995-1-1 durch die Ermittlung einer wirksamen Biegesteifigkeit EI_{ef} berücksichtigt. Bei der Ermittlung des Flächenträgheitsmomentes muss berücksichtigt werden, dass die Einzelquerschnitte nicht starr (verklebt), sondern durch mechanische Verbindungsmittel nachgiebig miteinander verbunden sind. Das wirksame Flächenträgheitsmoment I_{ef} wird entsprechend der mit Hilfe des Gamma-Verfahrens bestimmt. Hierbei werden die unterschiedlichen E-Module sowie der Verschiebungsmodul der Verbindungsmittel mit berücksichtigt.

Es müssen folgende Nachweise geführt werden:

- Biegerandfestigkeit Gurt (Druck und Zug)
- Schwerpunktfestigkeit Gurt (Druck und Zug)
- Biegerandfestigkeit Steg (Zug)
- Schubfestigkeit Steg
- Schubfluss in den Nagelfugen
- Gebrauchstauglichkeit/Durchbiegungen

Tab.4: Zulässige Gleichstreckenlast E_d [kN/m] für einen Kastenträger als Einfeldträger [HnE17]

Nägel Ø 2,4 mm; Nagelabstand s = 50 mm								
Gurtbreite [mm]	Steghöhe [mm]	Spannweite [m] 0,69	1,00	1,31	1,63	1,94	2,25	2,56
140	200	33,0	16,5	10,3	6,1	4,2	3,1	2,4
	300	53,0	27,0	13,9	8,5	6,0	4,5	3,6
	400	84,2	38,5	19,8	12,2	8,6	6,4	5,1
	600	135,7	71,7	36,3	21,9	15,2	11,3	8,9
160	200	34,8	17,3	10,8	6,3	4,3	3,2	2,4
	300	54,3	27,6	14,2	8,7	6,1	4,6	3,6
	400	85,2	38,9	20,0	12,2	8,6	6,5	5,2
	600	136,2	71,9	36,3	21,9	15,1	11,2	8,9
180	200	36,6	18,2	11,4	6,7	4,5	3,3	2,5
	300	55,5	28,2	14,5	8,8	6,2	4,6	3,7
	400	86,1	39,4	20,2	12,3	8,6	6,5	5,2
	600	136,7	72,1	36,4	21,9	15,2	11,2	8,8
Klammern Ø 1,8 mm; Klammerabstand s = 50 mm								
Gurtbreite [mm]	Steghöhe [mm]	Spannweite [m] 0,69	1,00	1,31	1,63	1,94	2,25	2,56
140	200	32,5	16,0	10,0	6,0	4,1	2,9	2,2
	300	52,1	26,1	13,8	8,3	5,7	4,2	3,3
	400	82,9	39,3	19,8	11,8	8,2	6,1	4,8
	600	135,3	73,7	36,4	21,5	14,7	10,7	8,3
160	200	34,4	16,9	10,5	6,3	4,2	3,0	2,3
	300	53,4	26,7	14,2	8,4	5,8	4,2	3,3
	400	83,8	39,8	20,0	12,0	8,2	6,1	4,8
	600	135,8	73,9	36,5	21,5	14,6	10,7	8,3
180	200	36,2	17,7	11,0	6,6	4,4	3,1	2,4
	300	54,6	27,2	14,5	8,6	5,9	4,3	3,4
	400	84,7	40,3	20,2	12,0	8,3	6,1	4,8
	600	136,3	74,2	36,6	21,5	14,6	10,7	8,3

Voraussetzungen:
– Einfeldträger mit Gleichstreckenlast – Gurte NH C24 (h = 60 mm)
– NKL 1, KLED mittel – Stege OSB/3 (t = 15 mm), ungestoßen

Mit einer Excel-Bemessungshilfe wurden Kastenträger in verschiedenen Höhen untersucht und die zulässige Gleichstreckenlast in Tab. 4 zusammengestellt. In Ergänzung und als Vergleich zur Tabelle 3 wurden die Gurte aus 6 cm · 16 cm Rippen gewählt, die Beplankung besteht aus 15 mm OSB3 Platten. Das Verhältnis zwischen Eigen- und Verkehrslast soll 1:1 betragen.

Wie sich aus Tab. 4 erkennen lässt, kann der systemimmanent vorhandene Kastenträger die Tragfähigkeit der Ausführungsvarianten nach Tab. 3 häufig übertreffen. Die OSB-Platten dürfen dafür nicht gestoßen sein.

Da die E-Module bei der Ermittlung der Biegesteifigkeit berücksichtigt werden, ist es auch möglich, unterschiedlich Holzwerkstoffe bei den Stegen zu verwenden. So kann beispielsweise eine paraffinierte mitteldichte Faserplatte mit einer OSB-Platte kombiniert werden; ein durchaus gängiger Wandaufbau. Da die mitteldichten Faserplatten entsprechend der Zulassungen in der NKL 2 einen erheblichen Anteil ihrer Festigkeiten einbüßen, kann überprüft werden, inwieweit die Tragfähigkeit alleine durch die OSB-Beplankung sichergestellt werden kann; die mitteldichte Faserplatte, entsprechend der OSB-Platte mit Verbindungsmittel befestigt, wird vereinfacht beim Nachweis nicht angesetzt. ■

Literatur

[HRB] BDZ (Hrsg.): Holzrahmenbau - Bewährtes Hausbau-System. 4. Auflage, Bruderverlag, Karlsruhe 2007.

[Krä] V. Krämer: Für den Holzbau - Aufgaben und Lösungen nach DIN 1052, Bruderverlag, Köln 2007.

[Neu] Neuhaus, H.: Lehrbuch des Ingenieurholzbaus. B.G. Teubner Verlag, Stuttgart; 1994.

[hh117] Informationsdienst Holz: Holzrahmenbau. holzbau handbuch, Reihe 1, Teil 1, Folge 7. Holzabsatzfonds, 2009.

[HnE17] Schopbach, H.: Holzbau nach Eurocode. Praxishandbuch für die Bemessung nach DIN EN 1995. Bruderverlag, Köln, 2017.

Beides zugleich: Baukosten und Energie sparen

Chancen zur Versöhnung von Ökonomie und Ökologie

Es gibt wohl keine Frage zum energieeffizienten Haus, die so häufig und unausweichlich gestellt wird wie diese: Rechnet sich der ganze Mehraufwand? Übliche Wirtschaftlichkeitsberechnungen kranken daran, dass nicht hinterfragt wird, ob das jeweilig zu optimierende Bauteil bzw. seine flächenmäßige Ausdehnung oder das betreffende Bau- oder Haustechnikelement tatsächlich notwendig ist. Dieser Beitrag zeigt im Großen und im Kleinen wie gute Planung beides erreicht: Reduzierung der Baukosten und Senkung der Verbrauchskosten.

Autor:
Robert Borsch-Laaks,
Büro für Bauphysik, Aachen

Abb.1:
Kompakte Bauform: Das A&O für ein Hausdesign, das Baukosten und Energieverbrauch spart.
Foto: Brockner Feinweber Tellman Architekten, München

Zwei Fliegen mit einer Klatsche

Deutschland ist sicherlich kein Eldorado des kostengünstigen Bauens. Ein Blick über den nationalen Gartenzaun zu unseren europäischen Nachbarn, aber auch die hiesigen Modellprojekte zum rationellen Bauen zeigen, dass Baukosteneinsparungen im zweistelligen Prozentbereich ohne Verzicht auf die heute üblichen Wohnansprüche erreichbar sind, vgl. [LBB 1998]. Demgegenüber nehmen sich die Mehrkosten zur Verbesserung der Energieeffizienz eher bescheiden aus. Lässt man sich darauf ein, die bekannten Kosten sparenden Maßnahmen ernsthaft in Erwägung zu ziehen, fällt bei näherer Betrachtung auf, dass einige von ihnen gleichzeitig die späteren Verbrauchskosten senken. Und das ist doch genau das, was wir brauchen: Energiesparmaßnahmen mit „negativen“ Investitionskosten!

Kompakt planen – kostengünstig bauen

Die *kompakte Bauform* steht in doppelter Hinsicht ganz oben in der Liste von Infokasten 1. Denn sowohl bei der Höhe der möglichen Baukosteneinsparungen als auch bei den erzielbaren Heizenergieeinsparungen ist dies ein sehr bedeutsamer Faktor. Die Gebäudehüllen sind i. d. R. die teuersten Bauteile. Deshalb ist jeder Quadratmeter, der durch eine kompakte Bauform einzusparen ist, doppelt vorteilhaft. Es sinken die Baukosten und die Wärme abgebende Fläche und damit der Heizenergiebedarf.

Die Spielräume für die Verkleinerung der Hüllfläche *bei gleichem Wohnflächenangebot* werden oft unterschätzt. Schon Untersuchungen in 90er Jahren zeigten, dass auch beim vergleichsweise ungünstigen Einfamilienhaus durch einen mehr quadratischen Grundriss und eine günstige Dachform Baukosten im fünfstelligen Bereich eingespart, und gleichzeitig der jährliche Heizenergieverbrauch um etwa 1.000 kWh gesenkt werden kann [Borsch-Laaks/Pohlmann 1994]. Der Dämmaufwand, der für den Niedrigenergiestandard betrieben werden muss, ist bei einem großen MFH (A/V = 0,45 1/m) nur halb so hoch wie bei einem kleinen EFH (A/V = 0,85 1/m), s. Abb. 2. Wichtiger noch für den Entwurfsprozess ist die Erkenntnis, dass innerhalb der jeweiligen Haustypgruppe die Spannweite beim A/V- Verhältnis[1] erfahrungsgemäß 0,1 – 0,2 1/m beträgt. Dies bedeutet einen Mehr- oder Minderbedarf von 30 – 60 mm Dämmdicke – wohlgemerkt für den gleichen Haustyp und das gleiche Angebot an Raumvolumen.

1) Verhältnis der wärmeabgebende Außenfläche (A) zum davon eingeschlossenen Gebäudevolumen (V).

Abb. 2:
Erforderliche Dämmdicke der nicht transparenten Gebäudehülle zur Erreichung eines Niedrigenergie-Kennwerts in Abhängigkeit vom A/V-Verhältnis (Gebäude mit Vollgeschossen).
Quelle: [Feist u.a. 1997]

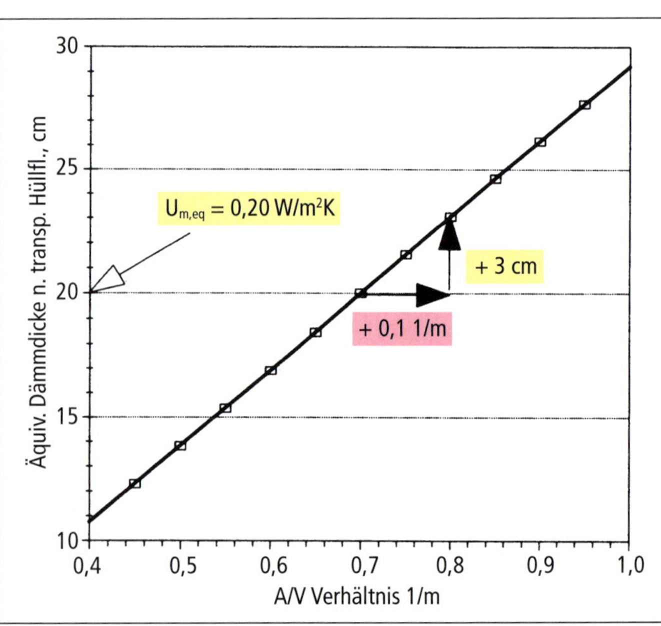

Versprünge vermeiden oder geschickt planen

Die ideale Grundrissform, um ein Gebäude mit möglichst wenig Wärme abgebender Oberfläche zu konstruieren, wäre ein Kreis oder ein Vieleck. Bei diesen Sonderformen steigen allerdings durch komplizierte Details meist die Baukosten. Von den rechteckigen Grundrissen ist eine möglichst quadratische Form bautechnisch und kostentechnisch am günstigsten (die Umrisslänge reduziert sich gegenüber einem rechteckigen Grundriss mit dem Seitenverhältnis 1:2 um ca. 5 %).

Vor- und Rücksprünge in der Fassade können sich ebenfalls doppelt ungünstig auswirken – müssen aber nicht, wie Abb. 3 zeigt. Werden Einschnitte an den Seiten des Baukörpers vorgenommen (z.B. für Loggien, einspringende Eingänge oder Freisitze etc.), dann kann sich die Umrisslänge drastisch erhöhen. Wenn Einschnitte an den Gebäudeecken vorgenommen werden und die dabei verlorene Wohnfläche an den Seiten geschickt angesetzt wird, hält sich die Vergrößerung der Gebäudehüllfläche in Grenzen.

Merke: Jeder Meter Umrisslänge mehr vergrößert die Hüllfläche bei einem zweigeschossigen Gebäude um ca. 5 m². Gleiches gilt in der Vertikalen: Große Raumhöhen und großvolumige Entrès sind die falsche Botschaft für ein Effizienzhaus.

Zudem wird der Planer einer kompakten thermischen Hülle damit belohnt, dass es weniger Probleme und kostenträchtigen Aufwand bei der Abkopplung von Wärmebrücken im Massivbau bzw. mit der Luftdichtung an durchdringenden Bauteilanschlüssen bei Holzbauweisen gibt. Gebäudehüllen mit wenig Vor- und Rücksprüngen in den Fassaden und den Dachlandschaften sparen zusätzlich Kosten, weil die laufenden Meter Anschlüsse, die an jeder Kante mit allen Bauteilschichten herzustellen sind, stets Kosten treibend sind.

Optimierte Wohnungsgrundrisse

Als A und O des Kosten sparenden Bauens gelten optimierte Wohnungsgrundrisse, die das gewünschte Raumprogramm mit geringem Flächenverbrauch realisieren. Gelingt es z. B. durch Verringerung von Verkehrs- und Konstruktionsflächen, den üblichen Wohnflächenbedarf für einen 4-Personen-Haushalt (ca. 140m²) um 10 % zu senken, so führt das bei einem NE-Einfamilienhaus schon zu Baukosteneinsparungen von rund 10.000 €.

Durch die verkleinerte Hüllfläche sinkt der *absolute* Heizenergieverbrauch deutlich. Leider fällt dieser Spareffekt bei der heute üblichen energetischen Bewertung in kWh/m² Wohnfläche nicht auf. Im Gegenteil, kleinere Gebäude haben es prinzipiell schwerer, günstige Energiekennwerte zu erreichen. Der Nutzer allerdings bezahlt hinterher nicht Energiekosten pro m² sondern absolute Gas-, Öl- oder Holzmengen. Deshalb sollte der Energieberater immer auch den Gesamtverbrauch im Blick haben und nicht nur auf flächenbezogene Kennwerte schauen.

Vorfertigung: Billiger und besser

Große Kosten senkende Rationalisierungseffekte können durch die **Entwicklung von Bausystemen** und damit oft einhergehend mit einer verstärkten **Vorfertigung** erzielt werden. Hieraus lassen sich nicht unmittelbar Energieeinsparungen ableiten, aber erfahrungsgemäß ist unter wettergeschützten und besser organisierbaren Werkstattbedingungen die Verarbeitungsqualität höher. Darüber hinaus bieten Bausysteme am ehesten die Chance, systematisch wärmetechnische Details zu optimieren und in der Qualitätssicherung zu überprüfen. Und jedes Anschlussdetail, das z.B. mittels zweidimensionaler Wärmebrückenanalyse optimiert wurde, birgt auch die

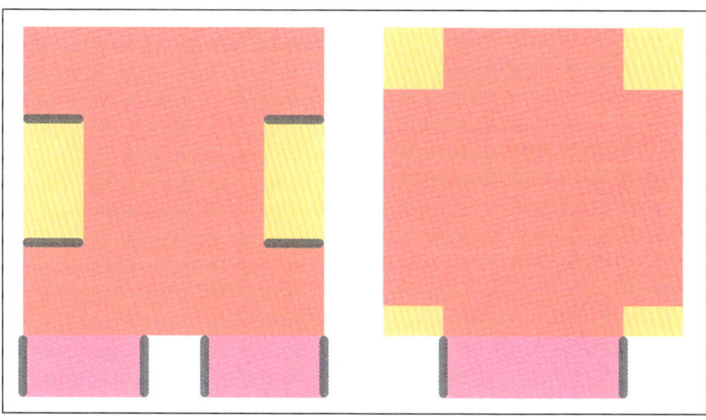

Abb. 3:
Stark gegliederte Fassadenlinien mit Einschnitten und Anbauten bei zwei Grundrissbeispielen. Es entstehen stark unterschiedliche Umrisslängen bei gleicher Grundfläche (100 m²)
links: Umrisslänge 56 m (140 %)
rechts: Umrisslänge 44 m (110 %)
Prozentangaben bezogen auf die Umrisslänge des Ursprungsquadrats (40 m)
Quelle: [Feist u.a. 1997]

Infokasten 1
Beispiele zum Kostensparen beim Bauen mit gleichzeitiger Senkung des Energieverbrauchs

Kostensparende Maßnahmen	Energetische Auswirkungen
Kompakte Bauform Optimierung von Grundrissen	• Verringerung der Wärme abgebenden Außenhüllfläche • Reduzierung von Problemstellen in punkto Wärmebrücken und Dichtheit
Entwicklung von Bausystemen und verstärkte Vorfertigung	• Höhere Ausführungssicherheit • Optimierungen für Wärmeschutz und Luftdichtung
Reduzierung der Holzanteile in der Außenhülle	• Verbesserung des mittleren Wärmeschutzes
Fenster: mehr Festverglasung; kleinteilige Scheiben vermeiden	• Weniger Wärmeverluste • Mehr nutzbare Solargewinne
Kompakte Anordnung von Bereichen mit hohem Installationsbedarf (Küche, Bad, WC)	• Verringerung der Leitungs- und Zirkulationsverluste • Weniger Stromverbrauch für Pumpen und Lüfter
Verkleinerung der Heizanlage und Platzierung von Heizkörpern an Innenwänden	• Senkung von Leitungsverlusten und unkontrollierter Wärmeabgabe • Weniger Pumpstromverbrauch • Verringerung der Transmissions- und Lüftungsverluste
Statt Fußbodenheizung Wärmeabgabe durch Radiatoren	• Raumklimatisch kein Problem bei hohem Dämmstandard • Bessere Ausnutzung von solaren und inneren Wärmequellen • Geringere Wärmeverluste bei Heizflächen an Außenbauteilen

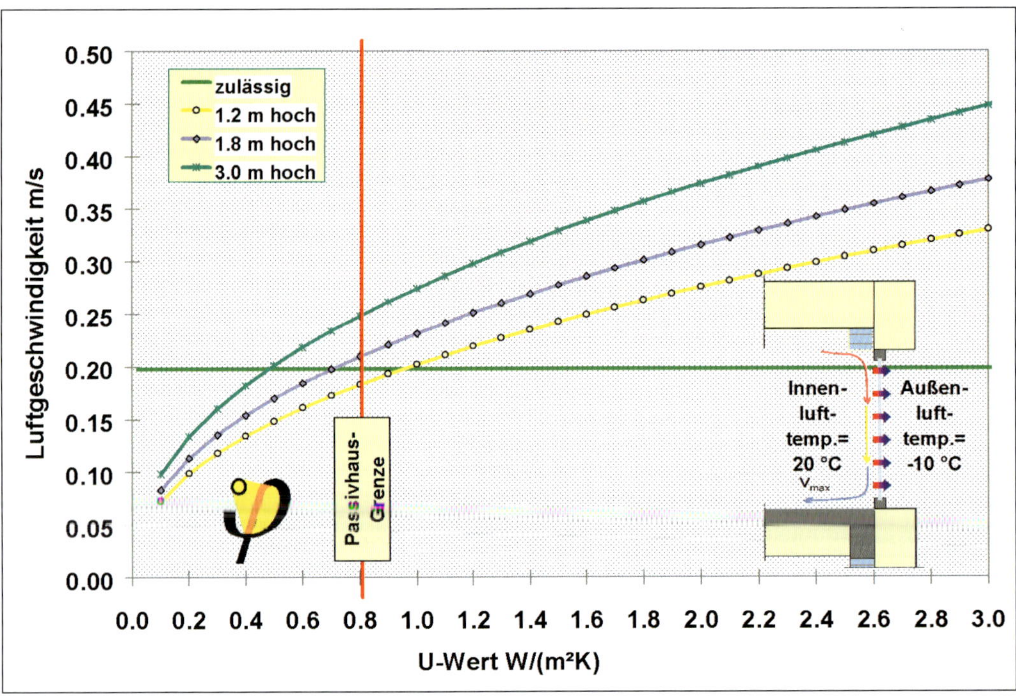

Abb. 4:
Luftgeschwindigkeiten durch den Kaltluftfall an Fenstern mit unterschiedlicher Höhe und wärmetechnischer Qualität.
Quelle: PHI, Darmstadt

Chance Arbeitsabläufe wirtschaftlich zu optimieren.

Systementwicklung und Vorfertigung sind in den letzten 30 Jahren vor allem im handwerklichen Holzrahmenbau stark expandiert. Wer die Tragwerksplanung im eigenen Betrieb mit der Konstruktionsplanung verbindet, kann in der Regel eine ganze Menge Bauholzverbrauch einsparen gegenüber den Berechnungen der Feld-Wald-Wiesen-Statiker. Nebenbei reduzieren verringerte Holzanteile auch die Wärmeverluste im Regelquerschnitt.

Bei Wärmebrücken doppelt sparen

Die „Regel-Wärmebrücke" im Holzbau sind die horizontalen und vertikalen **Vollholzanteile im Konstruktionsquerschnitt.** Üblicherweise werden die faktischen Energiesparpotentiale, die in der Holz sparenden Optimierung des Tragwerks liegen, bei der Energiebilanzierung nicht angemessen berücksichtigt. Mittlere U-Werte werden lediglich mit dem Regelholzanteil erfasst (Ständerbreite/Rastermaß, z.B. 60 mm/625 mm = 9,6%). Untersuchungen des Autors in den 90er Jahren ergaben, dass vielfach in real gebauten Objekten die Holzanteile beim doppelten lagen.

Mehrfachschwellen, Fenster, die nicht im Raster liegen, dicke, statisch überflüssige Stürze etc. machen Holzbau doppelt teuer. Konstruktionsvollholz kostet pro Volumen das drei- bis fünffache von Dämmstoffen. D. h., wenn durch optimierte Planung der Holzanteil der Gebäudehülle um 10 % reduziert (und durch Dämmung ersetzt) werden kann, so spart dies je 100 m² Gebäudehülle rd. 1.000 € Materialkosten. Und: Balken, die wegrationalisiert werden, brauchen auch nicht abgebunden und verzimmert werden. Überdies geht die Dämmung einfacher und schneller, wenn die kleinen „Frickelfelder" zwischen Balken, die nicht im Regelraster stehen, wegfallen.

Intelligente Tragwerksplanung und an Raster orientierte Entwurfsplanung sparen also doppelt durch verringerte Material- und Lohnkosten und durch geringere Wärmeverluste.

Fenster optimieren

Der **Fensterrahmen** bildet angesichts der heutigen Qualität der Verglasungen meist einen wärmetechnischen Schwachpunkt. Eine Senkung des Rahmenanteils, z. B. durch mehr Festverglasung und großflächigere Teilung, führt gleichzeitig zur Verbesserung des U_W-Wertes und zu einer Reduzierung der Fensterbaukosten – letzteres ganz besonders bei den teuren Passivhaus-Rahmen. Überdies wird diese Gestaltungsstrategie durch erhöhte solare Gewinne belohnt.

Fenster sind bei allen Baustandards die teuersten Außenbauteile. Deshalb sollten mit den heutigen technischen Möglichkeiten großflächiger Glasfassaden äußerst behutsam umgegangen werden, wenn Kostengrenzen ernsthaft wichtig sind. Energetisch haben nur unverschattete Südfenster die Chance einen besseren äquivalenten U-Wert (incl. Solargewinne) zu erreichen als die Wand, die sie ersetzen. An der Nordseite sowieso, aber auch bei Ost- und Westorientierungen bedeuten Fenstergrößen, die über das übliche Maß für ein gutes Tageslichtangebot (A_W/A_{WF} nach heutiger Praxis ca. 20 %) beides: Mehr Baukosten und mehr Wärmeverlust. Umgekehrt wird ein Schuh daraus.

Infokasten 2

Fehloptimierung durch das Nachweisverfahren der EnEV

Mit der Novellierung von 2009 wurde auch für die Wohngebäude in der EnEV das **Referenzgebäudeverfahren** allgemein eingeführt. Um Effizienzhäuser zu planen, die vergünstigte Kredite der KfW erhalten sollen, fehlen hierdurch zwei wesentliche Stellschrauben.

Die **Kompaktheit der Bauform** ist nicht mehr Gegenstand der energetischen Optimierung. Egal, wie zerklüftet die Gebäudehülle ist, eine Verbesserung des A/V-Verhältnisses spielt praktisch keine Rolle mehr, weil niedrigere Kennwerte nur noch im Vergleich zum Referenzfall bewertet werden.

Gleiches gilt für die **Optimierung der Fenstergrößen.** Ganz gleich, ob der Architekt in seinem Entwurf in der Frage der Fenstergrößen über das belichtungstechnisch und energetisch vernünftige Maß hinaus geplant hat, Korrekturen hieran können nur im Referenzfall vorgenommen werden.
D. h., einzig an der energetischen Qualität der Fenster kann bei den Effizienzhausberechnungen gedreht werden. Und das wird bei übermäßiger Befensterung meist sehr teuer.

Dem Bauherrn hilft dies wenig, da für ihn letzten Endes die absolute Höhe des Energieverbrauchs *und* der Baukosten zählt. Von daher empfehlen wir, Energiebilanzverfahren zu verwenden, die die Energiesparpotentiale der Entwurfsebene korrekt abbilden, z. B. das „Hessenverfahren" des IWU Darmstadt bzw. das PHPP des Passivhausinstituts.

Das gilt auch für die Südseite, wenn nur Zweifach-Warmgläser eingesetzt werden. Erst durch den Einsatz von Dreifach-Warmglas - möglichst im Passivhausrahmen - entstehen neue Freiheiten zur Verbesserung der Wärmebilanz durch Steigerung des Fensteranteils. Aber diese wollen erst mal finanziert sein.

Nicht zuletzt sollte stets mit bedacht werden, ab wann der Zusatzaufwand einer außen liegenden **Verschattung** auf die Tagesordnung der Budgetberatungen kommt. Für Räume mit Fenstern, die zwischen West über Süd bis Ost orientiert sind, werden bei mehr als 10% Fensterflächenanteil (bezogen auf die Wohnfläche, bei DFF mehr als 7%) rechnerische Nachweise zum sommerlichen Wärmeschutz nach DIN 4108-2 erforderlich. Diese führen dann meist nicht an Zusatzaufwendungen vorbei (z.B. für Verschattungsmaßnahmen). Wer die Reize der Solararchitektur in sein Wohnkonzept einbauen will, sollte in frühem Planungsstadium mit dem PHPP eine Sommerfallanalyse vornehmen. Die üblichen Nachweisrechnungen nach EnEV helfen hier grundsätzlich nicht weiter (s. Infokasten 2).

Doppelt sparen bei der Heizung

Im haustechnischen Bereich schlummern erhebliche Energiesparpotenziale. Dazu gehören nicht zuletzt die „heimlichen Verlustquellen", die oft unterschätzten **Leitungsverluste** *im* Wohnbereich. Innen verlegte Verteilungsleitungen der Heizung führen zu unkontrollierter Wärmeabgabe, die in energieeffizienten Wohneinheiten des Öfteren den aktuellen Gesamtbedarf übersteigen und damit ungewollt überhöhte Raumtemperaturen erzeugen *(s. Artikel Jagnow/Wolff in Heft 6/2010)*. Warmwasserleitungen haben den gleichen Effekt und über dies ist außerhalb der Heizzeit ihre Abwärme nicht nutzbar oder sogar unerwünscht.

Dies alles lässt sich reduzieren durch zusätzlichen Aufwand, z. B. Rohrdämmung, Zeitsteuerung für WW-Zirkulation und optimierte Heizungsregelung. Beherzigt man allerdings von vorneherein die Grundprinzipien Kosten sparender Haustechnikplanung, wird die gänzliche Beseitigung von unnötigen Verlusten gleich mitgeliefert. Dazu zählt in erster Linie eine **Grundrissplanung**, die Räume mit hohem Installationsbedarf (Bäder/WCs/Küche/Hauswirtschaftsraum) nah beieinander hält – im horizontalen wie im vertikalen Schnitt. Kurze Warmwassernetze haben weniger Verluste und können eine verlustreiche Zirkulationsleitung und eine Strom fressende Pumpe überflüssig machen. Die kompakte Anordnung von Feuchträumen reduziert gleichzeitig die Baukosten für eine Lüftungsanlage und den Strombedarf des Ventilators.

Heizkörper an Innenwänden

Die **Verkleinerung der Heizanlage** und die Anordnung von **Heizflächen an Innenwänden** beinhalten Sparpotenziale bei den Baukosten, die durch einen überdurchschnittlichen Wärmeschutz überhaupt erst möglich werden. Dies kann zur Querfinanzierung der Dreifach-Verglasung werden, die zumindest bei großflächigen und bodentiefen Verglasungen eine raumklimatisch zwingende Voraussetzung für die Anordnung der Heizkörper an Innenwänden ist, weil erst dann der Kaltluftfall am Fenster beseitigt wird (vgl. Abb. 4).

Wird diese Chance durch qualifizierte Fachplanung genutzt, so ergeben sich auch neue, günstige energetische Auswirkungen: Weniger Verteilungsverluste und unkontrollierte Wärmeabgabe sowie geringerer Stromverbrauch für die Umwälzpumpe. Heizkörper, die nicht an Außenwänden oder unter Fenstern montiert werden müssen, führen auch zu geringeren Transmissions- und Lüftungsverlusten.

Fußbodenheizung: teuer und überflüssig

Für viele Bauherren (auch ihre Architekten) gilt eine **Fußbodenheizung** als das A&O einer komfortablen Raumheizung. Und alle verdienen daran, der Hersteller, der Installateur und der Planer – nur der Bauherr muss es zahlen. Aber für die Perspektive „Nie mehr kalte Füße", ist mancher gerne bereit ein paar tausend Euro mehr auszugeben. Aber warum, wenn dies gar nicht nötig ist?

Ein hoch wärmegedämmter Fußboden (auch bei einem nicht unterkellerten Gebäude) hat Oberflächentemperaturen die ganz nahe bei der Raumlufttemperatur liegen. Wenn luftdicht gebaut wird, gibt es auch keinen „Kaltluftsee" mehr, der oft der wahre Grund für das Empfinden von „Fußkälte" ist.

Meist wird nicht bedacht (und auch in den Energiebilanzrechnungen nicht berücksichtigt), dass Flächenheizungen an Außenbauteilen je nach Heizwassertemperatur einen deutlich erhöhten Wärmeverlust zur Folge haben. Dies wird durch die üblichen Dämmplatten, auf denen die Rohre von Fußbodenheizungen montiert werden, bei weltem nicht ausgeglichen.

Nebenbei: Ein Holzdielenboden ist bekanntermaßen immer „warm", auch wenn man barfuss läuft.

Fazit: Weniger ist mehr

Unsere Aufzählung von Maßnahmen, die gleichzeitig Bau- und Energiekosten senken, erhebt keinen Anspruch auf Vollständigkeit. Wer konsequent rationell und energiebewusst baut, wird sicher diese Liste um eine Reihe eigener Vorschläge ergänzen können. Bei einigen unserer Vorschläge wird sicher mancher Leser sagen: „Das machen wir ja sowieso schon." Ja bestens. Dann sind wir also schon gemeinsam an dem Punkt, wo wir uns relativ entspannt um eine solide Finanzierung der verbleibenden Mehrkosten für die Verbesserung des energetischen Standards kümmern können. Denn es ist klar: Es gibt sie, die Mehrkosten für Mehrdämmung, bessere Fenster und die Komfortlüftung. Sie schrecken jedoch nicht mehr, wenn zuvor die Chancen Kosten senkender Planung bei Entwurf und Konstruktion genutzt wurden. ■

Literatur

[Borsch-Laaks/ Pohlmann 1994]

R. Borsch-Laaks u. R. Pohlmann: The Triple-E House – Energy Efficient, Economical, and Ecological. ACEEE Summer Study 1994. Proceedings, Panel 9. American Council for an Energy-Efficient Economy, Berkeley, USA 1994.

[Feist u.a. 1997] Wolfgang Feist (Hrsg.): Das Niedrigenergiehaus. 4., völlig neu bearbeitete Auflage. C. F. Müller-Verlag, Heidelberg 1997.

[LBB 1998] Landesinstitut für Bauwesen NRW (Hrg.): Preiswerter Wohnungsbau in NRW, Aachen (LBB),

Lüftung mit Wärmerückgewinnung

Hygiene, Wirtschaftlichkeit und die Planung im Detail

Ein angenehmes Raumklima und hygienisch unbedenkliche Raumluftqualität sind Grundlagen für gesundes Wohnen und Wohlbefinden. Der Mensch, auch Baumaterialien, Einrichtungsgegenstände, Kochgeräte, Haustiere, Pflanzen, Textilien usw. emittieren eine Vielzahl von Stoffen, die es abzuführen gilt.
Eine Lüftungsanlage löst die hygienischen Anforderung des heutigen Wohnens und stellt – mit Wärmerückgewinnung ausgerüstet – quasi das Herzstück eines energieeffizienten Hauses dar. Standards für die Planung sind seit langem für Passivhäuser definiert, da eine Lüftungsanlage mit Wärmerückgewinnung dort zur Bauweise gehört.
Inwieweit sich dies auch in den heute gültigen Normen und Vorschriften wiederfindet wird in diesem Beitrag behandelt – immer mit Blick auf die praktische Umsetzung in der Objektplanung.

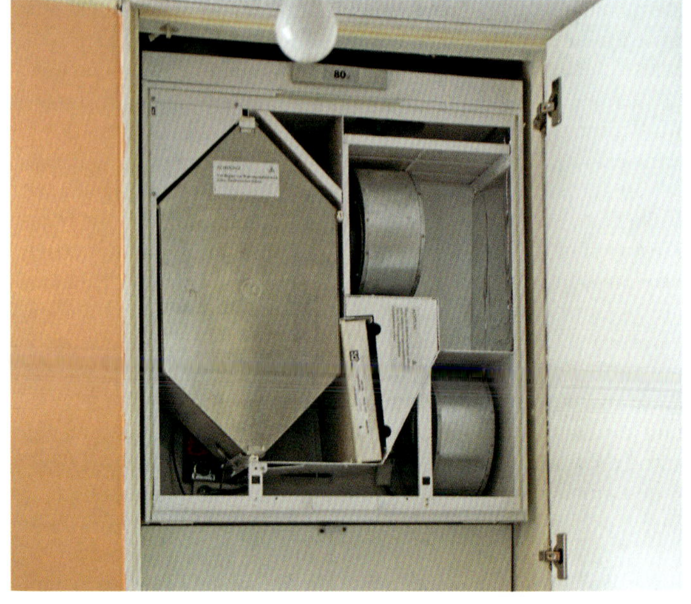

Abb. 1
Lüftungsgerät mit WRG in einem Wandschrank
Alle Abb. in Plan

Autor:
Norbert Stärz,
inPlan Ingenieurbüro TGA GmbH,
Pfungstadt

Wie viel Lüftung ist nötig?

Wenn die Außenluftqualität gut und die Freisetzung belastender Stoffe in Innenräumen klein ist, kann der notwendige Außenluftvolumenstrom in Hinblick auf den CO_2-Gehalt der Raumluft festgelegt werden. Seit den grundlegenden Untersuchungen des Hygienikers Max von Pettenkofer im 19. Jahrhundert gilt das Kohlendioxid als Indikator-Gas für die Gerüche und Ausdünstungen aus normaler Wohnnutzung.

Als Richtwert für den hygienisch notwendigen Volumenstrom in einer Wohnung gelten 30 m^3 Außenluft je Person und Stunde. Je nach Größe der Wohnfläche pro Person bedeutet dies Luftwechselraten zwischen 0,2 1/h in schwach und 0,8 1/h 1 in dicht belegten Wohnungen.

Die Berücksichtigung des unvermeidbaren Anteils der Innenraumbelastung sowie der Pufferwirkung vieler Materialien für Wasserdampf und Geruchsstoffe erfordert einen Mindestvolumenstrom, dessen Luftwechselrate zwischen 0,2 und 0,3 1/h liegt. Wenn dies als Dauerlüftung gewährleistet ist, erfolgt in aller Regel auch eine ausreichende Abfuhr der in der Wohnung stattfindenden Feuchteproduktion. In einem Gebäude ohne gravierende Wärmebrücken sind damit auch alle Schimmelgefahren beseitigt.

Ob und mit welchen Hilfsmitteln dies auch durch die Fensterlüftung in nicht oder schlecht sanierten Altbauten erreichbar ist, wird in dem Beitrag von Helmut Künzel, S. 94 ff. untersucht.

Kleine Lösung – Abluftanlage mit Außenluftelementen

Eine einfache und zuverlässige Lösung für die ventilatorgestützte Wohnungslüftung stellen Abluftanlagen dar. Mit Hilfe eines zentralen oder mehrerer dezentraler Ventilatoren wird aus Küche, Bad und Toiletten Luft abgezogen und über Dach ausgeblasen. Die Außenluft strömt über Außendurchlässe in Wohn- und Schlafräumen nach, in (möglichst) geringem Maß durch vorhandene Undichtigkeiten in der Gebäudehülle. Die Wohnung wird so von den Wohn- und Schlafräumen hin zu den Feucht- und Funktionsräumen gerichtet durchströmt.

Die Höhe des Volumenstroms lässt sich durch Drehzahländerung des Ventilators anpassen, verstellbare Außenluftdurchlässe ermöglichen eine variable Verteilung der Luft auf die Räume. Auch Außen- und Abluftelemente, deren Luftdurchsatz durch die Raumluftfeuchte beeinflusst wird, stehen zur Verfügung.

Die gerichtete Strömung in der Wohnung erhöht die Wirksamkeit der Lüftung (vgl. Abb. 2). Die einströmende Außenluft wird nacheinander in der Zuluft-, Überström-

Abb. 2 : Flussbild Querlüftung und Einzelraumlüftung
Quelle: [Feist u. a. 1997]

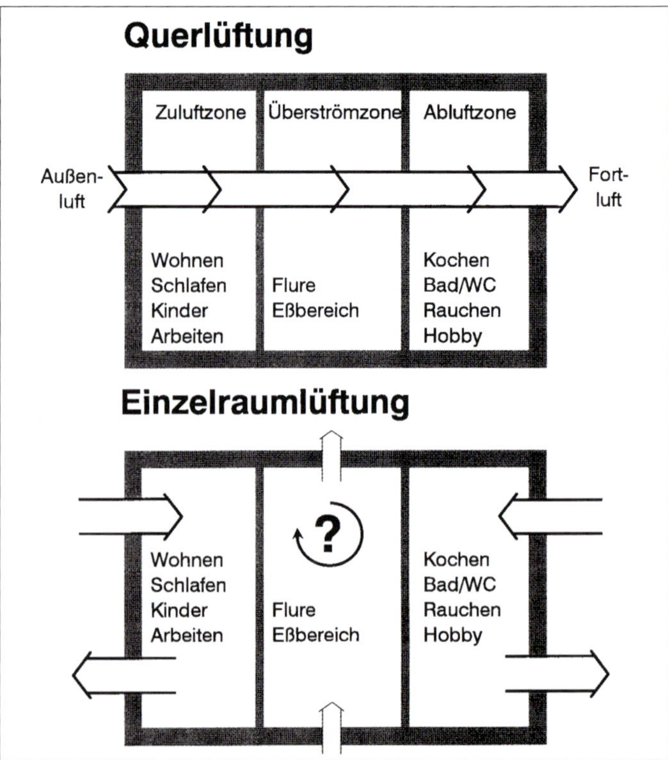

und Abluftzone genutzt, wodurch der erforderliche Luftaustausch niedrig gehalten wird. Bei einer Einzelraumlüftung entfällt dieser Mehrfachnutzen, es ist ein höherer Gesamt-Luftaustausch erforderlich.

Die weitgehende Wetterunabhängigkeit und gute Regelbarkeit des Volumenstroms ermöglichen eine Reduzierung der Lüftungsverluste gegenüber üblicher Fensterlüftung und bedeuten für die Bewohner einen merklichen Komfort- und Qualitätsgewinn.

Der elektrische Energieaufwand ist gering. Gute zentrale Anlagen haben eine elektrische Leistungsaufnahme von maximal 25 W pro Wohnung.

Optimale Lösung – Lüftung mit Wärmerückgewinnung

Ein zweites Leitungsnetz zur Verteilung der Zuluft in die Wohnräume ermöglicht die Außenluft in einem Wärmetauscher mit der Wärme der Abluft zu erwärmen – 80 – 90 % der enthaltenen Wärme können so zurückgewonnen werden. Um die gewünschte hohe Energieeinsparung zu erreichen, empfiehlt die Luftdichtheitsnorm [DIN 4108-7:2011] einen n_{50}-Wert von maximal 1,0 1/h, vgl. *Artikel von J. Zeller in Heft 4/2011*.

Noch höher ist der wirksamen Anteil des Luftaustauschs für die Wärmerückgewinnung, wenn die Gebäudedichtheit den Passivhausanforderungen entspricht ($n_{50} \leq 0{,}6$ 1/h).

Zentralgeräte, mit einem Zertifikat nach PHI-Prüfung (www.passiv.de), bieten die beste Sicherheit für eine effiziente Auswahl.

Durch den kontinuierlichen Luftaustausch und die erwärmte Zuluft werden ein hoher Wohnkomfort und zugleich eine große Energieeinsparung erreicht. Der Luftwechsel orientiert sich an dem Bedarf der Personen, er kann zumindest in drei Stufen variiert werden.

Bei geschickter Planung lassen sich die erforderlichen Leitungen für Zu- und Abluft unauffällig in die Gebäudeplanung integrieren, auch in der Bestandssanierung kann häufig alleine mit einer Deckenabhängung im Flur nahezu das komplette Leitungsnetz „versteckt" werden.

Kosten der Lüftung

Für den Vergleich der Konzepte wird eine mit 4 Personen belegte 120 m² große Wohnung z. B. in einer Doppelhaushälfte betrachtet. Wärmeenergiekosten sind mit 0,12 €/kWh, Stromkosten mit 0,30 €/kWh angesetzt. In den Wärmekosten sind neben den Bezugskosten (z. B. Erdgas auch die Verluste des Heizungssystems eingepreist)

Fensterlüftung

Die Energieverluste für das übliche Lüften über Fenster belaufen sich auf ca. 45 kWh/(m²*a) (bei einer angenommenen mittleren Luftwechselrate von ca. 0,4 1/h); für die Beispielwohnung entstehen somit Jahreskosten von ca. 650,– € für Wärme.

Abluftanlage

Gegenüber der Fensterlüftung wird eine Reduktion der Lüftungsverluste um ca. 5 kWh/(m²*a) bei einem Stromverbrauch während der Heizperiode von rund 1 kWh/(m²*a) erreicht. Effiziente Abluftanlagen erhöhen also den Primärenergiebedarf nicht. Die Kosten belaufen sich auf ca. 25 bis 30 €/m² Wohnfläche bzw. rund 3.500 € für eine Wohnung.

Die Energieverluste für das Lüften belaufen sich auf ca. 40 kWh/(m²*a); für die betrachtete Wohnung entstehen Jahreskosten von ca. 590,– € für Wärme und ca. 35,– € für Strom, ca. 30,– Euro für den regelmäßigen Abluftfilterwechsel. Also: Komfortgewinn ohne Mehrkosten.

Lüftungsanlage mit WRG

Die Investitionskosten liegen bei ca. 70 bis 90 €/m² Wohnfläche bzw. rund 9.500 € für eine Wohnung.

Die Energieverluste für das Lüften reduzieren sich auf ca.

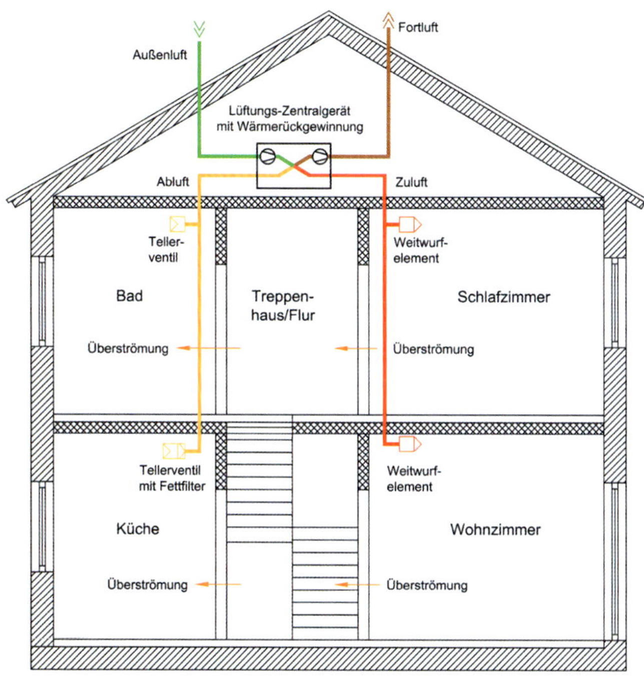

Abb. 3: Schema einer zentralen Lüftungsanlage mit Wärmerückgewinnung.

8 kWh/m²*a; für die Beispiel-Wohnung entstehen Jahreskosten von ca. 115,– € für Wärme und ca. 70,– € für Strom, ca. 60,– Euro für den Außen- und Abluftfilterwechsel.

Leitlinien zur Auslegung von Lüftungsanlagen in Wohnhäusern

Für Planung, Ausführung und Betrieb werden hier an Hand der Passivhaus-Lüftungs-Standards dargestellt. Sie sind in zahlreichen Veröffentlichungen des Passivhaus Institut (z. B. [Feist 2003], [Stärz 2010]) detailliert enthalten.

Für die Höhe des Luftaustausches ist zu beachten:

- Auslegung der **Zuluftmenge nach Personenkriterien**: bei Betrachtung der Wohnung werden 30 m³/h,P berücksichtigt; für einen Einzelraum wie Schlaf- und Kinderzimmer gelten 20 m³/h,P. Dies genügt zur Einhaltung des CO_2-Kriteriums von < 0,15 Vol.-%.
- Überprüfung eines **Mindestluftwechsel der Wohneinheit**: 0,3-facher Luftaustausch
- Der Nutzer soll die Luftaustauschmenge zwischen 70 und 130 % der Auslegungsleistung verändern können.
- Realisierung der erhöhten

Abb. 4: Abluftelement mit Alu-Gewebefilter auswaschbar, Frontblende abgenommen

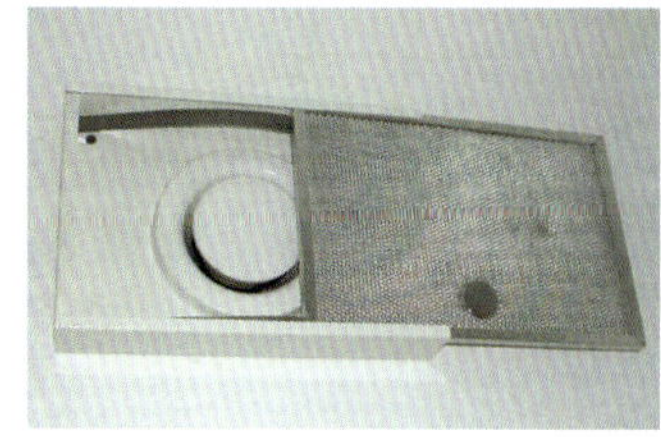

Abb. 5: Abluftfilterkasten, mit stark verschmutztem Filterflies (rechts), aber Kasten nach dem Filter (noch) sauber! (links)

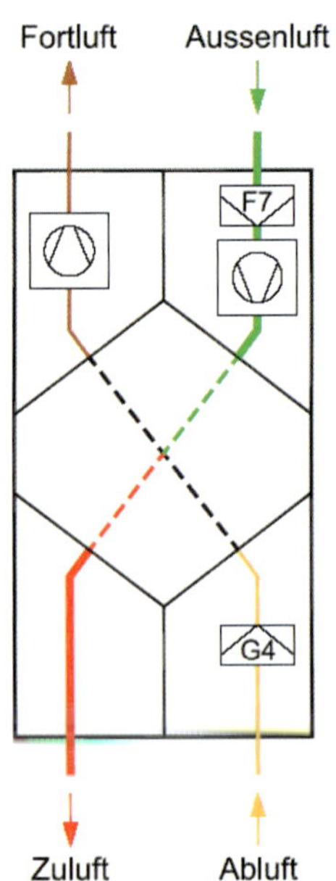

Abb. 6:
Schema eines Lüftungsgeräts mit Kreuz-Gegenstrom-Wärmetauscher. Zwei Ventilatoren so angeordnet, dass eine Leckageströmung Abluft → Zuluft vermieden wird. Feinfilter (F7) auf der Außenluftseite und Grobfilter (G4) auf der Abluftseite.

Abb. 7:
Rundrohr und Flachkanal mit gleicher Querschnittsfläche bei Höhe : Breite = 1 : 4

Lüftung mit automatischer Zurücksetzung oder deutlicher Stufenanzeige

- Prüfung des mindestens **2-facher Luftwechsel für Ablufträume** (z. B. Bad 8 m² → 40 m³/h)
- **Abluftvolumenstrom Einzelräume** Dusche, WC, Vorrat je 20 m³/h, Bäder 40 m³/h, Küche 60 m³/h

Wenn sich der Luftaustausch an dem hygienisch notwendigen Maß auf der <u>Zuluftseite</u> orientiert, werden die Einzelraum-Abluftwerte in der Planung häufig unterschritten. Es gilt, die vorstehenden Kriterien aufeinander abzustimmen, und den jeweiligen Erfordernissen der Wohnung bzw. der Bewohner angemessen anzupassen.

Zur Erreichung einer hohen **Stromeffizienz** darf der Leistungsbedarf der gesamten Lüftungsanlage nicht über 0,45 W pro geförderten m³ Luft liegen. Dies erfordert Strömungsgeschwindigkeiten in den Lüftungsleitungen bei ca. 2 m/s. Dies garantiert nebenbei einen leisen Betrieb der Anlage.

Anforderungen aus Normen und Vorschriften

Die EnEV stellt an Gebäude mit kontrollierter Lüftung nur eine abgeschwächte Anforderung ($n_{50} \leq 1{,}5$ 1/h).

Bei der Planung ist nach dem Stand der Technik die Norm [DIN 1946-6] anzuwenden. Sie ist für die „freie und ventilatorgestütze Lüftung von Wohnungen" gültig. Hier ist das Aufstellen eines Lüftungskonzeptes gefordert – für Neubauten und auch bei Sanierungen, wenn z. B. mehr als 1/3 der vorhandenen Fenster getauscht werden. Das Lüftungskonzept kann von einem Fachmann für lüftungstechnische Maßnahmen (z. B. TGA-Lüftungsplaner, erfahrene Handwerker aber auch Architekten mit entsprechenden Kenntnissen) erstellt werden.

Es werden vier Lüftungsniveaus unterschieden: Lüftung zum Feuchteschutz, reduzierte Lüftung, Nennlüftung und Intensivlüftung. Die Lüftung zum Feuchteschutz dient der Vermeidung von Schimmelbildung in Folge von Wohnfeuchte. Die reduzierte Lüftung genügt darüber hinaus den hygienischen Mindestanforderungen bei teilweise reduzierten Luftbelastungen z. B. infolge Abwesenheit von Personen. Die Nennlüftung erfüllt die Anforderungen bei Anwesenheit der Nutzer. Der für diese Stufe geforderte Luftwechsel garantiert den Mindestluftwechsel im Nachweis nach EnEV § 6. Die Intensivlüftung beschreibt den zeitweilig erhöhten Luftaustausch zum Abbau von Lastspitzen.

Der rechnerische Nachweis zur Einhaltung der Lüftung zum Feuchteschutz erfolgt in Abhängigkeit von Wärmeschutzstandard, Gebäudedichtheit und Windexposition. Ergibt dies eine ausreichende Grundlüftung durch Infiltration über Leckagen, so müssen keine weiteren lüftungstechnischen Maßnahmen vorgesehen werden.

Ist der Nachweis jedoch nicht möglich, was bei komplettem Austausch der Fenster bzw. einem Neubau die Regel ist, werden lüftungstechnische Maßnahmen gefordert. Die Lüftungsniveaus (außer Intensivlüftung) sind als „Nutzerunabhängiger Luftwechsel" gefordert. Dies wiederum bedeutet, dass eine rein manuelle Fensterlüftung nicht zulässig ist, da sie eben den Nutzereingriff erfordert.

Die Planungsgrundlage: [DIN 1946- 6]

Die gültige Fassung der Norm datiert von Mai 2009, es liegt ein Entwurf Januar 2018 vor. In dieser DIN-Norm gibt es zahlreiche allgemeine Anforderungen, die über die Passivhaus-Anforderungen hinausgehen oder davon abweichen.

Als Luftaustausch wird der geplante Luftvolumenstrom (ventilatorgestützte Lüftung) einschließlich der Infiltration verstanden. Eine höhere Undichtigkeit der Gebäudehülle vermindert somit den wirksamen Anteil der Lüftung mit Wärmerückgewinnung, da der Infiltrationsluftwechsel nicht zur Wärmerückgewinnung zur Verfügung steht.

Betrieb der Anlage ….

In der Norm werden drei **Betriebsstufen** definiert:

- reduzierte Lüftung
- Nennlüftung
- Intensivlüftung

Die Höhe der **Nennlüftung** beträgt mindestens 30 m³/h pro planmäßig anzunehmender Person. Die einzuhaltenden **Abluftvolumenströme** (ABL, einschl. Infiltration) sind entsprechend den Raumnutzungen definiert. Die Lüftungsanlage soll dauernd oder in regelmäßigem Intervall betrieben werden. Bei mehrtägiger Abwesenheit soll auf „Reduzierte Lüftung" geschaltet werden.

Anforderungen an die Technik …

- Aufstellung der zentralen **WRG-Anlage frostfrei**
- Lüftungsgerät mit höherem statischen Druck auf der Außenluftseite als auf der Abluftseite, so dass **kein Überdruck an der Gebäudehülle** entsteht, der zu Feuchteschäden in den Außenbauteilen führen kann, *vgl. Heft 6-2009, S. 60 ff.*
- selbsttätige Anpassung der Förderleistung an den geforderten Luftvolumenstrom
- Luftleitungen mindestens nach **Dichtheitsklasse A**

Tabelle 1: Strömungsgeschwindigkeiten und Luftfördermengen gem. [DIN 1946-6] Bild 3

DIN 1946 T6 Bild 3 (Auszug) Auslegung Rundrohr		
Nennweite [mm]	Maximale Strömungsgeschwindigkeit [m/s]	Max. Volumenstrom [m³/h]
DN100	3,01	85
DN125	3,06	135
DN160	2,76	200
DN200	2,65	300

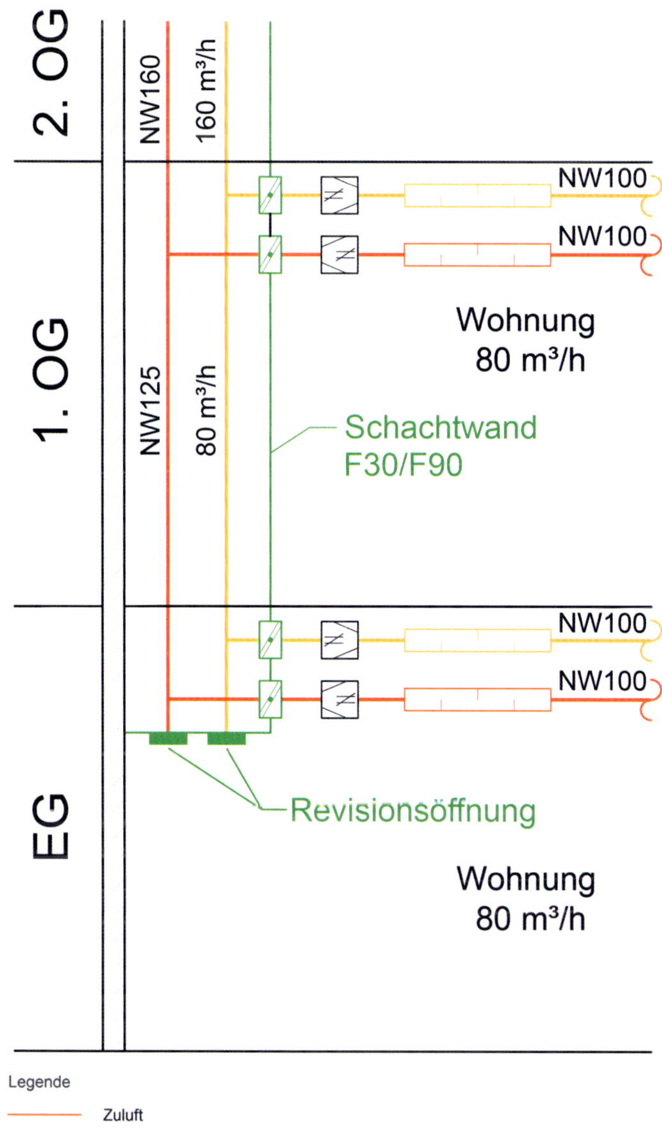

Abb. 8:
Schema eines Leitungsnetzes in einem Mehrfamilienhaus mit Lüftungsgerät im Dachraum

nach [DIN 12237: 2003]

- Vertikale Sammelleitungen am unteren Ende mit einer Revisionsöffnung versehen (Abb.10)
- Nennweite der Sammelleitungen nach Strömungsgeschwindigkeit ausgelegen (Tab. 1). Es besteht keine Anforderung die größte Nennweite durchgehend auszuführen.
- Flachkanäle sind strömungstechnisch wesentlich ungünstiger als Rundrohre, sie führen zu höherem Druckverlust und damit Stromverbrauch. Denn die Menge an Energie, die zum Lufttransport nötig ist, hängt von der Reibung an den Oberflächen ab, an der die Luft vorbeiströmt. Es ist wie bei der Grundrissplanung eines Baukörpers: Das günstigste Verhältnis von Außenfläche / Innenvolumen entsteht bei einem kreisförmige Grundriss, dann folgt das Quadrat und danach das Rechteck – je flacher umso energetisch schlechter und teurer beim Bauaufwand, s. *Artikel von Robert Borsch- Laaks, S. 138 ff.*.

Für Effizienzanlagen sind Flachkanäle deshalb nicht zulässig. Wenn aus Platzgründen ein solcher dennoch gewählt werden muss, sollte ein Verhältnis Höhe / Breite von 1 zu 2 nicht überschritten werden.

Was sonst noch zu beachten ist

Die Leitungen sind je nach Temperaturdifferenz zur umgebenden Luft mit einer **Wärmedämmung** zu versehen. Bei Luftheizung sind Zuluftleitungen auch innerhalb der thermischen Hülle z.B. mit 40 mm Stärke zu dämmen.

Luftfilter und Schalldämpfer dürfen nicht länger andauernder **Luftfeuchte über 90 %** (Mittelwert über 3 Tage) ausgesetzt werden. Als Maßnahmen zur Vermeidung sind z.B. die geringe Aufwärmung des Außenluftstromes oder die Beimischung von trockener Luft zum Außenluftstrom (Zuluftrückführung) möglich.

Überström-Luftdurchlässe (ÜLD) sind für Nennlüftung auszulegen, bei einem maximalen Druckverlust von 1,5 Pascal (Abb. 8). Die Schalldämmung zwischen den Räumen darf durch den ÜLD nicht unzulässig verringert werden.

Praxistipp: Die häufig verwendeten ÜLD halten die Anforderung des maximalen Druckverlustes bei weitem nicht ein. In der Regel sind bei der Überströmung zwei Türen (vom Schlafzimmer in den Flur, vom Flur in das Bad) zu überwinden, sodass der zulässige Druckverlust eher bei der Hälfte anzusetzen ist. Bei der Auslegung kann i.d.R. ein Teilvolumenstrom (ca. 20 m³/h) über den normalen Türunterschnitt von 1 cm Höhe berücksichtigt werden.

Besondere Anforderungen für besondere Anlagen

Zusätzlich werden in DIN 1946-6 an besonders definierte Anlagenklassen spezielle Anforderungen gestellt: Planung, Ausführung und Betriebshinweise sind hierbei besonders zu dokumentieren. Die Anlagenklassen können als Qualitätsmerkmal zwischen Bauherr und Planer vereinbart werden.

Energieeffizienz – E-Anlage mit verbesserter Energieeffizienz.

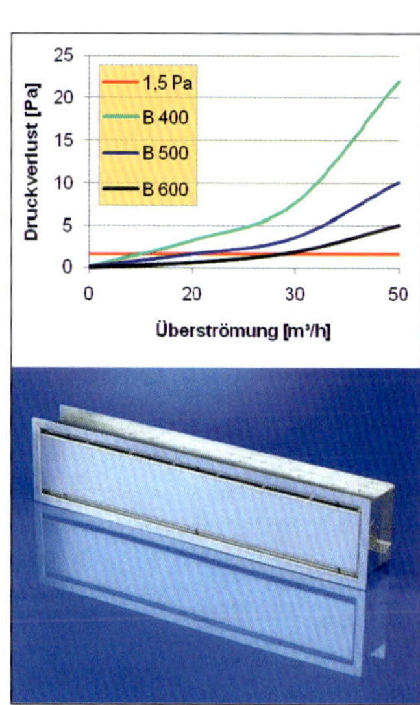

Abb. 9:
Diagramm Volumenstrom/Druckverlust Schalldämm-Überströmelement unterschiedlicher Breite

Abb. 10:
Revisionsöffnung mit Kennzeichnung

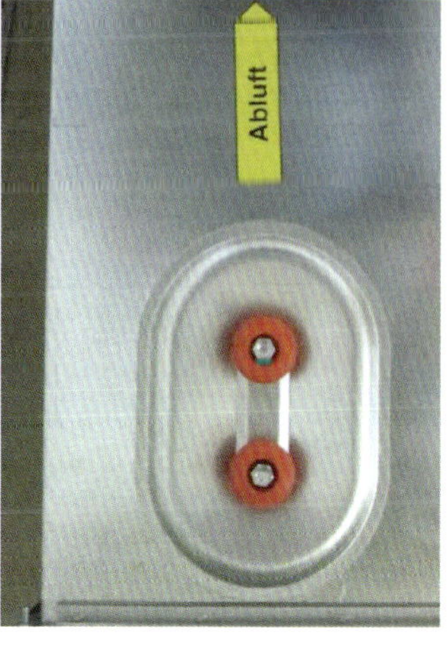

Infokasten

Schalldämpfer

Schalldämpfer im Rohrsystem sollen den Geräteschall abdämmen und die Telefonie-Effekte zwischen den Wohnräumen verhindern.

Telefonie-Schalldämpfer werden in Leitungen zwischen Räumen eingesetzt, und sind auf eine hohe Dämpfung des Sprachschalls im Frequenzbereich zwischen 1.000 – 2.000 Hertz optimiert (Abb. 11, Nr. 3). Im Zuluftbereich für die Wohnungen sollten sie mineralfaserfreie Dämmungen haben.

Für die Schallbelastung in den Innenräumen gilt ein verbleibender Geräuschpegel von maximal 25 dB(A) als Zielwert.

Im Abluftstrang erfordert das Lüftergeräusch mit seinem höheren Frequenzbereich einen entsprechenden Schalldämpfer beim Gerät (Abb. 11 Nr. 4).

Gegen Körperschallübertragung von der Anlage an das Rohrnetz helfen flexible Manschetten (Abb. 11 Nr. 2).

Auch die Nachbarn wollen nicht vom Geräteschall gestört werden. Deshalb sind je nach örtlichen Gegebenheiten sowohl im Außenluft- wie im Fortluftkanal Schälldämpfer vorzusehen. Eine genaue Auslegung ist mit einer speziellen schalltechnischen Berechnung möglich. Für Anlagen im Dachraum ist eine Luftführung über Dach u.U. ohne Schalldämpfer möglich.

Schalldämpfer brauchen Platz. Die Dicke des Dämpfungsmaterials liegt bei 25 oder 50 mm, sodass zu dem Rohrdurchmesser noch 50 bzw. 100 mm dazukommen. Für beide Bauarten sind lange Bauformen von 1 Meter und mehr vorteilhaft.

Sehr gutes Verhältnis von (hoher) Dämpfung zu (niedrigem) Druckverlust bieten Kulissenschalldämpfer (Abb. 12), wie sie vor allem bei zentralen WRG-Anlagen in Mehrfamilienhäusern und Nichtwohn-Gebäuden eingesetzt werden. Der Druckverlust sollte nicht höher als ca. 10-15 Pa sein, dies erfordert in der Regel einen mit dem Faktor 1,5 vergrößerten Querschnitt.

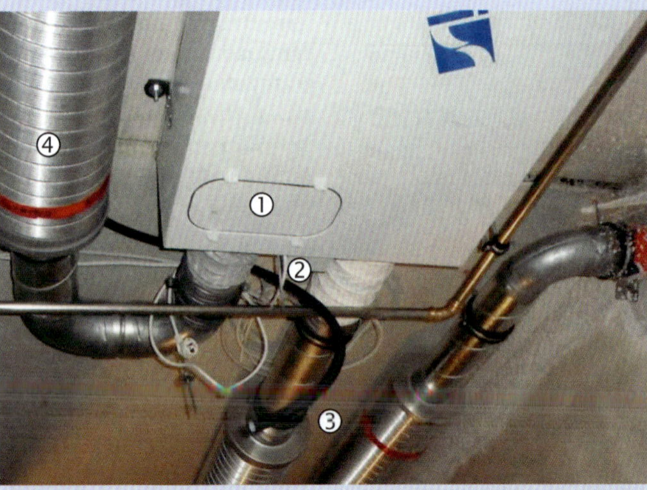

Abb. 11: Wohnungslüftungsgerät zur Montage unter einer Deckenabhängung. Revisionsöffnung für Filter (1). flexible Anschlüsse vermeiden Körperschallübertragung (2), mineralfaserfreie Schalldämpfer auf der Zuluftseite (3) und der Abluftseite (4).

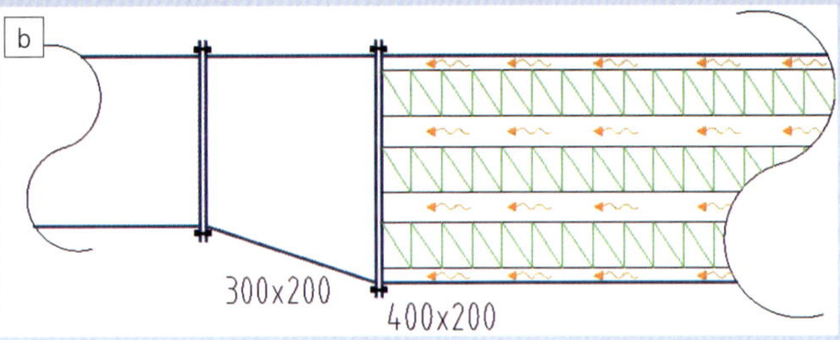

Abb. 12: Hohe Dämpfung erfordert größeren Querschnitt
a) Innenleben eines Kulissen-Schalldämpfer für Kanaleinbau
b) Schemaschnitt Kulissenschalldämpfer, Draufsicht mit drei Dämpfungs-Kulissen, links Kanalübergang auf den Regelquerschnitt

Raumluftqualität – H-Anlage mit verbesserten hygienischen Eigenschaften und Qualitäten.

Schallschutz – S-Anlage mit verbesserter akustischer Entkopplung und verbessertem Schallschutz.

Anforderungen der [VDI 6022: 2018] – Hygienerichtlinie

Im Wesentlichen sind in der Hygienerichtlinie Anforderungen an den Außenluft-Zuluftstrang sowie an das zentrale Lüftungsgerät formuliert.

Die raumlufttechnische (RLT) Anlage darf keine Verschlechterung der Zuluftqualität bewirken. Es sind Maßnahmen zur Vermeidung mikrobieller Vermehrung (Filter, Schalldämpfer) beschrieben. Ein Schwerpunkt der Anforderungen ist die Reinigbarkeit des Leitungsnetzes und die Zugänglichkeit der Bauteile.

Für den Außenluftfilter und den Filteraustausch werden Hinweise gegeben. Bei kleinen Anlagen ist zumindest die Betriebszeit zwischen 2 Filterwechseln zu überwachen, große Anlagen sind mit einer gut ablesbaren Differenzdruckanzeige auszustatten.

Aufgrund einer hohen Filterqualität des Außenluftfilters kann bei ordnungsgemäßem Filterwechsel von einer dauerhaft sauberen Außen- und Zuluftstrecke ausgegangen werden. Für den Fall einer fehlerhaften Nutzung ist jedoch planerisch ein Konzept zur Reinigung aufzustellen und in der Ausführung umzusetzen.

Umfangreiche Anforderungen sind an die Ausführung gestellt, die Erhaltung von hygienischen Oberflächen steht im Mittelpunkt. Bei Montageunterbrechungen sind z.B. offene Enden/Stellen vor Baustellenstaub und Feuchtigkeit mit temporären Verschlüssen zu schützen.

Eine Hygiene-Erstinspektion wird zur Inbetriebnahme von entsprechend geschulten und berufserfahrenen Personen durchgeführt. Die Einhaltung der VDI- Richtlinie erfordert eine hohe planerische Kenntnis und Sorgfalt. Mit bauaufsichtlicher Einführung der Richtlinie ist diese zu berücksichtigen – durch den Planer und/oder den Handwerker.

Anforderungen Öko-Design-Richtlinie / ErP 2018

Hier sind Anforderungen an die Lüftungsgeräte definiert, basierend auf der Luftgeschwindigkeit im RLT-Gerät, der energetischen Effizienz der Wärmerückgewinnung und der Ventilator-Motor-Einheit. Sie ist gültig für alle Lüftungsgeräte mit einer elektrischen Anschlussleistung über 30 Watt.

Ergänzend wurde durch den Herstellerverband Raumlufttechnische Geräte e.V. die RLT-Richtlinie Zertifizierung herausgegeben, die für Nichtwohnraumlüftungsgeräte (> 1.000 m³/h) die Label A+, A und B vergibt. Das Label A+ entspricht der ErP-Anforderung [ErP 2018].

Die zum Gerät geplante Anlage des Rohrnetzes muss mindestens so gut sein wie das Gerät: der Anlagenvolumenstrom und die Anlagendruckverluste dürfen die geprüften Kennwerte des Lüftungsgerätes nicht überschreiten. Das Lüftungsgerät kann zwar technisch z.B. auch eine höhere Luftaustauschmenge erreichen – dann wird jedoch seine Effizienzzahl nicht mehr eingehalten. Der faktische Einsatzbereich liegt damit außerhalb des zulässigen Bereichs.

Fazit

Aus drei Jahrzehnten Publikation und Erfahrung in der Planung von Lüftungsanlagen wurden Leitlinien für Lüftungsanlagen in Passivhäusern aufgestellt und zusammenfassend dargelegt. Die EnEV 2016 enthält für die üblichen Wohnungslüftungsanlagen keine darüber hinausgehenden Anforderungen.

Die „Wohnungslüftungs-Norm" [DIN 1946-6] enthält Anforderungen bezüglich des einzuhaltenden Luftaustausches, die deutlich über den PH-typischen Werten liegen. Dies würde zu einer Erhöhung des Energiebedarfs führen. Es wird empfohlen, in Abstimmung mit dem Auftraggeber die völlig ausreichenden PH-Werte zu vereinbaren. Andere Anforderungen der DIN 1946-6 stellen Planungs- und Ausführungsangaben dar, die der Qualität der Lüftungsanlage zugute kommen.

Die „Hygiene-Richtlinie" VDI 6022 stellt insbesondere Anforderungen an Außen- und Zuluftstrang. Diese Anforderungen führen zu einer höheren Qualität in Planung, Ausführung und Betrieb. Daher wird die Berücksichtigung empfohlen. Je nach Stand der baurechtlichen Einführung dieser Richtlinie kann dies Pflicht werden.

Die Öko-Design Richtlinie ErP 2018 beschreibt technische Anforderungen an Lüftungsgeräte, und ist somit in erster Linie für Hersteller relevant. Aber: Geräte, die dieser Richtlinie nicht genügen, dürfen nicht eingebaut werden.

Die Notwendigkeit der Realisierung der Einzelanforderungen aus DIN / VDI / ErP 2018 sind in der konkreten Planung zu prüfen, und Abweichungen hiervon sind durch den Planer verantwortlich mit dem Auftraggeber abzustimmen. ■

Literaturverweise

[Feist u.a. 1997] Wolfgang Feist, Robert Borsch-Laaks, Johannes Werner, Tobias Loga u. Witta Ebel: Das Niedrigenergiehaus. Neuer Standard für energiebewusstes Bauen. C. F. Müller Verlag, 4. Auflage, Heidelberg 1997.

[Feist 2003] Wolfgang Feist: Arbeitskreis kostengünstige Passivhäuser, Protokollband Nr. 23, 7/2003.

[Stärz 2010] Norbert Stärz: 14. Intern. Passivhaustagung 2010, Tagungsband, 2010.

[DIN 4108-7: 2011] Wärmeschutz und Energie-Einsparung in Gebäuden – Teil 7: Luftdichtigkeit von Gebäuden. Beuth-Verlag.

[DIN 1946-6:2009] Raumlufttechnik – Teil 6: Lüftung von Wohnungen. Beuth-Verlag. (neuer Entwurf 2018)

[VDI 6022:2018] VDI-Richtlinien, Hygiene-Anforderungen an Raumlufttechnische Anlagen und Geräte.

[DIN 12237: 2003] Lüftung von Gebäuden – Luftleitungen – Dichtheit von Luftleitungen mit rundem Querschnitt aus Blech. Beuth-Verlag

[ErP 2018]: EU-Verordnung 1253/2014]

Wintergärten in Holzbauweise

Teil 1: Statik, Holzschutz und Klima wollen geplant sein

Wintergärten sind – wie alle anderen Hochbauten auch – zu planen und zu detaillieren. Zur Planung gehören neben dem Entwurf auch die Tragwerksplanung mit Standsicherheitsnachweis und der vorbeugende bauliche Holzschutz. Bei letzterem sind die inneren Befeuchtungsgefahren durch Kondensat an den großflächigen Verglasungen zu berücksichtigen. Die Autoren zeigen an Hand von Beispielen die Auswirkungen mangelhafter oder fehlender Planung auf und bieten prinzipielle Lösungen für schaden- und mangelfreie Konstruktionen an.

Abb.1:
Tradierte Bauweise für Wintergärten in Fachwerkbauweise
Foto: Hans Schmidt

Autoren:
Hans Schmidt, Stade,
Martin Mohrmann, Kiel,
Robert Borsch-Laaks, Aachen,
Sachverständige für Holzbau, Holzschutz und Bauphysik

Beim Tragwerk ist Planung gefragt

Für Wintergärten wird vielfach auf einen rechnerischen Standsicherheitsnachweis verzichtet. Dies war nach [DIN 1052:2008] zulässig, soweit die Bauteile und Verbindungen offensichtlich ausreichend bemessen wurden. Was unter „offensichtlich ausreichend" zu verstehen ist, wird dort nur für Dachlatten angegeben. Bei Sparren, Stützen, Unterzügen u. a. m. führten übliche Querschnittsabmessungen ohne rechnerischen Nachweis erfahrungsgemäß nur selten zu Unterdimensionierungen. Die jetzt geltende [DIN EN 1995-1:2010-2] sieht diesen Verzicht auf einen rechnerischen Nachweis nicht mehr vor.

Für die Ausbildung von Anschlüssen hingegen reicht anscheinend das „Gefühl" nicht aus. Und den eingelegten Glasscheiben traut man sogar zu, dass sie das Bauwerk gegen horizontale Lasten aussteifen. Dabei wird „vergessen", dass Glasscheiben im Regelfall (verklotzte Ausführung) nicht und wenn doch nur mit innovativer Klebetechnik und besonderem Nachweis zur Aussteifung herangezogen werden dürfen.

Es empfiehlt sich daher in jedem Fall die Standsicherheit rechnerisch nachzuweisen. Dabei hat der Nachweis sowohl die vertikalen als auch die horizontalen Lasten zu berücksichtigen.

Der Wind und die horizontalen Lasten

Insbesondere der Aussteifung, der Stabilisierung gegen horizontale Lasten ist deutlich mehr Aufmerksamkeit zu widmen. Dies belegen zersprungene Glasscheiben, die in unzulässiger Weise als aussteifendes Element überbeansprucht wurden. Es empfiehlt sich, die Aussteifungen im Regelfall durch Verbände zu erreichen, die sowohl in den Wänden als auch in der Dachebene angeordnet werden können (Abb. 2 und 3 a/b).

In der Literatur wird verschiedentlich diskutiert, eingespannte Stützen zur Aussteifung heranzuziehen (Abb. 4). Davon wird abgeraten, da für eingespannte Stützen [DIN EN 1995-1-1] nun eine Begrenzung der seitlichen Auslenkung auskragender Biegestäbe auf l/75 bis l/150 empfiehlt. Bei einer Wandhöhe von 250 cm wären das immerhin bis zu 17 mm. Diese Auslenkung, diese Schiefstellung müsste beim Anschluss der an die tragende Konstruktion angekoppelten Fenster oder Scheiben konstruktiv berücksichtigt werden, um eine unbeabsichtigte Belastung der Scheiben zu verhindern. Solche Lösungen wären nur mit erheblichem technischem Aufwand zu realisieren und werden tatsächlich auch nicht ausgebildet.

Alternativ diskutiert wird der Einsatz von Glas als Schubfeld (Abb. 5). Kreuzinger und Niedermaier haben dazu Möglichkeiten und Grenzen aufgezeigt [Kreuzinger und Niedermaier 2005]. Sie weisen aber darauf hin, dass noch keine Erfahrungen hinsichtlich der Dauerhaftigkeit vorliegen, die notwendigen Forschungsarbeiten noch nicht abgeschlossen seien. Andererseits gibt es jedoch die ersten Bauten mit vielversprechenden innovativen geklebten Verglasungssystemen, die auf den Forschungsergebnissen der Holzforschung Austria aufbauen. In beiden Fällen ist davon auszugehen, dass diese Lösungen noch einer bauaufsichtlichen Zustimmung im Einzelfall bedürfen.

Das lästige Kondensat

Die Verglasungen von Wintergärten haben stets in besonderem Maße mit Kondensatproblemen zu kämpfen. Dies gilt sowohl für unbeheizte Wintergärten wie für solche, die in den beheizten Bereich des Hauses integriert sind. Im ersten Fall sind die niedrigen Temperaturen und die Feuchteproduktion von Pflanz-

Abb. 2:
Verbandsknoten – wichtige Elemente die Aussteifung von Dächern oder Wänden in Wintergärten
Foto: Fa. Besista, Bad Boll

beeten etc. die Ursache. Im zweiten Fall erzeugen vor allem die Wärmebrückeneffekte an den Glasrändern auch bei Wärmeschutzverglasung immer wieder Feuchteprobleme.

Die Tauwasserbildung hängt bekanntermaßen sowohl von den Oberflächentemperaturen als auch von der herrschenden Luftfeuchtigkeit ab. Dabei ist die absolute Höhe des Dampfgehaltes die Ursache für die Unterschreitung des „Taupunkts". Physikalisch geht es um die Taupunkttemperatur, also die Oberflächentemperatur, bei der 100 % rel. Luftfeuchte erreicht wird.

Bei normalem Wohnraumklima (20°C und 50 % rel. F.) entsteht bei einer Unterschreitung von 9,3°C Tauwasser. Diese Bedingung müssen auch die Verglasungen von beheizten Wintergärten erfüllen. Dies scheint auf den ersten Blick nicht weiter schwer. Bei Standard-Warmgläsern mit U- Werten von 1,3 W/m²K, oder besser, bleiben die Scheiben bei diesem Innenklima theoretisch bis zu Außentemperaturen von minus 27°C tauwasserfrei.

Gleichwohl sind die Klagen von Bewohnern über Kondensat – auch an neuen Fenstern – Realität und berechtigt. In *Heft 4-2007* hatten wir detailliert für verschiedene Verglasungssysteme und Fenstertypen durch 2D-Wärmebrückenberechnungen untersucht, wann das lästige Kondensat tolerabel ist oder besser noch gänzlich vermieden werden kann.

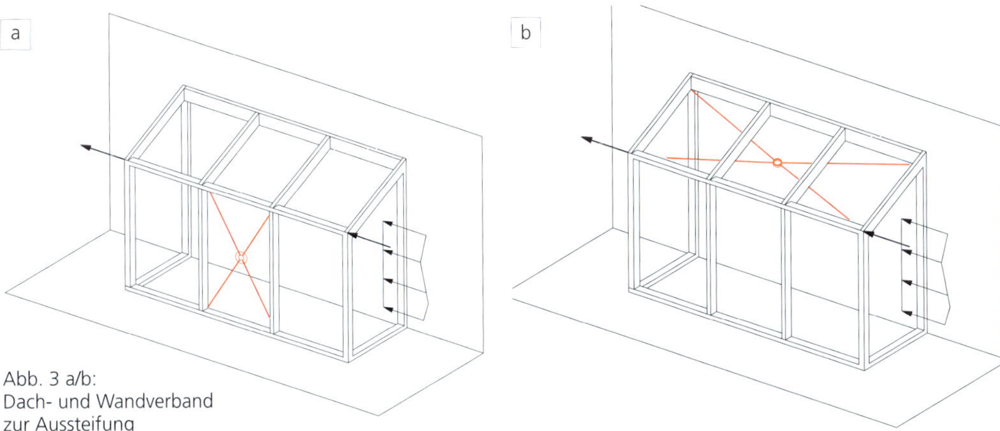

Abb. 3 a/b:
Dach- und Wandverband zur Aussteifung

Die warme Kante

Hierbei kommt dem Glasrandverbund eine besondere Bedeutung zu. Auch wenn die Abstandhalter wärmedämmend in Holzprofilen eingebunden sind, erzeugen die heute leider immer noch weit verbreiteten Abstandhalter aus Aluminium einen thermischen Kurzschluss. Die hieraus folgende Unterkühlung der Glasränder um 6 bis 7°C ist jedoch vermeidbar. Thermisch trennende Abstandhalter aus Edelstahl oder besser noch aus Kunststoffprofilen sind seit über 15 Jahren am Markt verfügbar und mittlerweile Standard in den Produktionslinien vieler Glashersteller. Die Mehrkosten liegen mittlerweile nur noch bei 5 bis 10 Euro pro m².

Die besten Abstandhalter erhöhen bei Zweischeiben-Warmgläsern in IV 68er Holzrahmen die Minimaltemperatur am Übergang Glas-Rahmen so stark, dass sie auch bei -12°C außen und obigem Norm- Innenklima noch tauwasserfrei bleiben. Wenn allerdings innen Gardinen, Rollos oder Jalousien vorgezogen werden, beginnt auch bei guten Abstandhaltern schon bei -3°C Außentemperatur die Kondensatbildung. Auch die nächtliche Temperaturabsenkung im Wohnraum vergrößert das Risiko. Deutlich größere Sicherheiten bietet der doppelt entkoppelnde Randverbund bei Dreifach-Warmgläser.

Eine besondere Schwierigkeit besteht bei Pfosten-Riegel-Konstruktionen darin, Abdeckprofile (meist aus Aluminium) zu finden, die geringe Wärmebrückeneffekte aufweisen. Aber auch hier ist der technische Fortschritt unaufhaltsam. Für geringen Mehrpreis sind bei renommierten Herstellern Dämmkerne zum Schließen der wärmetechnischen Lücke am Glasrand erhältlich (vgl. Abb. 6)

Dreifach verglast hält besser

Wintergärten, die in den Wohnraum integriert sind, sollten grundsätzlich nur mit Dreischeibenwärmeschutzglas ausgeführt werden. Anderenfalls werden nicht nur die feuchtetechnischen Probleme der Glasränder nicht wirklich gelöst sondern auch die thermische Behaglichkeit immer Anlass zu Klagen geben. Die Innenoberflächentemperatur von Zweifach-Verglasungen liegen bei kaltem Winterwetter auch im ungestörten Bereich (center of glass) ca. 4 bis 5 °C unterhalb von dem, was z. B. die daneben liegende gut gedämmte Holzbauwand zu bieten hat.

Dies erzeugt ein unangenehmes Strahlungsklima für die Bewohner in der langen dunklen Tageszeit im Winter. Dem Kaltluftfall an der großen Scheibenhöhe muss oft mit heizungstechnischen Zusatzmaßnahmen (z.B. Fußbodenkonvektoren) entgegen gewirkt werden. Das erzeugt zusätzliche Wärmeverluste und führt zur Erhöhung der Staubbelastung in der Raumluft.

Besonders hoch sind die Wärmeverluste von Überkopfverglasungen, da sie gegenüber dem kalten Nachthimmel zusätzliche Strahlungswärmeverluste aufweisen. Dies erhöht die Tauwassermengen bei gleichzeitig mit der Höhe steigender Schwierigkeit, das Wasser einfach wegwischen zu können.

Der unbeheizte Glasanbau

Viele Wintergarten werden als Wohnraumerweiterung für die Übergangszeit (wenn die Sonne scheint) konzipiert. Zu dieser Zeit und im Winter sollen sie sich selbst „beheizen".

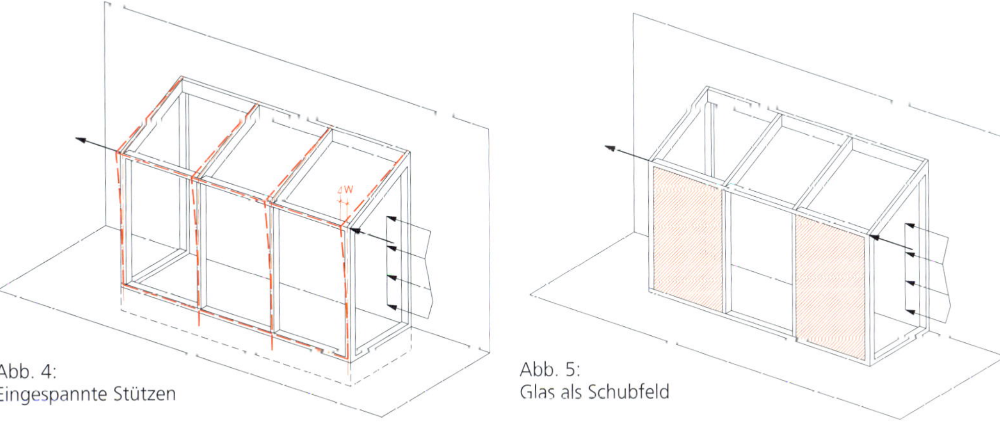

Abb. 4:
Eingespannte Stützen

Abb. 5:
Glas als Schubfeld

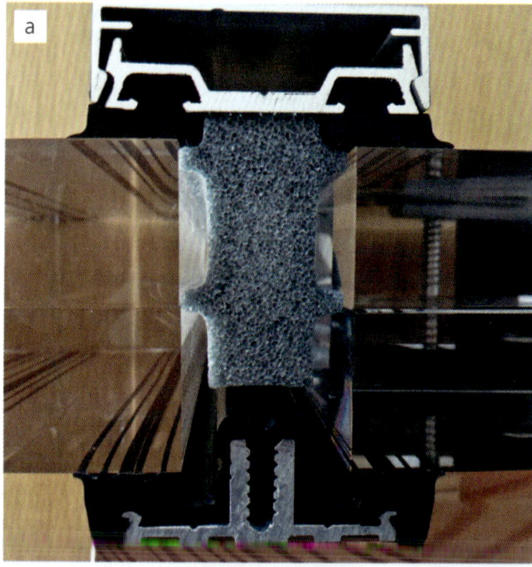

Abb. 6 a/b:
Gedämmtes Verglasungsprofil.
Foto: Fa. Raico und Ralf Pohlmann, Kiefen

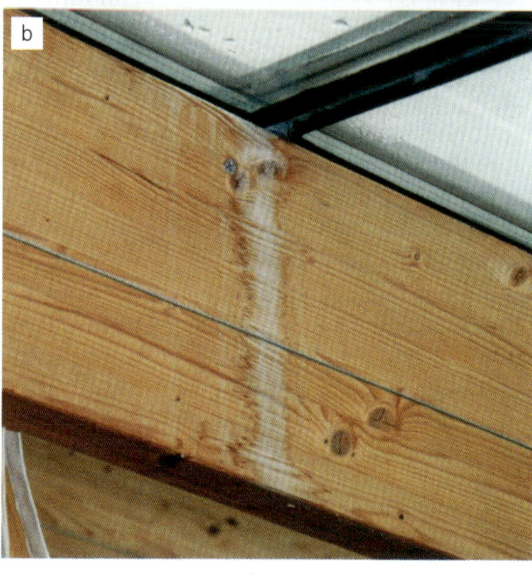

Abb. 7 a/b.
So Nicht! Ablaufendes Kondensat schädigt die unbehandelten Balken.
Fotos: Hans Schmidt

Die Praxis sieht jedoch oft anders aus. Wenn der schöne Sonnenraum nun schon mal da ist, ruft er nach Nutzung auch dann, wenn die Energiebilanz an der Verglasung keine Gewinne mehr bringt, also am Abend und an mäßig sonnigen Tage. Um der raschen Auskühlung des Glashauses entgegen zu wirken, werden dann die Türen zum Kernhaus geöffnet oder (oft elektrische) Zusatzheizungen angeschaltet. Damit ist der Einspareffekt der verglasten Pufferzone bald ins Gegenteil verkehrt.

Sicher erscheint in diesem Fall der Schritt hin zur Dreifachverglasung eher etwas aufwendig aber ein Zweifach-warmglas sollte es schon mindestens sein. Hierfür spricht neben dem Energieverbrauch bei „außerplanmäßigen Nutzungen" auch, dass dann unbeheizte Wintergärten in der Regel frostfrei gehalten werden können. Auch hier mit thermisch getrenntem Randverbund und gedämmten Verglasungsprofile zu planen, vermeidet, dass sich in längeren Frostperioden Eis am Glasrand bildet.

Je kälter desto feuchter

Mit der Innentemperatur sinkt auch die Taupunkttemperatur, aber in geringerem Maß. Bei gleicher Feuchtelast steigt so das Risiko der Tauwasserbildung. Wie groß diese Feuchtelast (= Differenz aus interner Feuchteproduktion und Feuchteabfuhr durch Lüftung) in der Praxis ist, lässt sich kaum planen. Nur dann, wenn der Wintergarten keine nennenswerten Feuchtequellen hat und nur von außen belüftet wird, tritt sicher kein Tauwasser auf.

Wird aber vom Wohnraum in den Wintergarten gelüftet und werden zudem die Blumenkübel von der Terrasse zum Überwintern reingeholt (und gegossen) oder sind gar tropische Pflanzen im Beet, so kann das Klima gerade bei niedrigen Temperaturen schnell kippen. Die Fenster werden dann zur großflächigen Kondensatfalle.

Die Nutzungen unbeheizter Wintergärten sind genauso „dynamisch" wie das Klima, das sich ohne Beheizung einstellt. Allgemeine Erfahrung ist, dass Tauwasserbildung hier weit häufiger auftritt als an Wohnraumfenstern. Deshalb sind zusätzliche Vorkehrungen für den Schutz der Holzkonstruktion zu bedenken.

Holzoberflächen vor Kondensat schützen

Zeitweise auftretendes Tauwasser an Gläsern und Fenstern ist nach den gegenwärtigen anerkannten Regeln der Technik nicht „verboten". Die [DIN 4108 Teil 3] formuliert dies folgendermaßen:

„Die Tauwasserbildung ist vorübergehend und in kleinen Mengen an Fenstern sowie Pfosten-Riegel-Konstruktionen zulässig, falls die Oberfläche die Feuchtigkeit nicht absorbiert und entsprechende Vorkehrungen zur Vermeldung eines Kontaktes mit angrenzenden empfindlichen Materialien getroffen werden."

Hieraus ist als aller erstes die Konsequenz zu ziehen, dass das Tragwerk eines Wintergartens in Holzbauweise auf jeden Fall eine Oberflächenbehandlung erfahren muss, die es „nicht empfindlich" gegenüber ablaufendem Tauwasser macht (s. Abb. 7a/b). Dies ist durch entsprechende Anstriche sicherzustellen.

An den Fußpunkten sind besondere Abdeckmaßnahmen ratsam, da ablaufendes Kondensat der Schwerkraft folgt. In Folge der Temperaturschichtung beginnt das Beschlagen der Scheiben meist unten und hält sich dort auch am längsten.

Mit der Verbesserung der Verglasungsqualität, incl. der Ränder, ist am ehesten zu gewährleisten, dass Tauwasserbildung nur „vorübergehend und in kleinen Mengen" erfolgt. Dann und nur dann lässt sich das Kondensatproblem so bewältigen, dass auch Nutzer, die nicht ständig mit dem Wischlappen hinterher sind, lange Freude an der Holzbaulösung haben. ■

Literaturverweis

[Kreuzinger und Niedermaier 2005] Kreuzinger und Niedermaier: Holz-Glas-Verbundkonstruktionen; in: Tagungsband Ingenieurholzbau – Karlsruher Tage 2005, Bruder Verlag, Karlsruhe.

Teil 2: Holzschutz durch Konstruktionsprinzipien

Wintergärten sind – wie alle anderen Hochbauten auch – zu planen und zu detaillieren. Zur Planung gehören neben dem Entwurf auch eine Konstruktionsentwicklung, die den vorbeugenden baulichen Holzschutz zum Prinzip erklärt.
Die Autoren zeigen Auswirkungen mangelhafter oder fehlender Planung auf und bieten mit Hilfe von Konstruktionsprinzipien Lösungsansätze für schadens- und mangelfreie Konstruktionen an.

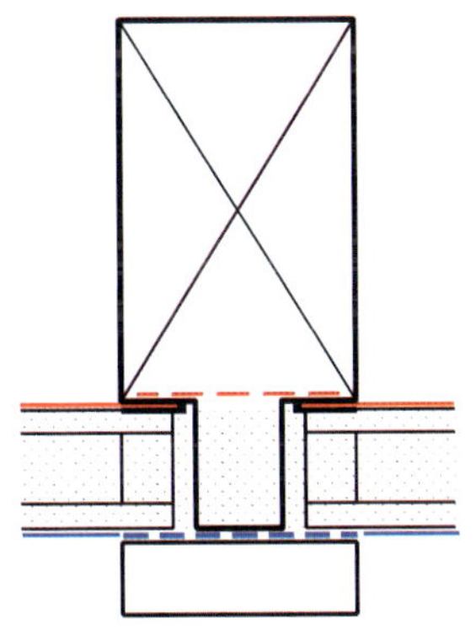
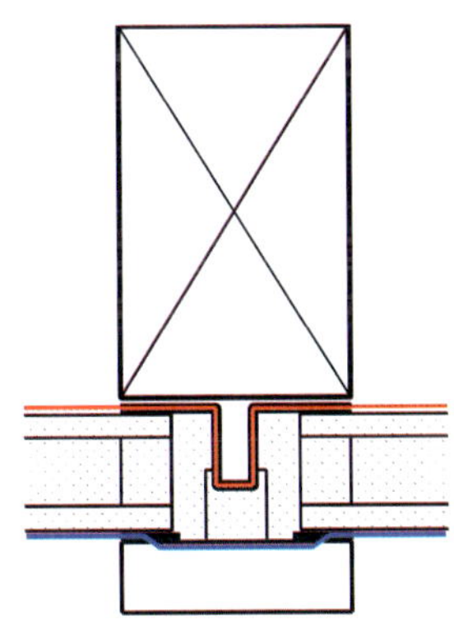

Abb. 1:
Prinzip Holzschutz, die Wetterschutzebene (blau) verläuft geschlossen auf der Außenseite, die Trennebene zwischen Raum- und Außenklima (rot) verläuft innen.
Skizzen gem. [DIN 68800-2:2012]

Prinzip Wintergarten aus Holz

Wintergärten sind prinzipiell Skelettbauten – sei es als moderne Pfosten-Riegel-Konstruktion oder in tradierter Ausprägung als Fachwerkkonstruktion. So wie allgemein für das Einzelbauteil Fenster das Prinzip des Ebenenmodells gilt, so ist dieses grundsätzlich auch für die Bauaufgabe Wintergarten bei Planung und Ausführung umzusetzen. Man unterscheidet in eine Wetterschutz-, eine Funktions- und eine Trennebene von Raum- und Außenklima.

Die Anordnung der Wetterschutzebene zur tragenden Holzkonstruktion entscheidet erfahrungsgemäß über die Dauerhaftigkeit und Funktionstauglichkeit des Bauwerks. Auf der Außenseite verhindert sie den Eintritt von Regenwasser und bietet einen ausreichenden Schlagregenschutz. Eingedrungenes Wasser muss ebenso wie Feuchte aus der dahinterliegenden Funktionsebene abgeführt werden.

Die Funktionsebene stellt die Eigenschaften hinsichtlich Wärmeschutz und Schallschutz sicher. Diese Ebene bleibt trocken und ist vom Raumklima getrennt.

Die Trennebene vom Raum- und Außenklima hat dampfsperrende und luftdichtende Eigenschaften, ihre Oberflächentemperatur liegt über der Taupunkttemperatur des Raumklimas (siehe auch Teil 1).

Die räumliche Trennung der Ebenen ist dabei ein bewährtes und wichtiges Konstruktionsprinzip.

Die Wetterschutzebene – Holz will geschützt sein

Von allen Ebenen verläuft mindestens die Wetterschutzebene auf der Außenseite der Holzbauteile komplett durch. Das Holztragwerk ist dabei durchgehend und dauerhaft wirksam vollständig gegen Bewitterung zu schützen. Die Holzschutznorm [DIN 68800 Teil 2] gibt zwei Varianten vor, die diesem Prinzip entsprechen und somit GK0-Konstruktionen ermöglichen (siehe Abb. 1).

In der Vergangenheit ist das nicht immer so ausgeführt worden. Gerade bei Wintergärten im traditionellen Erscheinungsbild des Fachwerks, liegen die Außenseiten der Hölzer ungeschützt, die stumpfen Anschlussfugen der in die Gefache eingebauten Verglasungen oder auch Fensterelemente sind selten schlagregendicht, geschweige denn luftdicht. Das Fügeprinzip des Fachwerkbaus ist für schlagregenbeanspruchte Wintergärten völlig ungeeignet. Schäden entstehen dabei fast immer zuerst am Haupttragwerk und weniger am Ausbau – die Sanierung ist daher entsprechend kostenintensiv (siehe Abb. 2 +3).

Aber auch bei modern anmutenden Konstruktionen sind Schäden vorprogrammiert,

Abb. 2 + 3:
Typische Fäulnisschäden an direkt bewitterten Holzbauteilen. Schlagregen gelangt hinter die Verleistung und feuchtet die Schwelle auf.

Abb. 4:
Ungeschützte Hirnholzflächen und offene Bauteilfugen: ein temporärer Wintergarten

Abb. 5:
Winddruck treibt Wasser durch durchlaufende Bauteilfugen nach innen.

Abb. 6:
Nicht fachgerechte Verglasung.

wenn das Tragwerk nicht durch einen dauerhaft wirkenden Wetterschutz vor Belastungen durch Niederschläge geschützt wird.

Frei bewitterte Fugen und ungeschützte Hirnholzflächen der horizontalen Riegel sind extrem gefährdet für Fäulnisschäden (siehe Abb. 4). Durchgehende Brüstungsfugen in den Anschlusspunkten zwischen Stiel und Riegel/Schwelle lassen Wasser eindringen, das unterstützt durch den Winddruck bis nach innen durchschlägt (siehe Abb. 5). Diese Wintergartenkonstrukti on hat keine durchlaufende Wetterschutzebene, auch die Trennebene zwischen Raum- und Außenklima ist nicht funktionstauglich. Da spielt es keine Rolle, dass die Verglasung luftdicht umlaufend im Falz liegt und von außen verleistet wurde. Die Fehlstellen befinden sich in der Fügung der Tragkonstruktion.

Wintergartenkonstruktionen mit bewitterten Tragwerk sind nicht dauerhaft und nach dem Regelwerk auch nicht fachgerecht.

Verglasungen – den Anschluss nicht verlieren

Die oft festzustellende direkte Verglasung in die tragenden Hölzer ist infolge Wasseransammlungen hinter der äußeren Verleistung Ausgangspunkt von Fäulnisschäden und widerspricht zudem den anerkannten Regeln der Technik (Abb. 6). Die Verglasung mit dichtstofffreiem Falzraum, wie sie in der Regel von den Isolierglasherstellern gefordert wird, verlangt einen druckentlasteten und entwässerten Falzhohlraum. Der Druckausgleich dient zur sicheren Ableitung der in die Konstruktion eingedrungenen Feuchtigkeit. Je besser der Druckausgleich, umso besser wird der Abfluss und damit der Schlagregenschutz.

Dies erfolgt bei Pfosten-Riegel-Konstruktionen bzw. bei den Verglasungssystemen über entsprechende Profilgestaltung kaskadenförmig aus dem Riegel in den Pfosten und von dort nach Außen. Dabei werden die Pfostenprofile bewusst oben geöffnet, um einen Druckausgleich und eine gute Durchströmung zu ermöglichen. Bei handwerklich hergestellten Verglasungen wird dies in der Regel nicht berücksichtigt und ist konstruktiv auch nur bei aufrechten Hölzern wirklich möglich.

Überdachverglasungen sind grundsätzlich mit Verglasungsprofilen auszuführen, anders ist eine dauerhaft wasserdichte Konstruktion mit korrekter Falzbelüftung und Kondensatableitung nicht möglich. Komplexe Profilsysteme, die alle Anforderungen an eine fachgerechte Verglasung für sich alleine erfüllen und stumpf oder in Nuten auf der Oberkante der Sparren befestigt werden, haben sich bewährt. Zu empfehlen sind diese Systeme auch in der Vertikalen. Dabei muss wieder auf die mögliche Kondensatbildung im Inneren verwiesen werden, wenn eingesetzte Profilsysteme nur ungenügend thermisch getrennt sind (siehe Teil 1).

Für die Verglasung im Wintergarten gilt die Technische Richtlinie für linienförmige gelagerte Verglasungen (TLRV). Dort wird u.a. die Zulässigkeit der Verglasung im Überkopfbereich geregelt, so z.B. dass als untere Scheibe einer Isolierverglasung nur VSG-Scheiben einzusetzen sind. Bei Verglasungen in geneigten Konstruktionen treten je nach Dachneigung durch die stärkere Sonneneinstrahlung tagsüber und die Energieabstrahlung in der Nacht wesentlich stärkere thermische Belastungen für Glas und Rahmen auf als bei Vertikalkonstruktionen. Zudem sind erhöhte mechanische Belastungen aus dem Eigengewicht der Verglasung, Winddruck- und Soglasten und gegebenenfalls Schneelasten zu berücksichtigen. Die hohen Anforderungen sollten Argument genug sein, keine Einfachlösungen aus Holz zu „basteln“.

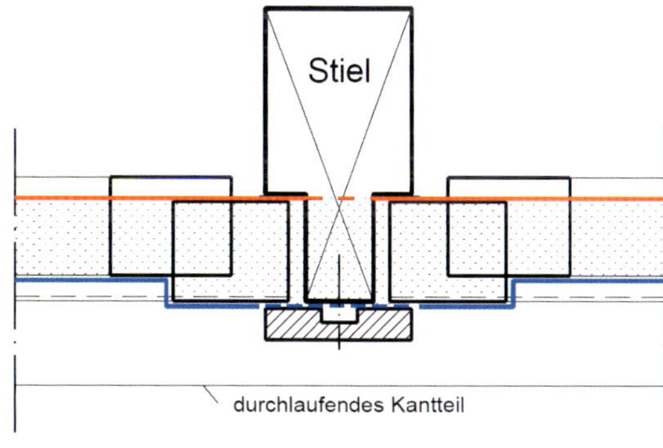

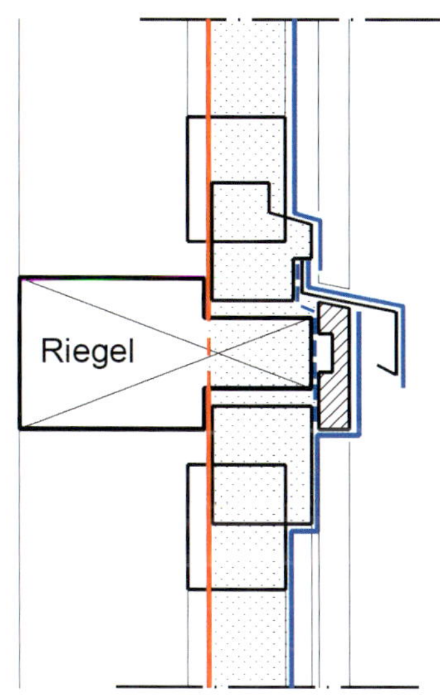

Abb. 7:
Prinzipzeichnungen:
Einbau von Fensterelementen
Blau – Wetterschutzebene,
rot – Trennebene Raum- und Außenklima

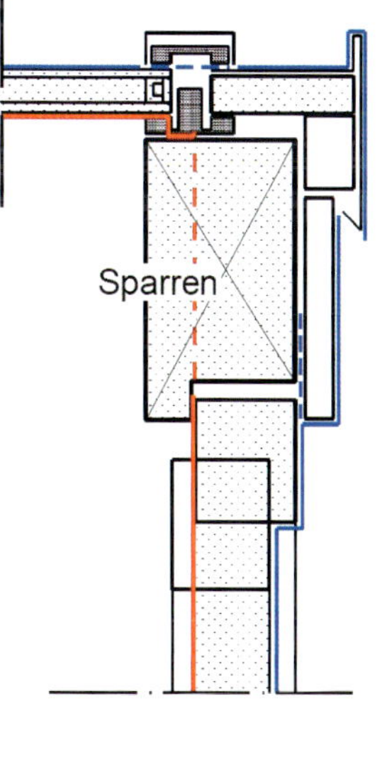

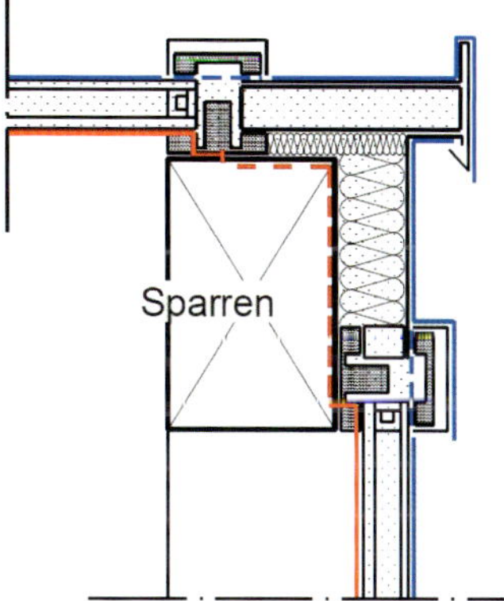

Abb. 8:
Prinzipskizzen:
Varianten der Ortganggestaltung

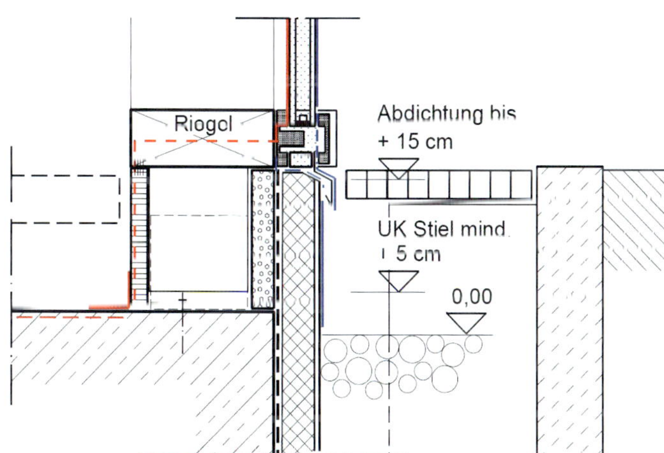

Abb. 9:
Prinzipskizze: Sockelanschluss

Quellen:
Fotos: Hans Schmidt, Stade
Zeichnungen: Martin Mohrmann, Kiel

Was geht in Holz?

Bei Wintergärten in Fachwerkbauweise, bei denen Fenster- oder Türelemente in einen Außenfalz der Tragkonstruktion eingebaut werden, ist eine äußere Abdeckung mit Holzprofilen möglich – vorausgesetzt, die Abdeckbretter werden nicht zu breit. Die Wetterschutzebene vor dem Tragwerk wird durch eine äußere Abdichtung der Anschlussfugen mittels geeigneter Klebedichtbänder vervollständig (siehe Abb. 7a). Die Abdeckbretter bieten einen UV- und mechanischen Schutz für die Abdichtung. Eine Nut auf der Rückseite ist sinnvoll – einmal um die Verformung des Brettes zu reduzieren und zum anderen um eine Drainage zu ermöglichen. Horizontale Riegelprofile sind in jedem Fall mit Metallblech-Formteilen abzudecken. Bei horizontaler Fensterreihung ist ein über die Stützen durchlaufendes Kantteil zu empfehlen, es erspart das sehr ungünstige Ausklinken der vertikalen Abdeckbretter. (Abb. 7b).

Ein Wort noch zu den Qualitäten der Holzbauteile.

Empfohlen wird für tragende Bauteile Brettschichtholzquerschnitte oder Querschnitte aus geeigneten Furnierschichthölzern. Die Bauteile dürfen sich nicht verdrehen und sollen eine gute Maßhaltigkeit aufweisen. Ebenso werden an die Oberflächen sehr hohe Qualitätsanforderungen gestellt. Mindestens Sichtqualität sollten Brettschichthölzer haben, besser in Auslesequalität. Dies trägt zusammen mit reduzierten Lamellendicken dem Umstand Rechnung, dass auf die Hölzer unmittelbar hinter der Verglasung teilweise hohe Temperaturen einwirken, die u. a. die Rissbildung oder den Harzausfluss ungünstig befördern.

Fazit

Nach wie vor sind Wintergärten in Holzbauweise eine sehr gute Bauweise, jedoch bedarf es einer definierten Gebäudehülle als Witterungsschutz, die dauerhaft die Tragkonstruktion vollständig gegenüber Bewitterung schützt. Dies kann mit Verglasungsprofilen und Kantteilen in Aluminium oder auch mit Holz wie oben gezeigt geschehen. Der Einsatz von Holzschutzmitteln ist nicht nur nicht erforderlich, er ist in Innenräumen schlichtweg nicht zulässig. Das wird ausdrücklich im Teil 1 der Holzschutznorm sowie in den Zulassungen der Schutzmittel geregelt. Wird das Ebenenmodell konsequent verfolgt – mit einem vollständigen Wetterschutz, einer guten wärmedämmenden Funktionsebene und einer funktionstüchtigen Trennebene –, dann bleiben Wintergärten in Holzbauweise mangelfrei. ■

Überblick aller Fachartikel in HOLZBAU – die neue quadriga (Heft 1/2012 bis 6/2015)

In dieser Tabelle finden Sie alle Fachartikel, die keine Eintagsfliegen sind, sondern die – weil von bleibendem Wert – noch verfügbar gehalten werden. Als PDF für Abonnenten zum Download unter: https://holzbau-dnq.de/archiv.html (ab 2007).

Einzelhefte können Sie ggf. im Verlag nachbestellen, falls sie nicht (mehr) in Ihrem Archiv sind. Das Artikelverzeichnis bis zum aktuellen Jahrgang finden Sie als sortierbare Excel-Tabelle ebenfalls auf der Website der Zeitschrift.

Die kursiv gesetzten Artikel sind auch in gedruckter Form als thematische Kompendien der bienalen Holz[Bau]Physik Kongresse in Leipzig verfügbar, deren Medienpartner die neue quadriga ist (s. S. 147). Nähere Bestellinfos anfordern unter: RBL@holzbauphysik.de

Rubrik	Titel	Untertitel	Autor	Heft	Jahr	Seite
Bauschäden	Wasser hat spitze Köpfe	Niederschlagseintritt im Bereich der Außenfensterbänke	E.U. Köhnke	1	2012	48
Bauschäden	Luftwege – hinterrücks	Feuchteschäden bei (un)belüfteten Flachdächern mit Attika	Martin Mohrmann	2	2012	48
Bauschäden	Schuld ist immer der andere	Wie kommt Feuchtigkeit in eine Geschosstrenndecke?	E.U. Köhnke	4	2012	11
Bauschäden	Vorsicht – Abseitenfalle	Typische Baumängel aus dem Abseitenraum	E. U. Köhne	5	2012	45
Bauschäden	*Fressen Ameisen Massivholzdächer?*	*Auch einfache Konstruktionen haben ihre Tücken*	*Martin Mohrmann*	*3*	*2013*	*43*
Bauschäden	Durchgemogelt	Die Nebenwege des Luftschalls beachten	E.U. Köhnke	5	2013	51
Bauschäden	Harte Schale – weicher Kern	Sockelpunkte mit Mauerwerksschale sind sensible Details	Martin Mohrmann	2	2014	45
Bauschäden	Nasse Füße sind nicht gesund	Feuchteschäden am Holzbausockel	Robert Borsch-Laaks, Axel Eisenblätter	6	2014	45
Bauschäden	*Die besonderen Risiken der Mischbauweisen*	*Einbindende Massivwände bei Flachdächern in Holzbauweise*	*Robert Borsch-Laaks, Jörg Walther*	*6*	*2014*	*39*
Bauschäden	*Eingriff mit hohem Risiko*	*Eine Dachterrasse zwischen 3 Klimarandbedinungen*	*Jörg Walther, Robert Borsch-Laaks*	*5*	*2015*	*41*
Bautechnik	Herausforderung Ökologie und Nachhaltigkeitsbewertung	Ökologische Betrachtung von Holzbauten	Annette Hafner, Stephan Ott, Stefan Winter	2	2012	13
Bautechnik	Kohlenstoffspeicherung in Holz	Die verzögerte Freisetzung von biogenem CO_2 als Beitrag zum Klimaschutz	Sebastian Rüter	2	2012	20
Bautechnik	Ökobilanzen für Holz-Bauprodukte	Voraussetzung für die Nachhaltigkeitsbewertung von Gebäuden	Stefan Diederichs, Sebastian Rüter	2	2012	17
Bautechnik	Holzbauten Nutzung und Lebenszyklus	Ökobilanzen für Bauwerke. Standards und praktische Anwendungen	Annette Hafner, Stephan Ott, Stefan Winter	3	2012	37
Bautechnik	Rohstoffverwendung in Nutzungskaskaden	Hochwertige Wiederverwendung statt thermischer Verwertung	Annette Hafner, Stephan Ott, Stefan Winter	3	2012	41
Bautechnik	Bauen mit Holz ist aktiver Klimaschutz	Holzgebäude im Vergleich und das Nachwuchspotenzial	Holger König	3	2012	33
Bautechnik	Marktübersicht flächige Holzbausysteme	Stand 06/2013	Daniel Schmidt	3	2013	31
Bautechnik	Massivholz an zwei Beispielen	Brettstapel- und Brettsperrholz im Einsatz	Gerhard Wagner	3	2013	27
Bautechnik	Holz auf Holz	Wärmedämmverbundsysteme mit Holzfaserdämmplatten	E.U. Köhnke	4	2013	35
Bautechnik	*TES EnergyFaçade*	*Holzbaulösungen für die Gebäudemodernisierung und -erweiterung*	*Frank Lattke*	*4*	*2013*	*13*
Bautechnik	*Holzbau saniert Stahlbeton*	*Teil 2: Energie- und zeitsparend und auch preiswert*	*Gerhard Reuter, Thomas Rabe*	*4*	*2013*	*20*
Bautechnik	*Schweizer Hybridbauten – ein Praxisbeispiel*	*Massivholz trägt Betondecke*	*Reinhard Wiederkehr*	*1*	*2014*	*18*
Bautechnik	*„Doppelt gemoppelt?" Hybride Bauweisen*	*Stahlbeton- und Holzbau - eine Zukunftsoption*	*Thorsten Kober, Stefan Winter*	*1*	*2014*	*12*
Bautechnik	Elementierung	Transportieren und Montieren	Elmar Mette	3	2014	23
Bautechnik	Das Dachgeschoss gehört dem Zimmerer	Eine konsequente Vorfertigung im Dachgeschloss führt auch im konventionellen Mauerwerksbau zu Vorteilen.	Martin Mohrmann	3	2014	13
Bautechnik	Warum nicht mal kleben? Fachwerkträgermit eingeklebten Lochblechen	Teil 1: Projekvorstellung und Voruntersuchung	Oliver Bletz, Leander Bathon u.a.	3	2014	34

Bautechnik	*Fläche oder Raum?*	*Schulersatzbauten als temporäre Gebäude in Elementbauweise.*	*Susanne Jacob-Freitag, Erhard Botta, Martin Mohrmann*	*3*	*2014*	*16*
Bautechnik	Bekleidungen aus Vollholz oder Holzwerkstoffplatten	Ein Überblick	Elmar Mette	5	2014	21
Bautechnik	Holz und Glas im tragenden Verbund	Eine Entwicklung der HFA Wien	Peter Schober	5	2014	13
Bautechnik	Der Klügere gibt nach	Erdbebensicherheit durch die Holztafelbauweise - Teil 1	Burkhard Walter, Jonas Thull	1	2015	48
Bautechnik	Eurocode EC5	Stabdübel- und Bolzenverbindungen nach EC5-1-1	Holger Schopbach	1	2015	44
Bautechnik	Der Klügere gibt nach	Erdbebensicherheit durch die Holztafelbauweise - Teil 2	Burkhard Walter, Jonas Thull	2	2015	42
Bautechnik	Ein gemeinsamer Blick über die Grenzen	Anforderungen und Detaillösungen in D-A-CH	Martin Teibinger, Hanspeter Kolb, Stefan Winter	2	2015	13
Bautechnik	Ein Beispiel aus der Schweiz	Tragwerksplanung und Schallschutz bei mehrgeschossigen Wohnbauten	Lukas Wolf	4	2015	18
Bautechnik	Bürogebäude der Stadtwerke Lübeck	Groß, in Holz und ein Passivhaus	Michael Keller	4	2015	24
Bautechnik	Hybridbau in Wien	D12 – ein besondereres Baufeld in der Seestadt Aspern	Peter Sapp, Nild Jansen	4	2015	13
Brandschutz	*Mehrgeschossiger Holzbau in der Schweiz – eine Erfolgsgeschichte*	*Von Pionierbauten zu Standardkonzepten im Brandschutz*	*Hanspeter Kolb, Reinhard Wiederkehr*	*1*	*2012*	*21*
Brandschutz	Feuerwiderstand von Holzbauteilen	Nachweisführung nach EN 1995	Martin Teibinger	1	2012	17
Brandschutz	*Brandschutz im Bestand*	*Notwendigkeit und Möglichkeit zur Erfüllung der bauaufsichtlichen Auflagen*	*Peter Nause*	*1*	*2012*	*13*
Brandschutz	Brandschutz im Massivholzbau	Viel Holz brennt viel?	Holger Schopbach	3	2013	22
Brandschutz	Brandschutzkonzepte für mehrgeschossige Holzbauten		Holger Schopbach	5	2013	18
Brandschutz	Anforderungen an Treppenräume	Probleme und Lösungen	Holger Schopbach, Helmut Zeitter	1	2014	50
Brandschutz	*Bauphysik leicht gemacht*	*Planungshilfe für die Brettsperrholzbauweise*	*Martin Teibinger*	*1*	*2014*	*27*
Brandschutz	*Konstruktionsdetails für den mehrgeschossigen Holzbau*	*Die Leiden des deuschen mehrgeschossigen Holzbaus - Neue Forschungsergebnisse bringen Abhilfe*	*Norman Werther, Martin Gräfe, Michael Merk, René Stein*	*3*	*2015*	*13*
condetti	Rolladenkasten in der Bestandssanierung	Lohnt sich der alte Kasten?	Borsch-Laaks, Köhnke, Schopbach, Wagner, Zeitter	1	2012	28
condetti	*Knapp über Null*	*Sockelpunkt jetzt auch tiefer gelegt*	*Borsch-Laaks, Köhnke, Schopbach, Wagner, Zeitter*	*5*	*2012*	*32*
condetti	Einfach (T)raufgesetzt	Innovative Dachelementierung an der Traufe	Borsch-Laaks, Köhnke, Schopbach, Wagner, Zeitter	6	2012	26
condetti	Rollladenkasten	Selbstbaukasten bei Verblendmauerwerk	Borsch-Laaks, Köhnke, Schopbach, Wagner, Zeitter	1	2013	30
condetti	Massiver Hochpunkt	Traufanschluss bei Massivholzelementen	Borsch-Laaks, Köhnke, Schopbach, Wagner, Zeitter	2	2013	34
condetti	Flach gebettet	Sockelpunkt Holzrahmenbau mit Flächengründung	Borsch-Laaks, Mohrmann, Schopbach, Wagner, Zeitter	5	2013	26
condetti	Neue Gauben im alten Kehlbalkendach	Teil 1: Wärme/Feuchte/Statik	Borsch-Laaks, Mohrmann, Schopbach, Wagner, Zeitter	2	2014	34
condetti	Mehr Platz unterm Dach	Neue Gaube im alten Kehlbalkendach, Teil 2: Konstruktion und Montage	Borsch-Laaks, Mohrmann, Schopbach, Wagner, Zeitter	4	2014	26
condetti	Treppenhauswand	Mehrfamilienhaus, Bestandsanierung	Borsch-Laaks, Mohrmann, Schopbach, Wagner, Zeitter	5	2014	26
condetti	Mittelfetten-Anschluss	Vorgefertigte Dachelemente	Borsch-Laaks, Mohrmann, Schopbach, Wagner, Zeitter	6	2014	28
condetti	Holzbalkendecke an Mauerwerk	Sanierung mit Innendämmung in Holzbauweise	Borsch-Laaks, Kehl, Schopbach, Wagner, Zeitter	1	2015	30
condetti	Einfach aufgelegt!	Holz-Beton-Verbundecke auf Massivholzwand	Borsch-Laaks, Kehl, Schopbach, Wagner, Zeitter	2	2015	30
condetti	Temporär? Mit Holz nicht schwer!	Deckenanschluss und Elementstoß kostenminimiert	Borsch-Laaks, Kehl, Schopbach, Wagner, Zeitter	5	2015	30
condetti	Der flexible Sockel	Elementlösungen mit Holz und Stahlbeton	Borsch-Laaks, Kehl, Schopbach, Wagner, Zeitter	6	2015	40

condetti BASICs	Feuchteschutz	Schimmelschutz für die Wohnung: Neue Empfehlungen mit größerer Sicherheit	Robert Borsch-Laaks	1	2012	26
condetti BASICs	Brandschutz	Flucht- und Rettungswege	Holger Schopbach	2	2012	24
condetti BASICs	Wärmeschutz	Energiebilanz von Fenstern	Daniel Kehl	1	2013	28
condetti BASICs	Brandschutz	Fenster und Türen	Holger Schopbach	2	2013	32
condetti BASICs	Schallschutz	Eine kleine Historie des Schallschutzes	E.U. Köhnke	5	2013	24
condetti BASICs	Feuchteschutz	Relative und absolute Luftfeuchte: Irrungen und Wirrungen beim Wasserdampf	Robert Borsch-Laaks	1	2014	30
condetti BASICs	Brandschutz	Heißbemessung im Holzbau	Holger Schopbach	2	2014	32
condetti BASICs	Tragwerksplanung	Einwirkungen	Holger Schopbach	4	2014	24
condetti BASICs	Luftdichtheit	Kleine Wärmeverluste = hoher Feuchteschutz	Daniel Kehl	6	2014	26
condetti BASICs	Feuchteschutz	Außen dampfdicht – innen was los?	Robert Borsch-Laaks	1	2015	28
condetti BASICs	Brandschutz	Fassaden	Holger Schopbach	2	2015	28
condetti BASICs	Tragwerksplanung	Widerstandsmoment und Flächenträgheitsmoment	Holger Schopbach	4	2015	34
condetti BASICs	Dachdeckungen	Dach- und Konterlatten	Sascha-Alexander Brück	5	2015	28
condetti BASICs	Wärmeschutz	Vom U-Wert zum Energieverlust	Robert Borsch-Laaks	6	2015	38
Energiebilanzierung	Energieeffiziente Holzbauten	Wo wollen wir hin? Wo sind unser Chancen?	Stefan Winter	2	2013	20
Energiebilanzierung	Wie wird der Energieausweis geprüft?	Neue Anforderungen aus der nächsten Energiespar-Verordnung an Aussteller von Energieausweisen	Friedemann Stelzer	4	2013	44
Energiebilanzierung	Die Novelle der EnEV 2013 – immer weiter so?	Ein (ent)täuschender Anfang	Werne Eicke-Hennig	4	2013	48
Energiebilanzierung	EnEV 2014: Auf dem Weg zum „Null-Energiehaus"?	Die wichtigsten Neuerungen für Holzbauer bei Neubau und Sanierungen	Friedemann Stelzer, Robert Borsch-Laaks	2 & 3	2014	13
Energiebilanzierung	Vom Altbau zum KfW-Effizienzhaus	Schlaue Wege zur KfW-Förderung	Robert Borsch-Laaks, Daniel Kehl, Karin Scherhag	1	2015	13
Fenster	Neue Fenster braucht das Land	Das Standardholzfenster von morgen	Jörg Johannsmeyer	1 & 2	2012	52
Fenster	Von Licht, Luft, Kilowatt und Knete	Teil 1: Neue Fenster im Bestand - Gestalten mit Licht und Glas. Teil 2: Kreativer Umgang mit Energie	Ingo Gabriel	1 & 3	2013	13
Feuchteschutz	Schimmelpilzbefall im Dachstuhl	Bausubstanzerhaltung durch Einsatz von Desinfektionsmitteln	Burkhard Tilk	4	2012	13
Feuchteschutz	Wasserdampf sperren, bremsen, managen	Welche Folie für welchen Zweck?	Hartwig M. Künzel	2	2013	26
Feuchteschutz	Wie trocken ist die Holzbauweise?	Feuchtemanagement bei der Errichtung von Holzgebäuden	Richard Adriaans	5	2013	48
Feuchteschutz	Belüftung und Dachdeckung	Oder: Wie viel Konterlatte ist nötig?	Helmut Künzel	6	2013	19
Feuchteschutz	*Gute Lösungen*	*Eine ziemlich wasserdichte Sache: Holzfaserbasiertes Fensteranschlusssystem*	*Rainer Blum*	*6*	*2013*	*41*
Feuchteschutz	*Gute Lösungen*	*Öffnungen in Außenwänden – Problemfeld Leibungen*	*Wolfgang Schäfer*	*1*	*2014*	*39*
Feuchteschutz	*Verschattung von Holzflachdächern*	*Neue Forschungsergebnisse zu Dachterrasse und Verschattung durch PV-Modelle*	*Christian Bludau, Philipp Kölsch*	*6*	*2014*	*19*
Feuchteschutz	Mehr Sicherheit bei gegrünten Holzdächern	Eine besondere Dachoberfläche braucht auch eine besondere Unterkonstruktion	Daniel Zirkelbach, Beate Stöckl	6	2014	13
Feuchteschutz	Brauchen Flachdächer aus Holz spezielle Abdichtungen	Chancen und Risiken spezifischer Flachdach-Abdichtungssysteme	Richard Adriaans	5	2015	18
Feuchteschutz	Feuchteverhalten der TES Holzrahmenbauelemente	Untersuchungen der TU München	Stephan Ott, Stefan Winter, Carl-magnus Capener, Stephen Burke, Simon Le Roux	5	2015	23
Feuchteschutz	Gebäudeklima	Auswirkungen auf Konstruktion und Dauerhaftigkeit von Holzbauwerken	Philipp Dietsch, Andreas Gamper, Michael Merk, Stefan Winter	6	2015	28

Haustechnik	Von der Energieschleuder zum Plusenergiehaus?	Heizungsumbau in einem MFH mit Passivhausziel	Friedemann Stelzer	1 & 2	2013	41
Haustechnik	Holzbau-Sporthalle – Wärme und Lüftung	Projekt, Aufgabe, Planung, Ausführung, Betriebserfahrungen, Planungsfortschreibung	Norbert Stärz	4 & 5	2013	39
Haustechnik	Der hydraulische Abgleich	Was auch Nicht-Haustechniker darüber wissen sollten	Friedemann Stelzer, Robert Borsch-Laaks	5	2014	37
Haustechnik	Qualitätssicherung bei KfW-Effizienzhäusern	Worauf müssen Planer und Ausführende gefasst sein?	Robert Borsch-Laaks, Michael Mahler	1	2015	24
Haustechnik	Effizienz des Rohrnetzes von Lüftungsanlagen	Das Rohrnetz von Lüftungsanlagen = das unbekannte Wesen?	Norbert Stärz, Friedemann Stelzer	3	2015	32
Holzschutz	Umkehr der Beweislast	Notwendigkeit des Holzschutzmitteleinsatzes muss nachgewiesen werden	Hans Schmidt	6	2012	52
Holzschutz	Feuchtetechnische Bemessung von Holzkonstruktionen nach WTA	Hygrothermische Auswertung der anderen Art	Daniel Kehl	6	2013	24
Holzschutz	*Bauphysikalische Wahrheit und interessierte Kreise*	*Anmerkungen zur neuen Holzschutznorm DIN 68800-2: 2012*	*Robert Borsch-Laaks*	*6*	*2013*	*13*
Holzschutz	*Sicher ist sicher*	*Materialwahl, Konstruktionsgrundsätze und Sicherheitsaspekte bei Terrassen aus Holz*	*Claudia Koch, Peter Schober, Andrea Steitz, Florian Tscherne*	*4*	*2014*	13
Holzschutz	Dauerhaftigkeit von Holzbeschichtungen im Außenbereich	Langzeituntersuchungen der Holzforschung Austria	Gerhard Grüll, Florian Tscherne	4	2014	45
Holzschutz	Entwicklung des Dämmstoffeinsatzes nach DIN 68800-2	Oder: Warum gewisse Dämmstoffe scheinbar das Holz gefährden	Jürgen Küllmer	4	2014	49
Holzschutz	Balkone und Terrassen	Der Entwurf der Fachregel 02 des Zimmererhandwerks	Martin Mohrmann	4	2014	17
Holzschutz	Gute Lösungen	Feuchteschutz von Holzbauteilen im Gründungsbereich	Markus Fiala	3	2015	28
Holzschutz	Sockelanschluss im Holzhausbau	Leitdetails aus Österreich helfen auch deutschen Holzbauern	Sylvia Polleres	5	2015	13
Holzschutz	Flachdächer in Holzbauweise: Das Update	Neue Untersuchungen und neue Fachregeln	Robert Borsch-Laaks	6	2015	13
Luftdichtung	Das Luftdichtheitskonzept	Was heißt das für den Holzbau?	Robert Borsch-Laaks, Winfried Walther	1	2015	19
Luftdichtung	Luftdurchlässigkeit von OSB-Platten	Viel Wirbel oder ein echtes Problem?!	Daniel Kehl	5	2015	48
Objektbericht	*Holzrahmenbauten mit Kleinsiedlungscharakter*	*Schneller, dauerhafter Wohnraum für Geflüchtete*	*Marc W. Lennartz*	*6*	*2015*	*49*
Sanierung	Immer für eine Überraschung gut (1)	Wärmebrückenberechnungen zur Schimmelfrage bei der Bestandsanierung	Robert Borsch-Laaks	4	2012	22
Sanierung	*Absturzgefahr bei der Berg- und Talfahrt*	*Ausführungsprobleme bei der schlaufenförmigen Verlegung von Sanierungsdampfbremsen*	*Robert Borsch-Laaks*	*5*	*2012*	*13*
Sanierung	Wärmetechnische Dachsanierung von außen	Nachträgliche Luftdichtung auf den Sparren	Robert Borsch-Laaks, Markus Zumoberhaus	5	2012	19
Sanierung	*Holzbalkenköpfe im Mauerwerk*	*Stand der Erkenntnisse*	*Daniel Kehl*	*6*	*2012*	*20*
Sanierung	*Kapillaraktive und feuchteadaptive Innendämmung*	*Eigenschaften und Anforderungen*	*Hartwig M. Künzel, Daniel Zirkelbach*	*6*	*2012*	*39*
Sanierung	*Runderneurung eines Fachwerkgebäudes*	*Innendämmung und Feuchteschutz bei der Sanierung*	*Robert Borsch-Laaks, Paul Simons*	*6*	*2012*	*13*
Sanierung	Sanierung von Holz-Fertighäusern mit Schadstoffbelastungen		Bernd Kirchhoff	1	2013	24
Sanierung	Immer für eine Überraschung gut (2)	Wärmebrückenanalysen: Schimmelschutz beim Fensteranschluss	Robert Borsch-Laaks	1	2013	44
Sanierung	Holzbalkenköpfe im Mauerwerk	Was strömt denn da?	Daniel Kehl, Uli Ruisinger	5	2013	39
Sanierung	*Oben bleiben!*	*Wärmetechnische Dachsanierung von außen mit diffusionsoffener Luftdichtung und Überdämmung*	*Robert Borsch-Laaks*	*1*	*2014*	*34*
Sanierung	*Sanierung mit Holzelementen*	*Die Schweizer Erfahrungen*	*Beat Kämpfen*	*2*	*2014*	*18*
Sanierung	*Keine Angst vor Innendämmung!*	*Bauphysikalische Nachweise für Lösungen vom Holzbauer*	*Robert Borsch-Laaks*	*2*	*2014*	*23*
Sanierung	Drüber, drauf und dran	Anregungen und Leitlinien für das Bauen mit Holz für anspruchsvolle Bauaufgaben im Bestand	Ingo Gabriel, Martin Mohrmann	3	2014	28

Sanierung	Immer für eine Überraschung gut (3)	Wärmebrückenanalysen: Der Sockelpunkt beim Mauerwerk der Wiederaufbauzeit	Robert Borsch-Laaks	4	2014	37
Sanierung	Immer für eine Überraschung gut (4)	Wärmebrückenanalysen: Sanierung des Sockelpunktes bei historischem Mauerwerk	Robert Borsch-Laaks	3	2015	24
Schallschutz	*Schallschutz historischer Holzbalkendecken*	*Geprüfte Wege zur schalltechnischen Sanierung - Methoden zur sicheren Planung*	*Andreas Rabold, Joachim Hessinger, Stefan Bacher*	*3*	*2012*	*19*
Schallschutz	*Vorsicht vor Tiefton-Resonanzen*	*Wege zu einem guten tieffrequenten Schallschutz im Holzbau*	*Jürgen Maack*	*3*	*2012*	*14*
Schallschutz	*Welchen Schallschutz hätten Sie denn gerne?*	*Der DEGA-Schallschutzausweis schafft Transparenz für den Schallschutz im Wohnungsbau*	*Roland Kurz*	*3*	*2012*	*28*
Schallschutz	Schallschutz bei Brettsperrholzdecken	Besser durch höhere Masse?	E.U. Köhnke	3	2013	20
Schallschutz	*Schalltechnische Mängel - kleine Fehler, große Wirkung*	*Typische Fehlerursachen und Verbesserungspotentiale in der Sanierung*	*Andreas Rabold, Joachim Hessinger*	*1*	*2014*	*42*
Schallschutz	*Schallschutzprognose leicht gemacht*	*Nachweis Trittschallschutz von Holzdecken in der neuen DIN 4109*	*Andreas Rabold, Joachim Hessinger*	*3*	*2015*	*38*
Schallschutz	Außendämmungen aus nachwachsenden Rohstoffen in der Altbausanierung	Schalltechnische Verbesserungen durch Holzbaulösungen?	Robert Borsch-Laaks, Andreas Rabold, Joachim Hessinger, Stefan Bacher	4	2015	28
Tragwerksplanung	Serie zum Eurocode 5-1-1	Teil 1: Das Sicherheitskonzept	Holger Schopbach	4	2012	49
Tragwerksplanung	Serie zum Eurocode 5-1-1	Teil 2: Der Biegeträger – Standsicherheitsnachweis	Holger Schopbach	5	2012	48
Tragwerksplanung	Serie zum Eurocode 5-1-1	Teil 3: Der Biegeträger – Gebrauchstauglichkeit	Holger Schopbach	1	2013	48
Tragwerksplanung	Holzbau-Massivbau-Massivholzbau	Gedanken aus der Statik	Helmut Zeitter	3	2013	24
Tragwerksplanung	Serie zum Eurocode 5-1-1	Teil 4: Stützen und Querdruck	Holger Schopbach	3	2013	40
Tragwerksplanung	Serie zum Eurocode 5-1-1	Teil 5: Stiftförmige Verbindungsmittel	Holger Schopbach	1	2014	45
Tragwerksplanung	*Tragwerke planen mit Brettsperrholz*	*Tragflächen aus Holz - eine Bauweise hebt ab.*	*Markus Wallner-Novak*	*1*	*2014*	*22*
Tragwerksplanung	Serie zum Eurocode 5-1-1	Teil 6: Nagelverbindungen	Holger Schopbach	3	2014	40
Tragwerksplanung	Serie zum Eurocode 5-1-1	Teil 7: Außenliegende Holzbauteile	Holger Schopbach	4	2014	52
Tragwerksplanung	Serie zum Eurocode 5-1-1	Teil 8: Dübel besonderer Bauart	Holger Schopbach	3	2015	41
Tragwerksplanung	Haustechnik und Tragwerksplanung	Ein Spannungsfeld im mehrgeschossien Holzbau	Wilhelm F. Luggin, Alfons Brunauer	4	2015	43
Tragwerksplanung	Serie zum Eurocode 5-1-1	Teil 9: Klammerverbindungen	Holger Schopbach	5	2015	53
Wärmeschutz	*Sommerlicher Wärmeschutz*	*Was lässt sich durch Technik lösen?*	*Heinrich Huber*	*1*	*2012*	*39*
Wärmeschutz	*Sommerliches Komfortklima im Holzbau*	*Messresultate und Schlussfolgerungen*	*Winfried Seidinger*	*1*	*2012*	*44*
Wärmeschutz	Kleine Geschichte der Dämmstoffe	Auf dem Weg zur Dämmbauweise	Werner Eicke-Hennig	6	2012	45
Wärmeschutz	Schlauer Rechnen spart Kosten	Kreativer Umgang mit den Wärmebrücken-Nachweisen für die KfW	Robert Borsch-Laaks, Daniel Kehl	1	2013	18
Wärmeschutz	Gute Lösungen	Bessere Wärmedämmung durch schlanke Tragwerke	Klaus Drücker	3	2013	37
Wärmeschutz	*Wärmeschutz im Sommer*	*Vorteile für Massivholz-Bauweisen?*	*Robert Borsch-Laaks, Daniel Kehl*	*3*	*2013*	*14*
Wärmeschutz	*Durchströmung von Dämmschichten*	*Kommt nach der Luftdichtung jetzt auch noch die Winddichtung?*	*Robert Borsch-Laaks, Achim Geißler*	*6*	*2015*	*22*

Robert Borsch-Laaks
Sachverständiger für Bauphysik

Drei-Rosen-Str. 32
52066 Aachen
Fon 02 41 / 594 85
Fax 02 41/577 12
Mail RBL@holzbauphysik.de
Net www.holzbauphysik.de

Kurzer beruflicher Werdegang:

1948	geboren in Aachen.
bis 1977	Studium der Physik sowie der Sozial- und Erziehungswissenschaften an der RWTH Aachen.
ab 1981	Mitbegründer des Energie- und Umweltzentrums am Deister, e.u.[z.], in Springe/Eldagsen bei Hannover, Aufbau der dortigen experimentellen Bauforschung zu den Themen Wärme- und Feuchteschutz sowie Luftdichtheit.
1988	Gründung der Ingenieurgemeinschaft Bau+Energie im e.u.[z]. Springe.
Seit 1993	Freiberuflich tätig als Bausachverständiger in Aachen (Schwerpunkte: Holzbauweisen, Niedrig-Energie- und PassivHaus- Projekte, wärme- und feuchtetechnische Gebäudesanierung). Mitglied im Normenausschuss Bauwesen (DIN 4108-7 „Luftdichtheit", bis 2010) und den WTA-Arbeitsgruppen „Innendämmung im Bestand" (bis 2016) und „Hygrothermische Bemessung von Holzbaukonstruktionen" (ab 2011).
Ab 2013	„Teilzeit-Rentner", d.h. das Büro für Bauphysik ist geschlossen, aber RBL ist weiterhin tätig als Fachautor, Lektor und Dozent in der beruflichen Weiterbildung von Planern und Handwerkern.

Martin Teibinger, Dipl.-Ing. Dr. techn.

E-Mail:office@derteibinger.at
Homepage:www.derteibinger.at

1972	geboren in Graz
1992-1999	Universität für Bodenkultur Wien, Studienrichtung Holzwirtschaft
1995-2016	wissenschaftlicher Mitarbeiter der Holzforschung Austria
1997-1999	TU Wien, Studienrichtung Bauingenieurwesen Schwerpunkte: Holzbau, Stahlbau, Bauphysik, Bauschadensvermeidung
2004	Promotion (mit Auszeichnung) an der TU Wien
2001-2016	stellvertretender Abteilungsleiter „Bauwesen" der Holzforschung Austria
2006-2016	Leiter des Fachbereiches „Bauphysik" der Holzforschung Austria Leitung und Mitarbeit nationaler und internationaler Forschungsprojekte in den Bereichen Brandschutz, Bauphysik, Holzbau, Projektinitiator und -leiter des COIN Projektes „Akustik Center Austria" zum Aufbau eines Schalllabors mit dem Fokus Leichtbau und tiefe Frequenzen in Kooperation mit der TU Wien und dem TGM
seit 2007	Lehr- und Ausbildungstätigkeit im Bereich Bauphysik, Brandschutz, Holzbau an diversen Hochschulen und Unternehmen
seit 2015	Lehrer an der HTL Wien 3, Bautechnikum
seit 2016	Allgemein beeideter und gerichtlich zertifizierter Sachverständiger
seit 2017	Mitglied des Redaktionsteams der Zeitschrift *„HOLZBAU – die neue quadriga"* Vortrags- und Publikationstätigkeit, Mitarbeit in diversen österreichischen Normungsgremien

Holger Schopbach, Dr.-Ing.

1966	geboren in Alsfeld
1987 – 1994	Studium des Bauingenieurwesens an der Universität Kassel, Abschluss: Dipl.-Ingenieur
1994 – 1996	Angestellter bei bauart Konstruktions GmbH, Lauterbach, Ingenieurbüro mit Schwerpunkt Holzbau/Holzrahmenbau (Prof. Dr.-Ing. Winter).
1997 – 2001	Wissenschaftlicher Mitarbeiter im Institut für Bauwirtschaft der Universität Kassel (Prof. Dr.-Ing. Franz)
2001	Disputation an der Universität Kassel (Dr.-Ing.)
2002 – 2003	Angestellter bei bauart Konstruktions GmbH, Lauterbach (Prof. Dr.-Ing. Winter).
2002 – heute	Lehrbeauftragter an der Universität Kassel (u.a. für Grundlagen der mathematischen Optimierung)
2002 – heute	Ständige Mitarbeit an Artikeln der Zeitschrift „Holzbau - Die neue Quadriga", Mitglied des Redaktionsteams
2002 – heute	Mitarbeit bzw. Projektleitung bei elf Forschungs- und Fördervorhaben des BMBF
2002 – 2006	Dozent an der Bundesfachschule des Deutschen Zimmerhandwerks
2004 – heute	Freiberufliche Tätigkeit
2004 – 2009	Lehrbeauftragter an der Universität Leipzig (Ausgewählte Kapitel Holzbau, Ingenieurholzbau)
2006 – 2014	Mitarbeiter und Dozent am Bundesbildungszentrum des Zimmerer- und Ausbaugewerbes, Kassel
2008 – heute	Mitglied im Arbeitskreis Technik von Holzbau Deutschland – BDZ
2009 – heute	Vorsitzender des Meisterprüfungsausschusses „Zimmerer" der Handwerkskammer Kassel
2011 – heute	Vorsitzender des Sachverständigenprüfungsausschusses von Holzbau Deutschland - Verband Hessischer Zimmermeister
2014 – heute	Vorstandsmitglied des Kompetenznetzwerks Bau und Energie e.V., Osnabrück
2015 – 2017	Geschäftsführer und Dozent am Bundesbildungszentrum des Zimmerer- und Ausbaugewerbes, Kassel
2018 – heute	Vorsitzender des Meisterprüfungsausschusses „Dachdecker" der Handwerkskammer Kassel
2018 – heute	Leiter des Kompetenzzentrums für Zimmerer- und Holzbauarbeiten, Dozent am Bundesbildungszentrum, Kassel

Gerhard Wagner

1963	geboren in Frankfurt/M.
1982-1984	Ausbildung zum Zimmerergesellen
1984-1985	Tätigkeit als Zimmerer
1985-1991	Studium des Bauingenieurwesens Technische Hochschule Darmstadt, Abschluss: Diplom-Ingenieur
1991	Mitarbeiter beim Institut des Zimmerer- und Holzbaugewerbes e.V., Darmstadt
1992-1995	Mitarbeiter bei der Technologie-Transfer-Stelle der Akademie des Zimmerer- und Holzbaugewerbes e.V. in Kassel
1994	Gründung Ingenieurbüro Wagner
1996-2000	Mitarbeiter in Teilzeit beim Institut des Zimmerer- und Holzbaugewerbes e.V. in Kassel Schwerpunkte der Arbeit seit 1991, – Mitarbeit bei Forschungsvorhaben – Mitarbeit in DGfH-Ausschüssen – Mitarbeit im Spiegelausschuss zu CEN/TC 175 – Erstellen technischer Schriften – Mitarbeit Mappe Technik imZimmererhandwerk – Erarbeitung von Qualitätsmanagement-Systemen in Holzbaubetrieben – umfangreiche Referententätigkeit
1998-heute	Referententätigkeit für Unternehmen und Ausbildungsstätten
1994-1998	Ingenieur-Tätigkeit im eigenen Büro, Kassel/Frankfurt – Tragwerksplanung, Bauphysik, Beratung, Entwicklung
1998	Gründung Ingenieurbüro Wagner Zeitter, Wiesbaden – Tragwerksplanug, Bauphysik, Gutachten, Beratung, Entwicklung
2000-2003	Ansprechpartner des Beraterteams Hessen des Informationsdienst Holz für den Bereich Südhessen und Rhein-Main-Gebiet
2003	Nachweisberechtigung nach § 68 HBO für Standsicherheit, Wärmeschutz und Schallschutz
2005	Beisitzer Eintragungsausschuss Wärmeschutz bei der Architektenkammer Hessen (AKH)
2016-heute	Geschäftsführer Wagner Zeitter Bauingenieure GmbH, Wiesbaden

Ernst-Ulrich Köhnke, Dipl.-Ing.

Ing. Büro Köhnke GmbH
Geschäftsführer
Steenebarg 32, 49843 Uelsen

geb. am 03.06.43 inDissen TW, absolvierte sein Studium zum Ingenieur für Holztechnik in Rosenheim. Nach einer mehrjährigen Tätigkeit im Bereich Forschung und Entwicklung trug er über 17 Jahre die technische Verantwortung bei einem großen Fertighaushersteller, bevor er 1989 das Ingenieurbüro gründete. Seine umfassenden praktischen Erfahrungen fließen heute in seine Tätigkeit als öffentlich bestellter und vereidigter Sachverständiger für den Holzhausbau ebenso ein wie in seine Tätigkeit als Güteprüfer.

Helmut Zeitter

1963	geboren in Wiesbaden
1982-1988	Studium des Bauingenieurwesens Technische Hochschule Darmstadt, Abschluss: Diplom-Ingenieur
1989-1990	Ingenieur im Wehrbereichskommando IV Mainz Abt. Infrastruktur – Militärische Belange zivilen Bauens
1990-1995	Wissenschaftlicher Mitarbeiter bei Prof. Dr. Becker und Lehrauftrag für Holzbau Technische Hochschule Darmstadt, FB Bauingenieurwesen Konstruktiver Holzbau
1992-1995	Mitarbeit im Europäischen Normungsgremium Eurocode 5 – Holzbauwerke und Nationalen Spiegelausschuss zum Eurocode 8 – Erdbeben-Sonderfragen
1990-1998	Ingenieur-Tätigkeit im eigenen Ingenieurbüro Zeitter, Wiesbaden-Naurod
1995-2001	Tätigkeit im Ingenieurbüro für Tragwerksplanung von Prof. Matthias Pfeifer (Universität Karlsruhe)
1998	Gründung Ingenieurbüro Wagner Zeitter, Wiesbaden, Tragwerksplanung, Bauphysik, Gutachten, Beratung, Entwicklung
1994-2000	Lehrvorträge im Nachdiplomstudium zum Holzbauingenieur EPFL Lausanne, Schweiz
1995-2000	Lehrauftrag für Baukonstruktion und Holzbau, Fachhochschule Wiesbaden
2000-2011	Lehrauftrag für Holzbau im Fachbereich Bauingenieurwesen, Technische Universität Darmstadt
1999-heute	Lehrvorträge in der Propstei Johannesberg (Tragwerksplaner in der Denkmalpflege)
2002	Fachplaner Brandschutz IngKH
2003-heute	Mitarbeit im Nationalen Spiegelausschuss zu DIN 4149 – Erdbeben
2007-heute	Vorsitzender Arbeitsgruppe „Bauen im Bestand und Denkmalpflege“ der Ingenieurkammer Hessen
2011-2014	Lehrauftrag für Holzbau in der Fachrichtung Bauingenieurwesen, Technische Universität Kaiserslautern
2015-heute	Professur Holzbau und Ingenieurmathematik, Frankfurt University of Applied Sciences
2019-heute	Vorsitzender Fachgruppe „Brandschutz“ der Ingenieurkammer Hessen

Rainer Wendorff

Jahrgang 1953
Produktdesigner HbK
Seit 1980 selbstständig tätig in Entwurf und Realisation von Möbeln und Ausstellungsobjekten, Leuchten und Dingen des täglichen Bedarfs. Grafik und Entwicklung von Lehrmaterialien, Gestaltung und Produktion der Seminarmedien condetti®, grafische Betreuung von condetti® und Fachbeiträgen der Autoren in *HOLZBAU – die neue quadriga*.